ŒUVRES

COMPLÈTES

DE LAPLACE.

ŒUVRES

COMPLÈTES

DE LAPLACE,

PUBLIÉES SOUS LES AUSPICES

DE L'ACADÉMIE DES SCIENCES,

PAR

MM. LES SECRÉTAIRES PERPÉTUELS.

TOME CINQUIÈME.

PARIS,

GAUTHIER-VILLARS, IMPRIMEUR-LIBRAIRE

DE L'ÉCOLE POLYTECHNIQUE, DU BUREAU DES LONGITUDES.

SUCCESSEUR DE MALLET-BACHELIER.

Quai des Augustins, 55.

MDCCCLXXXII

TRAITÉ

DE

MÉCANIQUE CÉLESTE,

PAR M. LE MARQUIS DE LAPLACE,

Pair de France; Grand'Croix de la Légion d'honneur; l'un des quarante
de l'Académie française; de l'Académie des Sciences; membre du Bureau
des Longitudes de France; des Sociétés royales de Londres et de
Gottingue; des Académies des Sciences de Russie, de Danemark, de
Suède, de Prusse, des Pays-Bas, d'Italie, de Boston, etc.

TOME CINQUIÈME.

PARIS,

BACHELIER (SUCCESSEUR DE Mme Ve COURCIER), LIBRAIRE,
QUAI DES AUGUSTINS, N° 55.

1825

TABLE DES MATIÈRES

CONTENUES DANS LE CINQUIÈME VOLUME.

LIVRE XI.

DE LA FIGURE ET DE LA ROTATION DE LA TERRE.

LIVRE XII.

DE L'ATTRACTION ET DE LA RÉPULSION DES SPHÈRES, ET DES LOIS DE L'ÉQUILIBRE ET DU MOUVEMENT DES FLUIDES ÉLASTIQUES.

LIVRE XIII.

DES OSCILLATIONS DES FLUIDES QUI RECOUVRENT LES PLANÈTES.

LIVRE XIV.

DES MOUVEMENTS DES CORPS CÉLESTES AUTOUR DE LEURS CENTRES DE GRAVITÉ.

LIVRE XV.

DU MOUVEMENT DES PLANÈTES ET DES COMÈTES.

LIVRE XVI.

DU MOUVEMENT DES SATELLITES.

TABLE DES MATIÈRES.

AVERTISSEMENT.

Ce Tome cinquième et dernier de mon *Traité de Mécanique céleste* paraissant longtemps après les autres, il m'a paru convenable d'en publier séparément les divers Livres aussitôt après leur impression, en indiquant la date de leur publication.

TRAITÉ

DE

MÉCANIQUE CÉLESTE.

LIVRE XI.

MARS 1823.

TRAITÉ

DE

MÉCANIQUE CÉLESTE.

NOTICE HISTORIQUE

DES TRAVAUX DES GÉOMÈTRES SUR LA MÉCANIQUE CÉLESTE ET NOUVELLES RECHERCHES SUR LE SYSTÈME DU MONDE.

J'ai annoncé, au commencement de ce Traité, que je le terminerais par une Notice historique des travaux des géomètres sur la Mécanique céleste. Je vais ici remplir cet engagement. Mais ayant fait, depuis l'impression des Volumes précédents de cet Ouvrage, de nouvelles recherches sur divers points de la Mécanique céleste, recherches que j'ai publiées dans les *Mémoires de l'Institut* et dans le Recueil de la *Connaissance des Temps*, j'ai pensé qu'il serait utile de les réunir à la suite des Notices historiques sur chaque objet. Je vais commencer par la figure et la rotation de la Terre.

LIVRE XI.

DE LA FIGURE ET DE LA ROTATION DE LA TERRE.

CHAPITRE PREMIER.

NOTICE HISTORIQUE DES TRAVAUX DES GÉOMÈTRES SUR CET OBJET.

1. Je ne parlerai, dans cette Notice, que des recherches sur la théorie mathématique de la Terre. On ne peut alors remonter qu'à Newton, fondateur de cette théorie, qu'il publia, sur la fin de 1687, dans ses *Principes mathématiques de la Philosophie naturelle*. Ce grand géomètre y considère la Terre comme une masse fluide homogène, douée d'un mouvement de rotation, et dont toutes les parties s'attirent réciproquement au carré de la distance. Il suppose ensuite que cette masse prend, dans l'état d'équilibre, la figure d'un ellipsoïde de révolution, et il cherche, dans cette supposition, le rapport de l'axe du pôle à celui de l'équateur. Pour cela, il conçoit deux colonnes fluides, partant du centre, et aboutissant, l'une au pôle, et l'autre à l'équateur, et il observe que les poids de ces deux colonnes doivent se faire équilibre. Si l'on imagine l'ellipsoïde divisé en couches infiniment minces et semblables, la gravité (je nomme ainsi la résultante de toutes les forces attractives) sera, aux pôles de ces couches, proportionnelle à leurs petits axes; car Newton établit cette proposition remarquable, savoir : qu'un point placé dans un ellipsoïde creux, dont les deux surfaces intérieure et extérieure sont semblables et semblablement situées, est

également attiré de toutes parts. Ainsi, à la surface d'une couche terrestre, les couches supérieures n'ont aucune influence sur la gravité, qui, par conséquent, est la même qu'au pôle de l'ellipsoïde terminé par la surface de cette couche. Or, il est facile de voir que la gravité des points semblablement situés sur les surfaces de deux corps homogènes, semblables et de même densité, est proportionnelle aux dimensions linéaires et semblables de ces corps. Cela résulte de ce que, l'attraction étant égale à la masse divisée par le carré de la distance, elle n'est que d'une dimension relativement à l'étendue. De là il suit que, le poids de la colonne du pôle étant la somme des gravités aux surfaces des diverses couches, il est égal au produit de la pesanteur au pôle par la moitié de la longueur de cette colonne ou par le quart de l'axe du pôle. Un raisonnement semblable fait voir que le poids de la colonne de l'équateur est le produit de la pesanteur à l'équateur par le quart du demi-axe de l'équateur. Car la pesanteur à l'équateur est la gravité diminuée de la force centrifuge, et cette force diminue de la surface au centre comme la gravité, c'est-à-dire proportionnellement à la distance à ce point. Ainsi, dans l'état d'équilibre, le produit de la gravité au pôle par l'axe du pôle est égal au produit de la pesanteur à l'équateur par l'axe de l'équateur.

Pour avoir au pôle la gravité, qui, sur ce point, est la pesanteur même, Newton considère un ellipsoïde de révolution dont l'axe de révolution contient 100 parties et l'axe de l'équateur 101, et il trouve, au moyen des propositions qu'il établit sur la gravité aux pôles des sphéroïdes de révolution, que la gravité au pôle de cet ellipsoïde est à la gravité à la surface d'une sphère dont le diamètre est de 100 parties comme 126 est à 125.

Newton obtient de la manière suivante la gravité à un point quelconque A de l'équateur du même ellipsoïde. Il considère une sphère ayant le même centre que l'ellipsoïde, dont la surface passe par le point A et dont le diamètre est, par conséquent, de 101 parties, et il observe que, si l'on diminue de 1 partie un des diamètres perpendiculaires à celui qui passe par le point A, de manière que ce diamètre ainsi diminué devienne l'axe d'un ellipsoïde de révolution passant par le même point, ce point sera un point de l'équateur de cet ellipsoïde. Newton remarque ensuite que, si l'on diminue pareillement de 1 partie le diamètre de la sphère perpendiculaire aux deux premiers, on aura un second ellipsoïde de révolution dont A sera encore un point de l'équateur. Si l'on fait varier à la fois les deux derniers diamètres, on aura un ellipsoïde de révolution dont A sera le pôle et dont l'axe de révolution aura 101 parties, l'axe de l'équateur n'en ayant que 100. Dans cet ellipsoïde, la gravité au pôle est à la gravité à la surface de la sphère dont le diamètre est de 101 parties comme 125 est à 126. Mais, par la nature des variations très petites de deux quantités, la diminution de la gravité due à la diminution simultanée des deux diamètres est la somme des diminutions de la gravité lorsqu'on diminue le second diamètre sans diminuer le troisième et lorsqu'on diminue le troisième sans diminuer le second, et cette somme est le double de l'excès de la gravité à la surface de la sphère dont le diamètre est de 101 parties sur la gravité à l'équateur de l'ellipsoïde dont, l'axe de l'équateur étant de 101 parties, l'axe du pôle est de 100 parties. De là il est aisé de conclure que cet excès est $\frac{1}{2} \cdot \frac{1}{126}$ de la gravité à la surface de cette sphère. Mais cette gravité est à la gravité à la surface de la sphère dont le diamètre est de 100 parties comme 101 est à 100, d'où l'on conclut que la gravité au pôle de l'ellipsoïde supposé primitivement est à la gravité à son équateur comme $\frac{126}{125} \cdot 100$ est à $\frac{125\frac{1}{2}}{126} \cdot 101$, ou, à très-peu près, comme 501 est à 500. Désignons par φ le rapport de la force centrifuge à la gravité à l'équateur; les pesanteurs au pôle et à l'équateur de l'ellipsoïde seront donc dans le rapport de 501 à 500 $(1 - \varphi)$. Ces pesanteurs, multipliées respectivement par les longueurs des colonnes fluides ou par 100 et 101, sont proportionnelles aux poids de ces colonnes. Ainsi, pour l'égalité de ces poids ou pour l'équilibre, le produit de 501 par 100 doit égaler le produit de 500 $(1 - \varphi)$ par 101, ce qui donne, à fort peu près, φ égal à $\frac{4}{500}$ ou égal à $\frac{4}{5}$ de l'aplatissement $\frac{1}{100}$ de l'ellipsoïde. L'aplatissement d'un ellipsoïde quelconque très-peu différent de la sphère est donc généralement égal à $\frac{5}{4}$ du rapport de la force centrifuge à la gravité à l'équateur, et comme, pour la Terre, ce rapport est $\frac{1}{289}$, il en résulte un aplatissement égal à $\frac{1}{230}$, en sorte que les axes du pôle et de l'équateur sont à fort peu près dans le rapport de 229 à 230. Les pesanteurs à ces points sont, comme on l'a vu, réciproques à ces axes; elles sont donc dans le rapport de 230 à 229. Newton suppose que, de l'équateur aux pôles, la pesanteur croît comme le carré du sinus de la latitude.

Tel est le premier pas que l'on a fait dans la théorie mathématique de la figure de la Terre. Il laissait, sans doute, beaucoup à désirer. Newton suppose, sans le démontrer, que la figure elliptique convient à l'équilibre d'une masse fluide homogène tournant sur un axe. Il suppose encore, sans démonstration, que la pesanteur à la surface augmente de l'équateur aux pôles comme le carré du sinus de la latitude. Enfin il regarde la Terre comme homogène, ce qui est contraire aux observations, qui prouvent incontestablement que les densités des couches du sphéroïde terrestre croissent de la surface au centre. Malgré ces imperfections, ce premier pas doit paraître immense, si l'on considère l'importance et la nouveauté des propositions que l'auteur établit sur les attractions des sphères et des sphéroïdes, et la difficulté de la matière.

Environ deux ans après la publication du Livre des *Principes mathématiques de la Philosophie naturelle*, Huygens traita le même sujet, dans un Appendice à sa *Dissertation sur la cause de la gravité*. Il n'admet point l'attraction de molécule à molécule, et il suppose que chaque molécule d'une masse fluide homogène tournant sur un axe tend vers le centre de gravité de cette masse en raison inverse du carré de sa distance à ce point. Le problème de la figure de cette masse présente alors beaucoup moins de difficultés. En combinant la force centrifuge avec la tendance vers le centre, Huygens détermine les

longueurs que deux colonnes fluides partant du centre et aboutissant
à la surface doivent avoir pour se faire équilibre, et il trouve, pour la
figure du méridien, une courbe du quatrième ordre, qui, lorsqu'on
suppose très-petit le rapport φ de la force centrifuge à la pesanteur à
l'équateur, devient une ellipse dont, le petit axe étant représenté par
l'unité, le grand axe est $1 + \frac{1}{2}\varphi$. Il trouve ensuite que la pesanteur croit
de l'équateur aux pôles proportionnellement au carré du sinus de la
latitude, et de manière que, la pesanteur étant supposée 1 à l'équateur,
elle est $1 + 2\varphi$ aux pôles. On vient de voir que, dans la théorie de
Newton, les axes et les pesanteurs sont dans le rapport de 1 à $1 + \frac{5}{4}\varphi$,
ce qui est bien différent des résultats d'Huygens. Mais il est remarquable
que, dans ces deux théories, la somme de l'ellipticité et de l'excès de la
pesanteur au pôle sur la pesanteur à l'équateur, prise pour unité, soit
la même et égale à $\frac{5}{2}\varphi$. La théorie d'Huygens revient à considérer la
Terre comme un sphéroïde composé de couches infiniment rares de la
surface au centre et d'une densité infinie infiniment près du centre,
ce qui donne la limite de l'aplatissement, lorsqu'on suppose les densités
de couches croissantes de la surface au centre. La théorie de Newton
donne l'autre limite de l'aplatissement dans la même supposition. C'est
donc entre les limites $\frac{1}{2}\varphi$ et $\frac{5}{4}\varphi$ que doit être l'aplatissement de la
Terre, et c'est, en effet, ce qui résulte des observations.

On n'ajouta rien à la théorie de Newton jusqu'en 1737. Clairaut
prouva, dans les *Transactions Philosophiques* de cette année, que les suppositions sur lesquelles Newton avait fondé sa théorie étaient exactes.
Il fit voir que la figure elliptique satisfait à l'équilibre d'une masse
fluide homogène peu différente d'une sphère et tournant sur un axe, et
qu'à la surface de cette masse la pesanteur croit proportionnellement
au carré du sinus de la latitude. L'Académie des Sciences proposa,
pour le sujet du prix qu'elle devait décerner en 1740, la théorie du flux
et du reflux de la mer. Parmi les pièces qui partagèrent le prix, celle

de Maclaurin est la plus remarquable par l'importance et par la beauté des résultats sur les attractions des sphéroïdes elliptiques de révolution. L'auteur y démontre que la figure elliptique satisfait rigoureusement à l'équilibre d'une masse fluide homogène douée d'un mouvement de rotation, en prenant pour condition de l'équilibre celle de l'équilibre du fluide dans un canal intérieur de figure quelconque et aboutissant par ses extrémités à la surface. Il détermine l'attraction à la surface de cette masse, et, en la combinant avec la force centrifuge, il parvient à ce théorème, savoir que, si d'un point quelconque de la surface on abaisse une perpendiculaire que l'on prolonge jusqu'au plan de l'équateur, la pesanteur à ce point sera proportionnelle à cette perpendiculaire et le rayon de courbure sera proportionnel au cube de la même ligne. Enfin il obtient, par une équation transcendante, le rapport des axes des pôles et de l'équateur. La méthode suivie par l'auteur est purement géométrique, et ce morceau de synthèse peut être comparé à ce que les anciens géomètres nous ont laissé de plus parfait et à l'Ouvrage d'Huygens *De horologio oscillatorio*.

Clairaut publia en 1743 son Ouvrage sur la *Théorie de la figure de la Terre*. Il y donne les équations générales, jusqu'alors inconnues, de l'équilibre des fluides, soit homogènes, soit hétérogènes, ou composés d'un nombre quelconque de fluides, quelles que soient les forces qui animent chacune de leurs molécules, et en supposant entre ces molécules une attraction mutuelle suivant une loi quelconque. Appliquant ensuite ces équations à la Terre, en la supposant formée d'un ou de plusieurs et même d'une infinité de fluides, tous circulant autour d'un même axe, il prouve que la figure elliptique satisfait à l'équilibre des couches de niveau lorsque leur figure est peu différente de la forme sphérique, et il détermine les ellipticités de ces couches et la loi de la pesanteur à la surface de la couche extérieure. Il parvient aux expressions des mêmes quantités dans le cas général où la Terre serait formée d'un noyau elliptique recouvert d'un ou de plusieurs fluides, le noyau étant lui-même formé de couches elliptiques dont les figures et les densités varient du centre à la surface, et il est conduit à ce résultat remarquable, savoir que, si l'on nomme E l'ellipticité de la Terre ou l'excès de l'axe de l'équateur sur celui des pôles pris pour unité, si l'on désigne par C l'excès de la pesanteur aux pôles sur la pesanteur à l'équateur prise pour unité de pesanteur, enfin si l'on exprime par φ le rapport de la force centrifuge à l'équateur à l'unité de pesanteur, la somme $E + C$, dans toutes les hypothèses que l'on peut faire sur la constitution intérieure de la Terre, est constante et égale à $\frac{5}{2} \varphi$; l'accroissement de la pesanteur de l'équateur aux pôles est le produit de C par le carré du sinus de la latitude. L'importance de tous ces résultats et l'élégance avec laquelle ils sont présentés placent cet Ouvrage au rang des plus belles productions mathématiques.

Clairaut y expose une théorie de l'action capillaire; mais cette théorie me paraît insignifiante. En concevant un tuyau cylindrique d'un très-petit diamètre intérieur, plongé verticalement dans un fluide par son extrémité inférieure, il analyse toutes les forces dont la colonne infiniment petite du fluide passant par l'axe du tube est animée, en supposant une attraction des molécules du tube sur celles du fluide et des molécules fluides sur elles-mêmes, la loi d'attraction étant la même dans les deux cas relativement à la distance, mais pouvant différer d'intensité. Clairaut remarque ensuite que, parmi toutes les lois possibles d'attraction, il doit y en avoir une ou plusieurs qui donnent, conformément à l'expérience, l'élévation du fluide dans le tube, réciproque au diamètre intérieur du tube; mais la difficulté du problème consiste à déterminer ces lois. C'est ce que j'ai fait dans ma *Théorie de l'action capillaire*, de laquelle il résulte que toutes les lois d'attraction qui la rendent insensible à des distances sensibles satisfont à l'expérience et sont les seules qui puissent y satisfaire. Mais Clairaut était d'autant plus éloigné de ce résultat, qu'il supposait au contraire que l'attraction du tube sur le fluide est sensible sur les molécules fluides placées dans l'axe. Il a cependant été conduit par cette fausse supposition à ce résultat dont j'ai fait voir l'exactitude, savoir que le fluide sera toujours élevé dans le tube au-dessus du niveau tant que le double de l'intensité de l'attraction des molécules du tube sur celles du fluide surpassera l'intensité de l'attraction des molécules fluides sur elles-mêmes. Ce n'est pas le seul exemple de suppositions fausses ayant conduit à des vérités ; mais la découverte d'une vérité n'appartient qu'à celui qui le premier la démontre.

La méthode que Clairaut a suivie dans sa *Théorie de la figure de la Terre,* quoique fort élégante, est limitée aux ellipsoïdes de révolution. D'Alembert, dans ses *Recherches sur le Système du monde,* publiées en 1754 et 1756, traita cet objet d'une manière beaucoup plus générale. Il détermina les attractions d'un sphéroïde très-peu différent de la sphère, et dont l'équation de la surface est algébrique et d'un ordre quelconque, en le supposant même formé de couches de diverses densités, et il en conclut que la figure que ces couches doivent prendre peut satisfaire à la condition générale de leur équilibre lorsqu'elles sont fluides et douées d'un mouvement de rotation. Cette condition est que la pesanteur soit perpendiculaire à la surface de chaque couche de niveau. D'Alembert employait une autre condition, dont Lagrange a fait voir l'identité avec la précédente. Les recherches de d'Alembert, quoique générales, manquent de la clarté si nécessaire dans les calculs compliqués. Elles laissaient surtout à désirer la connaissance des rapports généraux et simples qui doivent exister entre la figure des sphéroïdes et leurs attractions. Ces rapports des grandeurs génératrices aux résultats qui en dérivent n'intéressent pas moins les géomètres que les solutions des problèmes.

La grande supériorité de l'Analyse sur la Synthèse se fait principalement sentir dans les questions difficiles du Système du monde, questions pour la plupart inaccessibles à la Synthèse. Mais le problème des attractions des ellipsoïdes de révolution, résolu avec tant d'élégance par Maclaurin suivant la méthode synthétique, donnait à cette méthode un avantage sur l'Analyse, que l'on devait s'empresser d'autant plus de faire disparaître, qu'il était naturel d'attendre de l'application de l'Analyse à cet objet, non-seulement un moyen plus simple d'obtenir les résultats de Maclaurin, mais encore une théorie complète des attractions de ce genre de sphéroïdes. C'est, en effet, ce qui est arrivé. Dans les *Mémoires de l'Académie des Sciences de Berlin* pour l'année 1773, Lagrange, par une transformation heureuse des coordonnées, est parvenu analytiquement, et de la manière la plus simple, aux résultats de Maclaurin : il les a étendus à des ellipsoïdes quelconques, et il en a déduit ce théorème, que Maclaurin n'avait fait qu'énoncer et que d'Alembert a démontré le premier; savoir que l'attraction d'un ellipsoïde quelconque sur un point placé dans le prolongement d'un de ses axes est à l'attraction d'un sphéroïde qui aurait le même centre et les mêmes foyers, et qui passerait par le point attiré, comme la masse du premier sphéroïde est à la masse du second. Il restait, pour compléter cette théorie, à déterminer l'attraction d'un ellipsoïde sur un point quelconque placé au dehors. M. Legendre, dans le Tome X des *Savants étrangers*, l'a fait, à l'égard des ellipsoïdes de révolution, par une analyse ingénieuse et savante qui donne, pour tous les sphéroïdes de révolution, un rapport très simple entre leur attraction sur un point placé dans le prolongement de leur axe de révolution et leur attraction sur un point placé dans le prolongement d'un rayon quelconque, à la même distance du centre. Relativement aux ellipsoïdes de révolution, ce rapport fait voir que le quotient de l'attraction sur un point quelconque extérieur, divisée par la masse, est le même pour tous les ellipsoïdes de révolution qui ont le même centre et les mêmes foyers, et, comme l'attraction à la surface est donnée par les théorèmes de Maclaurin, il ne s'agit, pour avoir l'attraction sur un point quelconque au dehors, que de faire passer par ce point un de ces ellipsoïdes, ce qui est facile. Il était naturel d'étendre ce résultat aux ellipsoïdes qui ne sont pas de révolution. Mais sa démonstration présentait beaucoup de difficultés. Je l'ai donnée le premier, dans un Ouvrage sur la *Théorie du mouvement elliptique et de la figure des planètes*, qui parut en 1784, et dans mon *Traité de Mécanique céleste*. Ayant établi un rapport général entre les attractions d'un sphéroïde sur un point quelconque extérieur et ses attractions sur les points placés dans le prolongement d'un de ses axes et dans le plan perpendiculaire à cet axe, j'en ai déduit une nouvelle démonstration du résultat dont il s'agit. Enfin M. Ivory est parvenu au même résultat par une transformation très-heureuse des coordonnées, sans recourir aux séries. Tel a été le progrès des recherches par lesquelles les géomètres sont parvenus à une théorie complète des attractions des ellipsoïdes.

Maclaurin a fait voir qu'une masse fluide homogène tournant autour d'un axe pouvait être rigoureusement en équilibre avec une figure elliptique. Mais y a-t-il d'autres figures d'équilibre lorsque le sphéroïde est très-peu différent de la sphère? J'ai prouvé, sans connaître sa figure, que la pesanteur à sa surface suit la même loi que si cette figure était celle d'un ellipsoïde de révolution. M. Legendre a fait voir ensuite que, si la figure est de révolution, elle doit, pour l'équilibre, être elliptique, et j'ai reconnu que cela est exact, sans supposer une figure de révolution. Mais d'Alembert a prouvé que plusieurs figures elliptiques d'équilibre correspondent à une même durée de rotation. J'ai démontré ensuite qu'il n'y en a que deux, et j'ai déterminé la limite de la durée de rotation que la masse peut avoir sans se dissiper. Mais le véritable problème à résoudre consiste à déterminer la figure qu'une masse fluide doit prendre lorsque, ses molécules ayant été primitivement animées de forces quelconques, elles parviennent à la longue, par leur frottement mutuel et par leur ténacité, à un état fixe d'équilibre. J'ai fait voir, dans le Livre III de la *Mécanique céleste*, que le fluide finit par prendre la figure d'un ellipsoïde de révolution dont l'équateur est le plan primitif du maximum des aires décrites par chaque molécule autour du centre de gravité de la masse. Le mouvement de rotation ainsi que les axes de l'ellipsoïde de révolution sont déterminés par ce maximum; il y a toujours une figure possible d'équilibre, et il n'y en a qu'une.

Enfin j'ai donné, dans les *Mémoires de l'Académie des Sciences* pour l'année 1782 et dans le Livre III de la *Mécanique céleste*, une théorie générale des attractions des sphéroïdes. La fonction qui exprime la somme des molécules attirantes divisées respectivement par leurs distances au point attiré a l'avantage d'exprimer, par ses différences partielles, la résultante de ces attractions décomposées suivant une direction quelconque. J'ai reconnu à cette fonction la propriété suivante : *La somme de ses trois différences partielles du second ordre, prises séparément par rapport à chacune des trois coordonnées rectangulaires du point attiré, est constamment égale à zéro.* Cette équation fondamentale, combinée avec une équation différentielle du premier ordre à laquelle j'ai trouvé que la fonction dont il s'agit doit satisfaire lorsque le point attiré est à la surface d'un sphéroïde homogène très-peu différent de la sphère, m'a donné, par le développement le plus facile, l'expression de l'attraction d'un sphéroïde formé de couches solides ou fluides de densités quelconques, douées d'un même mouvement de rotation et dont les molécules s'attirent réciproquement au carré de la distance. Les rapports généraux et simples que cette expression donne entre les attractions et la figure des sphéroïdes m'ont directement conduit à déterminer la figure des couches fluides dans l'état d'équilibre et la loi de la pesanteur à leur surface. La fécondité de l'équation fondamentale qui sert de base à mon analyse, et qui se reproduit dans la théorie des fluides et dans celle de la chaleur, me porte à croire que les formules auxquelles je suis parvenu sont les plus générales et les plus simples que l'on puisse obtenir.

Voici maintenant le précis des nouvelles recherches que j'ai ajoutées aux précédentes et que j'ai publiées dans les Volumes de la *Connaissance des Temps* et de l'Institut.

On voit, par la Notice historique que je viens de donner des recherches des géomètres sur la figure de la Terre, qu'ils ont supposé le sphéroïde terrestre entièrement recouvert par la mer; mais, ce fluide laissant à découvert une partie considérable de ce sphéroïde, ces recherches, malgré leur généralité, ne représentent pas exactement la nature, et il est nécessaire de modifier les résultats obtenus dans l'hypothèse d'une inondation générale. A la vérité, la théorie mathématique de la figure de la Terre présente alors plus de difficultés; mais le progrès de l'Analyse, surtout dans cette partie, fournit le moyen de les surmonter et de considérer les continents et les mers tels que l'observation les présente.

C'est l'objet de l'analyse suivante. En se rapprochant ainsi de la nature, on entrevoit les causes de plusieurs phénomènes importants que l'Histoire naturelle et la Géologie nous offrent; ce qui peut répandre un grand jour sur ces deux sciences, en les rattachant à la théorie du Système du monde. Voici les principaux résultats de mon analyse. L'un des plus intéressants est le théorème suivant, qui établit incontestablement l'hétérogénéité des couches du sphéroïde terrestre :

Si à la longueur du pendule à secondes, observée sur un point quelconque de la surface du sphéroïde terrestre, on ajoute le produit de cette longueur par la moitié de la hauteur de ce point au-dessus du niveau de l'Océan, déterminée par l'observation du baromètre et divisée par le demi-axe du pôle, l'accroissement de cette longueur ainsi corrigée sera, de l'équateur aux pôles, dans l'hypothèse d'une densité de la Terre constante au-dessous d'une profondeur peu considérable, le produit de cette longueur à l'équateur par le carré du sinus de la latitude et par $\frac{5}{2}$ du rapport de la force centrifuge à la pesanteur à l'équateur, ou par $\frac{13}{10000}$.

Ce théorème, auquel j'ai été conduit par l'équation différentielle du premier ordre qui a lieu à la surface des sphéroïdes homogènes peu différents de la sphère et dont j'ai parlé ci-dessus, est généralement vrai, quelles que soient la densité de la mer et la manière dont elle recouvre en partie la Terre. Il est remarquable en ce qu'il ne suppose point la connaissance de la figure du sphéroïde terrestre ni celle de la mer, qu'il serait impossible d'obtenir.

Les expériences du pendule faites dans les deux hémisphères s'accordent à donner au carré du sinus de la latitude un coefficient plus grand que $\frac{13}{10000}$ et à fort peu près égal à $\frac{54}{10000}$ de la longueur du pendule à l'équateur. Il est donc bien prouvé par ces expériences que la Terre n'est point homogène dans son intérieur. On voit de plus, en les comparant à l'analyse, que les densités des couches terrestres vont en croissant de la surface au centre.

La régularité avec laquelle la variation observée des longueurs du pendule à secondes suit la loi du carré du sinus de la latitude prouve que ces couches sont disposées régulièrement autour du centre de gravité de la Terre et que leur forme est à peu près elliptique et de révolution.

L'ellipticité du sphéroïde terrestre peut être déterminée par la mesure des degrés du méridien. Les diverses mesures que l'on a faites, comparées deux à deux, donnent des ellipticités sensiblement différentes, en sorte que la variation des degrés ne suit pas aussi exactement que celle de la pesanteur la loi du carré du sinus de la latitude. J'ai remarqué dans le Livre III que cela tient aux secondes différentielles du rayon terrestre que renferment les expressions des degrés du méridien et du rayon osculateur, tandis que l'expression de la pesanteur ne contient que les premières différentielles de ce rayon, dont les petits écarts d'un rayon elliptique s'accroissent par les différentiations successives. Mais si l'on compare des degrés éloignés, tels que ceux de France et de l'équateur, leurs anomalies doivent être peu sensibles sur leur différence, et l'on trouve par cette comparaison l'ellipticité du sphéroïde terrestre égale à $\frac{1}{308}$.

Mais un moyen plus précis d'avoir cette ellipticité consiste à comparer avec un grand nombre d'observations deux inégalités lunaires dues à l'aplatissement de la Terre, l'une en longitude et l'autre en latitude. Lorsque je parvins, par la théorie, aux expressions analytiques de ces deux inégalités, je priai successivement MM. Bouvard, Bürg et Burckhardt de faire cette comparaison. Ils y ont employé plusieurs milliers d'observations lunaires faites depuis Bradley jusqu'à nos jours. Les résultats de leurs calculs s'accordent à donner l'aplatissement du sphéroïde terrestre à très peu près égal à $\frac{1}{306}$, et, ce qui est digne de remarque, chacune des deux inégalités conduit à ce résultat, qui, comme on voit, diffère très-peu de celui que donne la comparaison des degrés de France et de l'équateur.

La densité de la mer n'étant qu'un cinquième à peu près de la moyenne densité de la Terre, ce fluide doit avoir peu d'influence sur les variations des degrés et de la pesanteur et sur les deux inégalités lunaires dont je viens de parler. Son influence est encore diminuée par la petitesse de sa profondeur moyenne, que l'on prouve ainsi. En concevant le sphéroïde terrestre dépouillé de l'Océan, et supposant que dans cet état sa surface devienne fluide et soit en équilibre, on aura son ellipticité par le théorème de Clairaut dont j'ai parlé ci-dessus, en retranchant, de cinq fois la moitié du rapport de la force centrifuge à la pesanteur à l'équateur, le coefficient que les expériences donnent au carré du sinus de la latitude dans l'expression de la longueur du pendule à secondes, cette longueur à l'équateur étant prise pour l'unité. On trouve par là $\frac{1}{310}$ pour l'aplatissement du sphéroïde terrestre. Le peu de différence de cet aplatissement à ceux que donnent les mesures des degrés terrestres et les inégalités lunaires prouve que la surface de ce sphéroïde serait à fort peu près celle de l'équilibre, si elle devenait fluide. De là, et de ce que la mer laisse à découvert de vastes continents, on conclut qu'elle doit être peu profonde, et que sa profondeur moyenne est du même ordre que la hauteur moyenne des continents et des iles au-dessus de son niveau, hauteur qui ne surpasse pas 1000 mètres. Cette profondeur est donc une petite fraction de l'excès du rayon de l'équateur sur celui du pôle, excès qui surpasse 20000 mètres. Mais de même que de hautes montagnes recouvrent quelques parties des continents, de même il peut y avoir de grandes cavités dans le bassin des mers. Cependant il est naturel de penser que leur profondeur est plus petite que l'élévation des hautes montagnes, les dépôts des fleuves et les dépouilles des animaux marins, entrainés par les courants, devant remplir à la longue ces cavités.

Ce résultat est important pour l'Histoire naturelle et pour la Géologie. On ne peut douter que la mer n'ait recouvert une grande partie de nos continents, sur lesquels elle a laissé des traces incontestables de son séjour. Les affaissements successifs des iles d'alors et d'une partie des continents, suivis d'affaissements étendus du bassin des mers, qui ont découvert les parties précédemment submergées, paraissent indiqués par les divers phénomènes que la surface et les couches des continents actuels nous présentent. Pour expliquer ces affaissements, il suffit de

3.

supposer plus d'énergie à des causes semblables à celles qui ont produit les affaissements dont l'histoire a conservé le souvenir. L'affaissement d'une partie du bassin de la mer en découvre une autre partie d'autant plus étendue que la mer est moins profonde. Ainsi de vastes continents ont pu sortir de l'Océan sans de grands changements dans la figure du sphéroïde terrestre. La propriété dont jouit cette figure, de différer peu de celle que prendrait sa surface en devenant fluide, exige que l'abaissement du niveau de la mer n'ait été qu'une petite fraction de la différence des deux axes du pôle et de l'équateur. Toute hypothèse fondée sur un déplacement considérable des pôles à la surface de la Terre doit être rejetée, comme incompatible avec la propriété dont je viens de parler. On avait imaginé ce déplacement pour expliquer l'existence des éléphants dont on trouve les ossements fossiles en si grande abondance dans les climats du nord, où les éléphants actuels ne pourraient pas vivre. Mais un éléphant que l'on suppose avec vraisemblance contemporain du dernier cataclysme, et que l'on a trouvé dans une masse de glace, bien conservé avec ses chairs, et dont la peau était recouverte d'une grande quantité de poils, a prouvé que cette espèce d'éléphants était garantie par ce moyen du froid des climats septentrionaux, qu'elle pouvait habiter et même rechercher. La découverte de cet animal a donc confirmé ce que la théorie mathématique de la Terre nous apprend, savoir que, dans les révolutions qui ont changé la surface de la Terre et détruit plusieurs espèces d'animaux et de végétaux, la figure du sphéroïde terrestre et la position de son axe de rotation sur sa surface n'ont subi que de légères variations.

Maintenant, quelle est la cause qui a donné aux couches du sphéroïde terrestre des formes à très peu près elliptiques et de densités croissantes de la surface au centre, qui les a disposées régulièrement autour de leur centre commun de gravité et qui a rendu sa surface très-peu différente de celle qu'elle eût prise si elle avait été primitivement fluide? Si les diverses substances qui composent la Terre ont eu primitivement, par l'effet d'une grande chaleur, l'état fluide, les plus denses ont dû se porter vers le centre; toutes ont pris des formes elliptiques, et la surface a été en équilibre. En se consolidant, ces couches n'ont changé que très-peu de figure, et alors la Terre doit offrir présentement les phénomènes dont je viens de parler. Ce cas a été amplement discuté par les géomètres. Mais la Terre, homogène dans le sens chimique, ou formée d'une seule substance dans son intérieur, pourrait encore nous présenter ces phénomènes. On conçoit, en effet, que le poids immense des couches supérieures peut augmenter considérablement la densité des couches inférieures. Jusqu'ici les géomètres n'ont point fait entrer dans leurs recherches sur la figure de la Terre la compressibilité des substances dont elle est formée, quoique Daniel Bernoulli, dans sa pièce sur le flux et le reflux de la mer, eût déjà indiqué cette cause de l'accroissement de densité des couches du sphéroïde terrestre. J'ai pensé que l'on verrait avec quelque intérêt l'analyse suivante, de laquelle il suit qu'il est possible de satisfaire à tous les phénomènes connus en supposant la Terre formée d'une seule substance dans son intérieur. La loi des densités que la compression donne aux couches de cette substance n'étant pas connue, on ne peut faire à cet égard que des hypothèses.

On sait que la densité des gaz croît proportionnellement à leur compression lorsque la température reste la même. Mais cette loi ne paraît pas convenir aux corps liquides et solides; il est naturel de penser que ces corps résistent d'autant plus à la compression qu'ils sont plus comprimés. C'est, en effet, ce que les expériences confirment, en sorte que le rapport de la différentielle de la pression à la différentielle de la densité, au lieu d'être constant comme dans les gaz, croît avec la densité. L'expression la plus simple de ce rapport supposé variable est le produit de la densité par une constante. C'est la loi que j'ai adoptée, parce qu'elle réunit, à l'avantage de représenter de la manière la plus simple ce que nous savons sur la compression des corps, celui de se prêter facilement au calcul dans la recherche de la figure de la Terre, mon objet dans ce calcul n'étant que de montrer que cette manière de considérer la constitution intérieure de la Terre peut se concilier avec tous les phénomènes qui dépendent de cette constitution, du moins si le sphéroïde terrestre a été primitivement fluide. Dans l'état solide, l'adhérence des molécules diminue extrêmement leur compression mutuelle, et elle empêcherait la masse entière de prendre la figure régulière qu'elle aurait dans l'état fluide, si elle s'en était primitivement écartée. Ainsi, dans cette hypothèse même sur la constitution de la Terre comme dans toutes les autres, la fluidité primitive de la Terre me parait nécessairement indiquée par la régularité de la pesanteur et de la figure de sa surface.

Toute l'Astronomie repose sur l'invariabilité de l'axe de rotation de la Terre à la surface du sphéroïde terrestre et sur l'uniformité de cette rotation. La durée d'une révolution de la Terre autour de son axe est l'étalon du temps; il est donc bien important d'apprécier l'influence de toutes les causes qui peuvent altérer cet élément. L'axe terrestre se meut autour des pôles de l'écliptique; mais, depuis l'époque où l'application du télescope aux instruments astronomiques a donné le moyen d'observer avec précision les latitudes terrestres, on n'a reconnu dans ces latitudes aucune variation qui ne puisse être attribuée aux erreurs des observations, ce qui prouve que l'axe de rotation a, depuis cette époque, répondu à très-peu près au même point de la surface terrestre; il parait donc que cet axe est invariable. L'existence d'axes semblables dans les corps solides est connue depuis longtemps. On sait que chacun de ces corps a trois axes principaux rectangulaires, autour desquels il peut tourner uniformément, l'axe de rotation demeurant invariable. Mais cette propriété remarquable est-elle commune aux corps qui, comme la Terre, sont recouverts en partie d'un fluide? La condition de l'équilibre du fluide s'ajoute alors aux conditions des axes principaux; elle change la figure de la surface lorsque l'on fait changer l'axe de rotation. Il s'agit donc de savoir si, parmi tous les changements possibles, il en est un dans lequel l'axe de rotation et l'équilibre du fluide sont invariables. Pour cela, je fais voir que, si l'on fait passer très-près du centre de gravité du sphéroïde terrestre un axe fixe autour duquel il puisse tourner librement, la mer pourra toujours prendre sur la surface du sphéroïde un état constant d'équilibre. Je donne, pour déterminer cet état, une méthode d'approximation, ordonnée suivant les

puissances du rapport de la densité de la mer à la moyenne densité de
la Terre, rapport qui, n'étant que $\frac{1}{5}$, rend l'approximation convergente.
L'irrégularité de la profondeur de la mer et de son contour ne permet
pas d'obtenir cette approximation. Mais il suffit d'en reconnaître la
possibilité pour être assuré de l'existence d'un état d'équilibre de la
mer. La position de l'axe fixe de rotation étant arbitraire, il est naturel
de penser que, parmi tous les changements que l'on peut faire subir à
cette position, il en est un dans lequel l'axe passe par le centre commun
de gravité de la mer et du sphéroïde qu'elle recouvre, de manière que,
ce fluide étant en équilibre et congelé dans cet état, cet axe soit un axe
principal de rotation de l'ensemble du sphéroïde terrestre et de la mer ;
il est visible que, en rendant à la masse congelée sa fluidité, l'axe sera
toujours un axe invariable de la Terre entière. Je fais voir par l'Analyse
qu'un tel axe est toujours possible, et je donne les équations qui déterminent sa position. En appliquant ces équations au cas où la mer
recouvre en entier le sphéroïde, je parviens à ce théorème :

*Si l'on imagine la densité de chaque couche du sphéroïde terrestre
diminuée de la densité de la mer, et si, par le centre de gravité de ce
sphéroïde imaginaire, on conçoit un axe principal de rotation de ce
sphéroïde, en faisant tourner la Terre autour de cet axe, la mer étant en
équilibre, cet axe sera l'axe principal de la Terre entière, dont le centre
de gravité sera celui du sphéroïde imaginaire.*

Ainsi la mer qui recouvre en partie le sphéroïde terrestre, non-seulement ne rend pas impossible l'existence d'un axe principal, mais
encore, par sa mobilité et par les résistances que ses oscillations
éprouvent, elle rendrait à la Terre un état permanent d'équilibre si des
causes quelconques venaient à le troubler.

Si la mer était assez profonde pour recouvrir la surface du sphéroïde
terrestre, en le supposant tourner successivement autour des trois axes
principaux du sphéroïde imaginaire dont nous venons de parler, chacun
de ces axes serait un axe principal de la Terre entière. Mais la stabilité
de l'axe de rotation n'a lieu, comme dans un corps solide, que relati-

vement aux deux axes principaux pour lesquels le moment d'inertie est
un maximum ou un minimum. Il y a cependant entre un corps solide et
la Terre cette différence, savoir qu'en changeant d'axe de rotation le
corps solide ne change pas de figure, au lieu que, par ce changement,
la surface de la mer prend une autre figure. Les trois figures que prend
cette surface en tournant successivement avec une même vitesse angulaire de rotation autour de chacun des trois axes de rotation du sphéroïde
imaginaire ont des rapports fort simples, que je détermine, et il résulte
de mon analyse que le rayon moyen entre les rayons des trois surfaces
de la mer, correspondants au même point de la surface du sphéroïde
terrestre, est égal au rayon de la surface de la mer en équilibre sur ce
sphéroïde privé de tout mouvement de rotation.

J'ai discuté dans le Livre V l'influence des causes intérieures, telles
que les volcans, les tremblements de terre, les vents, les courants de la
mer, etc., sur la durée de la rotation de la Terre, et j'ai fait voir, au
moyen du principe des aires, que cette influence est insensible, et qu'il
faudrait, pour produire un effet sensible, qu'en vertu de ces causes des
masses considérables eussent été transportées à de grandes distances,
ce qui n'a point eu lieu depuis les temps historiques. Mais il existe une
cause intérieure d'altération de la durée du jour, que l'on n'a point
encore considérée, et qui, vu l'importance de cet élément, mérite une
discussion spéciale. Cette cause est la chaleur du sphéroïde terrestre.
Si, comme tout porte à le croire, la Terre entière a été primitivement
fluide, ses dimensions ont diminué successivement avec sa température;
sa vitesse angulaire de rotation a augmenté graduellement, et elle con-
tinuera de s'accroître jusqu'à ce que la Terre soit parvenue à l'état
constant de température moyenne de l'espace où elle se meut. Pour
avoir une idée juste de cet accroissement de vitesse angulaire, que l'on
imagine, dans un espace d'une température donnée, un globe de matière
homogène tournant sur son axe dans un jour. Si l'on transporte ce
globe dans un espace dont la température soit moindre de 1 degré
centésimal, et si l'on suppose que sa rotation ne soit altérée ni par la
résistance d'un milieu ni par le frottement, ses dimensions diminue-

ront par la diminution de la température, et, lorsqu'à la longue il aura pris la température du nouvel espace, son rayon sera diminué d'une quantité que je supposerai être $\frac{1}{100000}$, ce qui a lieu à peu près pour un globe de verre et ce que l'on peut admettre pour la Terre. Le poids de la chaleur a été inappréciable dans toutes les expériences que l'on a faites pour le mesurer; elle paraît donc, comme la lumière, n'apporter aucune variation sensible dans la masse des corps; ainsi, dans le nouvel espace, deux choses peuvent être supposées les mêmes que dans le premier, savoir, la masse du globe, et la somme des aires décrites dans un temps donné par chacune de ses molécules rapportées au plan de son équateur. Les molécules se rapprochent du centre du globe de $\frac{1}{100000}$ de leur distance à ce point. L'aire qu'elles décrivent sur le plan de l'équateur, étant proportionnelle au carré de cette distance, diminuerait donc à fort peu près de $\frac{1}{50000}$ si la vitesse angulaire de rotation n'augmentait pas, d'où il suit que, pour la constance de la somme des aires dans un temps donné, l'accroissement de cette vitesse et par conséquent la diminution de la durée de la rotation doivent être de $\frac{1}{50000}$: telle est la diminution finale de cette durée. Mais, avant de parvenir à son état final, la température du globe diminue sans cesse, et plus lentement au centre qu'à la surface, en sorte que, par les observations de cette diminution, comparées à la théorie de la chaleur, on pourrait déterminer l'époque où le globe a été transporté dans le nouvel espace. La Terre paraît être dans un état semblable. Cela résulte des observations thermométriques faites dans des mines profondes, et qui indiquent un accroissement de chaleur très sensible à mesure que l'on pénètre dans l'intérieur de la Terre. La moyenne des accroissements observés paraît être de 1 degré centésimal pour un enfoncement de 32 mètres; mais un très grand nombre d'observations fera connaître exactement sa valeur, qui peut n'être pas la même dans tous les climats (¹).

(¹) Imaginons au-dessous d'un plateau d'une grande étendue, et à la profondeur d'environ 3000 mètres, un vaste réservoir d'eau entretenu par les eaux pluviales. Elles acquièrent à cette profondeur, par la chaleur terrestre, une température à peu près égale à celle de l'eau

Il était nécessaire, pour avoir l'accroissement de la rotation de la Terre, de connaitre la loi de diminution de la chaleur du centre à la surface. C'est ce que j'ai fait pour un globe primitivement échauffé d'une manière quelconque, et de plus soumis à l'action échauffante d'une cause extérieure. La loi dont il s'agit, que j'ai publiée en 1819 dans le recueil de la *Connaissance des Temps* et que M. Poisson a confirmée depuis par une savante analyse, est représentée par une suite infinie de termes qui ont pour facteurs des quantités constantes, successivement plus petites que l'unité, et dont les exposants croissent proportionnellement au temps. La longueur du temps fait ainsi disparaitre ces termes les uns après les autres, en sorte qu'avant l'établissement de la température finale il n'y a de sensible qu'un seul de ces termes, qui produit l'accroissement de température dans l'intérieur du globe. Je suppose la Terre parvenue à cet état, dont elle est peut-être encore fort éloignée. Mais, ne cherchant ici qu'à présenter un aperçu de l'influence de la diminution de sa chaleur intérieure sur la durée du jour, j'ai adopté cette hypothèse, et j'en ai conclu l'accroissement de la vitesse de rotation. Il fallait, pour réduire cet accroissement en nombres, déterminer numériquement deux constantes arbitraires, dépendantes l'une de la faculté conductrice de la Terre pour la chaleur, l'autre de l'élévation de température de sa couche superficielle au-dessus de la température de l'espace qui l'environne. J'ai déterminé la première constante au moyen des variations de la chaleur annuelle à diverses profondeurs, et pour cela j'ai fait usage des expériences de M. de Saussure que ce savant a citées dans le n° 1422 de son *Voyage dans les Alpes*. Dans ces expériences, la variation annuelle de la chaleur à la surface a été réduite à $\frac{1}{12}$ à la profondeur de $9^{m},6$. J'ai supposé ensuite que dans nos mines l'accroissement de la chaleur est de 1 degré

bouillante. Supposons ensuite que, par la pression des colonnes d'eau adjacentes ou par les vapeurs qui s'élèvent du réservoir, les eaux remontent jusqu'à la hauteur de la partie inférieure du plateau d'où elles s'écoulent ensuite; elles formeront une source d'eau chaude imprégnée des substances solubles des couches qu'elle aura traversées, ce qui donne une explication vraisemblable des eaux thermales.

centésimal pour un enfoncement de 32 mètres et que la dilatation linéaire des couches terrestres est de $\frac{1}{100000}$ pour chaque degré de température. Je trouve, au moyen de ces données, que la durée du jour n'a pas augmenté de $\frac{5}{1000}$ de seconde centésimale depuis deux mille ans, ce qui est dû principalement à la grandeur du rayon terrestre.

A la vérité, j'ai supposé la Terre homogène, et il est incontestable que les densités de ses couches croissent de la surface au centre. Mais on doit observer ici que la quantité de chaleur et son mouvement seraient les mêmes dans une substance hétérogène si, dans les parties correspondantes des deux corps, la chaleur et la propriété de la conduire étaient les mêmes. La matière peut être ici considérée comme un véhicule de la chaleur, qui peut être le même dans des substances de densités différentes. Il n'en est pas ainsi des propriétés dynamiques qui dépendent de la masse des molécules. Ainsi, nous pouvons, dans cet aperçu des effets de la chaleur terrestre sur la durée du jour, étendre à la Terre hétérogène les données sur la chaleur relatives à la Terre homogène. On trouve ainsi que l'accroissement de densité des couches du sphéroïde terrestre diminue l'effet de la chaleur sur la durée du jour, effet qui, depuis Hipparque, n'a pas augmenté cette durée de $\frac{1''}{300}$.

Le terme dont dépend l'accroissement de la chaleur intérieure de la Terre n'ajoute pas maintenant $\frac{1}{3}$ de degré à la température moyenne de sa surface. Son anéantissement, qu'une très longue suite de siècles doit produire, ne fera donc disparaître aucune des espèces d'êtres organisés actuellement existantes, du moins tant que la chaleur propre du Soleil et sa distance à la Terre n'éprouveront point d'altération sensible.

Au reste, je suis fort éloigné de penser que les suppositions précédentes sont dans la nature ; d'ailleurs, les valeurs observées des deux constantes dont j'ai parlé dépendent de la nature du sol, qui, dans diverses contrées, n'a pas les mêmes qualités relatives à la chaleur. Mais l'aperçu que je viens de présenter suffit pour faire voir que les phéno-

4.

mènes observés sur la chaleur de la Terre peuvent se concilier avec le résultat que j'ai déduit de la comparaison de la théorie des inégalités séculaires de la Lune avec les observations des anciennes éclipses, savoir que, depuis Hipparque, la durée du jour n'a pas varié de $\frac{1}{100}$ de seconde.

CHAPITRE II.

DE LA FIGURE DE LA TERRE.

---

2. La figure de chaque couche du sphéroïde terrestre étant à fort peu près sphérique, j'exprimerai, comme dans le Livre III de la *Mécanique céleste*, son rayon par $a(1 + \alpha y)$, α étant un très-petit coefficient constant. Je désignerai par ρ la densité de cette couche, ρ étant fonction de a. Je nommerai V la somme des quotients de chaque molécule du sphéroïde terrestre, divisée par sa distance à un point extérieur attiré, r étant la distance de ce point à l'origine des rayons terrestres, placée très-près du centre de gravité de la Terre. Enfin je nommerai μ le cosinus de l'angle que r fait avec une droite invariable sur la surface du sphéroïde et que je prendrai pour son axe, et je nommerai ω l'angle que le plan passant par cet axe et par r forme avec un méridien fixe sur la surface du sphéroïde. On peut supposer y développé dans une série de cette forme,

$$y = Y^{(1)} + Y^{(2)} + Y^{(3)} + \dots,$$

$Y^{(i)}$ étant une fonction de a et de μ, $\sqrt{1-\mu^2}\sin\omega$, $\sqrt{1-\mu^2}\cos\omega$, fonction rationnelle et entière relativement à ces trois dernières quantités, et telle que l'on a généralement

$$0 = \frac{\partial\left[(1-\mu^2)\dfrac{\partial Y^{(i)}}{\partial\mu}\right]}{\partial\mu} + \frac{\dfrac{\partial^2 Y^{(i)}}{\partial\omega^2}}{1-\mu^2} + i(i+1)Y^{(i)}.$$

La formule (5) du n° 14 du Livre III devient ainsi

$$V = \frac{4\pi}{3r}\int\rho\, d.a^3 + 4\pi\int\rho\, d\left(\frac{a^4 Y^{(1)}}{3r^2} + \frac{a^5 Y^{(2)}}{5r^4} + \frac{a^6 Y^{(3)}}{7r^4} + \dots\right).$$

π étant le rapport de la circonférence au diamètre; les différentielles et les intégrales sont relatives à la variable a, et celles-ci sont prises depuis a nul jusqu'à sa valeur à la surface du sphéroïde, valeur que je prendrai pour l'unité.

Concevons maintenant la mer en équilibre sur ce sphéroïde doué d'un mouvement de rotation. Soit αq le rapport de la force centrifuge à la pesanteur à l'équateur, et désignons par V la somme de toutes les molécules de la mer divisées par leurs distances respectives au point attiré. Si l'on suppose ce point à la surface de la mer, on aura, par les n^{os} **23** et **29** du Livre III, pour l'équation de l'équilibre de la mer,

$$(1) \quad \begin{cases} \text{const.} = \dfrac{1}{3r}\,\pi\!\int\!\rho d.a^3 + 2\pi\!\int\!\rho d\left(\dfrac{a^4 Y^{(1)}}{3r^2} + \dfrac{a^5 Y^{(2)}}{5r^3} + \dfrac{a^6 Y^{(3)}}{7r^4} + \dots\right) \\[2ex] \qquad\qquad + V - \dfrac{\alpha q r^2}{2}\left(\mu^2 - \dfrac{1}{3}\right)\dfrac{1}{3}\pi\!\int\!\rho d.a^3. \end{cases}$$

Pour déterminer V, je supposerai que le rayon mené de l'origine des rayons terrestres à la surface de la mer soit $1 + \alpha\bar{y} + \alpha y'$, $\bar{y}$ étant la valeur de y à la surface du sphéroïde; $\alpha y'$ sera à très peu près la profondeur de la mer. Je supposerai ensuite

$$y' = Y'^{(0)} + Y'^{(1)} + Y'^{(2)} + Y'^{(3)} + \dots,$$

$Y'^{(0)}$ étant une fonction rationnelle et entière de μ, $\sqrt{1-\mu^2}\sin\omega$, $\sqrt{1-\mu^2}\cos\omega$, assujettie à la même équation aux différences partielles que Y'. On peut considérer la mer comme égale à un sphéroïde dont le rayon est $1 + \alpha\bar{y} + \alpha y'$, moins un second sphéroïde dont le rayon est $1 + \alpha\bar{y}$, plus la partie de ce sphéroïde qui se relève au-dessus du premier et où, par conséquent, $\alpha y'$ est négatif. La somme des molécules du premier sphéroïde, divisées par leurs distances au point attiré, est, par le n° **11** du Livre III, en prenant pour unité la densité de la mer,

$$\frac{1}{3}\frac{\pi}{r} + 2\pi\left(\frac{Y'^{(0)}}{r} + \frac{\bar{Y}^{(1)}+Y'^{(1)}}{3r^2} + \frac{\bar{Y}^{(2)}+Y'^{(2)}}{5r^3} + \dots\right),$$

$\bar{Y}^{(1)}$, $\bar{Y}^{(2)}$, ... étant ce que deviennent $Y'^{(1)}$, $Y'^{(2)}$, ... à la surface du sphéroïde terrestre. La même somme relative au second sphéroïde est

$$\frac{4\pi}{3r} + 4\alpha\pi\left(\frac{\overline{Y^{(1)}}}{3r^2} + \frac{\overline{Y^{(2)}}}{5r^3} + \frac{\overline{Y^{(3)}}}{7r^4} + \ldots\right).$$

La différence de ces deux quantités est

$$4\alpha\pi\left(\frac{Y'^{(0)}}{r} + \frac{Y'^{(1)}}{3r^2} + \frac{Y'^{(2)}}{5r^3} + \frac{Y'^{(3)}}{7r^4} + \ldots\right).$$

En nommant donc V'' la somme des molécules du second sphéroïde qui se relèvent au-dessus du premier, divisées par leurs distances respectives au point attiré, on aura

$$V' = V'' + 4\alpha\pi\left(\frac{Y'^{(0)}}{r} + \frac{Y'^{(1)}}{3r^2} + \frac{Y'^{(2)}}{5r^3} + \ldots\right).$$

L'équation précédente de l'équilibre de la mer deviendra ainsi

$$(2)\quad\left\{\begin{aligned}
\text{const.} &= \frac{4\pi}{3r}\int\rho\,d.a^3 + 4\alpha\pi\int\rho\,d\left(\frac{a^4\,Y^{(1)}}{3r^2} + \frac{a^5\,Y^{(2)}}{5r^4} + \frac{a^6\,Y^{(3)}}{7r^4} + \ldots\right) \\
&\quad + 4\alpha\pi\left(\frac{Y'^{(0)}}{r} + \frac{Y'^{(1)}}{3r^2} + \frac{Y'^{(2)}}{5r^3} + \frac{Y'^{(3)}}{7r^4} + \ldots\right) \\
&\quad + V'' - \frac{\alpha\varphi}{2}r^2\left(\mu^2 - \frac{1}{3}\right)\frac{4}{3}\pi\int\rho\,d.a^3,
\end{aligned}\right.$$

r devant être supposé, après les intégrations, égal à $1 + z\overline{y} + zy'$, et par conséquent égal à l'unité dans les termes multipliés par z, puisqu'on néglige les termes de l'ordre z^2.

Cette équation a cela de remarquable, savoir, que la différentielle de son second membre, prise par rapport à r et divisée par $-dr$, est l'expression de la pesanteur, comme il résulte du n° 33 du Livre III : en nommant donc p la pesanteur, on aura

$$(3)\quad\left\{\begin{aligned}
p &= \frac{4\pi}{3r^2}\int\rho\,d.a^3 + 4\alpha\pi\int\rho\,d\left(\frac{2a^4\,Y^{(1)}}{3r^3} + \frac{3a^5\,Y^{(2)}}{5r^4} + \ldots\right) \\
&\quad + 4\alpha\pi\left(\frac{Y'^{(0)}}{r^2} + \frac{2Y'^{(1)}}{3r^3} + \frac{3Y'^{(2)}}{5r^4} + \ldots\right) \\
&\quad - \frac{\partial V''}{\partial r} + \alpha\varphi\,r\left(\mu^2 - \frac{1}{3}\right)\frac{4}{3}\pi\int\rho\,d.a^3.
\end{aligned}\right.$$

On a, par le n° 10 du Livre III, à la surface de la mer,

$$(a) \qquad 0 = a\,\frac{\partial V''}{\partial r} + \frac{1}{2} V''.$$

Cette équation remarquable étant très-utile pour ce qui va suivre, je vais en rappeler ici la démonstration.

Si l'on conçoit une sphère du rayon a et dont la densité soit exprimée par l'unité, la somme de ses molécules divisées par leurs distances respectives à un point extérieur attiré, dont r est la distance à son centre, sera, par le n° 12 du Livre Ier, la masse de la sphère divisée par r; en désignant donc par V cette somme, on aura

$$V = \frac{1}{3}\,\pi\,\frac{a^3}{r}.$$

Maintenant, si l'on imagine une molécule dm très-voisine de la surface de la sphère et à la distance a' de son centre, sa distance au point attiré sera

$$\sqrt{r^2 - 2a'r\cos\gamma + a'^2},$$

γ étant l'angle compris entre r et a'. Le quotient de cette molécule divisée par sa distance au point attiré sera

$$\frac{dm}{\sqrt{r^2 - 2a'r\cos\gamma + a'^2}}.$$

Nommons V ce quotient; on aura

$$\frac{\partial V}{\partial r} = -\frac{dm(r - a'\cos\gamma)}{(r^2 - 2a'r\cos\gamma + a'^2)^{\frac{3}{2}}},$$

ce qui donne

$$r\,\frac{\partial V}{\partial r} + \frac{1}{2} V = -\frac{dm(r^2 - a'^2)}{2\left[(r - a')^2 + 2a'r(1 - \cos\gamma)\right]^{\frac{3}{2}}}.$$

Si le point attiré est très-près de la surface de la sphère, ainsi que la molécule dm, alors $r^2 - a'^2$ est une quantité insensible que l'on peut négliger, et l'équation précédente devient

$$r \frac{\partial V}{\partial r} + \frac{1}{2} V = 0.$$

La même équation a lieu pour d'autres molécules situées, comme dm, très-près de la surface de la sphère; en nommant donc V'' la somme des V relatifs à ces diverses molécules, on aura

$$r \frac{\partial V''}{\partial r} + \frac{1}{2} V'' = 0,$$

et, r étant très-peu différent de a, on aura l'équation (a),

$$a \frac{\partial V''}{\partial r} + \frac{1}{2} V'' = 0.$$

Le raisonnement précédent cesse d'avoir lieu lorsque le point attiré est très-près de la molécule dm; car alors $\cos\gamma$ diffère très-peu de l'unité, et la fonction

$$(f) \qquad \frac{-\, dm\,(r^2 - a'^2)}{2[(r - a')^2 + 2a'r(1 - \cos\gamma)]^{\frac{3}{2}}}$$

devient très-grande par la petitesse de son diviseur, à moins que la molécule dm ne décroisse à mesure qu'elle approche du point attiré; si, par exemple, ce décroissement, à partir du contact de la molécule, avait pour facteur le carré $r^2 - 2a'r\cos\gamma + a'^2$ de la distance de ces deux points, la fonction précédente resterait toujours insensible.

Concevons un sphéroïde très-peu différent d'une sphère, et supposons le point attiré à sa surface. Imaginons à ce point une sphère intérieure au sphéroïde, tangente à sa surface, et d'un rayon a très-peu différent du rayon du sphéroïde. Alors, si l'on désigne par V'' la somme des molécules de l'excès du sphéroïde sur la sphère, divisées par leurs distances au point attiré, si l'on fixe l'origine des r au centre de cette sphère et si dm est une de ces molécules, l'intégrale de la fonction (f), prise par rapport au système de ces molécules, pourra être supposée nulle, parce que les molécules dm sont nulles au point de

contact et que leur expression près de ce point a pour facteur le carré
de leur distance à ce point. L'équation (a) subsiste donc pour ce point.
Relativement à la sphère tangente, on a

$$r \frac{\partial V}{\partial r} = - \frac{4}{3} \pi \frac{a^3}{r};$$

en supposant donc que V' exprime la somme de toutes les molécules du
sphéroïde divisées par leurs distances au point attiré, ce qui donne
$V' = V + V''$, on aura, en supposant le point attiré au point de contact de
la sphère et du sphéroïde,

$$(b) \qquad\qquad a \frac{\partial V'}{\partial r} + \frac{1}{2} V' = - \frac{2}{3} \pi a^2;$$

c'est l'équation que j'ai donnée dans le n° 10 du Livre III. Ici l'origine
de r est au centre de la sphère tangente. Fixons cette origine à un
point quelconque très-proche du centre de gravité du sphéroïde, et
désignons par $a(1 + \alpha y)$ le rayon de ce sphéroïde, α étant un très-
petit coefficient constant. L'attraction de ce sphéroïde dirigée vers
l'origine de r est $-\frac{\partial V'}{\partial r}$, et il est facile de voir qu'elle est, aux quantités près de l'ordre α^2, la même quelle que soit cette origine, pourvu
que cette origine ne s'écarte que d'une quantité de l'ordre α du centre
de gravité du sphéroïde; car cette attraction, composée avec une force
qui lui est perpendiculaire et de l'ordre α, produit la pesanteur totale,
dont elle ne diffère, par conséquent, que d'une quantité de l'ordre α^2.
Ainsi l'équation précédente (b) subsiste en fixant l'origine de r à un
point quelconque situé fort près du centre de gravité du sphéroïde.

Telle est la démonstration que j'ai donnée de cette équation dans
l'endroit cité de la *Mécanique céleste*. Quelques géomètres, ne l'ayant
pas bien saisie, l'ont jugée inexacte. Lagrange, dans le Tome VIII du
Journal de l'École Polytechnique, a démontré cette équation par une
analyse à peu près semblable à celle qui me l'avait fait découvrir (*Mémoires de l'Académie des Sciences*, année 1775, p. 83). C'est pour sim-

plifier cette matière que j'ai préféré de donner dans la *Mécanique céleste* la démonstration précédente.

Si le point attiré est élevé d'une quantité $\alpha a y'$ au-dessus de la surface du sphéroïde, V étant de la forme $\frac{4}{3}\pi\frac{a^3}{r} + \alpha R$, il ne variera, par ce déplacement du point et en négligeant les quantités de l'ordre α^2, que de la quantité $-\frac{4}{3}\pi a^2 \alpha y'$. La différence particielle $a\frac{\partial V'}{\partial r}$ variera de la quantité $\frac{8}{3}\pi a^2 \alpha y'$; la variation du premier membre de l'équation (b) sera donc $2\pi a^2 \alpha y'$, et cette équation deviendra

$$a\frac{\partial V'}{\partial r} + \frac{1}{2}V' = -\frac{2\pi a^2}{3} + 2a^2\pi\alpha y'.$$

Mais l'équation (a) subsistera toujours, parce que, V" étant de l'ordre α, ce déplacement ne peut y produire que des quantités de l'ordre α^2.

Cela posé, si l'on substitue, dans les équations (2) et (3), $1 + \alpha\bar{y} + \alpha y'$ au lieu de r, et si dans l'équation (3) on substitue $-\frac{1}{2}V"$ au lieu de $\frac{\partial V"}{\partial r}$, elles deviendront, en négligeant les termes de l'ordre α^2,

$$(4)\quad\left\{\begin{aligned}
\text{const.} &= \alpha\bar{y} + \alpha y' - \frac{3\alpha}{\int\rho d.a^3}\int\rho d\left(\frac{a^4 Y^{(1)}}{3} + \frac{a^5 Y^{(2)}}{5} + \frac{a^6 Y^{(3)}}{7} + \ldots\right)\\
&\quad - \frac{3\alpha}{\int\rho d.a^3}\left(Y'^{(0)} + \frac{Y'^{(1)}}{3} + \frac{Y'^{(2)}}{5} + \frac{Y'^{(3)}}{7} + \ldots\right)\\
&\quad - \frac{V"}{\frac{4}{3}\pi\int\rho d.a^3} + \frac{\alpha\varphi}{2}\left(\mu^2 - \frac{1}{3}\right),
\end{aligned}\right.$$

$$(5)\quad\left\{\begin{aligned}
p &= \frac{4}{3}\pi\left(1 - 2\alpha\bar{y} - 2\alpha y'\right)\int\rho d.a^3\\
&\quad + 4\alpha\pi\int\rho d\left(\frac{2a^4 Y^{(1)}}{3} + \frac{3a^5 Y^{(2)}}{5} + \frac{4a^6 Y^{(3)}}{7} + \ldots\right)\\
&\quad + \frac{1}{2}V" + \alpha\varphi\left(\mu^2 - \frac{1}{3}\right)\frac{4}{3}\pi\int\rho d.a^3\\
&\quad + 4\alpha\pi\left(Y'^{(0)} + \frac{2Y'^{(1)}}{3} + \frac{3Y'^{(2)}}{5} + \ldots\right).
\end{aligned}\right.$$

Si l'on ajoute cette dernière équation à la précédente multipliée par

$\frac{3}{4} \pi \int \varsigma d.a^3$, on aura

$$(6) \begin{cases} p = \text{const.} - 2\alpha\pi \left(\overline{y} + y'\right) \int \varsigma d.a^3 + 2\alpha\pi \int \varsigma d.\, a^3\, \mathrm{Y}^{(1)} + a^3\, \mathrm{Y}^{(2)} + a^4\, \mathrm{Y}^{(3)} + \ldots) \\ \qquad + 2\alpha\pi y' + \frac{5}{4} \alpha\varsigma \left(u^2 - \frac{1}{3}\right) \frac{4}{3} \pi \int \varsigma d.a^3. \end{cases}$$

Si l'on suppose la Terre homogène ou ς constant, on aura

$$p = \text{const.} - 2\alpha\pi \left(\varsigma - 1\right) y' + \frac{5}{4} \alpha\varsigma \left(u^2 - \frac{1}{3}\right) \frac{4}{3} \pi\varsigma,$$

et l'on doit observer que $\frac{4}{3} \pi\varsigma$ est à très-peu près la pesanteur à l'équateur. On a donc, dans le cas où la mer a la même densité que le sphéroïde terrestre, ce qui donne $\varsigma = 1$,

$$p = \mathrm{P} \left(1 + \frac{5}{4} \alpha\varsigma\mu^2\right).$$

P étant la pesanteur à l'équateur.

Cette valeur de p subsisterait encore dans le cas où des plateaux d'une densité quelconque et de hautes montagnes recouvriraient les continents. Ces corps ajouteraient à l'équation (1) un terme V'', qui serait la somme de leurs molécules divisée par leurs distances respectives au point attiré. En supposant ce point à la surface de la mer, on aura

$$\frac{\partial \mathrm{V}''}{\partial r} + \frac{1}{2} \mathrm{V}'' = 0.$$

Ainsi V'' disparaîtrait de l'expression de la pesanteur p par le même procédé qui a fait disparaître V'' de cette expression; p aurait donc encore la valeur précédente; le terme V'' changerait donc la figure de la mer sans altérer la loi de la pesanteur. Il est bien remarquable que cette loi soit indépendante de cette figure, qui peut avoir une infinité de formes, dépendantes de la manière dont la mer recouvre en partie le sphéroïde terrestre et des irrégularités de la surface des continents.

3. Pour déterminer la figure de la mer lorsque celle du sphéroïde terrestre est donnée, la méthode la plus simple consiste à ordonner les

approximations suivant les puissances du rapport de la densité de la
mer à la moyenne densité de la Terre, rapport égal à $\frac{2}{11}$ à fort peu près.
Nous allons donc considérer d'abord la figure de la mer en négligeant
ce rapport ou en supposant que la mer est un fluide infiniment rare.
Cela revient à négliger dans l'équation (4) les termes qui ont $\int \rho\, d . a^3$
au dénominateur et qui n'ont pas ρ au numérateur. Cette équation
donne alors, en n'y négligeant, pour plus d'exactitude, que le terme
dépendant de V'',

$$\alpha y' = \text{const.} - \alpha \bar{y} + \frac{3\alpha}{\int \rho d . a^3} \int \rho d \left(\frac{a^4 Y^{(1)}}{3} + \frac{a^5 Y^{(2)}}{5} + \frac{a^6 Y^{(3)}}{7} + \ldots \right)$$

$$+ \frac{3\alpha}{\int \rho d . a^3} \left(\frac{Y'^{(1)}}{3} + \frac{Y'^{(2)}}{5} + \frac{Y'^{(3)}}{7} + \ldots \right) - \frac{\alpha \rho}{2} \left(\mu^2 - \frac{1}{3} \right).$$

En substituant $\overline{Y}^{(1)} + \overline{Y}^{(2)} + \ldots$ pour $\bar{y}$ et $Y'^{(0)} + Y'^{(1)} + Y'^{(2)} + \ldots$
pour y', et comparant les termes semblables, on aura généralement

$$Y'^{(i)} \left[1 - \frac{3}{(2i+1) \int \rho d . a^3} \right] = - \overline{Y}^{(i)} + \frac{3 \int \rho d (a^{i+3} Y^{(i)})}{(2i+1) \int \rho d . a^3}.$$

Dans le cas de $i = 2$, il faut ajouter au second membre de cette équation
le terme $- \frac{\rho}{2} \left(\mu^2 - \frac{1}{3} \right)$.

L'équation (6), dans laquelle rien n'est négligé, donnera ensuite la
pesanteur p à la surface de la mer.

Les expériences du pendule font voir que $\overline{Y}^{(1)}$, $\overline{Y}^{(3)}$, $\overline{Y}^{(4)}$, ... sont des
quantités très-petites relativement à $\overline{Y}^{(2)}$, et que cette dernière fonction
se réduit à fort peu près à $-\bar{h} \left(\mu^2 - \frac{1}{3} \right)$, $\bar{h}$ étant une constante, ce qui
donne aux couches du sphéroïde terrestre la figure d'un ellipsoïde de
révolution. Examinons donc ce cas particulièrement. On a alors, par
ce qui précède, en faisant $Y^{(2)}$ égal à $- h \left(\mu^2 - \frac{1}{3} \right)$,

$$Y'^{(2)} \left(1 - \frac{3}{5 \int \rho d . a^3} \right) = \left[\bar{h} - \frac{3 \int \rho d (a^5 h)}{5 \int \rho d . a^3} - \frac{\rho}{2} \right] \left(\mu^2 - \frac{1}{3} \right).$$

Ainsi, en faisant

$$h' = \frac{\frac{\varphi}{2} - \overline{h} + \dfrac{3\int\rho\,d(a^5 h)}{5\int\rho\,d.a^3}}{1 - \dfrac{3}{5\int\rho\,d.a^3}},$$

on aura

$$\alpha y' = \alpha l - \alpha h'\mu^2,$$

l étant une constante. Il est facile de voir que h' serait nul si, la mer étant anéantie, la surface du sphéroïde était en équilibre, en devenant fluide. Si donc cette surface est moins aplatie que dans ce cas, h' sera positif et la mer recouvrira l'équateur du sphéroïde. Sa profondeur sera $\alpha l - \alpha h'\mu^2$, et, si elle n'a pas un volume suffisant pour recouvrir le sphéroïde entier, elle s'étendra vers les deux pôles à des latitudes égales. Soit ε le sinus de ces latitudes; la profondeur de la mer étant nulle à ces points, on aura

$$\alpha l = \alpha h'\varepsilon^2,$$

et, l'origine des rayons terrestres étant supposée au centre de gravité du sphéroïde terrestre, ce qui rend $\overline{Y}^{(1)}$ et $Y''^{(1)}$ nuls, la profondeur de la mer sera

$$\alpha h'(\varepsilon^2 - \mu^2).$$

Le volume de la mer sera $\dfrac{8}{3}\alpha\pi h'\varepsilon^3$; ce volume, étant donné, fera donc connaître ε. L'équation (6), combinée avec l'expression précédente de h', donnera, pour l'expression de la pesanteur à la surface de la mer,

$$P\left\{ 1 + \left[\frac{5}{4}\alpha\varphi - \alpha(\overline{h} + h')\right]\mu^2 \right\},$$

P étant cette pesanteur à l'équateur.

Si la surface du sphéroïde a un aplatissement plus grand que celui qui convient à son équilibre en la supposant fluide, h' devient négatif, et alors, si la mer n'a pas un volume suffisant pour recouvrir le sphéroïde entier, elle se portera vers les deux pôles et elle formera deux mers distinctes, dont les masses pourront être dans un rapport quelconque. En faisant $h' = -g$, g étant positif, la profondeur de la mer boréale sera

$$\alpha g (\mu^2 - \varepsilon^2),$$

ε étant le sinus de la latitude des bords de cette mer. La profondeur de la mer située vers le pôle austral sera

$$\alpha g (\mu^2 - \varepsilon'^2),$$

ε' étant ce que devient pour cette mer la quantité ε. Les masses des deux mers seront respectivement

$$\frac{2\alpha\pi g}{3}(1 - \varepsilon)^2(1 + 2\varepsilon), \quad \frac{2\alpha\pi g}{3}(1 - \varepsilon')^2(1 + 2\varepsilon'),$$

et la pesanteur à leur surface sera, en désignant par P la pesanteur aux pôles,

$$P\left\{ 1 - \left[\frac{5}{4}\alpha\varphi - \alpha(\overline{h} - g)\right](1 - \mu^2)\right\}.$$

Pour avoir une seconde approximation, il faut déterminer la valeur analytique de la fonction $\dfrac{V''}{\frac{4}{3}\pi\int p\,d.\,a^3}$ de l'équation (4) et l'ajouter à l'expression de $\alpha y'$. Or, on a

$$V'' = \alpha \int \frac{y_1\,d\mu'\,d\omega'}{\sqrt{2(1 - \cos\gamma)}},$$

y_1 étant ce que devient l'expression trouvée par une première approximation pour y', et dans laquelle on change μ en μ', ω en ω', μ' et ω' étant relatifs au point attirant, tandis que μ et ω se rapportent au point attiré ; γ est l'angle compris entre les rayons terrestres menés à ces deux points, en sorte que l'on a

$$\cos\gamma = \mu\mu' + \sqrt{1 - \mu^2}\sqrt{1 - \mu'^2}\cos(\omega' - \omega).$$

L'intégrale précédente est relative à la surface entière des continents et des îles. Développons le radical

$$\frac{1}{\sqrt{r^2 - 2r\cos\gamma + 1}}$$

suivant les puissances de $\frac{1}{r}$. En nommant $P^{(i)}$ le coefficient de $\frac{1}{r^{i+1}}$ dans ce développement, on aura, par le n° **23** du Livre III, en supposant $\lambda = \cos\gamma$,

$$P^{(i)} = \frac{1.3.5\ldots(2i-1)}{1.2.3\ldots i}\left[\lambda^i - \frac{i(i-1)}{2(2i-1)}\lambda^{i-2} + \frac{i(i-1)(i-2)(i-3)}{2.4(2i-1)(2i-3)}\lambda^{i-4} - \ldots\right].$$

Si l'on fait $\frac{1}{r} = x$, $P^{(i)}$ devient le coefficient de x^i dans le développement de $(1 - 2\lambda x + x^2)^{-\frac{1}{2}}$, fonction que l'on peut mettre sous cette forme :

$$\frac{1}{\sqrt{1-\lambda^2}\sqrt{1+\frac{(x-\lambda)^2}{1-\lambda^2}}}$$

Le coefficient de x^i dans le développement de

$$\frac{1}{\sqrt{1+\frac{(x-\lambda)^2}{1-\lambda^2}}}$$

est égal à

$$\frac{d^i\,\frac{1}{\sqrt{1+\frac{(x-\lambda)^2}{1-\lambda^2}}}}{1.2.3\ldots i.dx^i},$$

x étant supposé nul après les différentiations. J'ai fait voir, dans le n° **38** de la *Théorie analytique des probabilités*, que l'on a, ζ restant quelconque après les différentiations,

$$\frac{d^i\,\frac{1}{\sqrt{1-\zeta^2}}}{1.2.3\ldots i.d\zeta^i} = \frac{1}{\pi(1-\zeta^2)^{i+\frac{1}{2}}}\int d\varpi(\zeta + \cos\varpi)^i,$$

l'intégrale étant prise depuis ϖ nul jusqu'à ϖ à la demi-circonférence π. En faisant donc

$$\frac{x-\lambda}{\sqrt{1-\lambda^2}} = \zeta\sqrt{-1},$$

lorsque x est nul après les différentiations, ce qui donne

$$\zeta = \frac{\lambda \sqrt{-1}}{\sqrt{1-\lambda^2}};$$

on aura

$$\frac{d^i \frac{1}{\sqrt{1-2\lambda.x+x^2}}}{1.2.3\ldots i.dx^i}$$

ou $\mathrm{P}^{(i)}$ égal à

$$(f) \qquad \frac{1}{\pi(\sqrt{-1})^i} \int d\varpi \left(\lambda\sqrt{-1} + \sqrt{1-\lambda^2}\cos\varpi\right)^i.$$

Dans le cas de $\lambda = 1$, cette fonction se réduit à l'unité, comme cela doit être; car $\mathrm{P}^{(i)}$ devient alors le coefficient de x^i dans le développement de $\frac{1}{1-x}$. Mais, pour peu que λ soit moindre que l'unité, la fonction précédente, et par conséquent $\mathrm{P}^{(i)}$, devient moindre que l'unité, comme il est facile de le prouver.

L'intégrale (f), prise depuis $\varpi = 0$ jusqu'à $\varpi = \pi$, est égale à cette même intégrale prise depuis $\varpi = 0$ jusqu'à $\varpi = \frac{\pi}{2}$, plus à l'intégrale

$$\frac{1}{\pi(\sqrt{-1})^i} \int d\varpi' \left(\lambda\sqrt{-1} - \sqrt{1-\lambda^2}\cos\varpi'\right)^i,$$

prise depuis $\varpi' = 0$ jusqu'à $\varpi' = \frac{\pi}{2}$, comme on le voit en changeant ϖ en $\pi - \varpi'$ dans l'intégrale (f), lorsque ϖ surpasse $\frac{\pi}{2}$. Soit donc $\gamma' = \frac{\pi}{2} - \gamma$, ce qui donne $\lambda = \sin\gamma'$; la fonction (f) devient

$$(\mathrm{P}) \qquad \frac{1}{\pi(\sqrt{-1})^i} \int d\varpi \left[\begin{array}{l} (\sqrt{-1}\sin\gamma' + \cos\gamma'\cos\varpi)^i \\ + (\sqrt{-1}\sin\gamma' - \cos\gamma'\cos\varpi)^i \end{array} \right],$$

l'intégrale étant prise depuis ϖ nul jusqu'à $\varpi = \frac{\pi}{2}$. On peut donner à cette fonction la forme suivante :

$$\frac{1}{\pi(\sqrt{-1})^i} \int d\varpi \left\{ \begin{array}{l} (\cos i\gamma' + \sqrt{-1}\sin i\gamma')\left[1 - 2(\cos\gamma' - \sqrt{-1}\sin\gamma')\cos\gamma'\sin^2\tfrac{1}{2}\varpi\right]^i \\ + (-1)^i(\cos i\gamma' - \sqrt{-1}\sin i\gamma')\left[1 - 2(\cos\gamma' + \sqrt{-1}\sin\gamma')\cos\gamma'\sin^2\tfrac{1}{2}\varpi\right]^i \end{array} \right\}$$

On a

$$\int d\varpi \left[1 - 2\left(\cos\gamma' - \sqrt{-1}\,\sin\gamma'\right)\cos\gamma'\,\sin^2\tfrac{1}{2}\varpi \right]^i$$

$$= c^{\,i\log\left[1 - 2\left(\cos\gamma' - \sqrt{-1}\,\sin\gamma'\right)\cos\gamma'\,\sin^2\frac{1}{2}\varpi\right]},$$

c étant le nombre dont le logarithme hyperbolique est l'unité. Il résulte de la méthode générale que j'ai donnée dans les *Mémoires de l'Académie des Sciences* pour l'année 1782, et que j'ai développée avec étendue dans ma *Théorie analytique des probabilités,* que, dans le cas de i un très-grand nombre, cette intégrale devient à très-peu près égale à celle-ci,

$$\int d\varpi\, c^{\,-\frac{i}{2}\left(\cos\gamma' - \sqrt{-1}\,\sin\gamma'\right)\cos\gamma'\,.\,\varpi^2},$$

l'intégrale étant prise depuis ϖ nul jusqu'à ϖ infini. En faisant

$$\varpi\sqrt{\tfrac{i}{2}\left(\cos\gamma' - \sqrt{-1}\,\sin\gamma'\right)\cos\gamma'} = t,$$

cette intégrale devient

$$\frac{\cos\frac{1}{2}\gamma' + \sqrt{-1}\,\sin\frac{1}{2}\gamma'}{\sqrt{\frac{i}{2}\cos\gamma'}}\,\int dt\,c^{-t^2},$$

l'intégrale étant prise depuis t nul jusqu'à t infini, ce qui donne

$$\int dt\,c^{-t^2} = \tfrac{1}{2}\sqrt{\pi}.$$

De là il est facile de conclure que la fonction (f), valeur de $P^{(i)}$, est à fort peu près, dans le cas de i égal à un très-grand nombre pair,

$$\frac{2(-1)^{\frac{i}{2}}\cos\left(i + \frac{1}{2}\right)\gamma'}{(1 - \lambda^2)^{\frac{1}{4}}\sqrt{2\pi i}},$$

et que, dans le cas de i très-grand et impair, cette valeur est à fort peu près

$$\frac{2(-1)^{\frac{i-1}{2}}\sin\left(i+\frac{1}{2}\right)\gamma'}{(1-\lambda^2)^{\frac{1}{4}}\sqrt{2\pi i}}.$$

En restituant $\frac{\pi}{2}-\gamma$ pour γ', ces deux expressions deviennent l'une et l'autre

$$\frac{\cos\left[\left(i+\frac{1}{2}\right)\gamma-\frac{1}{4}\pi\right]}{(1-\lambda^2)^{\frac{1}{4}}\sqrt{\frac{1}{2}i\pi}}.$$

λ étant supposé plus petit que l'unité, cette valeur de $P^{(i)}$ est toujours fort approchée lorsque i est un très-grand nombre ; elle devient exacte lorsque i est infini. Mais il est remarquable que l'expression donnée ci-dessus de $P^{(i)}$ par une suite de puissances de λ, et qui, dans le cas de i un très-grand nombre, est composée d'un grand nombre de termes et de facteurs, se réduise alors à une expression aussi simple.

Considérons présentement l'intégrale

$$\alpha\int\int\frac{\gamma_1\,d\mu'\,d\omega'}{\sqrt{r^2-2\lambda r+1}},$$

qui devient V'' lorsque $r=1$. Le coefficient de $\frac{1}{r^{i+1}}$, dans cette intégrale développée par rapport aux puissances de $\frac{1}{r}$, est, dans le cas où i est un très-grand nombre,

$$\frac{\alpha}{\sqrt{\frac{1}{2}i\pi}}\int\int\frac{\gamma_1\,d\mu'\,d\omega'\cos\left[\left(i+\frac{1}{2}\right)\gamma-\frac{1}{4}\pi\right]}{(1-\lambda^2)^{\frac{1}{4}}}.$$

En intégrant cette fonction par rapport à μ', on a

$$\frac{\alpha}{\left(i+\frac{1}{2}\right)\sqrt{\frac{1}{2}i\pi}}\int\frac{\gamma_1\,d\omega'\sin\left[\left(i+\frac{1}{2}\right)\gamma-\frac{1}{4}\pi\right]\frac{\partial\mu'}{\partial\gamma}}{(1-\lambda^2)^{\frac{1}{4}}}$$

$$-\frac{\alpha}{\left(i+\frac{1}{2}\right)\sqrt{\frac{1}{2}i\pi}}\int\int d\omega'\,d\mu'\sin\left[\left(i+\frac{1}{2}\right)\gamma-\frac{1}{4}\pi\right]\frac{d}{d\mu'}\frac{\gamma_1\frac{\partial\mu'}{\partial\gamma}}{(1-\lambda^2)^{\frac{1}{4}}}.$$

6.

On voit ainsi que, quel que soit y_1, on arrivera toujours, par le développement du radical $\dfrac{1}{\sqrt{r^2-2\lambda r+1}}$ suivant les puissances de $\dfrac{1}{r}$, à une série très-convergente, à cause du diviseur $\left(i+\dfrac{1}{2}\right)\sqrt{\dfrac{1}{2}i\pi}$. Le coefficient de $\dfrac{1}{r^{i+1}}$ dans ce développement est, par le n° **23** du Livre III,

$$\left[\frac{1.3.5\ldots(2i-1)}{1.2.3\ldots i}\right]^2 \sum\left\{\begin{aligned}&\frac{i(i-1)(i-2)\ldots(i-n+1)}{(i+1)(i+2)\ldots(i+n)}\cos n(\varpi-\omega').(1-\mu^2)^{\frac{n}{2}}\left[\mu^{i-n}-\frac{(i-n)(i-n-1)}{2(2i-1)}\mu^{i-n-2}+\ldots\right]\\&\times(1-\mu'^2)^{\frac{n}{2}}\left[\mu'^{i-n}-\frac{(i-n)(i-n-1)}{2(2i-1)}\mu'^{i-n-2}+\ldots\right]\end{aligned}\right\},$$

le signe Σ comprenant toutes les valeurs de la fonction qu'il enveloppe, depuis $n=0$ jusqu'à $n=i$. Dans le cas de $n=0$, il ne faut prendre que la moitié de cette fonction.

La première approximation nous a donné y_1 sous cette forme

$$Y'^{(0)}+Y'^{(1)}+Y'^{(2)}+\ldots.$$

En la prenant négativement et en y changeant μ en μ', on aura la valeur de y_1, qui, substituée dans l'intégrale

$$\int\int\frac{y_1\,d\mu'\,d\varpi'}{\sqrt{r^2-2r\lambda+1}}$$

développée par rapport aux puissances de $\dfrac{1}{r}$, donne, par une série très-convergente, cette intégrale et par conséquent la valeur de V''. On aura ainsi, au moyen de l'équation (4), une seconde approximation de la valeur de zy', ordonnée, comme la première, par une suite de fonctions de la forme $Y^{(i)}$. On aura ensuite, au moyen de l'équation (6), une seconde approximation de la pesanteur p. Ces approximations seront suffisantes, vu le peu de densité de la mer et son peu de profondeur, comme on le verra bientôt.

Dans le cas où la Terre est un sphéroïde de révolution, il est facile de voir que la valeur de V'' se simplifie et se réduit à une suite de termes compris dans la forme

$$2\pi Q^{(i)}\int\mu Q^{(i)}y_1\,d\mu',$$

$Q^{(i)}$ étant égal à

$$\frac{1.3.5\ldots(2i-1)}{1.2.3\ldots i}\left[\mu^i - \frac{i(i-1)}{2(2i-1)}\mu^{i-2} + \ldots\right],$$

et $Q'^{(i)}$ étant ce que devient $Q^{(i)}$ lorsqu'on y change μ en μ'; i doit être étendu depuis zéro jusqu'à l'infini. Si l'on nomme ϑ l'angle dont μ est le cosinus et ϑ' l'angle dont μ' est le cosinus, on aura, lorsque i est un grand nombre,

$$Q'^{(i)} = \frac{\cos\left[\left(i+\frac{1}{2}\right)\vartheta' - \frac{1}{4}\pi\right]}{\sqrt{\frac{1}{2}i\pi\left(1-\mu'^2\right)^{\frac{1}{4}}}}.$$

L'intégrale

$$2\pi Q^{(i)}z\int Q'^{(i)}y_1\,d\mu'$$

deviendra, à fort peu près,

$$\frac{8z}{i(2i+1)}\frac{\cos\left[\left(i+\frac{1}{2}\right)\vartheta - \frac{1}{4}\pi\right]}{\sqrt{\sin\vartheta}}\left\{\begin{array}{l} y_1\sqrt{\sin\vartheta'}\sin\left[\left(i+\frac{1}{2}\right)\vartheta' - \frac{1}{4}\pi\right] \\ -y'\sqrt{\sin\vartheta}\,\sin\left[\left(i+\frac{1}{2}\right)\vartheta - \frac{1}{4}\pi\right] \end{array}\right\}.$$

On voit par là combien la valeur précédente de V'' est convergente.

4. Considérons maintenant les variations des degrés et de la pesanteur à la surface des continents et des iles ou, ce qui revient au même, à la surface du sphéroïde terrestre. Ces variations sont les seules que nous puissions observer. Pour avoir leur expression analytique, imaginons une atmosphère infiniment rare, d'une densité constante, très-peu élevée, mais qui, cependant, embrasse toute la Terre et ses montagnes; soit zy'' l'élévation de ses points au-dessus de la surface du sphéroïde terrestre. L'équation (1) du n° 2, qui détermine la figure de la mer, déterminera la partie de la figure de l'atmosphère qui s'élève au-dessus de la mer; car il est clair que la valeur de V dans cette équation, étant de l'ordre z, est, aux quantités près de l'ordre z^2, la même aux deux surfaces. Mais, à la surface de la mer, r doit être changé dans $1 + zy + zy'$, tandis que, relativement à la surface de

l'atmosphère supposée, il doit être changé dans $1 + \alpha \overline{y} + \alpha y''$. Cela posé, si l'on retranche ces deux équations l'une de l'autre, on aura

$$\alpha y'' - \alpha y' = \mathrm{const.}$$

Ainsi tous les points de la surface de cette atmosphère qui correspondent à la surface de la mer sont également élevés au-dessus de cette dernière surface, en sorte que ces deux surfaces sont à très-peu près semblables.

Si l'on nomme p' la pesanteur à la surface de l'atmosphère, il est visible que cette pesanteur sera à la pesanteur p à la surface de la mer comme $\dfrac{1}{(1 + \alpha \overline{y} + \alpha y'')^2}$ est à $\dfrac{1}{(1 + \alpha \overline{y} + \alpha y')^2}$, ce qui donne à très-peu près, en désignant $\alpha y'' - \alpha y'$ par αl, quantité qui, comme on vient de le voir, est constante,

$$p' = p - 2\alpha l \mathrm{P},$$

P étant la pesanteur à la surface de la mer à l'équateur; ainsi la loi de la pesanteur est la même aux deux surfaces. On a vu dans le n° 2 que, dans le cas où le sphéroïde terrestre est homogène et de même densité que la mer, on a

$$p = \mathrm{P}\left(1 + \frac{5}{4}\alpha\varphi\mu^2\right);$$

on a donc alors

$$p' = \mathrm{P}\left(1 - 2\alpha l + \frac{5}{4}\alpha\varphi\mu^2\right).$$

Pour avoir l'équation de la surface de l'atmosphère au-dessus des continents, nous nommerons V_1 la somme des molécules de la mer divisées par leurs distances respectives à un point de cette surface. Alors l'équation (1) du n° 2 deviendra celle de cette surface, en y changeant V' en V, et en y substituant $1 + \alpha \overline{y} + \alpha y''$ pour r. Or on a

$$V' = \alpha \iint \frac{y' \, d\mu' \, d\omega'}{\sqrt{r^2 - 2r\cos\gamma + 1}},$$

l'intégrale étant prise pour toutes les valeurs de μ' et de ω' relatives à l'étendue de la mer, r devant être supposé égal à l'unité, et $\cos\gamma$ étant

$$\mu\mu' + \sqrt{1 - \mu^2}\,\sqrt{1 - \mu'^2}\cos(\omega - \omega').$$

En développant le radical de cette intégrale par rapport aux puissances de $\frac{1}{r}$, on voit, par ce qui précède, que V' est composé de termes de la forme

$$6(1 - \mu^2)^{\frac{n}{2}}(\mu^{i-n} - \ldots)\int\int y'\,d\mu'\,d\omega'(1 - \mu'^2)^{\frac{n}{2}}(\mu'^{i-n} - \ldots)\cos n(\omega - \omega').$$

La valeur de V_1 se compose des mêmes termes; on a donc

$$V' = V_1.$$

Cela posé, si l'on retranche l'une de l'autre les équations aux deux surfaces, on aura

$$\alpha y'' = \alpha l + \alpha y',$$

pourvu que les coordonnées μ et ω de la fonction y' se rapportent au rayon du point de l'atmosphère que nous considérons.

La surface du sphéroïde dont le rayon est $1 + \alpha\bar{y} + \alpha y'$ est celle de la mer, et au delà des limites de la mer elle s'abaisse au-dessous de la surface du sphéroïde terrestre; l'élévation des points de cette seconde surface au-dessus de la première sera donc $-\alpha y'$: c'est ce que l'on entend par l'élévation de ces points au-dessus du niveau de la mer. L'élévation des points correspondants de la surface de l'atmosphère est $\alpha y''$. Les observations barométriques font connaitre les quantités αl et $\alpha y''$; car on peut supposer que l'atmosphère dont nous venons de parler est notre atmosphère elle-même, réduite à sa moyenne densité.

Pour avoir l'expression de la pesanteur, il faut changer, dans l'équation (1) du n° 2, V' dans V_1, V_1 représentant, pour les points situés au-dessus des continents, la somme des molécules de la mer divisées par leurs distances respectives au point de la surface de l'atmosphère qui correspond aux continents, et substituer, pour r, $1 + \alpha\bar{y} + \alpha y''$. On peut supposer, pour plus de généralité, que V_1 comprend encore la somme semblable relative aux montagnes et même aux cavités de la surface de la Terre, en observant que la partie de V_1 relative à ces cavités est négative. La pesanteur p' est donnée par la différentielle du second membre de l'équation (1) divisée par $-dr$. Si l'on en retranche l'équation (1) multipliée par $\frac{1}{2}$, et si l'on observe que l'on a

$$\frac{\partial V_1}{\partial r} + \frac{1}{3}V_1 = 0,$$

on aura

$$(7) \quad \left\{ \begin{aligned} p' &= \text{const.} - 2\alpha\pi(\overline{y} + y'')\int\rho d.a^3 \\ &\quad + 2\alpha\pi\int\rho d(a^4 Y^{(1)} + a^5 Y^{(2)} + a^6 Y^{(3)} + \dots) \\ &\quad + \frac{5}{7}\alpha\rho P\mu^2. \end{aligned} \right.$$

En substituant ensuite, au lieu de p, $p'' - 2\alpha P y''$, p'' étant la pesanteur à la surface du sphéroïde, on aura

$$8. \quad \left\{ \begin{aligned} p'' &= \text{const.} - \frac{1}{3}P(\alpha l - \alpha y'') \\ &\quad + 2\alpha\pi\,\overline{y}\int a^3 d\rho - 2\alpha\pi\int d\rho(a^4 Y^{(1)} + a^5 Y^{(2)} + \dots) \\ &\quad + \frac{5}{7}\alpha\rho P\mu^2. \end{aligned} \right.$$

Cette expression de p'' embrasse l'attraction des montagnes et généralement tous les effets d'attraction dus aux irrégularités de la surface du sphéroïde terrestre, pourvu que le point attiré en soit fort éloigné; car cette condition est nécessaire à l'existence de l'équation

$$0 = \frac{\partial V_1}{\partial r} + \frac{1}{3}V_1,$$

qui fait disparaitre ces effets.

Si le sphéroïde terrestre était homogène, $d\rho$ serait nul, et l'on aurait cette expression remarquable,

$$p'' = P\left[1 - \frac{1}{3}\alpha(l - y'') + \frac{5}{7}\alpha\rho\mu^2 \right],$$

P étant la pesanteur à l'équateur au niveau de la mer. On peut, au moyen de cette équation, vérifier l'hypothèse de cette homogénéité;

car alors, en ajoutant à toutes les valeurs de p'', déterminées par les expériences du pendule, la quantité $\frac{1}{2}P(\alpha l - \alpha y'')$, déterminée par les observations du baromètre, l'expression de la pesanteur ainsi corrigée deviendrait $P\left(1 + \frac{5}{4}\alpha\varphi\mu^2\right)$. L'accroissement de la pesanteur de l'équateur aux pôles serait ainsi $\frac{5}{4}\alpha\varphi\mu^2$. Or on a

$$\frac{5}{4}\alpha\varphi = 0,004325;$$

cet accroissement serait donc $0,004325\,P\mu^2$. Les expériences multipliées du pendule dans les deux hémisphères indiquent bien un accroissement à très-peu près proportionnel à μ^2 ou au carré du sinus de la latitude ; mais elles s'accordent à donner à μ^2 un coefficient plus grand que le précédent et à fort peu près égal à $0,0054\,P$. L'hypothèse de l'homogénéité de la Terre est donc exclue par ces expériences ; on voit même que l'hétérogénéité de ses couches doit s'étendre depuis la surface, au delà des quantités de l'ordre α ou de l'aplatissement de la Terre, afin que la quantité de l'équation (8)

$$2\alpha\pi\,\bar{y}\int a^3\,d\rho - 2\alpha\pi\int d\rho\left(a^4\,Y^{(1)} + a^5\,Y^{(2)} + \dots\right)$$

soit de l'ordre α et devienne égale à

$$\left(0,0054\,P - 0,004325\,P\right)\left(\mu^2 - \frac{1}{3}\right).$$

5. Comparons maintenant l'Analyse aux observations. L'équation (1) du n° 2 donne, à la surface de l'atmosphère au-dessus des continents,

$$\text{const.} = \frac{4}{3}\pi\left(\alpha\bar{y} + \alpha y''\right)\int\rho\,d.a^3 - 4\alpha\pi\int\rho\,d\left(\frac{a^4\,Y^{(1)}}{3} + \frac{a^5\,Y^{(2)}}{5} + \frac{a^6\,Y^{(3)}}{7} + \dots\right)$$
$$- V_1 + \frac{\alpha\varphi}{2}P\left(\mu^2 - \frac{1}{3}\right).$$

Si l'on ajoute cette équation, multipliée par $\frac{3}{2}$, à l'équation (7) du numéro précédent, on aura

$$p' = \text{const.} + 4\alpha\pi \int \rho\, d\left(\frac{a^5\, Y^{(2)}}{5} + \frac{2\, a^6\, Y^{(3)}}{7} + \dots\right)$$
$$- \frac{3}{2}\, V_1 + 2\alpha\varphi\, P\left(\mu^2 - \frac{1}{3}\right).$$

En développant V, suivant les puissances de $\frac{1}{r}$, on aura une expression de cette forme,

$$V_1 = \frac{U_1^{(0)}}{r} + \frac{U_1^{(1)}}{r^2} + \frac{U_1^{(2)}}{r^3} + \dots,$$

$U_1^{(i)}$ étant une fonction rationnelle et entière de μ, $\sqrt{1-\mu^2}\sin\omega$ et $\sqrt{1-\mu^2}\cos\omega$, assujettie à la même équation aux différences partielles que $Y^{(i)}$. L'équation précédente devient ainsi

$$p' = \text{const.} + 4\alpha\pi \int \rho\, d\left(\frac{a^5\, Y^{(2)}}{5} + \frac{2\, a^6\, Y^{(3)}}{7} + \dots\right)$$
$$- \frac{3}{2}\left(U_1^{(1)} + U_1^{(2)} + U_1^{(3)} + \dots\right) + 2\alpha\varphi\, P\left(\mu^2 - \frac{1}{3}\right).$$

Il résulte des nombreuses expériences du pendule que l'on a, à fort peu près,

$$p = \text{const.} + \alpha q\, P\left(\mu^2 - \frac{1}{3}\right),$$

αq étant à très-peu près égal à $0,0054$. De là il suit que la fonction

$$4\alpha\pi \int \rho\, d\left(\frac{2\, a^6\, Y^{(3)}}{7} + \frac{3\, a^7\, Y^{(4)}}{9} + \dots\right) - \frac{3}{2}\left(U_1^{(1)} + U_1^{(3)} + \dots\right)$$

est très-petite relativement au terme $\alpha q\, P\left(\mu^2 - \frac{1}{3}\right)$ et que la fonction

$$4\alpha\pi \int \rho\, d\,\frac{a^5\, Y^{(2)}}{5} - \frac{3}{2}\, U_1^{(2)}$$

est, à fort peu près,

$$\left(\alpha q - 2\alpha\varphi\right) P\left(\mu^2 - \frac{1}{3}\right).$$

L'expression générale de cette fonction est de la forme

$$A\left(\mu^2 - \frac{1}{3}\right) + A^{(1)}\mu\sqrt{1-\mu^2}\sin\omega + A^{(2)}\mu\sqrt{1-\mu^2}\cos\omega$$
$$+ A^{(3)}(1-\mu^2)\sin 2\omega + A^{(4)}(1-\mu^2)\cos 2\omega.$$

Ainsi, les constantes $A^{(1)}$, $A^{(2)}$, $A^{(3)}$, $A^{(4)}$ sont très-petites relativement à la constante A, et l'on a, à fort peu près,

$$A = (\alpha q - 2\alpha\varphi)P.$$

On a

$$\alpha\varphi = \frac{1}{289} = 0,003460,$$

et les expériences du pendule donnent, à fort peu près,

$$\alpha q = 0,00540;$$

on aura ainsi

$$A = -0,00152\,P.$$

On peut encore déterminer A au moyen des deux inégalités de la Lune qui dépendent de l'aplatissement de la Terre. Il résulte du Chapitre II du Livre VII que, si l'on désigne par $K\left(\mu^2 - \frac{1}{3}\right)$ la partie de

$$\frac{4}{5}\frac{\alpha\pi}{}\int\rho\,d(a^5\,Y^{(2)}) + U_1^{(2)}$$

qui est indépendante de l'angle ω, l'inégalité lunaire en latitude sera

$$\frac{K}{(g^2-1)M}\,H^2\sin\lambda\cos\lambda\sin u,$$

u étant la longitude de la Lune, $g-1$ le rapport du moyen mouvement de ses nœuds à son moyen mouvement, H sa parallaxe, λ l'obliquité de l'écliptique et M la masse de la Terre, à très-peu près égale à P. Suivant M. Bürg, cette inégalité est, en secondes sexagésimales,

$$-8'',0\sin u,$$

et la comparaison de quatre mille observations a conduit M. Burckhardt au même résultat, qui donne

$$K = -0,001558\,P.$$

7.

L'expression analytique de l'inégalité lunaire en longitude, qui dépend du sinus de la longitude du nœud de l'orbite lunaire, comparée par les mêmes astronomes aux observations, donne la même valeur de K, qui me paraît être ainsi une des données les plus exactes et les plus précieuses de l'Astronomie théorique. Maintenant il est facile de voir que, si l'on nomme $Q\left(\mu^2 - \frac{1}{3}\right)$ la partie de $U_1^{(2)}$ indépendante de l'angle ω, on a

$$K = A + \frac{5}{2}Q;$$

on a donc

$$A = -0,001558\,P - \frac{5}{2}Q.$$

Si l'on compare cette valeur de A à la précédente, conclue des expériences du pendule, on a

$$Q = -0,00015\,P.$$

On sent combien les erreurs des observations et des expériences rendent cette valeur incertaine; mais elle prouve la petitesse de la masse de la mer et son peu de profondeur.

Les mesures des degrés des méridiens, réduites au niveau de la mer ou de l'atmosphère supposée, nous offrent un troisième moyen pour obtenir A. L'équation (1) du n° 2, transportée à cette atmosphère, donne

$$(x\overline{y} + \alpha y'')\,P = \text{const.} + 4\alpha\pi \int \rho\, d\left(\frac{a^5\,Y^{(2)}}{5} + \frac{a^6\,Y^{(3)}}{7} + \dots\right)$$
$$+ U_1^{(2)} + U_1^{(3)} + \dots - P\frac{\alpha\rho}{2}\left(\mu^2 - \frac{1}{3}\right),$$

l'origine des coordonnées étant au centre commun de gravité de la mer et du sphéroïde terrestre, ce qui fait disparaître les quantités $Y^{(1)}$ et $U_1^{(1)}$ et les autres fonctions de même nature. Les mesures des degrés s'écartent peu de la figure d'un ellipsoïde de révolution. Elles présentent cependant de plus grandes anomalies que les longueurs du pendule, ce qui tient en partie aux erreurs dont les observations d'amplitude des arcs mesurés sont susceptibles, et qui, relativement à l'arc

mesuré, sont beaucoup plus considérables que les erreurs des expériences du pendule, et en partie à ce que les petites irrégularités de la
Terre affectent plus les degrés que les longueurs du pendule, comme
je l'ai fait voir dans le Livre III. Mais lorsque l'on compare des degrés
éloignés, tels que ceux de France et de l'équateur, l'influence de ces
irrégularités devient moins sensible. La comparaison des degrés dont
je viens de parler a donné à M. Delambre

$$\alpha(\overline{y} + y'') = \text{const.} - 0,00324\left(\mu^2 - \frac{1}{3}\right).$$

En comparant cette expression de $\alpha\overline{y} + \alpha y''$ à la précédente, on voit
que les quantités $\overline{Y}^{(3)}$, $\overline{Y}^{(1)}$, ..., $U_i^{(1)}$, $U_i^{(3)}$, $U_i^{(1)}$, ... sont très-petites,
comme cela résulte pareillement des expériences du pendule. La pre-
mière de ces expressions donne

$$-P\left(\alpha\overline{h} + \alpha h''\right) = A + \frac{5}{2}Q - \frac{\alpha 2}{2}P,$$

en désignant par

$$-\alpha h\left(\mu^2 - \frac{1}{3}\right), \quad -\alpha\overline{h}\left(\mu^2 - \frac{1}{3}\right), \quad -\alpha h''\left(\mu^2 - \frac{1}{3}\right)$$

les parties de αY, $\alpha\overline{Y}$ et $U_i^{2)}$ qui sont indépendantes de ω. On aura donc,
en substituant pour $-P\left(\alpha\overline{h} + \alpha h''\right)$ sa valeur $-0,00324P$ que donnent
les degrés du méridien mesurés en France et à l'équateur,

$$A = -0,00151P - \frac{5}{2}Q.$$

Les degrés du méridien mesurés en France, comparés à ceux que l'on
a mesurés dans l'Inde, donnent le même résultat. Je suppose que les
degrés mesurés à la surface du sphéroïde terrestre et réduits au niveau
de l'atmosphère supposée sont ceux de la surface de cette atmosphère.
Pour le faire voir, il suffit de prouver que la direction de la pesanteur
est, aux quantités près de l'ordre α^2, la même à la surface du sphéroïde
et à la surface de l'atmosphère. L'angle que cette direction forme avec
le rayon r, dans le sens du méridien, par exemple, est égal au rapport

de la différentielle du second membre de l'équation (1) du n° 2, prise par rapport à θ et divisée par $d\theta$, à cette même différentielle prise par rapport à r et divisée par $-dr$; or il est visible que ce rapport est, aux quantités près de l'ordre α^2, le même à la surface du sphéroïde qu'à celle de l'atmosphère.

Maintenant, si nous rassemblons les trois valeurs précédentes de A,

$$A = - 0,001\,52\,P,$$

$$A = - 0,001\,558\,P - \frac{5}{2}Q,$$

$$A = - 0,001\,51\ \ P - \frac{5}{2}Q,$$

on voit, par l'ensemble de ces valeurs, que Q est insensible et que, en le supposant nul, elles s'accordent aussi bien qu'on peut le désirer.

L'ellipticité $\alpha\bar{h} + \alpha h'$ de la surface de la mer est, par ce qui précède,

$$\frac{1}{2}\alpha? = \frac{A + \frac{5}{2}Q}{P}.$$

En prenant pour A le milieu des trois valeurs précédentes, on aura pour cette ellipticité

$$0,00326 - \frac{5}{6}Q,$$

ou $0,00326$, en négligeant le terme $-\frac{5}{6}Q$.

La précession des équinoxes donne des limites entre lesquelles l'ellipticité de la Terre entière ou de l'atmosphère supposée est comprise. On a, par le n° 14 du Livre V, cette ellipticité égale à

$$0,0017301 + \frac{0,0025966\iota\int\rho a^4\,da}{(1 + 3.0,7\,48493)\int\rho a^2\,da},$$

$3(1 + 3)$ étant le rapport de la masse de la Lune, divisée par le cube de sa moyenne distance à la Terre, à la masse du Soleil, divisée par le cube de la moyenne distance de la Terre au Soleil. En supposant ce rapport égal à $2,57$, comme il résulte par un milieu entre ses valeurs données par les phénomènes des marées, de la nutation, de la parallaxe lunaire et de l'équation lunaire des Tables du Soleil, en supposant ensuite, conformément à ce qui précède, l'ellipticité de la Terre égale à o,oo3z6, on aura

$$\int \rho d.a^3 = 1,1407 \int \rho d.a^3.$$

Soit (ρ) la densité de la surface, et supposons qu'elle augmente de la surface au centre en progression arithmétique, en sorte que son expression soit $(\rho)(1 + e - ea)$; l'équation précédente donnera

$$e = 2,349.$$

On aura, en nommant D la densité moyenne de la Terre,

$$D = \int \rho d.a^3 = (\rho)\left(1 + \tfrac{1}{4}e\right);$$

substituant pour e sa valeur précédente, on a

$$D = 1,587(\rho).$$

Si l'on suppose la densité de la première écorce du sphéroïde terrestre égale à trois fois la densité de la mer prise pour unité, ce qui est à peu près la densité du granit, on aura

$$D = 4,761,$$

ce qui s'accorde avec la moyenne des valeurs données par les observations de Maskelyne sur l'attraction d'une montagne d'Écosse et par la belle expérience de Cavendish.

Le rayon du sphéroïde terrestre est

$$1 - \alpha \bar{h}\left(\mu^2 - \tfrac{1}{3}\right) + \alpha x,$$

αx étant une quantité peu considérable par rapport à $\alpha \bar{h}$; car cette quantité devient plus sensible, comme on l'a vu, dans l'expression de la pesanteur, où cependant l'expérience a montré qu'elle est presque nulle. Pareillement, l'expression du rayon de la surface de la mer est

$$\alpha l - \alpha(\bar{h} + h')\left(\mu^2 - \tfrac{1}{3}\right) + \alpha x',$$

$\alpha x'$ étant une quantité du même ordre que αx dont elle dépend. Elle est, par conséquent, peu considérable relativement à $\alpha \overline{h}$. La profondeur de la mer est, à très-peu près, la différence de ces deux rayons; elle est ainsi égale à

$$\alpha l - \alpha h' \left(\mu^2 - \frac{1}{3} \right) + \alpha x' - \alpha x.$$

A l'équateur, les continents ont une grande étendue sur laquelle cette expression devient négative. La mer y occupe une étendue encore plus grande, sur laquelle la même expression est positive. Dans le premier cas, $\alpha l + \frac{\alpha h'}{3}$ est moindre que la valeur de $\alpha x - \alpha x'$ correspondante à μ nul. Dans le second cas, il est plus grand que cette valeur. $\alpha l + \frac{\alpha h'}{3}$ est donc une quantité très-petite de l'ordre de αx. Très-près du pôle boréal, où l'on a $\mu = 1$, la mer recouvre une partie du sphéroïde terrestre et en laisse une autre partie à découvert. Dans le premier cas, $\alpha l - \frac{2\alpha h'}{3}$ est plus grand que la valeur de $\alpha x - \alpha x'$ correspondante à $\mu = 1$. Dans le second cas, il est plus petit. $\alpha l - \frac{2\alpha h'}{3}$ est donc une quantité très-petite de l'ordre de αx; donc, $\alpha l + \frac{1}{3} \alpha h'$ étant du même ordre, la différence $\alpha h'$ de ces quantités sera du même ordre, ainsi que la constante αl. Par conséquent, la mer est peu profonde, et ses profondeurs sont peu considérables et du même ordre que les élévations des continents au-dessus du niveau de la mer. Mais, de même que de très-hautes montagnes s'élèvent sur quelques points des continents; de même il peut y avoir dans quelques points du bassin de la mer de grandes profondeurs.

De là il suit que la surface du sphéroïde terrestre est à fort peu près elliptique; car l'équation de l'équilibre de la surface de la mer, qui donne, par ce qui précède,

$$\alpha \left(\overline{h} + h' \right) = \frac{1}{2} \alpha \varphi - \frac{\left(A + \frac{1}{2} Q \right)}{P},$$

deviendrait celle de l'équilibre de la surface du sphéroïde terrestre, supposée fluide, si la mer venait à disparaître, ce qui rendrait $\alpha k'$ et Q nuls. Ainsi, ces quantités étant très-petites par ce que l'on vient de voir, la valeur de $\alpha \overline{h}$ diffère très-peu de celle de l'équilibre de la surface du sphéroïde. Les expériences du pendule prouvent non-seulement que cette surface est à très-peu près elliptique, mais encore que les diverses couches du sphéroïde terrestre ont à peu près une figure elliptique; car les quantités $\alpha Y^{(3)}$, $\alpha Y^{(4)}$, ... de l'expression du rayon de ces couches se feraient remarquer dans ces expériences, si elles étaient sensibles.

6. Je vais présentement considérer la figure de la Terre, en la supposant formée d'un seul fluide compressible. Pour cela je reprends l'équation (1) du n° 29 du Livre III. En y supposant, comme on le peut pour simplifier, $Y^{(0)}$ nul, et en comparant séparément les fonctions semblables, la différentielle de cette équation, prise par rapport à la quantité a considérée comme variable, donne

$$(i) \qquad \frac{d\Pi}{\rho} = \cdots 4\pi \frac{da}{a^2} \int \rho a^2 \, da.$$

Π est ici la pression à la surface de niveau d'une couche du sphéroïde terrestre dont le rayon est a; ρ est la densité de cette couche, et π est le rapport de la circonférence au diamètre; l'intégrale doit être prise depuis $a = 0$. Maintenant, si l'on suppose, conformément à ce que j'ai dit dans le Chapitre précédent,

$$\frac{d\Pi}{d\rho} = 2k\rho,$$

$2k$ étant une constante, on aura, en intégrant,

$$\Pi = k\rho^2 - k(\rho)^2,$$

(ρ) étant la densité à la surface, où la pression Π est supposée nulle. L'équation (i) devient ainsi, en faisant $n^2 = \frac{2\pi}{k}$,

$$\frac{d\rho}{da} = -- \frac{n^2}{a^2} \int \rho a^2 \, da.$$

Supposons $\rho' = a\rho$; on aura

$$a^2 d\rho = a d\rho' - \rho' da;$$

on aura donc

$$\frac{a d\rho'}{da} - \rho' = - n^2 \int \rho' a\, da,$$

ce qui donne, en différentiant,

$$\frac{d^2\rho'}{da^2} + n^2 \rho' = 0.$$

L'intégrale de cette équation est

$$\rho' = A \sin an + B \cos an,$$

A et B étant deux constantes arbitraires; on aura donc

$$\rho = \frac{A}{a} \sin an + \frac{B}{a} \cos an.$$

La densité ρ n'étant point infinie au centre, où a est nul, B doit être nul; par conséquent,

$$\rho = \frac{A}{a} \sin an.$$

Telle est donc la loi de densité des couches du sphéroïde terrestre, relative à la loi supposée entre la pression et la densité. A la surface de la Terre, où nous supposerons $a = 1$ et la densité ρ égale à (ρ), nous aurons

$$(\rho) = A \sin n, \qquad - \frac{\frac{d\rho}{da}}{(\rho)} = 1 - \frac{n}{\tang n}.$$

Si l'on nomme D la moyenne densité de la Terre, on aura

$$\int \rho a^2 da = D \int a^2 da = \frac{1}{3} D;$$

or l'équation

$$\frac{d\rho}{da} = - \frac{n^2}{a^2} \int \rho a^2 da$$

donne à la surface

$$(\rho)\left(1 - \frac{n}{\tang n}\right) = n^2 \int \rho a^2 \, da;$$

on a donc

$$\frac{D}{(\rho)} = \frac{3}{n^2}\left(1 - \frac{n}{\tang n}\right) = \frac{3q}{n^2},$$

en faisant

$$q = 1 - \frac{n}{\tang n},$$

$\frac{D}{(\rho)}$ étant le rapport de la densité moyenne de la Terre à la densité de sa surface, n^2 étant $\frac{2\pi}{k}$. Cette équation donne entre k et D une relation qui détermine une de ces quantités lorsque l'autre est connue.

L'ellipticité du sphéroïde terrestre détermine sa figure, la variation de la pesanteur à sa surface, les mouvements de son axe de rotation et les inégalités lunaires dues à son aplatissement. On satisfait donc à tous ces phénomènes en satisfaisant à l'ellipticité déterminée précédemment. Si l'on nomme h l'ellipticité de la couche du sphéroïde dont le rayon est a et dont ρ est la densité, on a, par le n° **30** du Livre III,

$$\frac{d^2 h}{da^2} + \frac{6h}{a^2} + \frac{2\rho a}{\int \rho a^2 \, da} \cdot \frac{a\,dh + h\,da}{da} = 0.$$

Si l'on met cette équation sous la forme

$$0 = \frac{d^2 \cdot h \int \rho a^2 \, da}{da^2} - \frac{6h \int \rho a^2 \, da}{a^2} - \frac{h a^2 \, d\rho}{da},$$

et si au lieu de $\frac{d\rho}{da}$ on substitue sa valeur $-\frac{n^2}{a^2}\int \rho' a \, da$, on aura

$$0 = \frac{d^2 \left(h \int \rho' a \, da \right)}{da^2} - \frac{6h \int \rho' a \, da}{a^2} + n^2 h \int \rho' a \, da.$$

Il est facile de voir que l'on satisfait à cette équation en faisant

$$h \int \rho' a \, da = H \rho'\left(1 - \frac{3}{n^2 a^2}\right) + \frac{3H \, d\rho'}{n^3 a \, da},$$

Il étant une constante arbitraire, et en observant que

$$\frac{d^2\rho'}{da^2} = -n^2\rho'.$$

Cette expression donne, pour l'ellipticité h,

$$h = -\,\mathrm{H}\left(\frac{3}{a^2} + \frac{n^2\tang an}{an - \tang an}\right),$$

ellipticité qui, multipliée par a, devient nulle au centre du sphéroïde, où a est nul. On voit, par le n° 30 du Livre III, que cette valeur de h est la seule admissible dans la question présente. Par le même numéro, l'ellipticité de la Terre est à la surface, où $a = 1$,

$$\frac{\alpha\varphi\,h\int\rho'a\,da}{2h\int\rho'a\,da - \frac{2}{5}h(\rho) + \frac{2}{5}\int a^5 h\,d\rho},$$

les intégrales étant prises depuis a nul jusqu'à $a = 1$; $\alpha\varphi$ est le rapport de la force centrifuge à la pesanteur à l'équateur. En substituant au lieu de $\frac{d\rho}{da}$ sa valeur $-\frac{n^2}{a^2}\int\rho'a\,da$ et au lieu de $h\int\rho'a\,da$ sa valeur précédente on aura

$$\int a^3 h\,d\rho = -n^2\mathrm{H}\int a^3 da\left(\rho' - \frac{3\rho'}{n^2 a^2} + \frac{3d\rho'}{n^2 a\,da}\right),$$

ρ' étant $\mathrm{A}\sin an$. On trouvera ainsi à la surface de la Terre, où $a = 1$, l'ellipticité h du sphéroïde égale à

$$\frac{\frac{5}{2}\alpha\varphi\left(1 - \frac{3q}{n^2}\right)}{3 - q - \frac{n^2}{q}}.$$

Je dois observer ici que M. Legendre a déterminé l'aplatissement de la Terre dans le cas où la densité des couches est exprimée par $\frac{\mathrm{A}}{a}\sin an$ (*Mémoires de l'Académie des Sciences*, année 1789). En réunissant ces divers résultats, on a

$$q = 1 - \frac{n}{\tang n},$$

$$D = \frac{3q}{n^2},$$

$$\text{ellipticité de la Terre} = 0,00865 \; \frac{1 - \dfrac{3q}{n^2}}{3 - q - \dfrac{n^2}{q}},$$

$$k = \frac{2\pi}{n^2}.$$

Si l'on suppose $n = \frac{5}{6}\pi$, π étant le rapport de la circonférence au diamètre, on aura

$$q = 5,5345, \quad \text{ellipticité} = \frac{1}{306,6}, \quad \frac{D}{(\rho)} = 2,4225.$$

A la surface, on a

$$\frac{d\Pi}{d\rho} = -2k(\rho) = \frac{g(\rho)l}{i(\rho)},$$

g étant la pesanteur, l étant la hauteur d'une colonne de la matière de cette surface et qui presse un de ses points, et $i(\rho)$ étant l'accroissement de densité du point pressé. g est égal à la masse de la Terre, divisée par le carré de son rayon pris pour unité; on a donc

$$g = \frac{4}{3}\pi D.$$

Ensuite on a $2k = \frac{4\pi}{n^2}$; on a ainsi

$$\frac{D}{(\rho)} = \frac{3i}{ln^2} = \frac{3q}{n^2};$$

donc

$$q = \frac{i}{l};$$

la valeur de i relative à la matière de la surface du sphéroïde est donc ici $5,5345l$. L'existence d'une telle substance est très-admissible.

Si la Terre était entièrement formée d'eau, et si l'on suppose, conformément aux expériences de Canton, qu'à la température de 16 degrés la densité de l'eau augmente dans le rapport de 0,000044 à l'unité par la pression d'une colonne verticale d'eau de 10 mètres, on aura

$$q = 28,012,$$
$$n = 3,0297,$$
$$\frac{D}{(p)} = 9,0179,$$
$$\text{ellipticité} = \frac{1}{359,54}.$$

Le coefficient du carré du sinus de la latitude, dans l'expression de la longueur du pendule, sera 0,00587. Ces résultats s'éloignent des observations fort au delà des erreurs dont elles sont susceptibles.

7. Pour comparer entre elles les mesures soit des degrés, soit de la pesanteur, on les rapporte au niveau de la mer, et l'on peut déterminer l'élévation du point du sphéroïde où l'on observe, par la hauteur du baromètre. Pour avoir une idée juste de ce niveau, nous avons imaginé une atmosphère très-rare, très-peu élevée, mais cependant assez pour embrasser toute la Terre et ses montagnes. Nous avons prouvé que l'élévation de la surface de cette atmosphère au-dessus de la surface de la mer est constante, et nous avons prolongé cette dernière surface au-dessous des continents, de manière qu'elle fût toujours à la même distance de la surface de l'atmosphère. C'est la surface de la mer ainsi prolongée qui constitue le niveau de la mer. Mais, au lieu de rapporter les degrés et les expériences du pendule à ce niveau, nous les rapporterons directement à la surface de l'atmosphère supposée.

Reprenons les équations trouvées ci-dessus :

$$P(z\ddot{j} + zy'') = \text{const.} + 4z\pi \int \rho d\left(\frac{a^5 Y^{(2)}}{5} + \frac{a^6 Y^{(3)}}{7} + \cdots\right)$$
$$+ U_1^2 + U_1^{(3)} + \ldots - \frac{z\varsigma P}{2}\left(y^2 - \frac{1}{3}\right),$$

$$p' = \text{const.} + 4z\pi \int \rho d\left(\frac{a^5 Y^{(2)}}{5} + \frac{2a^6 Y^{(3)}}{7} + \cdots\right)$$
$$- \frac{3}{2}\left(U_1^1 + U_1^2 + U_1^{(3)} + \ldots\right) + z\varsigma P\left(y^2 - \frac{1}{3}\right).$$

Si l'on retranche cette dernière équation de la précédente; si l'on néglige l'action de la mer, que nous avons vue être insensible, soit à raison de son peu de densité, soit à cause de son peu de profondeur, ce qui fait disparaître les quantités $U_1^{(1)}$, $U_1^{(2)}$, ...; enfin, si l'on suppose les couches du sphéroïde elliptiques, on a

$$p' - P\left(\alpha\overline{y} + \alpha y''\right) = \frac{5}{2}\alpha q\, P\left(\mu^2 - \frac{1}{3}\right).$$

Les coefficients de $\mu^2 - \frac{1}{3}$ dans $\alpha\overline{y}$ et $\alpha y''$ sont $-\alpha\overline{h}$ et $-\alpha h''$. Soit αq le coefficient de $\mu^2 - \frac{1}{3}$ dans l'expression de p'; on aura

$$\alpha q + \alpha\left(\overline{h} + h''\right) = \frac{5}{2}\alpha q.$$

On doit observer que $\alpha\left(\overline{h} + h''\right)$ est l'ellipticité de la surface de l'atmosphère supposée, et par conséquent celle de la surface de la mer, ces deux surfaces étant constamment à la même distance l'une de l'autre. A la surface du sphéroïde, la pesanteur p' doit être augmentée de la quantité $2(\alpha l - \alpha y'')P$. En nommant donc $\alpha\overline{q}$ le coefficient de $\mu^2 - \frac{1}{3}$ dans l'expression de la pesanteur à cette surface, on aura

$$2\alpha h'' = \alpha\overline{q} - \alpha q,$$

ce qui donnerait la différence $\alpha h''$ des ellipticités de l'atmosphère et du sphéroïde terrestre si l'on connaissait, par les expériences du pendule, les valeurs de $\overline{q}$ et de q. Mais il résulte de ces expériences, faites la plupart au niveau de la mer ou peu au-dessus, que la valeur de $\alpha h''$ est très-petite et presque insensible, ce qui est conforme à ce que nous avons dit précédemment. La surface de l'atmosphère supposée étant celle à laquelle on rapporte les mesures des degrés et de la pesanteur, il paraît naturel de corriger ces mesures en ayant seulement égard à la distance des points où l'on observe à cette surface, à moins que l'élévation de ces points ne soit assez rapide pour que l'on soit assuré qu'ils n'appartiennent point à la partie elliptique du sphéroïde terrestre. Telle est la ville de Quito, où l'on a mesuré des degrés du méridien et la longueur du pendule à secondes. Nous allons donc examiner l'effet de l'attraction d'un plateau élevé sur la pesanteur.

Si l'on conçoit une série de couches circulaires, horizontales et disposées de manière que leurs centres soient sur une même verticale, et que l'on place Quito au centre de la couche supérieure, en nommant ρ_1 la densité de ces couches, R le rayon de l'une d'elles, dont le centre est à la distance r de Quito, la somme des molécules de cette couche, divisées par leurs distances respectives à Quito, sera

$$2\pi\rho_1(\sqrt{R^2 + r^2} - r).$$

R étant supposé fort grand relativement à r, cette fonction se réduit à fort peu près à

$$2\pi\rho_1(R - r);$$

elle reste donc toujours fort petite si, comme on doit le supposer ici, R est une petite fraction du rayon terrestre. Elle n'apporte ainsi qu'un terme insensible dans l'équation de l'équilibre de l'atmosphère, et, par conséquent, la somme de ces fonctions ne produit aucun changement sensible dans la valeur de la distance de Quito à la surface de l'atmosphère, distance que je désignerai par xy'', en sorte que $xl - xy''$ est la hauteur de Quito au-dessus du niveau de la mer. L'attraction de la couche que nous venons de considérer produit dans la pesanteur p_1 à Quito un accroissement égal à la différentielle de la fonction précédente, prise par rapport à r et divisée par $- dr$; cet accroissement est à très-peu près égal à $2\pi\rho_1$; il est indépendant de R, et il peut être sensible pour toute la montagne, pour laquelle il devient $2\pi\rho_1 r'$, r' étant la hauteur de la montagne au-dessus du niveau du sphéroïde terrestre. La rapidité avec laquelle le plateau s'élève et le peu de différence entre les surfaces de la mer et du sphéroïde rendent r' très-peu différent de $xl - xy''$; on peut donc l'obtenir par l'observation du baromètre. La pesanteur P de la Terre étant à fort peu près $\frac{4}{3}\pi D$, D étant la moyenne densité de la Terre, l'accroissement de la pesanteur dû à l'action de la montagne sera

$$\frac{3}{2} P \frac{\rho_1}{D} (zl - z)''' .$$

Le rayon terrestre étant pris pour l'unité, on a, relativement à Quito,

$$zl - z)''' = \frac{1}{2237} ;$$

la diminution de la pesanteur, depuis le niveau de la mer, est donc, pour cette ville,

$$\frac{P}{2237} \left(2 - \frac{3}{2} \frac{\rho_1}{D} \right) .$$

Bouguer a conclu de ses expériences sur la longueur du pendule cette diminution égale à $\dfrac{P}{1331}$, ce qui donne

$$\frac{\rho_1}{D} = 0,2123 .$$

La densité des Cordillères n'est donc qu'un cinquième environ de la moyenne densité de la Terre. Elle est peu différente de celle de l'eau, qui, d'après l'expérience de Cavendish, est $D \times 0,182$. Le peu de densité de ces montagnes résulte encore du peu d'effet de leur attraction sur le fil à plomb, dans les observations des astronomes français, qui ont remarqué que ces montagnes sont très-volcaniques et qu'ainsi elles doivent avoir de grandes cavités dans leur intérieur.

CHAPITRE III.

DE L'AXE DE ROTATION DE LA TERRE.

8. Soit $a(1 + zy_1)$ le rayon d'une couche du sphéroïde terrestre, l'origine de ce rayon étant supposée au centre de gravité du sphéroïde, y_1 étant fonction de a, du sinus de la latitude, que je désignerai par μ_1, et de la longitude, que je désignerai par ϖ_1. Je suppose y_1 développé dans une suite de la forme

$$Y_1^{(1)} + Y_1^{(2)} + Y_1^{(3)} + \ldots,$$

$Y_1^{(i)}$ étant assujetti à l'équation aux différences partielles

$$0 = -\frac{\partial\left[(1 - \mu_1^2)\dfrac{\partial Y_1^{(i)}}{\partial \mu_1}\right]}{\partial \mu_1} + \frac{\dfrac{\partial^2 Y_1^{(i)}}{\partial \varpi_1^2}}{1 - \mu_1^2} + i(i + 1)Y_1^{(i)}.$$

Transportons l'origine des rayons terrestres à un point quelconque qui ne soit éloigné du centre de gravité du sphéroïde que d'une quantité de l'ordre z; il est facile de voir que cela ne fait qu'augmenter $Y_1^{(i)}$ de la quantité

$$(a) \qquad Q\mu_1 + Q^{(1)}\sqrt{1 - \mu_1^2}\,\sin\varpi_1 + Q^{(2)}\sqrt{1 - \mu_1^2}\,\cos\varpi_1.$$

Concevons par cette nouvelle origine un second axe parallèle au premier, et rapportons-y les variables μ_1 et ϖ_1. Elles ne différeront des précédentes que de quantités de l'ordre z; en négligeant donc les quantités de l'ordre z^2, les valeurs de $Y_1^{(2)}$, $Y_1^{(3)}$, ... seront les mêmes que les précédentes; seulement la fonction $Y_1^{(1)}$ sera augmentée de la quantité (a). Nous pourrons ainsi exprimer, avec cette condition, le rayon d'une couche terrestre rapporté à ce second axe par $a(1 + zy_1)$.

Concevons ensuite, par la nouvelle origine, un troisième axe aboutissant à un point quelconque de la surface du sphéroïde, pour lequel μ_1 et ϖ_1 soient $\cos\Lambda$ et Π. Soient μ et ϖ ce que deviennent μ_1 et ϖ_1 relativement à ce troisième axe, les ϖ étant comptés du méridien qui passe par les extrémités du second et du troisième axe. On aura, par les formules de la Trigonométrie sphérique,

$$\mu = \cos\Lambda . \mu_1 + \sin\Lambda . \sqrt{1-\mu_1^2}\cos(\varpi_1 - \Pi),$$

$$\sqrt{1-\mu^2}\sin\varpi = \sqrt{1-\mu_1^2}\sin(\varpi_1 - \Pi),$$

ce qui donne

$$\sqrt{1-\mu^2}\cos\varpi = \cos\Lambda . \sqrt{1-\mu_1^2}\cos(\varpi_1 - \Pi) - \sin\Lambda . \mu_1.$$

Désignons par $\bar{x}$, $\bar{y}$, $\bar{z}$ les trois coordonnées d'une molécule dm de la couche du sphéroïde dont le rayon est $a(1 + \alpha y_1)$, rapportées la première au troisième axe dont nous venons de parler, la seconde au plan du méridien origine des ϖ et la troisième au plan perpendiculaire à ce méridien. On aura

$$\bar{x} = a(1 + \alpha y_1)\mu,$$

$$\bar{y} = a(1 + \alpha y_1)\sqrt{1-\mu^2}\cos\varpi,$$

$$\bar{z} = a(1 + \alpha y_1)\sqrt{1-\mu^2}\sin\varpi.$$

On a ensuite, en exprimant par ρ la densité de dm,

$$dm = \rho a^2(1 + \alpha y_1)^2 d\mu_1\, d\varpi_1\, d[a(1 + \alpha y_1)],$$

cette dernière caractéristique différentielle d étant uniquement relative à la variation de a. On aura donc

$$\int \bar{x}\bar{y}\,dm = \frac{1}{5}\iiint \rho\, d\mu_1\, d\varpi_1\, d[a^3(1 + \alpha y_1)^5]\mu\sqrt{1-\mu^2}\cos\varpi,$$

$$\int \bar{x}\bar{z}\,dm = \frac{1}{5}\iiint \rho\, d\mu_1\, d\varpi_1\, d[a^5(1 + \alpha y_1)^5]\mu\sqrt{1-\mu^2}\sin\varpi,$$

$$\int \bar{y}\bar{z}\,dm = \frac{1}{5}\iiint \rho\, d\mu_1\, d\varpi_1\, d[a^5(1 + \alpha y_1)^5](1-\mu^2)\sin\varpi\cos\varpi,$$

$$\int (\bar{y}^2 - \bar{z}^2)\,dm = \frac{1}{5}\iiint \rho\, d\mu_1\, d\varpi_1\, d[a^5(1 + \alpha y_1)^5](1-\mu^2)(\cos^2\varpi - \sin^2\varpi).$$

9.

Les intégrales doivent être prises depuis $\mu_1 = -1$ jusqu'à $\mu_1 = 1$, depuis $\varpi_1 = 0$ jusqu'à $\varpi_1 = 2\pi$, et depuis $a = 0$ jusqu'à $a = 1$. En substituant pour μ, $\sqrt{1-\mu^2}\sin\varpi$, $\sqrt{1-\mu^2}\cos\varpi$ leurs valeurs précédentes en μ_1 et ϖ_1, on aura

$$\int \bar{x}\bar{y}\,dm = \alpha\int\!\!\int\!\!\int \rho\,d\mu_1\,d\varpi_1\,d(a^3 y_1)\left\{\begin{array}{l} \dfrac{3}{2}\sin\mathrm{A}\cos\mathrm{A}.\left(\dfrac{1}{3}-\mu_1^2\right) \\[2mm] + \cos 2\mathrm{A}.\mu_1\sqrt{1-\mu_1^2}\cos(\varpi_1-\Pi) \\[2mm] + \dfrac{1}{2}\sin\mathrm{A}\cos\mathrm{A}.(1-\mu_1^2)\cos(2\varpi_1-2\Pi) \end{array}\right\},$$

$$\int \bar{x}\bar{z}\,dm = \alpha\int\!\!\int\!\!\int \rho\,d\mu_1\,d\varpi_1\,d(a^3 y_1)\left\{\begin{array}{l} \cos\mathrm{A}.\mu_1\sqrt{1-\mu_1^2}\sin(\varpi_1-\Pi) \\[2mm] + \dfrac{1}{2}\sin\mathrm{A}.(1-\mu_1^2)\sin(2\varpi_1-2\Pi) \end{array}\right\},$$

$$\int \bar{y}\bar{z}\,dm = \alpha\int\!\!\int\!\!\int \rho\,d\mu_1\,d\varpi_1\,d(a^3 y_1)\left\{\begin{array}{l} \dfrac{1}{2}\cos\mathrm{A}.(1-\mu_1^2)\sin(2\varpi_1-2\Pi) \\[2mm] - \sin\mathrm{A}.\mu_1\sqrt{1-\mu_1^2}\sin(\varpi_1-\Pi) \end{array}\right\}.$$

$$\int(\bar{y}^2-\bar{z}^2)\,dm = \alpha\int\!\!\int\!\!\int \rho\,d\mu_1\,d\varpi_1\,d(a^3 y_1)\left\{\begin{array}{l} \dfrac{1}{2}\sin^2\mathrm{A}.(3\mu_1^2-1) \\[2mm] - 2\sin\mathrm{A}\cos\mathrm{A}.\mu_1\sqrt{1-\mu_1^2}\cos(\varpi_1-\Pi) \\[2mm] + \dfrac{1+\cos^2\mathrm{A}}{2}(1-\mu_1^2)\cos(2\varpi_1-2\Pi) \end{array}\right\}.$$

Dans ces équations, les coefficients de $\rho\,d\mu_1\,d\varpi_1\,d(a^3 y_1)$ sont compris dans la forme $Y_1^{(2)}$; il faut donc, par le n° 17 du Livre III, ne considérer dans y_1 que le terme $Y_1^{(2)}$. L'expression générale de ce terme est

$$h^{(0)}\left(\mu_1^2-\dfrac{1}{3}\right) + h^{(1)}\mu_1\sqrt{1-\mu_1^2}\sin\varpi_1 + h^{(2)}\mu_1\sqrt{1-\mu_1^2}\cos\varpi_1$$
$$+ h^{(3)}(1-\mu_1^2)\sin 2\varpi_1 + h^{(4)}(1-\mu_1^2)\cos 2\varpi_1,$$

$h^{(0)}$, $h^{(1)}$, $h^{(2)}$, $h^{(3)}$, $h^{(4)}$ étant des fonctions de a. On trouvera ainsi

$$\int \bar{x}\bar{y}\,dm = -\dfrac{4\pi}{15}\alpha\sin 2\mathrm{A}\int\rho\,d(a^3 h^{(0)})$$
$$+ \dfrac{4\pi}{15}\alpha\cos 2\mathrm{A}\left\{\begin{array}{l} \sin\Pi\int\rho\,d(a^3 h^{(1)}) \\[2mm] + \cos\Pi\int\rho\,d(a^3 h^{(2)}) \end{array}\right\}$$
$$+ \dfrac{4\pi}{15}\alpha\sin 2\mathrm{A}\left\{\begin{array}{l} \sin 2\Pi\int\rho\,d(a^3 h^{(3)}) \\[2mm] + \cos 2\Pi\int\rho\,d(a^3 h^{(4)}) \end{array}\right\},$$

$$\int \bar{x}\bar{z}\,dm = \frac{4\pi\alpha}{15}\cos A \begin{Bmatrix} \cos H \int \rho\, d(a^5 h^{(1)}) \\ - \sin H \int \rho\, d(a^5 h^{(2)}) \end{Bmatrix} + \frac{8\pi\alpha}{15}\sin A \begin{Bmatrix} \cos 2H \int \rho\, d(a^5 h^{(3)}) \\ - \sin 2H \int \rho\, d(a^5 h^{(4)}) \end{Bmatrix},$$

$$\int \bar{y}\bar{z}\,dm = \frac{8\pi\alpha}{15}\cos A \begin{Bmatrix} \cos 2H \int \rho\, d(a^5 h^{(3)}) \\ - \sin 2H \int \rho\, d(a^5 h^{(4)}) \end{Bmatrix} - \frac{4\pi\alpha}{15}\sin A \begin{Bmatrix} \cos H \int \rho\, d(a^5 h^{(1)}) \\ - \sin H \int \rho\, d(a^5 h^{(2)}) \end{Bmatrix},$$

$$\begin{aligned} \int (\bar{y}^2 - \bar{z}^2)\,dm = {} & \frac{8\pi\alpha}{15}\sin^2 A \int \rho\, d(a^5 h^{(0)}) \\ & - \frac{8\pi\alpha}{15}\sin A \cos A \begin{Bmatrix} \sin H \int \rho\, d(a^5 h^{(1)}) \\ + \cos H \int \rho\, d(a^5 h^{(2)}) \end{Bmatrix} \\ & + \frac{8\pi\alpha}{15}(1 + \cos^2 A) \begin{Bmatrix} \sin 2H \int \rho\, d(a^5 h^{(3)}) \\ + \cos 2H \int \rho\, d(a^5 h^{(4)}) \end{Bmatrix}. \end{aligned}$$

Maintenant, si nous imaginons que l'axe du sphéroïde auquel nous venons de rapporter les coordonnées $\bar{x}$, $\bar{y}$, $\bar{z}$ soit fixe dans le sphéroïde et dans l'espace, de manière cependant que le sphéroïde tourne librement autour de lui, et si nous concevons ce sphéroïde recouvert en tout ou en partie par la mer, on voit, par le Chapitre précédent, que le fluide peut toujours prendre un état d'équilibre qu'il est possible d'obtenir par des approximations successives.

Je suppose la mer parvenue à cet état; elle forme alors avec le sphéroïde terrestre un ensemble dont toutes les parties sont immobiles entre elles et peuvent être supposées invariablement unies. Je nomme $\alpha H^{(0)}$, $\alpha H^{(1)}$, $\alpha H^{(2)}$, $\alpha H^{(3)}$ les valeurs précédentes de $\int \bar{x}\bar{y}\,dm$, $\int \bar{x}\bar{z}\,dm$, $\int \bar{y}\bar{z}\,dm$, $\int (\bar{y}^2 - \bar{z}^2)\,dm$; je nomme pareillement $\alpha H'^{(0)}$, $\alpha H'^{(1)}$, $\alpha H'^{(2)}$, $\alpha H'^{(3)}$ les valeurs des mêmes intégrales rapportées à la mer. On aura, relativement à la Terre entière,

$$\int \bar{x}\bar{y}\,dm = \alpha(H^{(0)} + H'^{(0)}), \qquad \int \bar{x}\bar{z}\,dm = \alpha(H^{(1)} + H'^{(1)}),$$

$$\int \bar{y}\bar{z}\,dm = \alpha(H^{(2)} + H'^{(2)}), \quad \int (\bar{y}^2 - \bar{z}^2)\,dm = \alpha(H^{(3)} + H'^{(3)}).$$

Maintenant, si l'on change le plan des $\bar{y}$ et des $\bar{z}$ de manière qu'en passant toujours par l'axe des $\overline{x}$ il forme un angle arbitraire ε avec ce plan, en nommant $\overline{y'}$ et $\overline{z'}$ les coordonnées rapportées à ce nouveau plan, on aura

$$\overline{y'} = \overline{y}\cos\varepsilon - \overline{z}\sin\varepsilon,$$

$$\overline{z'} = \overline{z}\cos\varepsilon + \overline{y}\sin\varepsilon,$$

ce qui donne

$$\int \overline{x}\,\overline{y'}\,dm = \alpha\,(\mathrm{II}^{(0)} + \mathrm{II}'^{(0)})\cos\varepsilon - \alpha\,(\mathrm{II}^{(1)} + \mathrm{II}'^{(1)})\sin\varepsilon,$$

$$\int \overline{x}\,\overline{z'}\,dm = \alpha\,(\mathrm{II}^{(1)} + \mathrm{II}'^{(1)})\cos\varepsilon + \alpha\,(\mathrm{II}^{(0)} + \mathrm{II}'^{(0)})\sin\varepsilon,$$

$$\int \overline{y'}\,\overline{z'}\,dm = \alpha\,(\mathrm{II}^{(2)} + \mathrm{II}'^{(2)})(\cos^2\varepsilon - \sin^2\varepsilon) + \alpha\,(\mathrm{II}^{(3)} + \mathrm{II}'^{(3)})\sin\varepsilon\cos\varepsilon.$$

L'axe des $\overline{x}$ sera un axe principal de rotation, autour duquel la Terre tournera librement, si l'on satisfait aux trois équations

$$\int \overline{x}\,\overline{y'}\,dm = 0, \quad \int \overline{x}\,\overline{z'}\,dm = 0, \quad \int \overline{y'}\,\overline{z'}\,dm = 0.$$

Les deux premières donnent

$$\mathrm{II}^{(0)} + \mathrm{II}'^{(0)} = 0, \quad \mathrm{II}^{(1)} + \mathrm{II}'^{(1)} = 0,$$

La troisième donne

$$\tan 2\varepsilon = -\,\frac{\alpha\,(\mathrm{II}^{(2)} + \mathrm{II}'^{(2)})}{\mathrm{II}^{(3)} + \mathrm{II}'^{(3)}}.$$

Pour que le centre de gravité de la Terre soit libre et dans l'axe principal de rotation, il faut que l'on ait, pour toute la Terre,

$$\int \overline{x}\,dm = 0, \quad \int \overline{y}\,dm = 0, \quad \int \overline{z}\,dm = 0;$$

or on a, pour le sphéroïde terrestre,

$$\int \overline{x}\,dm = \frac{1}{4}\int\int\int \rho\,d\mu_1\,d\varpi_1\,d[a^1(1 + \alpha y_1)^1]\mu,$$

$$\int \overline{y}\,dm = \frac{1}{4}\int\int\int \rho\,d\mu_1\,d\varpi_1\,d[a^1(1 + \alpha y_1)^1]\sqrt{1 - \mu^2}\cos\varpi,$$

$$\int \overline{z}\,dm = \frac{1}{4}\int\int\int \rho\,d\mu_1\,d\varpi_1\,d[a^1(1 + \alpha y_1)^1]\sqrt{1 - \mu^2}\sin\varpi.$$

En substituant pour μ, $\sqrt{1-\mu^2}\sin\varpi$, $\sqrt{1-\mu^2}\cos\varpi$ leurs valeurs en μ_1 et ϖ_1, on aura

$$\int \bar{x}\,dm = \alpha \int\int\int \rho\,d\mu_1\,d\varpi_1\,d(a^1 y_1)[\cos\Lambda.\mu_1 + \sin\Lambda.\sqrt{1-\mu_1^2}\cos(\varpi_1 - \Pi)],$$

$$\int \bar{y}\,dm = \alpha \int\int\int \rho\,d\mu_1\,d\varpi_1\,d(a^1 y_1)[\cos\Lambda.\sqrt{1-\mu_1^2}\cos(\varpi_1 - \Pi) - \sin\Lambda.\mu_1],$$

$$\int \bar{z}\,dm = \alpha \int\int\int \rho\,d\mu_1\,d\varpi_1\,d(a^1 y_1)\sqrt{1-\mu_1^2}\sin(\varpi_1 - \Pi).$$

Les coefficients de $\rho\,d\mu_1\,d\varpi_1\,d(a^1 y_1)$ étant compris dans la forme Y_i^1, il ne faut, par le numéro cité du Livre III de la *Mécanique céleste*, considérer dans y_1 que la quantité Y_1^1. L'expression générale de cette fonction est

$$q^{(0)}\mu_1 + q^{(1)}\sqrt{1-\mu_1^2}\sin\varpi_1 + q^{(2)}\sqrt{1-\mu_1^2}\cos\varpi_1.$$

Il faut, par ce qui précède, augmenter Y_1^1 de la fonction (a). On aura ainsi, relativement au sphéroïde terrestre,

$$\int \bar{x}\,dm = \frac{4}{3}\alpha\pi\cos\Lambda\big[\int\rho\,d(a^1 q^{(0)}) + Q^{(0)}\int\rho\,d(a^1)\big]$$
$$+ \frac{4}{3}\alpha\pi\sin\Lambda\left\{\begin{array}{l}\sin\Pi[\int\rho\,d(a^1 q^{(1)}) + Q^{(1)}\int\rho\,d(a^1)]\\ + \cos\Pi[\int\rho\,d(a^1 q^{(2)}) + Q^{(2)}\int\rho\,d(a^1)]\end{array}\right.$$

$$\int \bar{y}\,dm = \frac{4}{3}\alpha\pi\cos\Lambda\left\{\begin{array}{l}\sin\Pi[\int\rho\,d(a^1 q^{(1)}) + Q^{(1)}\int\rho\,d(a^1)]\\ + \cos\Pi[\int\rho\,d(a^1 q^{(2)}) + Q^{(2)}\int\rho\,d(a^1)]\end{array}\right\}$$
$$- \frac{4}{3}\alpha\pi\sin\Lambda\big[\int\rho\,d(a^1 q^{(0)}) + Q^{(0)}\int\rho\,d(a^1)\big],$$

$$\int \bar{z}\,dm = \frac{4}{3}\alpha\pi\left\{\begin{array}{l}\cos\Pi[\int\rho\,d(a^1 q^{(1)}) + Q^{(1)}\int\rho\,d(a^1)]\\ - \sin\Pi[\int\rho\,d(a^1 q^{(2)}) + Q^{(2)}\int\rho\,d(a^1)]\end{array}\right\}.$$

Soient $\alpha L^{(0)}$, $\alpha L^{(1)}$, $\alpha L^{(2)}$ ces trois valeurs de $\int\bar{x}\,dm$, $\int\bar{y}\,dm$, $\int\bar{z}\,dm$, et désignons par $\alpha L'^{(0)}$, $\alpha L'^{(1)}$, $\alpha L'^{(2)}$ les mêmes intégrales relatives à la mer. La condition que l'axe principal passe par le centre de gravité de la Terre entière et que ce point soit l'origine des rayons terrestres donnera les trois équations

$$L^{(0)} + L'^{(0)} = 0, \quad L^{(1)} + L'^{(1)} = 0, \quad L^{(2)} + L'^{(2)} = 0;$$

ces trois équations, réunies aux précédentes

$$\mathrm{H}^{(0)} + \mathrm{H}'^{(0)} = 0, \quad \mathrm{H}^{(1)} + \mathrm{H}'^{(1)} = 0,$$

$$\operatorname{tang} 2\varepsilon = -\frac{2\left(\mathrm{H}^{(2)} + \mathrm{H}'^{(2)}\right)}{\mathrm{H}^{(3)} + \mathrm{H}'^{(3)}},$$

détermineront les six indéterminées A, H, ε, $Q^{(0)}$, $Q^{(1)}$, $Q^{(2)}$, et alors l'axe de rotation sera un axe principal et passera par le centre de gravité de la Terre. L'existence d'un pareil axe est donc toujours possible, et les observations prouvent que tel est l'axe actuel de rotation de la Terre.

On a, relativement à la mer,

$$\int \overline{x}\,\overline{y}\,dm = \int\int \overline{x}\,\overline{y}\,zy'\,d\mu_1\,d\varpi_1,$$

zy' étant sa profondeur; mais les intégrales relatives à μ_1 et ϖ_1 ne peuvent être prises depuis $\mu_1 = -1$ jusqu'à $\mu_1 = 1$ et depuis $\varpi_1 = 0$ jusqu'à $\varpi_1 = 2\pi$ que dans le cas où la mer recouvre entièrement le sphéroïde terrestre. Considérons ce cas particulièrement; alors il ne faut substituer pour zy' que sa partie $zY'^{(2)}$. L'équation (4) du n° **2** du Chapitre précédent donne

$$Y'^{(2)} = \frac{-\,\overline{Y}^{(2)} + \dfrac{3\int \rho\,d\left(a^5 Y^{(2)}\right)}{5\int \rho\,d(a^4)} - \dfrac{2}{2}\left(\mu^2 - \dfrac{1}{3}\right)}{1 - \dfrac{3}{5\int \rho\,d(a^3)}},$$

les quantités $Y'^{(2)}$, $\overline{Y}^{(2)}$, $Y^{(2)}$, se rapportant ici à l'axe des μ. Mais, rapportées à l'axe des μ_1, elles restent les mêmes; elles ne sont que des manières différentes d'exprimer les fonctions du rayon terrestre et du rayon de chaque couche du sphéroïde, comprises dans la forme $zY^{(2)}$ ou assujetties à la même équation aux différences partielles. La partie de $Y'^{(2)}$ dépendante de φ ne produit aucun terme dans $\mathrm{H}'^{(0)}$, $\mathrm{H}'^{(1)}$, $\mathrm{H}'^{(2)}$, $\mathrm{H}'^{(3)}$. Pour le faire voir, considérons la valeur de $\mathrm{H}^{(0)}$ ou l'intégrale $\int\int \overline{x}\,\overline{y}\,Y'^{(2)}\,d\mu_1\,d\varpi_1$. Il est facile de voir que l'on peut donner à cette intégrale cette forme $\int\int \overline{x}\,\overline{y}\,Y'^{(2)}\,d\mu\,d\varpi$, les limites des intégrales relatives à μ et ϖ étant, comme pour μ_1 et ϖ_1, $\mu = -1$, $\mu = 1$, $\varpi = 0$, $\varpi = 2\pi$. Alors, en substituant, dans l'intégrale

$$\int\int \overline{x}\,\overline{y}\, Y'^{(2)} d\mu\, d\varpi, \quad \mu\sqrt{1-\mu^2}\cos\varpi \text{ pour } \overline{x}\overline{y}, \text{ et } \frac{-\frac{\varphi}{2}\left(\mu^2 - \frac{1}{3}\right)}{1 - \dfrac{3}{5\int\rho\, d(a^3)}} \text{ pour } Y'^{(2)},$$

on voit que cette intégrale est nulle; ainsi cette partie de $Y'^{(2)}$ ne produit aucun terme dans $\Pi'^{(0)}$, et l'on trouverait de la même manière qu'elle n'en produit aucun dans $\Pi'^{(1)}$, $\Pi'^{(2)}$ et $\Pi'^{(3)}$. L'autre partie de $Y'^{(2)}$ peut être exprimée par

$$h'^{(0)}\left(\mu_1^2 - \frac{1}{3}\right) + h'^{(1)}\mu_1\sqrt{1-\mu_1^2}\sin\varpi_1 + h'^{(2)}\sqrt{1-\mu_1^2}\cos\varpi_1$$
$$+ h'^{(3)}(1-\mu_1^2)\sin 2\varpi_1 + h'^{(4)}(1-\mu_1^2)\cos 2\varpi_1,$$

et l'on aura

$$(i)\qquad h'^{(s)} = \frac{-\overline{h}^{(s)} + \dfrac{3\int\rho\, d(a^5 h^{(s)})}{5\int\rho\, d(a^3)}}{1 - \dfrac{3}{5\int\rho\, d(a^3)}},$$

en faisant successivement $s = 0$, $s = 1$, $s = 2$, $s = 3$, $s = 4$. Cela posé, les équations

$$\Pi^{(0)} + \Pi'^{(0)} = 0, \quad \Pi^{(1)} + \Pi'^{(1)} = 0$$

donnent les suivantes :

$$0 = \sin 2\Lambda \left\{ \begin{array}{l} h'^{(0)} + \int\rho\, d(a^5 h^{(0)}) \\ - \sin 2\Pi[h'^{(3)} + \int\rho\, d(a^5 h^{(3)})] \\ - \cos 2\Pi[h'^{(4)} + \int\rho\, d(a^5 h^{(4)})] \end{array} \right\}$$
$$- \cos 2\Lambda \left\{ \begin{array}{l} \sin\Pi[h'^{(1)} + \int\rho\, d(a^5 h^{(1)})] \\ + \cos\Pi[h'^{(2)} + \int\rho\, d(a^5 h^{(2)})] \end{array} \right\},$$

$$0 = \cos\Lambda \left\{ \begin{array}{l} \cos\Pi[h'^{(1)} + \int\rho\, d(a^5 h^{(1)})] \\ - \sin\Pi[h'^{(2)} + \int\rho\, d(a^5 h^{(2)})] \end{array} \right\}$$
$$+ 2\sin\Lambda \left\{ \begin{array}{l} \cos 2\Pi[h'^{(3)} + \int\rho\, d(a^5 h^{(3)})] \\ - \sin 2\Pi[h'^{(4)} + \int\rho\, d(a^5 h^{(4)})] \end{array} \right\}.$$

Désignons par f et g les coefficients de $\sin 2\Lambda$ et de $\cos 2\Lambda$ dans la première de ces deux équations, et par m et n les coefficients de $\sin\Lambda$

et de $\cos A$ dans la seconde; on aura

$$\tang A = -\frac{n}{m},$$

ce qui donne

$$\sin 2A = \frac{-2mn}{m^2 + n^2}, \quad \cos 2A = \frac{m^2 - n^2}{m^2 + n^2},$$

d'où l'on tire

$$a = -2mnf + (m^2 - n^2)g.$$

En substituant pour f, g, m, n leurs valeurs et faisant

$$\tang H = u,$$

on trouve, après les réductions, une équation du troisième degré en u et qui, conséquemment, a une racine réelle. Cette équation coïncide avec l'équation du troisième degré en u que nous avons donnée dans le n° **27** du Livre I, relativement aux axes principaux des corps solides.

On remplira la condition que l'axe de rotation passe par le centre de gravité de la Terre entière, en observant que l'équation (4) du n° 2 du Chapitre précédent donne

$$Y^{(1)} = \frac{-\overline{Y}^{(1)} + \dfrac{\int \rho\, d(a^3\, Y^{(1)})}{\int \rho\, d(a^3)}}{1 - \dfrac{1}{\int \rho\, d(a^3)}};$$

en désignant donc l'expression de $Y'^{(1)}$ par

$$q'^{(0)}\mu_1 + q'^{(1)}\sqrt{1 - \mu_1^2}\,\sin\varpi_1 + q'^{(2)}\sqrt{1 - \mu_1^2}\,\cos\varpi_1,$$

on aura

$$(i) \qquad q'^{(s)} = \frac{-\overline{q}'^{(s)} + \dfrac{\int \rho\, d(a^3\, q^{(s)})}{\int \rho\, d(a^3)}}{1 - \dfrac{1}{\int \rho\, d(a^3)}},$$

en faisant successivement $s = 0$, $s = 1$, $s = 2$. On aura ainsi, pour toute la Terre,

$$\int \bar{x}\,dm = \tfrac{4}{3}\alpha\pi\,\cos A\,[\int \rho\,d(a^4 q^{(0)}) + q'^{(0)} + Q^{(0)}\int \rho\,d(a^4)]$$

$$+ \tfrac{4}{3}\alpha\pi\,\sin A \begin{cases} \sin \Pi[\int \rho\,d(a^4 q^{(1)}) + q'^{(1)} + Q^{(1)}\int \rho\,d(a^4)] \\ + \cos \Pi[\int \rho\,d(a^4 q^{(2)}) + q'^{(2)} + Q^{(2)}\int \rho\,d(a^4)] \end{cases},$$

$$\int \bar{y}\,dm = \tfrac{4}{3}\alpha\pi\,\cos A \begin{cases} \sin \Pi[\int \rho\,d(a^4 q^{(1)}) + q'^{(1)} + Q^{(1)}\int \rho\,d(a^4)] \\ + \cos \Pi[\int \rho\,d(a^4 q^{(2)}) + q'^{(2)} + Q^{(2)}\int \rho\,d(a^4)] \end{cases}$$

$$- \tfrac{4}{3}\alpha\pi\,\sin A\,[\int \rho\,d(a^4 q^{(0)}) + q'^{(0)} + Q^{(0)}\int \rho\,d(a^4)],$$

$$\int \bar{z}\,dm = \tfrac{4}{3}\alpha\pi \begin{cases} \cos \Pi[\int \rho\,d(a^4 q^{(1)}) + q'^{(1)} + Q^{(1)}\int \rho\,d(a^4)] \\ - \sin \Pi[\int \rho\,d(a^4 q^{(2)}) + q'^{(2)} + Q^{(2)}\int \rho\,d(a^4)] \end{cases}.$$

Les conditions nécessaires pour que l'axe de rotation passe par le centre de gravité de la Terre sont que ces trois valeurs de $\int \bar{x}\,dm$, $\int \bar{y}\,dm$, $\int \bar{z}\,dm$ soient nulles; en les égalant donc à zéro, on déterminera les trois constantes $Q^{(0)}$, $Q^{(1)}$ et $Q^{(2)}$. Ainsi le sphéroïde terrestre, recouvert en entier par la mer en équilibre, a un axe de rotation passant par le centre commun de gravité du sphéroïde et de la mer, et autour duquel le sphéroïde tourne d'une manière uniforme.

L'analyse précédente conduit à un théorème fort simple sur la détermination de cet axe. En effet, l'équation précédente (i) donne, en observant que l'on peut mettre $\bar{h}^{(s)}$ sous la forme $\int d(a^s h^{(s)})$,

$$h'^{(s)} + \int \rho\,d(a^s h^{(s)}) = \frac{\dfrac{\int(\rho-1)\,d(a^s h^{(s)})}{3}}{1 - \dfrac{3}{5\int \rho\,d(a^3)}},$$

s devant être supposé successivement égal à o, 1, 2, 3, 4. En substituant les diverses valeurs du premier membre de cette équation dans les trois équations qui déterminent les quantités A, Π et ε, on voit que ces équations déterminent l'axe principal du sphéroïde terrestre, lorsqu'on suppose les densités ρ de ses couches diminuées de l'unité ou de la densité de la mer.

Pareillement, l'équation (i') donne

$$q'^{(s)} + \int \rho\, d\left(a^s q^{(s)}\right) = \frac{\int (\rho - 1)\, d\left(a^s q^{(s)}\right)}{1 - \overline{\int \rho\, d\left(a^3\right)}}.$$

Si l'on fixe l'origine des coordonnées au centre de gravité du sphéroïde terrestre modifié par la diminution précédente de ses couches, on aura $q^{(s)} = o$; les expressions de $\int \overline{x}\, dm$, $\int \overline{y}\, dm$, $\int \overline{z}\, dm$, égalées à zéro, donneront ainsi $Q^{(0)}$, $Q^{(1)}$, $Q^{(2)}$ nuls. Ainsi le centre de gravité de la Terre entière est le centre de gravité du sphéroïde terrestre ainsi modifié. De là résulte ce théorème :

Si l'on conçoit la densité des couches du sphéroïde terrestre diminuée de la densité de la mer, et si, par le centre de gravité de ce sphéroïde imaginaire, on conçoit un axe principal de rotation de ce sphéroïde, en faisant tourner autour de cet axe le vrai sphéroïde terrestre et la mer, ce fluide étant en équilibre, cet axe sera un axe principal de rotation de la Terre entière dont le centre de gravité sera celui du sphéroïde imaginaire.

Ainsi la Terre a pour axes principaux les trois axes principaux de rotation du sphéroïde imaginaire, du moins si la mer est assez profonde pour que, étant en équilibre, en tournant autour de chacun de ces axes, elle recouvre entièrement le sphéroïde terrestre. Mais il y a entre un corps solide et la Terre cette différence, savoir que, en changeant d'axe principal de rotation, la figure du solide reste constante, au lieu que la Terre change de figure en changeant d'axe principal. Les trois figures que prend sa surface en changeant d'axe principal de rotation ont entre elles des rapports simples et intéressants à connaître.

Considérons d'abord la mer en équilibre et tournant autour d'un de ces trois axes principaux, que je nommerai *premier axe principal*. Le rayon de la surface de la mer sera

$$1 \div \alpha l \div \alpha\left(\overline{Y}^{(1)} + Y'^{(1)}\right) + \alpha\left(\overline{Y}^{(2)} + Y''^{(2)}\right) + \alpha\left(\overline{Y}^{(3)} + Y'^{(3)}\right) + \ldots,$$

l'origine de ce rayon étant au centre de gravité de la Terre entière. αl est la profondeur moyenne de la mer, et l'on a, en nommant αm la masse de ce fluide,

$$\alpha \iint l\, d\mu_1\, d\varpi_1 = \alpha m,$$

μ_1 étant le sinus de la latitude et ϖ_1 la longitude rapportée à ce premier axe principal. Les intégrales devant être prises depuis $\mu_1 = -1$ jusqu'à $\mu_1 = 1$ et depuis $\varpi_1 = 0$ jusqu'à $\varpi_1 = 2\pi$, on aura

$$4\pi\alpha l = \alpha m.$$

On a ensuite, par le n° **3** du Chapitre précédent,

$$Y'^{(i)} = \frac{-\overline{Y}^{(i)} + \dfrac{3\int \rho\, d(a^{i+3} Y^{(i)})}{(2i+1)\int \rho d.a^3}}{1 - \dfrac{3}{(2i+1)\int \rho d.a^3}},$$

et dans le cas de $i = 2$ on a

$$Y'^{(2)} = \frac{-\overline{Y}^{(2)} + \dfrac{3\int \rho\, d(a^3 Y^{(2)})}{5\int \rho d.a^3} - \dfrac{\varphi}{2}\left(\mu_1^2 - \dfrac{1}{3}\right)}{1 - \dfrac{3}{5\int \rho d.a^3}}.$$

On aura ainsi

$$Y'^{(i)} + \overline{Y}^{(i)} = \frac{3\int(\rho - 1)\, d(a^{i+3} Y^{(i)})}{(2i+1)\int \rho d.a^3 - 3},$$

et, dans le cas de $i = 2$,

$$Y'^{(2)} + \overline{Y}^{(2)} = \frac{3\int(\rho - 1)\, d(a^3 Y^{(2)}) - \dfrac{5}{2}\varphi\left(\mu_1^2 - \dfrac{1}{3}\right)\int \rho d.a^3}{5\int \rho d.a^3 - 3}.$$

Nommons u la fonction

$$\frac{3\int(\rho - 1)\, d(a^1 Y^{(1)})}{3\int \rho d.a^3 - 3} + \frac{3\int(\rho - 1)\, d(a^3 Y^{(2)})}{5\int \rho d.a^3 - 3} + \frac{3\int(\rho - 1)\, d(a^5 Y^{(3)})}{7\int \rho d.a^3 - 3} + \ldots$$

Le rayon de la surface de la mer sera

$$1 + \alpha l + \alpha u - \frac{\dfrac{5}{2}\alpha \varphi\left(\mu_1^2 - \dfrac{1}{3}\right)\int \rho d.a^3}{5\int \rho d.a^3 - 3}.$$

Supposons maintenant la mer en équilibre tourner avec le sphéroïde terrestre autour du second axe principal ; en nommant μ le sinus de la latitude rapportée à cet axe, nous aurons, pour l'expression du rayon de la surface de la mer,

$$1 + \alpha l + \alpha u - \frac{\frac{5}{2}\alpha\varphi\left(\mu^2 - \frac{1}{3}\right)\int\rho d.a^3}{5\int\rho d.a^3 - 3},$$

car il est clair que les valeurs de αl et de αu correspondantes aux mêmes points de la surface du sphéroïde terrestre restent les mêmes dans les deux situations d'équilibre.

On rapportera μ au premier axe principal, en observant que, dans la valeur de μ en μ_1 donnée au commencement de ce Chapitre, on doit supposer $A = \frac{\pi}{2}$, ce qui donne

$$\mu^2 - \frac{1}{3} = \frac{1 - \mu_1^2}{2}\cos(2\varpi_1 - 2\Pi) - \frac{1}{2}\left(\mu_1^2 - \frac{1}{3}\right).$$

Ainsi, dans la seconde situation d'équilibre de la mer, le rayon de sa surface sera

$$1 + \alpha l + \alpha u + \frac{\frac{5}{4}\alpha\varphi\left[\mu_1^2 - \frac{1}{3} - (1 - \mu_1^2)\cos(2\varpi_1 - 2\Pi)\right]}{5\int\rho d.a^3 - 3}.$$

On trouve de la même manière que, la mer étant supposée en équilibre et tourner autour du troisième axe principal du sphéroïde imaginaire, le rayon de sa surface est

$$1 + \alpha l + \alpha u + \frac{\frac{5}{4}\alpha\varphi\left[\mu_1^2 - \frac{1}{3} + (1 - \mu_1^2)\cos(2\varpi_1 - 2\Pi)\right]}{5\int\rho d.a^3 - 3}.$$

Ainsi la moyenne de ces trois rayons est

$$1 + \alpha l + \alpha u ;$$

elle est indépendante de la force centrifuge $\alpha\varphi$ et la même que le rayon de la mer en équilibre sur le sphéroïde terrestre sans mouvement de rotation.

L'action du Soleil et de la Lune influe sur la figure de la mer, qui, par là, varie à chaque instant. Parmi ces variations, d'où naissent le flux et le reflux de la mer, quelques-unes sont constantes; d'autres s'exécutent avec une grande lenteur. Celles qui sont rigoureusement constantes concourent avec la force centrifuge à produire la figure permanente de la mer. Les variations très-lentes changent insensiblement cette figure, et, vu leur lenteur et la tendance de la mer à se mettre promptement en équilibre, on peut supposer qu'à chaque instant cette figure est celle qui correspond à cet équilibre.

Soient v le complément de la déclinaison d'un astre L, ψ son ascension droite et f sa distance au centre de la Terre, r étant celle d'une molécule dm de la surface de la mer, dont θ et ϖ sont le complément de la latitude et la longitude; il faut, par le n° **23** du Livre III, ajouter au second membre de l'équation (1) du n° **2** du Chapitre précédent la quantité

$$\frac{L}{f^3}\left(P^{(2)} + \frac{1}{f} P^{(3)} + \dots\right),$$

la fonction

$$\frac{1}{f}\left(1 + \frac{1}{f} P^{(1)} + \frac{1}{f^2} P^{(2)} + \dots\right)$$

étant le développement, en série ordonnée par rapport aux puissances de $\frac{1}{f}$, du radical

$$\frac{1}{\sqrt{f^2 - 2fr[\cos v \cos\theta + \sin v \sin\theta \cos(nt + \varepsilon + \varpi - \psi)] + r^2}},$$

nt étant le mouvement de rotation de la Terre. On a généralement

$$0 = \frac{\partial\left[(1 - \mu^2)\dfrac{\partial P^{(i)}}{\partial \mu}\right]}{\partial \mu} + \frac{\dfrac{\partial^2 P^{(i)}}{\partial \varpi^2}}{1 - \mu^2} + i(i+1)P^{(i)}.$$

Si l'on n'a égard qu'aux variations croissant avec une grande lenteur par rapport au mouvement de rotation de la Terre, on aura

$$P^{(2)} = \frac{9 r^2}{4}\left(\cos^2 v - \frac{1}{3}\right)\left(\mu^2 - \frac{1}{3}\right).$$

On peut négliger les termes dépendants de $\frac{1}{f^4}$, $\frac{1}{f^5}$, ..., vu la petitesse de ces fractions. L'action de l'astre L ajoutera donc au second membre de l'équation (1) du n° **2** cette valeur de $P'^{(2)}$ multipliée par $\frac{L}{f^3}$, ce qui revient à diminuer, dans cette équation, le facteur $\alpha\rho$ de la quantité

$$\frac{9L}{2f^3}\left(\cos^2 v - \frac{1}{3}\right).$$

L'analyse précédente subsistera donc toujours, et, si la mer recouvrait entièrement le sphéroïde terrestre, la Terre aurait toujours pour axes principaux ceux du sphéroïde terrestre, dans lequel les densités des couches seraient diminuées de la densité de la mer. On doit observer ici que la quantité

$$\frac{9L}{2f^3}\left(\cos^2 v - \frac{1}{3}\right)$$

n'est qu'une fraction extrêmement petite de la valeur de $\alpha\rho$.

Lorsque la mer ne recouvre point entièrement le sphéroïde, on peut toujours, par le Chapitre précédent, déterminer la profondeur $\alpha y'$ de la mer en équilibre par une approximation ordonnée suivant les puissances de $\frac{1}{(\rho)}$, (ρ) étant la moyenne densité de la Terre, celle de la mer étant prise pour l'unité. La valeur de $\int \overline{x} \overline{y}\, dm$ devient, relativement à la mer, $\alpha \int \int y' d\mu_1 d\varpi_1 \mu \sqrt{1 - \mu^2} \cos\varpi$. En substituant pour y' l'expression donnée par le Chapitre précédent, et pour μ et ϖ leurs valeurs en μ_1 et ϖ_1, l'intégrale précédente, étendue à toutes les valeurs de μ_1 et de ϖ_1 comprises dans les limites de la mer, donnera la valeur de $\int \overline{x}\overline{y}\, dm$ relative à ce fluide, par une série ordonnée suivant les puissances de $\frac{1}{(\rho)}$, le premier terme de cette série ayant pour facteur l'unité, le second terme ayant pour facteur $\frac{1}{(\rho)}$, et ainsi de suite. En ajoutant cette valeur à celle de $\int \overline{x}\overline{y}\, dm$, relative au sphéroïde terrestre, et qui a pour facteur (ρ), et égalant leur somme à zéro, on aura une équation dont le premier membre sera une série ordonnée étant zéro. Les équations

$$\int \overline{x}\,\overline{z}\,dm = 0, \quad \int \overline{y}\,\overline{z}\,dm = 0, \quad \int \overline{x}\,dm = 0, \quad \int \overline{z}\,dm = 0, \quad \int \overline{y}\,dm = 0$$

donneront des équations semblables, et l'on en conclura, par les moyens connus de l'Algèbre, les valeurs indéterminées A, H, ε, $Q^{(0)}$, $Q^{(1)}$, $Q^{(2)}$, en séries ordonnées, comme y', par rapport aux puissances descendantes de (ρ), ce qui déterminera l'axe principal de rotation. Mais il suffit ici d'en faire voir la possibilité.

CHAPITRE IV.

DE LA CHALEUR DE LA TERRE ET DE LA DIMINUTION DE LA DURÉE DU JOUR PAR SON REFROIDISSEMENT.

9. Soit V la chaleur d'un point quelconque d'une masse homogène, déterminé par les coordonnées orthogonales x, y, z; on a l'équation générale

$$(1) \qquad \frac{\partial^2 V}{\partial x^2} + \frac{\partial^2 V}{\partial y^2} + \frac{\partial^2 V}{\partial z^2} = k\,\frac{\partial V}{\partial t};$$

dt est l'élément du temps et k est une constante dépendante des propriétés de la substance relatives à la chaleur. Lorsque la masse est parvenue à son état final de température, $\frac{\partial V}{\partial t}$ est nul, et alors l'équation précédente devient celle que j'ai trouvée relativement à l'attraction des sphéroïdes, V exprimant dans ce cas la somme des molécules du corps attirant divisées respectivement par leurs distances au point attiré. On peut donc déterminer, par l'analyse exposée dans le Livre III de la *Mécanique céleste*, l'état final de la température d'une sphère échauffée d'une manière quelconque à l'extérieur. Ce qui complète l'analogie de la théorie de la chaleur avec celle de l'attraction des sphéroïdes, c'est qu'il existe, à la surface, des équations de la même nature. A la surface d'une sphère dont r est le rayon, on a

$$(2) \qquad -\frac{\partial V}{\partial r} = fV - fl,$$

f étant une constante et l étant une fonction dépendante de l'action échauffante des causes extérieures. Cette équation répond à l'équation à la surface des sphéroïdes attirants, que l'on trouve dans le n° 10 du Livre III cité.

M. Fourier a donné le premier les équations fondamentales (1) et (2) dans l'excellente pièce qui a remporté le prix proposé par l'Institut sur la Théorie de la Chaleur; j'en donnerai la démonstration dans un autre Livre. J'observerai ici que les quantités f et k peuvent n'être pas rigoureusement constantes et varier avec la température V; mais on peut, sans erreur sensible, les supposer constantes, tant que l'on ne considère que de petites variations de température.

J'ai transformé l'équation (1) en coordonnées relatives à la distance r d'une molécule du globe à son centre, à la longitude ϖ de cette molécule et au sinus μ de sa latitude. Elle devient alors

$$(3) \qquad kr^2 \frac{\partial V}{\partial t} = r \frac{\partial^2 (rV)}{\partial r^2} + \frac{\frac{\partial^2 V}{\partial \varpi^2}}{1-\mu^2} + \frac{\partial \left[(1-\mu^2) \frac{\partial V}{\partial \mu} \right]}{\partial \mu}.$$

En supposant ensuite V exprimé par une suite de termes de la forme $c^{-nt} Y^{(i)} q^{(i)}$, c étant le nombre dont le logarithme hyperbolique est l'unité, et $Y^{(i)}$ étant une fonction rationnelle et entière de l'ordre i en μ, $\sqrt{1-\mu^2} \sin\varpi$ et $\sqrt{1-\mu^2} \cos\varpi$, genre de fonctions dont j'ai fait un grand usage dans la théorie des attractions des sphéroïdes, et qui sont telles que l'on a

$$0 = \frac{\frac{\partial^2 Y^{(i)}}{\partial \varpi^2}}{1-\mu^2} + \frac{\partial \left[(1-\mu^2) \frac{\partial Y^{(i)}}{\partial \mu} \right]}{\partial \mu} + i(i+1) Y^{(i)},$$

on aura

$$0 = r \frac{d^2 . rq^{(i)}}{dr^2} + knr^2 q^{(i)} - i(i+1) q^{(i)}.$$

Pour intégrer cette équation, soit

$$r\sqrt{nk} = z, \quad rq^{(i)} = q';$$

elle devient

$$0 = \frac{d^2 q'}{dz^2} + q' - \frac{i(i+1)q'}{z^2}.$$

Faisons, en observant qu'ici la caractéristique $\sum$ embrasse tous les termes depuis s nul jusqu'à l'infini,

$$q' = \frac{A}{\sqrt{nk}} \sum \left[\frac{F^{(s)}}{z^{2s}} \sin(z+\vartheta) + \frac{F'^{(s)}}{z^{2s+1}} \cos(z+\vartheta) \right].$$

A et ϑ étant deux constantes arbitraires. En substituant cette valeur dans l'équation différentielle précédente, et comparant séparément les termes multipliés par $\dfrac{\sin(z+\vartheta)}{z^{2s}}$ et ceux qui sont multipliés par $\dfrac{\cos(z+\vartheta)}{z^{2s+1}}$, on formera les deux équations

$$2(2s-1) F'^{(s-1)} = (i-2s+2)(i+2s-1) F^{(s-1)},$$
$$\{ s F^{(s)} = -(i-2s+1)(i+2s) F'^{(s-1)},$$

ce qui donne

$$F^{(s)} = - \frac{(i-2s+1)(i-2s+2)(i+2s-1)(i+2s)}{4 \cdot 2s(2s-1)} F^{(s-1)},$$

d'où l'on tire, en intégrant et faisant, comme on le peut, $F^{(0)} = 1$,

$$F^{(s)} = \pm \frac{(i-2s+1)(i-2s+2)\ldots(i+2s)}{2^{2s} \cdot 1.2.3\ldots 2s};$$

le signe $+$ a lieu si s est pair, et le signe $-$ s'il est impair. L'expression précédente de $F'^{(s-1)}$ donne

$$F'^{(s)} = \frac{(i-2s)(i+2s+1)}{2(2s+1)} F^{(s)}.$$

On aura ainsi

$$q^{(i)} = A \sum \left[\frac{F^{(s)}}{z^{2s+1}} \sin(z+\vartheta) + \frac{F'^{(s)}}{z^{2s+2}} \cos(z+\vartheta) \right].$$

i étant ici un nombre entier positif, cette valeur de $q^{(i)}$ n'est composée que d'un nombre fini de termes. Pour en exclure, comme on doit le faire, ceux qui deviennent infinis lorsque r est nul, $q^{(i)}$ étant toujours fini, même au centre, il faut faire ϑ nul si i est pair, et $\vartheta = \frac{\pi}{2}$ si i est impair, π étant la demi-circonférence dont le rayon est l'unité.

L'équation (2) donne à la surface, où nous supposerons que r devient a,

$$-\frac{dq^{(i)}}{dr} = fq^{(i)}.$$

En désignant $a\sqrt{nk}$ par z, et nommant Z et Z' les coefficients de $A\sin z$ et de $A\cos z$, dans lesquels on change z en ε, on aura

$$(1) \quad \begin{cases} 0 = \sin\varepsilon\left(fZ + \dfrac{\varepsilon}{a}\dfrac{\partial Z}{\partial\varepsilon} - \dfrac{\varepsilon}{a}Z'\right) \\[2mm] \quad + \cos\varepsilon\left(fZ' + \dfrac{\varepsilon}{a}\dfrac{\partial Z'}{\partial\varepsilon} + \dfrac{\varepsilon}{a}Z\right). \end{cases}$$

Cette équation est transcendante; elle donne pour ε, et par conséquent pour n, une infinité de valeurs auxquelles correspondent autant de fonctions de la forme $Y^{(i)}$, et qui sont déterminées par l'état initial de la chaleur du globe.

L'équation précédente a pour une de ses racines $z = 0$, et la valeur correspondante de $q^{(i)}$ est βr^{i}, β étant une constante arbitraire.

Si l'on développe la partie de la fonction l de l'équation (2) qui est indépendante du temps, dans une suite de la forme

$$Y'^{(0)} + Y'^{(1)} + Y'^{(2)} + \ldots,$$

$Y'^{(i)}$ étant assujetti à la même équation aux différences partielles que $Y^{(i)}$, l'équation (2) donnera, en comparant les fonctions semblables,

$$- i\beta a^{i-1}Y^{(i)} = f\beta a^{i}Y^{(i)} - fY'^{(i)},$$

ce qui donne

$$Y^{(i)} = Y'^{(i)},$$

$$\beta = \frac{1}{a^{i}\left(1 + \dfrac{i}{af}\right)};$$

ainsi la partie de la chaleur V d'un point du globe indépendante du temps et qui finit par être sa température finale est

$$Y'^{(0)} + \frac{1}{1 + \dfrac{1}{af}}\cdot\frac{r}{a}Y'^{(1)} + \frac{1}{1 + \dfrac{2}{af}}\cdot\frac{r^{2}}{a^{2}}Y'^{(2)} + \ldots.$$

On peut observer ici que cette partie de V varie très-lentement pour la Terre, près de la surface, à cause de la grandeur du rayon a. Sa variation est insensible dans les mines les plus profondes; ainsi l'accroissement observé dans la chaleur des mines, à mesure que l'on y descend, n'en dépend point et paraît indiquer que le globe terrestre n'est point encore parvenu à son état final de température.

On représente assez bien la température moyenne des climats en la faisant proportionnelle au produit de 27 degrés centésimaux par le carré du cosinus de la latitude. En supposant donc que la valeur de $Y^{(2)}$ relative à la chaleur initiale de la Terre a déjà disparu, en sorte qu'il n'y ait de sensible maintenant que la fonction de ce genre relative à la chaleur solaire, on aura

$$Y'^{(2)} = 27^{0}\left(\frac{1}{3} - x^2\right).$$

La grandeur du rayon terrestre réduit à très-peu près l'équation (4) à celle-ci :

$$o = Z\sin\varepsilon + Z'\cos\varepsilon.$$

En y supposant successivement $i = 0$, $i = 1$, $i = 2$, ..., on verra facilement que la plus petite valeur de ε, autre que $\varepsilon = 0$, est π dans le cas de i nul, π étant le rapport de la circonférence au diamètre; elle est comprise entre π et $\frac{3}{2}\pi$ dans le cas de $i = 1$, entre $\frac{3}{2}\pi$ et 2π lorsque $i = 2$, entre 2π et $\frac{5}{2}\pi$ lorsque $i = 3$, et ainsi du reste. Pour une même valeur de i, les exponentielles c^{-nt} disparaîtront par l'accroissement du temps les unes après les autres, l'exponentielle correspondante à la plus petite valeur de n et de ε disparaissant la dernière. Pareillement, tous les termes correspondants à ces plus petites valeurs disparaîtront dans l'ordre de grandeur de i, en sorte que, avant l'établissement de la température finale, il ne restera de sensible que le terme

$$c^{-nt}Y^{(0)}q^{(0)}.$$

Je supposerai ici la Terre parvenue à cet état. ε est, comme on l'a vu, égal à π; mais l'équation (4) donne plus exactement

$$\varepsilon = \pi\left(1 - \frac{1}{af}\right),$$

d'où l'on tire

$$n = \frac{\pi^2 \left(1 - \frac{1}{af}\right)^2}{a^2 k}.$$

et

$$V = \frac{A}{r} c^{-nt} \sin\left[\frac{r}{a}\pi\left(1 - \frac{1}{af}\right)\right].$$

Cette équation donne à la surface, où $r = a$, la partie de la chaleur relative à l'exponentielle c^{-nt}, égale à

$$\frac{A\pi}{a^2 f} c^{-nt}.$$

L'accroissement de la chaleur, à la profondeur z' au-dessous de la surface, est, par le théorème de Taylor, $-z'\frac{\partial V}{\partial r}$, et, en vertu de l'équation (2), ce terme devient $fz'V$, en ne considérant dans la valeur de V à la surface que la partie de la chaleur qui est indépendante de l'action des causes échauffantes à l'extérieur. Il est remarquable que cet accroissement $fz'V$ de la chaleur soit indépendant du rayon du globe et de la manière dont il est échauffé intérieurement, et qu'il ne dépende que de la chaleur des couches voisines de la surface et de la manière dont elles perdent leur chaleur. Dans le cas présent, si l'on nomme h la valeur de V à l'origine du temps t, à la surface, on aura

$$\frac{A\pi}{a^2 f} = h,$$

et par conséquent

$$V = \frac{ha^2 f}{\pi r} c^{-\frac{\pi^2 t}{a^2 k}\left(1 - \frac{1}{af}\right)^2} \sin\left[\frac{r}{a}\pi\left(1 - \frac{1}{af}\right)\right].$$

Au centre, où r est nul, cette expression donne à fort peu près

$$V = afhc^{-\frac{\pi^2 t}{a^2 k}\left(1 - \frac{1}{af}\right)^2};$$

la température est donc à ce point incomparablement plus grande qu'à la surface. L'accroissement de température à une petite profondeur z' comptée de la surface est

$$fz'hc^{-\frac{\pi^2 t}{a^2 k}\left(1 - \frac{1}{af}\right)^2}.$$

J'observerai ici que l'analyse par laquelle je viens d'intégrer l'équation (3) s'applique aux équations générales du mouvement des fluides, et que c'est ainsi que j'ai déterminé, dans le Livre IV, les oscillations d'un fluide qui recouvre une sphère immobile et qui est attiré par un astre en mouvement.

Les valeurs de $Y^{(0)}$, $Y^{(1)}$, $Y^{(2)}$, ... sont déterminées par l'état initial de la chaleur de la sphère. Je vais donner, pour cet objet, une méthode simple et qui peut s'étendre à beaucoup d'autres cas.

Je suppose que l'état initial de la chaleur soit exprimé par la fonction

$$U^{(0)} + U^{(1)} + U^{(2)} + \ldots + U^{(i)} + \ldots,$$

$U^{(i)}$ étant une fonction rationnelle et entière de μ, $\sqrt{1-\mu^2}\sin\varpi$ et $\sqrt{1-\mu^2}\cos\varpi$, assujettie à la même équation aux différences partielles que $Y^{(i)}$, c'est-à-dire telle que l'on ait

$$o = \frac{\partial\left[(1-\mu^2)\dfrac{\partial U^{(i)}}{\partial\mu}\right]}{\partial\mu} + \frac{\dfrac{\partial^2 U^{(i)}}{\partial\varpi^2}}{1-\mu^2} + i(i+1)U^{(i)},$$

les coefficients arbitraires de $U^{(i)}$ étant ici des fonctions de r. Soient $\varphi(r)$ un de ces coefficients et $r\varphi(r)=q'$; on aura, par ce qui précède,

$$o = \frac{d^2 q'}{dr^2} + kn^2 q' - \frac{i(i+1)q'}{r^2}.$$

En supposant i nul dans l'expression de V, il est facile de voir que l'on aura

$$r\varphi(r) = A^{(0)}q'^{(0)} + A^{(1)}q'^{(1)} + A^{(2)}q'^{(2)} + \ldots,$$

$q'^{(0)}$, $q'^{(1)}$, $q'^{(2)}$, ... étant les valeurs de q' correspondantes aux diverses racines de l'équation (4); $A^{(0)}$, $A^{(1)}$, ... sont les arbitraires qui multiplient ces valeurs et qu'il s'agit de déterminer. Pour cela, on multipliera l'équation précédente par $q'_0 dr$, et l'on prendra l'intégrale depuis r nul jusqu'à $r=a$, ce qui donne

$$\int r\,\varphi(r)q'_0\,dr = A^{(0)}\int q'^{(0)2}\,dr + A^{(1)}\int q'^{(0)}q'^{(1)}\,dr + \ldots.$$

Maintenant on a

$$\int q'^{(0)} q'^{(1)} dr = 0.$$

Pour le faire voir, nous observerons que l'on a, $q'^{(0)}$ et $q'^{(1)}$ étant nuls avec r,

$$\int \left(q'^{(0)}\frac{d^2 q'^{(1)}}{dr} - q'^{(1)}\frac{d^2 q'^{(0)}}{dr} \right) = q'^{(0)}\frac{dq'^{(1)}}{dr} - q'^{(1)}\frac{dq'^{(0)}}{dr}.$$

Le premier membre de cette équation devient, en y substituant pour $\dfrac{d^2 q'^{(0)}}{dr}$ et $\dfrac{d^2 q'^{(1)}}{dr}$ leurs valeurs qui résultent de l'équation différentielle en q',

$$\int q'^{(0)} q'^{(1)} k \, dr (n^{(0)2} - n^{(1)2}),$$

$n^{(0)}$ et $n^{(1)}$ étant les valeurs de n relatives aux racines de l'équation (4) correspondantes à $q'^{(0)}$ et $q'^{(1)}$. De plus, à la surface, on a

$$q'^{(0)}\frac{dq'^{(1)}}{dr} - q'^{(1)}\frac{dq'^{(0)}}{dr} = 0;$$

car l'équation à la surface

$$- \frac{dq^{(i)}}{dr} = f q^{(i)}$$

donne les deux suivantes :

$$\frac{dq'^{(0)}}{dr} = \left(\frac{1}{r} - f \right) q'^{(0)}, \quad \frac{dq'^{(1)}}{dr} = \left(\frac{1}{r} - f \right) q'^{(1)}$$

On a donc

$$0 = \int q'^{(0)} q'^{(1)} dr (kn^{(0)2} - kn^{(1)2}).$$

De là il est aisé de voir que l'on a

$$A^{(0)} \int q'^{(0)2} dr = \int dr . r q'^{(0)} \varphi (r),$$

ce qui donne

$$A^{(0)} = \frac{\int dr . r q'^{(0)} \varphi (r)}{\int q'^{(0)2} dr},$$

les intégrales étant prises depuis $r = 0$ jusqu'à $r = a$. En changeant

$q'^{,0}$ en $q'^{(1)}$, $q'^{,2}$, ..., on aura les valeurs de $A^{(1)}$, $A^{(2)}$, ..., d'où l'on tire le théorème suivant :

Si l'on forme la quantité

$$c^{-n^{(s)}t} \frac{q'^{(s)}}{r} \cdot \frac{\int q'^{(s)} dr \cdot r U^{(i)}}{\int (q'^{(s)})^2 dr},$$

$n^{(s)}$ n'étant point nul et les intégrales étant prises depuis r nul jusqu'à r égal au rayon a de la sphère; si l'on désigne ensuite par $Q^{(i)}$ la somme de toutes les quantités correspondantes à $s = 0$, $s = 1$, ... jusqu'à s infini, l'expression de la chaleur V après un temps quelconque t sera la somme des valeurs de $Q^{,i}$ correspondantes à $i = 0$, $i = 1$, ... jusqu'à i infini.

Dans le cas où l'état initial de la chaleur ne dépend que de r, $U^{(i)}$ est nul lorsque i est égal à l'unité ou plus grand; l'expression de la chaleur se réduit alors à $Q^{,0}$, et l'on a le résultat intéressant que M. Fourier a donné le premier pour ce cas.

J'ai supposé l'état initial de la chaleur développé sous la forme $U^{,0} + U^{,1} + \ldots$; ce développement est aussi naturel à admettre que tout autre. Il est facile d'ailleurs, par le procédé du n° 16 du Livre III, de donner cette forme à toute fonction rationnelle et entière des coordonnées orthogonales. On pourrait aisément, par l'analyse de ce Livre III, obtenir cette forme au moyen d'intégrales définies; mais, comme cela ne conduit à aucun résultat utile, nous nous abstiendrons de nous en occuper.

On aura ainsi égard à la partie de l de l'équation (2) qui est indépendante des fonctions périodiques du temps, et que nous avons exprimée par $Y'^{(0)} + Y'^{(1)} + \ldots$. On a vu qu'il en résulte, dans la température finale, la chaleur

$$Y'^{(0)} + \frac{r}{a} \frac{Y'^{(1)}}{1 + \dfrac{1}{af}} + \frac{r^2}{a^2} \frac{Y'^{(2)}}{1 + \dfrac{2}{af}} + \cdots$$

Il est facile d'en conclure, par l'analyse précédente, que, si l'on forme la quantité

$$c^{-n^{(s)}t}\frac{q'^{(s)}}{r}\int q'^{(s)}dr\left[r\mathrm{U}^{(i)}-\frac{r^{i+1}\mathrm{Y}'^{(i)}}{a^{(i)}\left(1+\dfrac{i}{af}\right)}\right]\bigg/\int q'^{(s)2}dr,$$

$n^{(s)}$ n'étant point nul et les intégrales étant prises depuis r nul jusqu'à r égal au rayon a de la sphère; si l'on désigne ensuite par $Q^{(i)}$ la somme de toutes les quantités correspondantes à $s=0$, $s=1$, ... jusqu'à s infini, l'expression de la chaleur V après un temps quelconque sera la somme de toutes les valeurs de

$$Q^{(i)}+\frac{r^{(i)}}{a^{(i)}}\frac{\mathrm{V}'^{(i)}}{1+\dfrac{i}{af}};$$

correspondantes à $i=0$, $i=1$, ... jusqu'à i infini.

J'ose espérer que les géomètres verront avec quelque intérêt cette nouvelle application de l'analyse par laquelle j'ai déterminé la figure des corps célestes et la loi de la pesanteur à leur surface.

10. Je vais maintenant considérer la diminution de la durée du jour, due au refroidissement de la Terre. Pour cela, je supposerai que la densité des couches terrestres croît de la surface au centre et que cependant leurs propriétés pour contenir et pour émettre la chaleur sont les mêmes que si elles étaient homogènes, en sorte que l'expression précédente de V leur soit applicable. Je supposerai, de plus, ces couches fluides, ou du moins assez molles pour qu'elles prennent sans résistance la figure que la compression tend à leur donner. La masse de la couche dont ρ est la densité, dont r est le rayon et dr l'épaisseur à l'origine du temps t est proportionnelle à $\rho r^2 dr$. Après le temps t, elle sera proportionnelle à

$$(\rho+\delta\rho)(r+\delta r)^2 d(r+\delta r),$$

la caractéristique δ servant à exprimer les variations relatives au

12.

temps. En égalant ces deux expressions de la masse de la couche et négligeant le carré de δ, on aura

$$d(r^2\delta r) + \frac{\delta\rho}{\rho} r^2 dr = 0.$$

Pour avoir la valeur de $\delta\rho$, je supposerai que pour 1 degré centigrade de diminution dans la température, pris pour unité de température, la densité ρ de la couche augmente de $i\rho$, i étant une très-petite fraction, que je supposerai la même à toutes les températures et pour toutes les couches terrestres. En exprimant par δV la diminution de la chaleur de la couche après le temps t, on aura

$$\delta\rho = i\rho\delta V;$$

on aura donc

$$d(r^2\delta r) + i\delta V r^2 dr = 0,$$

et, en intégrant,

$$r^2\delta r = - i \int \delta V r^2 dr.$$

Maintenant, si l'on désigne par φ la vitesse angulaire de rotation de la Terre à l'origine du temps, la somme des aires décrites par toutes ses molécules pendant une unité de temps sera proportionnelle à $\varphi \int \rho r^4 dr$; sa variation sera donc proportionnelle à la variation

$$\delta\varphi \int \rho r^4 dr + \varphi \int \delta\rho r^4 dr + 4\varphi \int \rho r^3 \delta r dr + \varphi \int \rho r^4 d\delta r.$$

En substituant pour δr et $d\delta r$ leurs valeurs tirées des équations précédentes, cette variation devient

$$\delta\varphi \int \rho r^4 dr - 2 i \varphi \int (\rho r dr \int \delta V r^2 dr).$$

En égalant à zéro cette fonction, en vertu du principe de l'égalité des aires, on aura

$$(5) \qquad \frac{\delta\rho}{\varphi} = \frac{2 i \int (\rho r dr \int \delta V r^2 dr)}{\int \rho r^4 dr}.$$

J'adopterai pour ρ l'expression la plus simple d'une densité variable, celle d'une densité croissant en progression arithmétique, ce qui donne

$$\rho = (\rho)\left(1 + e - \frac{er}{a}\right),$$

e étant une constante et (ρ) étant la densité à la surface. On a, par ce qui précède,

$$\delta V = \frac{a^2 fh}{\pi r}\left[1 - c^{-\frac{\pi^2 t}{a^2 k}\left(1 - \frac{1}{af}\right)^2}\right]\sin\left[\pi\frac{r}{a}\left(1 - \frac{1}{af}\right)\right]$$

ou, à fort peu près,

$$\delta V = \frac{fh\pi}{kr} t \sin\left[\frac{r}{a}\pi\left(1 - \frac{1}{af}\right)\right].$$

On a ensuite, en intégrant depuis r nul jusqu'à $r = a$,

$$2\int(\rho r\,dr\int\delta V r^2\,dr) = (1 + e)(\rho)a^2\int\delta V r^2\,dr$$
$$- (1 + e)(\rho)\int\delta V r^4\,dr$$
$$- \frac{2a^2}{3}e\ (\rho)\int\delta V r^2\,dr$$
$$+ \frac{2}{3}\frac{e}{a}\ (\rho)\int\delta V r^3\,dr.$$

On a généralement, à fort peu près,

$$\int\frac{r^s\,dr}{a^{s+1}}\sin\left[\frac{r}{a}\pi\left(1 - \frac{1}{af}\right)\right] = \frac{1}{\pi}\left(1 - \frac{s(s-1)}{\pi^2} + \frac{s(s-1)(s-2)(s-3)}{\pi^4} - \cdots\right).$$

Cela posé, la formule (5) devient

$$\frac{\partial\rho}{\rho} = \frac{10 ihft}{ak\pi^2} \cdot \frac{3 - e\left(1 - \dfrac{8}{\pi^2}\right)}{1 + \dfrac{1}{6}e};$$

ainsi la valeur de $\dfrac{\partial\rho}{\rho}$ est plus petite que dans le cas de e nul ou d'une densité constante.

Essayons présentement de déterminer les constantes de cette valeur. En prenant un milieu entre les résultats des observations thermomé-

triques faites dans un grand nombre de mines profondes, je trouve que
la température augmente de 1 degré centésimal pour 32 mètres de
profondeur, ce qui donne, en faisant t nul à l'époque actuelle,

$$32^m . fh = 1^o.$$

J'ai déterminé la valeur de k au moyen de la diminution de la variation annuelle de la chaleur à mesure que l'on pénètre dans la première
couche terrestre, phénomène dont M. Fourier a établi les lois et dont
on a ainsi l'expression la plus simple. Pour cela, je représente la variation de l'action de la chaleur solaire à la surface par $\epsilon \sin mt$, mt étant
la longitude moyenne du Soleil. En nommant donc z' la distance d'un
point intérieur de la Terre à sa surface, l'équation (1) donnera, en observant que z' est très-petit par rapport au rayon a,

$$\frac{\partial^2 V'}{\partial z'^2} = k \frac{\partial V'}{\partial t},$$

V' étant la partie de la chaleur due au terme précédent de l'action
solaire. L'équation (2) à la surface donne

$$\frac{\partial V'}{\partial z'} = f V' - f \epsilon \sin mt.$$

On satisfait à ces deux équations par les deux suivantes :

$$V' = \frac{f \epsilon \sin \vartheta}{\sqrt{\frac{km}{2}}} \, e^{-z'\sqrt{\frac{km}{2}}} \sin\left(mt - z'\sqrt{\frac{km}{2}} - \vartheta \right).$$

$$\tan g \vartheta = \frac{\sqrt{\frac{km}{2}}}{f + \sqrt{\frac{km}{2}}}.$$

Pour avoir la valeur de km, j'ai fait usage des expériences de
M. de Saussure, que ce savant a consignées dans le n° 1422 de son
Voyage dans les Alpes. Il résulte de ces expériences qu'à la profondeur
de $9^m,6$ le coefficient de la variation annuelle est réduit au douzième

environ de sa valeur à la surface, ce qui donne

$$c^{-2^{\pi}.4\sqrt{\frac{km}{2}}} = \frac{1}{12},$$

et

$$km = 2\left(\frac{\log \text{hyp } 12}{9^m,6}\right)^2.$$

La valeur précédente de $\frac{\partial\varphi}{\varphi}$ devient ainsi

$$\frac{\partial\varphi}{\varphi} = \frac{10\,imt}{32^m.a\pi^2} \frac{(9^m,6)^2}{2(\log \text{hyp } 12)^2} \frac{3 - c\left(1 - \frac{8}{\pi^2}\right)}{1 + \frac{1}{6}c}.$$

Pour une année, mt est, à fort peu près, égal à 2π. Dans la supposition de la Terre homogène, où c est nul, en évaluant a en mètres et en supposant i égal à 0,00003, on aura, après un intervalle de mille ans,

$$\frac{\partial\varphi}{\varphi} = \frac{1}{474},$$

ce qui donne, en secondes centésimales, la variation de la durée du jour en deux mille ans égale à $\frac{1''}{237}$.

On a vu précédemment que, pour satisfaire à l'ensemble des phénomènes, c ne doit pas être supposé nul, mais qu'il est, à fort peu près, égal à 2,349; alors la variation de la durée du jour est moindre que la précédente et égale à $\frac{1''}{387}$.

Je reprends l'équation

$$32^m.fh = 1^0.$$

h exprime la température que le terme dépendant de la chaleur propre de la Terre ajoute à la température de sa surface. Cet accroissement de température est donc

$$h = \frac{1^0}{32^m.f}.$$

Pour déterminer f, j'observe que le maximum de la chaleur annuelle n'a lieu qu'après le solstice d'été. A l'époque de ce maximum on a

$$\sin(mt - \theta) = 1,$$

ce qui donne

$$mt = \frac{\pi}{2} + \theta.$$

L'ensemble des observations thermométriques faites chaque jour à Paris pendant quinze années consécutives donne, à fort peu près,

$$\operatorname{tang}\theta = 0,6.$$

L'équation

$$\operatorname{tang}\theta = \frac{\sqrt{\frac{km}{2}}}{f + \sqrt{\frac{km}{2}}}$$

donnera donc

$$f = \frac{2}{3}\sqrt{\frac{km}{2}}.$$

Substituant pour $\sqrt{\frac{km}{2}}$ sa valeur $\dfrac{\log \text{hyp} \, 12}{9^{m},6}$, on aura pour f une valeur qui donne

$$h = \frac{1^{\circ}}{5,8}.$$

TRAITÉ

DE

MÉCANIQUE CÉLESTE.

LIVRE XII.

AVRIL 1823.

LIVRE XII.

DE L'ATTRACTION ET DE LA RÉPULSION DES SPHÈRES, ET DES LOIS DE L'ÉQUILIBRE ET DU MOUVEMENT DES FLUIDES ÉLASTIQUES.

CHAPITRE PREMIER.

NOTICE HISTORIQUE DES RECHERCHES DES GÉOMÈTRES SUR CET OBJET.

1. Newton considéra le premier l'attraction des corps sphériques. Il démontra dans son Ouvrage des *Principes mathématiques de la Philosophie naturelle*, publié en 1687, ces deux propriétés remarquables de la loi d'attraction réciproque au carré de la distance : l'une, que la sphère attire un point situé au dehors comme si toute sa masse était réunie à son centre ; l'autre, qu'un point situé au dedans d'une couche sphérique, et même d'une couche elliptique dont la surface intérieure est semblable à la surface extérieure et semblablement située, est également attiré de toutes parts ou ne reçoit aucun mouvement des attractions qu'il éprouve. Il paraît, par une Lettre de Newton à Halley, que ce fut en 1685 qu'il découvrit ces propriétés. Ses premières réflexions sur le Système du monde remontent à l'année 1666. En étendant jusqu'à la Lune la pesanteur terrestre, et en la supposant diminuée, à cette distance, dans le rapport du carré du rayon de l'orbe lunaire au carré du rayon de la Terre, il la compara avec la force centrifuge du mouvement de la Lune ; mais, trompé par une fausse mesure du degré terrestre, il trouva ces deux forces inégales, et il en conclut que d'autres forces devaient se joindre à la pesanteur pour retenir la Lune

13.

dans son orbite. En considérant la pesanteur comme la résultante des attractions de toutes les molécules de la Terre, il pouvait soupçonner que la loi d'attraction réciproque au carré de la distance, quoique vraie à très-peu près à une distance aussi considérable que celle de la Lune, était modifiée à la petite distance des points de la surface de la Terre à son centre, et c'est ce qui a lieu, en effet, pour d'autres lois d'attraction. Mais on ne voit pas que Newton ait fait cette réflexion, et ce n'est que vers 1685 qu'il s'occupa de la pesanteur à la surface et dans l'intérieur de la Terre. Il fit voir qu'au-dessus de la surface elle suit la loi inverse du carré de la distance, mais que, loin de suivre cette loi dans l'intérieur de la Terre, comme on le supposait, elle diminue à mesure que l'on approche du centre, où elle devient nulle.

J'ai fait voir dans le Livre II que, parmi toutes les lois d'attraction décroissante à l'infini par la distance, la loi de la nature est la seule qui jouisse des deux propriétés que Newton lui a reconnues. Dans toute autre loi, l'attraction des sphères est modifiée par leurs dimensions. Pour déterminer ces modifications, je suis parti des formules que j'ai données, dans le Livre cité, sur l'attraction des couches sphériques. J'en ai déduit, sous une forme très-simple, les expressions générales de l'attraction des sphères sur des points placés au dedans ou au dehors et les unes sur les autres. La comparaison de ces expressions conduit à ce théorème, qui donne l'attraction d'une sphère sur les points intérieurs lorsqu'on a son attraction sur les points situés au dehors, et réciproquement, quelle que soit la loi de l'attraction :

Si l'on imagine, dans l'intérieur d'une sphère, une petite sphère qui lui soit concentrique, l'attraction de la grande sphère sur un point placé à la surface de la petite est à l'attraction de la petite sphère sur un point placé à la surface de la grande comme la grande surface est à la petite surface. Ainsi les actions de chacune des sphères sur la surface entière de l'autre sont égales.

Les mêmes expressions s'appliquent évidemment aux sphères dont les molécules se repoussent et sont contenues par des enveloppes.

Newton a supposé entre les molécules d'air une force répulsive réciproque à leur distance. Mais, en appliquant à ce cas mes formules, je trouve que la pression à l'intérieur et à la surface suit une loi bien différente de la loi générale des fluides élastiques, suivant laquelle la pression, à températures égales, est proportionnelle à la densité. Aussi Newton n'admet-il la répulsion qu'une molécule doit exercer ainsi sur les autres que dans une très-petite étendue; mais l'explication qu'il donne de ce défaut de continuité est bien peu satisfaisante. Il faut sans doute admettre entre les molécules de l'air une loi de répulsion qui ne soit sensible qu'à des distances imperceptibles. La difficulté consiste à déduire de ce genre de forces les lois générales que présentent les fluides élastiques. Je crois y être parvenu en appliquant à cet objet les formules dont je viens de parler.

Je suppose que les molécules des gaz sont à une distance telle que leur attraction mutuelle soit insensible, ce qui me paraît être la propriété caractéristique de ces fluides et même des vapeurs, de celles, du moins, qu'une légère compression ne réduit point en partie à l'état liquide. Je suppose ensuite que ces molécules retiennent par leur attraction le calorique et que leur répulsion mutuelle est due à la répulsion des molécules du calorique, répulsion évidemment indiquée par l'accroissement du ressort des gaz quand leur température augmente. Je suppose enfin que cette répulsion n'est sensible qu'à des distances imperceptibles. Je fais voir que, dans ces suppositions, la pression dans l'intérieur et à la surface d'une sphère formée d'un pareil fluide est égale au produit du carré du nombre de ses molécules contenues dans un espace donné, pris pour unité, par exemple de 1 litre, par le carré du calorique renfermé dans une quelconque de ces molécules et par un facteur constant. Ce résultat étant indépendant du rayon de la sphère, il est facile d'en conclure qu'il a lieu quelle que soit la figure de l'enveloppe qui contient le gaz.

J'imagine ensuite l'espace pris pour unité à une température donnée et contenant un gaz à la même température. Il est clair qu'une molécule quelconque de ce gaz sera atteinte à chaque instant par les rayons caloriques émanés des corps environnants. Elle éteindra une partie de ces rayons; mais il faudra, pour le maintien de la température, qu'elle remplace ces rayons éteints par son rayonnement propre. La molécule, dans tout autre espace à la même température, sera atteinte à chaque instant par la même quantité de rayons caloriques; elle en éteindra la même partie, qu'elle remplacera par son rayonnement. Cette quantité est donc une fonction de la température, indépendante de la nature des corps environnants, et l'extinction sera le produit de cette fonction par une constante dépendante de la nature de la molécule ou du gaz. J'observerai ici que la quantité de rayons caloriques émanés des corps environnants, et qui forme la chaleur de l'espace, est, à cause de l'extrême vitesse que l'on doit supposer à ces rayons, une partie insensible de la chaleur contenue dans les corps, comme on l'a reconnu d'ailleurs par les expériences faites pour condenser cette chaleur. Maintenant j'observe que, chaque molécule du gaz étant supposée retenir par l'attraction son calorique, le rayonnement de ce calorique ne peut être dû qu'à la répulsion du calorique des molécules qui l'environnent. Quelle que soit la manière dont cette répulsion détache des parcelles du calorique de la molécule et la fait rayonner, il est visible que ce rayonnement sera en raison composée du calorique contenu dans les molécules environnantes et du calorique propre à la molécule. D'ailleurs cette raison composée est, comme on le verra dans la suite, proportionnelle à la pression qu'éprouve ce dernier calorique, pression à laquelle il est naturel de supposer le rayonnement de la molécule proportionnel (¹). Le calorique contenu dans les molécules environnantes est proportionnel au produit du calorique de chacune d'elles par leur nombre. Ainsi le rayonnement d'une molécule du gaz est proportionnel au produit du

---

(¹) Dans un état d'immobilité parfaite des molécules du gaz, supposées sphériques, les molécules de leur calorique seraient pareillement immobiles. Mais cet état, mathématiquement possible, me parait aussi impossible physiquement que l'équilibre d'une aiguille verticale appuyée sur sa pointe; dans un fluide aussi mobile qu'un gaz, la plus légère agitation doit troubler l'équilibre des molécules et de leur calorique. Alors des parcelles du calorique de chaque molécule ne doivent-elles pas s'en détacher à chaque instant? La figure des molécules peut encore avoir sur leur rayonnement une grande influence.

nombre des molécules de ce gaz, contenues dans l'espace pris pour unité, par le carré de son calorique. En égalant ce rayonnement à l'extinction qui, comme on vient de le voir, est le produit d'une constante par la fonction de température dont j'ai parlé, on voit que le nombre des molécules du gaz, multiplié par le carré du calorique d'une quelconque de ces molécules, est proportionnel à cette fonction. Maintenant si, dans l'expression donnée ci-dessus de la pression du gaz, on substitue au produit du nombre des molécules par le carré du calorique propre à chaque molécule la fonction de la température multipliée par un facteur constant, on aura cette pression proportionnelle au produit de cette fonction par le nombre des molécules de gaz renfermées dans l'espace pris pour unité.

Cette proportionnalité donne les deux lois générales des gaz. On voit d'abord que, la température restant la même, la pression est proportionnelle au nombre des molécules du gaz, et par conséquent à sa densité, ce qui est la loi de Mariotte. On voit ensuite que, la pression restant la même, ce nombre est réciproque à la fonction de température dont il s'agit, fonction qui, comme on l'a vu, est indépendante de la nature du gaz, d'où résulte la belle loi que MM. Dalton et Gay-Lussac nous ont fait connaître, et suivant laquelle, sous la même pression, le même volume des divers gaz se dilate également par un accroissement égal de température.

On peut se demander ici ce que l'on doit entendre par le mot *température*. Si l'on imagine un espace vide dont l'enveloppe soit partout et constamment à la même température, tous les points de la surface intérieure de cette enveloppe se renverront réciproquement des rayons caloriques qui rempliront l'espace vide d'un fluide calorique très-rare et mû suivant toutes les directions. On prouve facilement que la densité de ce calorique est la même dans tous les points de l'espace. Cette densité croît avec la température de l'enveloppe; elle est la fonction de température dont nous venons de parler. Il est naturel de la prendre pour la température elle-même, dont on aura ainsi une idée claire et simple. Sous une pression constante, la densité d'un gaz étant, comme

on l'a vu, réciproque à cette fonction de la température, son volume
est proportionnel à cette fonction, et par conséquent à la densité du
calorique de l'espace; la température est alors représentée par ce
volume, et ses variations sont représentées par les variations du volume
d'un gaz soumis à une pression constante. Le thermomètre d'air devient ainsi le vrai thermomètre qui doit servir de module aux autres,
du moins dans les limites de pression et de densité où ce fluide obéit
très-sensiblement aux lois générales des fluides élastiques.

Un corps en équilibre de température dans un espace et transporté
dans un autre espace où la densité du calorique est la même y conservera la même température. Si le nouvel espace a une densité différente
de calorique, la température du corps changera jusqu'à ce que le calorique qu'il rayonne soit égal au calorique qu'il absorbe. En général, la
température d'un corps est la densité du calorique de l'espace où cette
égalité a lieu.

Suivant les expériences de M. Gay-Lussac, si l'on prend pour unité
le volume d'un gaz à zéro de température ou à la température de la
glace fondante, ce volume devient $1,375$ à la température de 100 degrés ou à la température de l'eau bouillante sous la pression barométrique $0^m,76$. La densité du calorique de l'espace, à zéro de température, est donc représentée par $\dfrac{100^\circ}{0,375}$ ou par $266^\circ\frac{2}{3}$.

Chaque molécule d'un corps est soumise à l'action de ces trois forces:
1° l'attraction des molécules environnantes; 2° l'attraction du calorique
des mêmes molécules, plus leur attraction sur son calorique; 3° la
répulsion de son calorique par le calorique de ces molécules. Les deux
premières forces tendent à rapprocher les molécules entre elles; la
troisième tend à les écarter. Les trois états, *solide, liquide* et *gazeux,*
dépendent de l'efficacité respective de ces forces. Dans l'état solide, la
première force est la plus grande; l'influence de la figure des molécules
est très-considérable et elles sont unies dans le sens de leur plus grande
attraction. L'accroissement du calorique diminue cette influence en
dilatant les corps, et, lorsque cet accroissement devient tel que cette

influence soit très-petite ou nulle, la seconde force prédomine et le corps prend l'état liquide. Les molécules intérieures sont alors mobiles entre elles ; mais l'attraction de chaque molécule par les molécules qui l'environnent et par leur calorique retient leur ensemble dans le même espace, à l'exception des molécules de la surface, que le calorique enlève sous la forme de vapeurs, jusqu'à ce que la pression de ces vapeurs arrête cet effet. Enfin, quand, par un nouvel accroissement de calorique, la troisième force l'emporte sur les deux autres, toutes les molécules du liquide, à l'intérieur comme à la surface, s'écartent entre elles : le liquide prend subitement un volume et une force expansive très-considérables, et il se dissiperait en vapeurs s'il n'était pas fortement contenu par les parois du vase ou du tube qui le renferme. C'est à cet état de gaz très-comprimé que M. Cagniard-Latour a réduit l'eau, l'alcool, l'éther, etc. Dans cet état, les deux premières forces sont encore sensibles ; mais la densité du fluide ne satisfait point à la loi de Mariotte. On verra dans la suite que, pour y satisfaire, ainsi qu'à la loi de MM. Dalton et Gay-Lussac, il est nécessaire que le fluide soit réduit à l'état aériforme, dans lequel la troisième force devient la seule sensible (¹). Dans cet état, la densité du gaz contenu dans un vase est partout la même, excepté dans les points très-voisins des parois, à une distance égale ou plus petite que le rayon de la sphère d'activité sensible des forces attractives et répulsives.

On doit faire ici une remarque importante. Les phénomènes de chaleur que présentent les passages des corps de l'état solide à l'état liquide et de l'état liquide à l'état de vapeurs ont fait distinguer dans les molécules deux espèces de chaleur : l'une libre ou sensible au thermomètre, l'autre insensible au thermomètre ou latente. Une quantité considérable de calorique est absorbée dans ces passages et devient

(¹) Ne peut-on pas admettre avec vraisemblance que le calorique des molécules aériennes exerce sur le calorique des molécules d'un corps réduit en parties très-fines une force répulsive d'autant plus grande que ces molécules se rapprochent plus de la ténuité des molécules de l'air, ce qui doit contribuer à soulever ces parties et à les retenir pendant longtemps dans l'atmosphère ? N'est-ce pas ainsi que les vapeurs vésiculaires qui forment les nuages s'y maintiennent suspendues ?

latente; mais elle reparait dans le retour des vapeurs à l'état liquide et de l'état liquide à l'état solide. Le calorique absolu d'un corps est la somme de son calorique libre et de son calorique latent. C'est uniquement au calorique libre ou qui exerce une action sur le thermomètre qu'il faut attribuer les résultats dont j'ai parlé. On sait que la température des gaz augmente par leur compression, et l'on conçoit que cela doit être; car, le rayonnement d'une molécule de gaz étant, comme on l'a vu, proportionnel au produit de la densité du gaz par le carré du calorique libre de la molécule, ce rayonnement, et par conséquent la température de l'espace dans lequel la molécule serait en équilibre de température, doit croître avec cette densité. Mais la vitesse observée du son et les expériences sur le calorique abandonné par l'air sous diverses pressions en se refroidissant indiquent un accroissement de calorique latent par le seul effet de la compression. Il faut donc ajouter aux suppositions que nous avons faites la considération de la chaleur latente. En modifiant ainsi les hypothèses d'après l'expérience, on peut découvrir la loi générale des phénomènes et la soumettre au calcul.

Dans le mélange de divers gaz qui n'exercent point d'action d'affinité les uns sur les autres, leurs molécules finissent par être mêlées de manière que la plus petite portion du mélange renferme chacun de ces gaz dans la même proportion que le mélange entier. Chaque molécule de gaz étant suspendue dans l'espace par l'action répulsive du calorique des molécules environnantes sur son propre calorique, et cette action étant alors égale dans tous les sens, elle est dans un état stable d'équilibre. Je donne l'expression analytique de la pression que le gaz composé exerce sur les parois de l'espace qui le contient et celle du rayonnement de chaque molécule de gaz. Il en résulte que, à températures égales, la pression de ce mélange est, comme pour un gaz simple, proportionnelle à sa densité. Il en résulte encore que l'accroissement de son volume par un accroissement de température, la pression restant la même, est égal à celui d'un gaz simple. Enfin la pression que le mélange exerce sur les parois est, à températures égales, la somme des pressions que chacun des gaz exercerait séparément s'il existait seul dans le même espace. On peut donc concevoir le mélange comme un gaz simple dont chaque molécule serait un groupe infiniment petit de molécules des divers gaz, mêlées dans la même proportion que dans le mélange total. Cette manière de considérer le mélange dans l'état d'équilibre peut encore s'étendre à l'état de mouvement.

En appliquant les considérations précédentes au mouvement des gaz, je donne les équations différentielles de ce mouvement. Elles diffèrent essentiellement des formules connues en ce qu'elles contiennent les forces qui résultent du développement de la chaleur par l'accroissement de densité des diverses parties des gaz en mouvement. Ces forces n'ont aucune influence sensible sur les mouvements de l'air considéré en masse, tels que ses oscillations produites par les attractions du Soleil et de la Lune sur l'atmosphère; mais elles ont une influence considérable sur ses vibrations. Dans le mélange de plusieurs gaz, les molécules d'un gaz ne sont pas assujetties aux mêmes forces que les molécules d'un autre gaz; mais ces molécules s'entraînent mutuellement, comme si le gaz composé était formé d'une infinité de groupes dans lesquels les molécules des gaz seraient en même proportion que dans le mélange et, de plus, liées fixement entre elles. Il arrive ici la même chose que pour un corps solide formé de substances magnétiques et non magnétiques : l'adhérence mutuelle des molécules fait que les molécules non magnétiques sont entraînées par l'action d'un aimant avec les molécules magnétiques. On a vu que, dans le mélange des gaz, les molécules de chaque gaz tendent, par la répulsion réciproque de leur calorique, à se répandre également dans toutes les parties de l'espace. Cette tendance, d'un ordre de forces très-supérieur à celui des forces qui font vibrer les molécules des gaz, les empêche de se séparer dans leurs mouvements.

L'application la plus importante que l'on ait faite des équations du mouvement des fluides élastiques est relative à la vitesse du son dans l'atmosphère. Newton est le premier qui s'en soit occupé, dans son Ouvrage des *Principes mathématiques de la Philosophie naturelle;* sa théorie, quoique imparfaite, est un monument de son génie. Il considère une ligne indéfinie de molécules aériennes, et, en la supposant primitivement ébranlée dans une petite étendue, il détermine, dans une hypothèse particulière d'ébranlement, la manière dont cet ébranlement se propage et le temps qu'il emploie à parvenir à une distance quelconque de son origine, ce qui lui donne la vitesse horizontale du son ou l'espace qu'il parcourt dans une seconde sexagésimale, espace qu'il trouve égal à la racine carrée du produit du double de la hauteur dont la pesanteur fait tomber les corps dans la première seconde par la hauteur d'une colonne d'air qui ferait équilibre à la colonne de mercure du baromètre et qui aurait partout la même densité qu'au bas de la colonne. Le raisonnement par lequel Newton établit ce théorème a paru généralement obscur aux géomètres. Quelques-uns même l'ont trouvé inexact, parce que, en l'appliquant à des ébranlements primitifs, physiquement impossibles, ils sont parvenus à la même expression de la vitesse. Mais Lagrange a fait voir que cela tenait aux fonctions arbitraires introduites par l'intégration des équations aux différences partielles du mouvement de l'air, fonctions d'une telle nature qu'il en résulte la même expression de la vitesse du son. Ainsi l'objection faite au raisonnement de Newton, loin d'en montrer l'inexactitude, en prouvait la généralité. Lagrange est le premier qui ait déduit cette expression des équations analytiques aux différences partielles de ce mouvement. Euler et lui ont étendu leurs recherches au cas où l'air a trois dimensions, et ils ont trouvé que la vitesse est la même que dans le cas d'une seule dimension. J'ai reconnu que le cas où l'air n'aurait que deux dimensions donne encore la même vitesse, quoique dans ce cas l'intégration des équations différentielles soit impossible. Mais la comparaison de la formule newtonienne de la vitesse du son avec les observations en a prouvé l'inexactitude. La différence, qui s'élève au sixième de la vitesse totale, indique évidemment que deux forces jusqu'alors ignorées influent sur la vitesse du son. Newton et les géomètres qui l'ont suivi attribuaient cette différence aux molécules étrangères que l'air tient en suspension. Mais il est facile de voir

que ces molécules elles-mêmes entrent en vibration comme si elles
faisaient partie de l'atmosphère. Le progrès de la Physique et de la
Chimie nous a fait connaître une force qui se développe dans les vibrations des gaz et qui augmente leur ressort. Cette force est la chaleur,
et j'ai remarqué le premier que, en y ayant égard, on avait l'explication véritable de la différence observée. M. Poisson a développé ma
remarque dans un savant Mémoire sur la théorie du son, inséré dans
le *Journal de l'École Polytechnique*. Enfin, je suis parvenu au théorème
suivant, que j'ai publié dans les *Annales de Physique et de Chimie* de
l'année 1816 :

*La vitesse du son est égale au produit de la vitesse que donne la for-
mule newtonienne par la racine carrée du rapport de la chaleur spécifique
de l'air sous une pression constante à sa chaleur spécifique sous un volume
constant.*

La première de ces deux chaleurs spécifiques surpasse la seconde :
il faut employer une plus grande quantité de calorique pour élever
de 1 degré la température d'un volume d'air lorsqu'il reste soumis à
la même pression que lorsqu'il est contenu dans le même espace, et
c'est la raison pour laquelle il développe du calorique par le seul effet
de la compression. Ainsi, le rapport précédent surpassant l'unité, il
augmente la vitesse du son conclue de la formule de Newton. Pour
déterminer par l'expérience ce rapport, il faut se rapprocher le plus
qu'il est possible de ce qui a lieu dans les vibrations aériennes. La
durée de la vibration d'une molécule d'air est au-dessous d'une tierce
sexagésimale. Dans ce court intervalle, le calorique absolu de la molécule peut être supposé constant; car il ne peut se perdre que par le
rayonnement de la molécule ou par sa communication aux molécules
voisines, et, pour rendre cette perte sensible, il faut un temps beaucoup plus long qu'une tierce. MM. Clément et Desormes ont les premiers, par un procédé ingénieux, imité ce qui se passe à cet égard dans
les vibrations de l'air. Ensuite, MM. Gay-Lussac et Welter ont fait, par
un moyen encore plus précis, un grand nombre d'expériences de ce

genre, qui donnent le rapport des deux chaleurs spécifiques égal à
1,3750. Ainsi le produit de la formule newtonienne par la racine
carrée de ce nombre est la vitesse du son.

Pour comparer cette vitesse à la nature, il fallait en répéter l'expérience d'une manière très-précise et en ayant égard à la pression de
l'atmosphère, à sa température et à son état hygrométrique; car, si les
observations précises font naître les théories, la précision des théories
provoque à son tour la précision des observations. L'expérience faite
en 1738 par les académiciens français, quoique la meilleure, laissait
beaucoup à désirer sous ces rapports. Le Bureau des Longitudes a bien
voulu, sur ma proposition, répéter cette expérience, dont le résultat
ne diffère que de 3 mètres de celui de ma formule.

Les nombreuses expériences de MM. Gay-Lussac et Welter s'étendent
depuis la température de $-10°$ jusqu'à celle de $40°$ et depuis la
pression de 2 atmosphères jusqu'à la pression de $\frac{1}{20}$ d'atmosphère;
elles donnent le rapport des deux chaleurs spécifiques de l'air, à très-
peu près constant dans ces grands intervalles. Par la nature de ces
expériences, le rapport qu'elles déterminent est toujours un peu
moindre que le véritable, et la différence doit augmenter quand la
pression diminue. De nouvelles expériences feront connaître s'il faut
attribuer à cela les anomalies observées. Mais, si la constance de ce
rapport n'est pas rigoureuse, elle est du moins fort approchée, et l'on
peut l'adopter, sans erreur sensible, dans les calculs sur l'action de la
chaleur de l'air et des gaz. Il en résulte que ma formule de la vitesse
du son s'étend à toutes les élévations au-dessus du niveau de la mer,
et c'est ce que confirme l'expérience de cette vitesse faite par les savants
français et espagnols envoyés au Pérou, en 1740, pour y mesurer un
degré du méridien. Ils ont trouvé à Quito, élevé de 2800 mètres au-
dessus du niveau de la mer, la vitesse du son que l'on a déterminée à
ce niveau.

Si l'on suppose le rapport des deux chaleurs spécifiques des gaz
rigoureusement constant, on obtient la chaleur absolue de leurs molécules, exprimée par une fonction arbitraire, dont la forme la plus

simple est une constante, plus une autre constante divisée par la densité du gaz et multipliée par sa pression élevée à une puissance égale au rapport de la chaleur spécifique de ce gaz sous un volume constant à sa chaleur spécifique sous une pression constante. Cette expression fort simple satisfait à très-peu près aux diverses expériences que l'on a faites jusqu'à présent sur les phénomènes de chaleur des gaz dans leur compression et dans leur refroidissement, et des vapeurs en passant à l'état liquide.

Les principes précédents appliqués aux atmosphères donnent les lois de leur équilibre et de leur pression aux diverses hauteurs, ainsi que la vitesse du son dans toutes les directions. Les molécules atmosphériques sont contenues par l'attraction du corps qu'elles environnent. Elles s'étendent au-dessus de sa surface jusqu'à une limite qu'il est impossible d'assigner, et qui dépend du poids de chaque molécule, de la force répulsive de son calorique et du décroissement de la température. Mais on conçoit facilement l'existence de cette limite. Si l'on considère la lumière du Soleil comme produite par les vibrations qu'il excite dans une atmosphère qui l'entoure, mes formules donnent sa vitesse, qui n'est pas un sept-centième de celle que l'on observe. Il faut donc, si la lumière consiste dans les vibrations d'un fluide éthéré, que ce fluide soit comprimé dans les espaces célestes par des forces bien supérieures à celles qui retiennent les atmosphères. Nous ne voyons rien dans ces espaces qui puisse produire une semblable compression.

Les physiciens qui se sont occupés avec le plus de succès de la théorie de la chaleur ont admis l'émission du calorique par les molécules des corps. Ils ont expliqué par là, d'une manière heureuse, l'égalité de température dans tous les points d'un espace dont toutes les parties de l'enveloppe sont à la même température et la réflexion du froid par les miroirs concaves. Ils ont déterminé les lois de la propagation de la chaleur dans les corps solides. Les phénomènes les ont conduits à distinguer deux espèces de chaleur, l'une libre et l'autre latente. La théorie précédente ajoute à ces suppositions celle du calorique retenu dans chaque molécule par l'attraction de cette molécule et celle de la répulsion de ce calorique par le calorique des molécules environnantes. Ces deux suppositions me paraissent évidemment indiquées par la force répulsive des gaz et par l'augmentation que cette force reçoit d'un accroissement de température. Ma théorie étend aux molécules des gaz le rayonnement admis par les physiciens. Mais, pour satisfaire aux lois de Mariotte et de MM. Dalton et Gay-Lussac, ce rayonnement doit être proportionnel à la compression que le calorique libre d'une molécule de gaz éprouve de la force répulsive du calorique libre des molécules qui l'environnent. Il paraît donc naturel d'admettre, conformément à ma théorie, cette force répulsive comme la cause du rayonnement des molécules des corps. Au moyen de ces suppositions, les phénomènes de l'expansion de la chaleur et des vibrations des gaz sont ramenés à des forces attractives et répulsives qui ne sont sensibles qu'à des distances imperceptibles. Dans ma théorie de l'action capillaire, j'ai ramené à de semblables forces les effets de la capillarité. Tous les phénomènes terrestres dépendent de ce genre de forces, comme les phénomènes célestes dépendent de la gravitation universelle. Leur considération me paraît devoir être maintenant le principal objet de la Philosophie mathématique. Il me semble même utile de l'introduire dans les démonstrations de la Mécanique, en abandonnant les considérations abstraites de lignes sans masse flexibles ou inflexibles et de corps parfaitement durs. Quelques essais m'ont fait voir que, en se rapprochant ainsi de la nature, on pouvait donner à ces démonstrations autant de simplicité et beaucoup plus de clarté que par les méthodes usitées jusqu'à ce jour.

CHAPITRE II.

SUR L'ATTRACTION DES SPHÈRES ET SUR LA RÉPULSION DES FLUIDES ÉLASTIQUES.

---

2. Newton a démontré ces deux propriétés remarquables de la loi d'attraction réciproque au carré de la distance : l'une, que la sphère attire un point situé au dehors comme si toute sa masse était réunie à son centre; l'autre, qu'un point situé au dedans d'une couche sphérique ne reçoit de son attraction aucun mouvement. J'ai fait voir dans le Livre II que, parmi toutes les lois d'attraction décroissante à l'infini par la distance, la loi de la nature est la seule qui jouisse de ces propriétés; dans toute autre loi d'attraction, l'action des sphères est modifiée par leurs dimensions. Pour déterminer ces modifications, je partirai des formules que j'ai données dans le n° 12 du Livre II, en conservant les mêmes dénominations. J'ai trouvé l'attraction d'une couche sphérique, dont u est le rayon et r est la distance d'un point extérieur à son centre, égale à la différentielle, prise par rapport à r et divisée par dr, de la fonction

$$\frac{2\pi u}{r}\left[\psi(r+u)-\psi(r-u)\right].$$

Dans cette fonction, π est le rapport de la circonférence au diamètre, $\psi(r)$ est $\int r\,dr\,\varphi_{,}(r)$, et $\varphi_{,}(r)$ est $\int dr\,\varphi(r)$, $\varphi(r)$ exprimant la loi de l'attraction. Enfin, l'attraction de la couche est supposée dirigée vers son centre.

Désignons $\int dr\,\psi(r)$ par $\psi_{,}(r)$, $\int dr\,\psi_{,}(r)$ par $\psi_{,,}(r)$, et ainsi de suite. La fonction précédente, multipliée par du et intégrée depuis $u=0$

jusqu'à $u = R$, R étant le rayon de la sphère, devient

$$\frac{2\pi}{r} \left\{ \begin{array}{l} R\left[\psi_{\prime}(r + R) + \psi_{\prime}(r - R)\right] \\ - \psi_{u}{}^{\prime}(r + R) + \psi_{v}(r - R) \end{array} \right\}$$

ou

$$\frac{2\pi R^2}{r} \frac{\partial}{\partial R} \frac{\psi_{u}(r + R) - \psi_{u}(r - R)}{R}.$$

La différentielle de cette fonction, prise par rapport à r et divisée par dr, donne, pour l'attraction d'une sphère de la densité ρ,

$$(\text{A}) \qquad 2\pi\rho R^2 \frac{\partial^2}{\partial r \partial R} \frac{\psi_{u}(r + R) - \psi_{u}(r - R)}{r R}.$$

Si l'on suppose la loi d'attraction $\varphi(r)$ égale à $r^{-2-\alpha}$, cette formule devient, en désignant par M la masse de la sphère,

$$(\text{B}) \quad \frac{3M}{2 r^2 R^3} \frac{(r + R)^{3-\alpha} - (r - R)^{3-\alpha} - (3 - \alpha)\left[(r + R)^{1-\alpha} + (r - R)^{1-\alpha}\right] R r}{(1 + \alpha)(1 - \alpha)(3 - \alpha)}.$$

Si le point attiré est à la surface, on a $r = R$, et cette fonction devient

$$\frac{M . 2^{-\alpha} . R^{-2-\alpha}}{(1 - \alpha)\left(1 - \frac{1}{3}\alpha\right)}.$$

A une grande distance r, la même fonction devient $M r^{-2-\alpha}$; ce n'est donc que dans les deux cas de $\alpha = 0$ et de $\alpha = -3$ que l'attraction à la surface de la sphère est à l'attraction à une grande distance dans le rapport donné par la loi de l'attraction, c'est-à-dire dans le rapport de $R^{-2-\alpha}$ à $r^{-2-\alpha}$.

Lorsque Newton voulut reconnaître l'identité de la force qui retient la Lune dans son orbite avec la pesanteur, il supposa que la pesanteur d'un corps qui s'élève successivement de la surface de la Terre diminue suivant le rapport des distances donné par la loi d'attraction de la nature. L'exactitude de cette supposition, que ce grand géomètre a démontrée depuis, lui aurait fait voir cette identité s'il n'avait pas employé une mesure fautive de la Terre.

Dans le cas de $\alpha = -1$, le numérateur et le dénominateur de la formule (B) deviennent nuls, et l'on trouve, par les méthodes connues, que cette formule devient

$$\frac{3M}{8rR^2}(r^2 + R^2) + \frac{3M}{16r^2R^3}(r^2 - R^2)^2 \log\frac{r - R}{r + R}.$$

Considérons présentement l'attraction d'une couche sphérique sur un point placé au dedans, à la distance r de son centre, R et r' étant les rayons des surfaces extérieure et intérieure de la couche. L'attraction d'une couche dont u est le rayon, du l'épaisseur et ρ la densité est, par le n° 12 du Livre II,

$$2\pi\rho u\,du\,\frac{\partial}{\partial r}\,\frac{\psi(u + r) - \psi(u - r)}{r}.$$

Il faut intégrer cette quantité depuis $u = r'$ jusqu'à $u = R$. On trouvera, par l'analyse précédente, que cette intégrale est

$$(C)\quad\begin{cases} 2\pi\rho R^2\,\dfrac{\partial^2}{\partial r\,\partial R}\cdot\dfrac{\psi_u(R + r) - \psi_u(R - r)}{rR} \\[2mm] -\,2\pi\rho r'^2\,\dfrac{\partial^2}{\partial r\,\partial r'}\,\dfrac{\psi_u(r' + r) - \psi_u(r' - r)}{rr'}. \end{cases}$$

En comparant cette formule à la formule (A), on voit que l'attraction de la couche sphérique sur le point intérieur est la différence des produits des attractions de la sphère intérieure dont le rayon est r sur deux points placés aux surfaces extérieure et intérieure de la couche, multipliées respectivement par $\frac{R^2}{r^2}$ et $\frac{r'^2}{r^2}$, ce qui donne l'attraction de la couche sur un point intérieur lorsque l'on a l'attraction de la sphère sur les points extérieurs.

Si l'on suppose le point attiré à la surface intérieure de la couche, r' devient r; en ajoutant à la formule (C) l'attraction de la sphère dont le rayon est r sur un point placé à sa surface, la formule (C) deviendra

$$(D)\quad 2\pi\rho R^2\,\frac{\partial^2}{\partial r\,\partial R}\,\frac{\psi_u(R + r) - \psi_u(R - r)}{rR};$$

c'est l'expression de l'attraction de la sphère dont le rayon est R sur un point de son intérieur placé à la distance r du centre. La comparaison de cette formule avec la formule (A) donne le théorème suivant :

L'attraction d'une sphère sur un point de la surface d'une petite sphère intérieure concentrique à la première est à l'attraction de la petite sphère sur un point de la surface de la grande comme la grande surface est à la petite.

De là il suit que l'attraction entière d'une sphère sur la surface de l'autre est la même pour chacune d'elles.

Je vais maintenant considérer l'attraction mutuelle de deux sphères l'une sur l'autre. Soient R et R′ leurs rayons, ρ et ρ' leurs densités et r la distance de leurs centres. On peut considérer la première sphère comme si sa masse était réunie à son centre et attirait les points extérieurs suivant une loi d'attraction exprimée par la formule (A). En vertu de l'égalité de l'action à la réaction, un point attire une sphère comme il en est attiré; ainsi, pour avoir l'action de la seconde sphère sur la première, il faut supposer la loi d'attraction exprimée par la fonction (A). En désignant donc cette fonction par $'\varphi(r)$, on aura

$$'\varphi_{\prime}(r) = \frac{2\pi\rho R^2}{r}\, \frac{\partial}{\partial R}\, \frac{\psi_{\prime\prime}(R+r) - \psi_{\prime\prime}(r-R)}{R},$$

ce qui donne $\int r\, dr\, '\varphi_{\prime}(r)$, que nous désignerons par $'\psi(r)$, égal à

$$2\pi\rho R^2\, \frac{\partial}{\partial R}\, \frac{\psi_{\varpi}(R+r) - \psi_{m}(r-R)}{R}.$$

Si l'on substitue cette valeur de $'\psi(r)$ au lieu de $\psi(r)$ dans la formule (A), cette formule donnera, pour l'attraction de la seconde sphère sur la première,

$$(E) \qquad 4\pi^2 \rho\rho' R^2 R'^2\, \frac{\partial^3}{\partial r\, \partial R\, \partial R'}\, \frac{\left\{ \begin{array}{l} \psi_{\prime}(r+R+R') - \psi_{\prime}(r+R-R') \\ -\psi_{\prime}(r-R+R') + \psi_{\prime}(r-R-R') \end{array} \right\}}{r R R'};$$

ce sera aussi l'attraction de la première sphère sur la seconde, c'est-à-dire que l'on peut supposer les deux sphères réunies respectivement à leurs centres et agissant l'une sur l'autre suivant une loi d'attraction exprimée par la fonction (E) divisée par le produit des masses ou par

$$\frac{16}{9}\pi^2\rho\rho' R^3 R'^3.$$

Dans les sept intégrations qui déterminent $\psi_r(r)$, on ne doit point s'inquiéter de l'origine de chaque intégrale. Cette origine peut être différente à chaque intégration, sans qu'il en résulte aucun changement dans la formule (E). En effet, un changement arbitraire d'origine à chaque intégration introduit dans la fonction $\psi_r(r)$, dérivée de $\varphi(r)$, la fonction

$$A r^7 + A^{(1)} r^5 + A^{(2)} r^4 + A^{(3)} r^3 + A^{(4)} r^2 + A^{(5)} r + A^{(6)},$$

$A, A^{(1)}, \ldots$ étant des constantes arbitraires, et il est facile de voir que cette fonction, substituée pour $\psi_r(r)$ dans la formule (E), la rend identiquement nulle.

Si l'on suppose $\varphi(r) = \dfrac{H}{r^2}$, on aura

$$\psi_r(r) = - \frac{H r^6}{1.2.3.4.5.6},$$

et la formule (E) devient

$$\frac{16}{9}\pi^2\rho\rho' R^3 R'^3 \frac{H}{r^2},$$

c'est-à-dire que les deux sphères s'attirent comme si leurs masses étaient réunies à leurs centres, ce qui est conforme à ce que Newton a démontré.

3. Les formules précédentes s'appliquent évidemment à la répulsion des fluides élastiques contenus dans des enveloppes sphériques, pourvu que la densité du fluide soit partout la même.

Si l'on nomme p la pression du fluide, et si l'on désigne par φ la force répulsive d'une sphère fluide dont R est le rayon et ρ la densité sur un point placé à la distance r de son centre et qui éprouve la pression p, on aura, par le n° 17 du Livre I,

$$dp = \rho\varphi\, dr,$$

dr étant l'élément de la direction de la force répulsive qui agit en sens contraire de la force attractive. φ est la fonction (D); $\int \varphi \, dr$ est donc cette fonction, dans laquelle on supprime la différentiation par rapport à r, et alors on a

$$(\text{F}) \qquad p = \text{const.} + 2\pi\rho^2 \, \frac{\text{R}^2}{r} \, \frac{\partial}{\partial \text{R}} \, \frac{\psi_{\scriptscriptstyle H}(\text{R}+r) - \psi_{\scriptscriptstyle H}(\text{R}-r)}{\text{R}}.$$

Newton a supposé entre les molécules de l'air une force répulsive réciproque à leur distance, ce qui revient à supposer $\varphi(r) = \frac{1}{r}$. Cette supposition donne

$$\psi_{\scriptscriptstyle H}(r) = \frac{1}{96} \, r^3 \left(4 \log r - \frac{13}{3} \right).$$

Cette valeur, substituée dans la fonction (F), est loin de représenter les observations, qui donnent p constant; aussi ce grand géomètre ne donne-t-il à cette loi de répulsion qu'une sphère d'activité d'une étendue insensible. Mais la manière dont il explique ce défaut de continuité est bien peu satisfaisante. Il faut sans doute admettre entre les molécules de l'air une force répulsive qui ne soit sensible qu'à des distances imperceptibles; la difficulté consiste à en déduire les lois que présentent les fluides élastiques. C'est ce que l'on peut faire par les considérations suivantes.

J'observe d'abord que, une molécule de gaz ou de fluide élastique, contenue dans une enveloppe sphérique, n'étant point en contact avec les molécules voisines, elle doit être en équilibre, en vertu de toutes les forces répulsives qu'elle éprouve, en sorte que φ doit être nul dans l'équation

$$dp = \rho\varphi \, dr,$$

ce qui donne la pression p constante dans toute l'étendue du fluide. En supposant donc, conformément à l'expérience, la pression p fonction de la densité dans les fluides élastiques à une température constante, on voit que la densité ρ doit être supposée la même dans toutes les parties du fluide. Nous démontrerons ci-après ce résultat de l'expérience pour tous les points du fluide placés à une distance de l'enveloppe plus grande que le rayon de la sphère d'activité sensible de la force répulsive.

Maintenant je suppose les molécules des gaz à une distance réciproque telle que leur attraction mutuelle soit insensible, ce qui me paraît être la propriété caractéristique de ces fluides et même des vapeurs, de celles du moins qui, par une légère compression, ne se réduisent point en partie à l'état liquide. Je suppose ensuite que ces molécules retiennent par leur attraction la chaleur et que leur répulsion mutuelle soit due à la répulsion des molécules de la chaleur, répulsion dont je suppose l'étendue de la sphère d'activité insensible.

Soit c la chaleur contenue dans chaque molécule de gaz : la répulsion de deux molécules sera évidemment proportionnelle à c^2. En nommant donc r leur distance mutuelle, nous exprimerons la loi de répulsion de deux molécules de gaz par $\mathrm{H}c^2\varphi(r)$, $\varphi(r)$ devenant insensible lorsque r a une valeur sensible. H est une constante qui dépend de la force répulsive de la chaleur et qui semble ainsi devoir être la même pour tous les gaz ; mais, pour plus de généralité, je la supposerai seulement constante pour le même gaz. J'imagine présentement une enveloppe sphérique remplie d'un gaz quelconque. On vient de voir que la pression et la densité seront les mêmes dans tous les points de cette sphère placés à une distance sensible de l'enveloppe. Je conçois ensuite une sphère intérieure concentrique à l'enveloppe, dont R soit le rayon à très-peu près égal à celui de l'enveloppe, de manière cependant que la densité de la couche du gaz qui recouvre cette sphère puisse être censée constante dans une étendue égale ou supérieure à celle de la sphère d'activité sensible de la force répulsive de la chaleur. Si l'on nomme r le rayon d'une molécule de cette couche, la formule (A) du n° 2 donnera

$$-2\pi\,\mathrm{H}\,c^2\rho\,\mathrm{R}^2\,\frac{\partial^2}{\partial r\,\partial \mathrm{R}}\,\frac{\psi_n(r-\mathrm{R})}{r\mathrm{R}}$$

pour la force répulsive que la sphère exerce sur cette molécule de la couche. En effet, la nature des forces qui ne sont sensibles qu'à des distances insensibles rend $\psi_n(r)$ insensible lorsque r a une valeur sensible. Sur quoi j'observerai qu'en vertu de cette nature $\psi(r)$ est incomparablement supérieur à $\psi_{\prime}(r)$, $\psi_{\prime}(r)$ est incomparablement supérieur à $\psi_{\prime\prime}(r)$, et ainsi de suite. J'affecte l'expression précédente du facteur Πc^2, parce que $\varphi(r)$ a ce facteur. La fonction précédente devient encore, par les mêmes considérations,

$$2\pi \frac{\Pi c^2 \rho R^2}{r R} \psi(r - R).$$

Il faut multiplier cette fonction par $4\pi\rho r^2 dr$ pour avoir l'action répulsive de la sphère intérieure sur la couche extérieure dont ρ est la densité, r le rayon et dr l'épaisseur. Soit $r - R = s$, s étant une quantité imperceptible; la fonction précédente devient à très-peu près, en observant que r est supposé différer extrêmement peu de R,

$$2\pi^2 \Pi c^2 \rho^2 . 4 R^2 ds \, \psi(s).$$

Il faut ensuite, pour avoir l'action entière de la sphère intérieure sur la couche qui la recouvre, intégrer cette différentielle depuis s nul jusqu'à s infini; en nommant donc K l'intégrale $\int ds\,\psi(s)$ prise dans ces limites, on aura, pour cette action,

$$2\pi \Pi c^2 \rho^2 . 4\pi R^2 K.$$

Concevons maintenant toutes les molécules du gaz liées fixement entre elles et que la couche qui recouvre la sphère soit divisée en parties finies qui puissent se soulever par l'action répulsive de la sphère, mais qui soient retenues par une pression P exercée sur chaque point de l'enveloppe. Cette pression sur l'enveloppe entière sera $4\pi R^2 P$, à très-peu près, et elle doit faire équilibre à l'action répulsive de la sphère, ce qui donne

$$P = 2\pi \Pi c^2 \rho^2 K.$$

Cette valeur de P est indépendante du rayon R de la sphère, ce qui tient à ce que, l'action répulsive de la chaleur ne s'exerçant qu'à des distances insensibles, on peut ne considérer que les parties du gaz extrêmement voisines du point de l'enveloppe qui éprouve la pression P. De là et de ce que la pression p dans l'intérieur du gaz est constante, la force φ qu'éprouve chaque molécule étant nulle dans l'équation

$$dp = \rho\varphi\, dr,$$

il est facile de conclure que, quelle que soit la forme de l'enveloppe, la pression P du gaz est toujours

(1) $$\qquad\qquad P = 2\pi \Pi K \rho^2 c^2.$$

4. Imaginons cette enveloppe à une température u et contenant un gaz à la même température. Il est clair qu'une molécule quelconque de ce gaz sera atteinte à chaque instant par des rayons caloriques émanés des corps environnants. Elle éteindra une partie de ces rayons; mais il faudra, pour le maintien de la température, qu'elle remplace ces rayons éteints par son rayonnement propre. La molécule, dans tout autre espace à la même température, sera atteinte à chaque instant par la même quantité de rayons caloriques; elle en éteindra une même partie, qu'elle rendra par son rayonnement. La quantité de rayons caloriques qu'une surface donnée reçoit à chaque instant est donc une fonction de la seule température et indépendante de la nature des corps environnants; je la désignerai par $\Pi(u)$. L'extinction sera donc $q\,\Pi(u)$, q étant un facteur constant, dépendant de la nature de la molécule ou du gaz. J'observerai ici que la quantité de rayons émanés des corps environnants, et qui forme la chaleur libre de l'espace, est, à raison de l'extrême vitesse que l'on doit supposer à ces rayons, une partie insensible de la chaleur contenue dans les corps, comme on l'a reconnu d'ailleurs par les expériences que l'on a faites pour condenser cette chaleur. Maintenant, quelle que soit la manière dont la chaleur des molécules environnantes agit par sa répulsion sur la chaleur de la molécule du gaz pour en détacher une partie et pour faire rayonner cette molécule, il est clair que ce rayonnement sera en raison composée de la chaleur et de la densité du gaz environnant la molécule, ou de ρc et de la chaleur c contenue dans la molécule; il sera donc proportionnel à ρc^2; ρc^2 est donc proportionnel à l'extinction $q\,\Pi(u)$, et nous

pourrons supposer

$$(2) \qquad \rho c^2 = q' \Pi(u),$$

q' étant un facteur constant, dépendant de la nature du gaz, et $\Pi(u)$ étant une fonction de la température, indépendante de cette nature.

Les équations (1) et (2) renferment les lois générales des fluides élastiques. Elles donnent

$$(3) \qquad \mathrm{P} = i\rho \, \Pi(u),$$

en désignant par i le facteur $2\pi\mathrm{HK}q'$, qui dépend de la nature du gaz. Cette équation donne, en supposant la température constante, P proportionnel à ρ, ce qui est la loi de Mariotte. En supposant ensuite P constant, la température u devenant u' et la densité ρ devenant ρ', on a

$$\frac{\rho'}{\rho} = \frac{\Pi(u)}{\Pi(u')}.$$

Le second membre de cette équation étant indépendant de la nature du gaz, on voit que la fraction $\frac{\rho'}{\rho}$ est la même pour tous les gaz lorsque la température u se change en u', ce qui est la loi que MM. Dalton et Gay-Lussac nous ont fait connaître, et suivant laquelle le même volume v des divers gaz se change pour tous dans le même volume v' par le même changement de la température u en u'; car on a évidemment

$$\frac{\rho}{\rho'} = \frac{v'}{v}.$$

5. Les considérations et l'analyse précédentes s'appliquent facilement au mélange des gaz et des vapeurs qui, dans ce mélange, n'exercent point d'affinité les unes avec les autres. On sait qu'à la longue la diffusion de ces gaz les répand en proportions égales dans toutes les parties du mélange. Je vais donc considérer le mélange de deux gaz dans cet état. Je le suppose dans une enveloppe sphérique. On voit d'abord que, chaque molécule de ce mélange étant en équilibre au milieu de toutes les forces répulsives qu'elle éprouve, la pression doit être la même dans toutes les parties du mélange. Si l'on conçoit, comme ci-dessus,

une sphère intérieure concentrique à l'enveloppe et d'un rayon R à très-peu près égal à celui de cette enveloppe, on aura l'action répulsive de cette sphère sur la couche très-mince de gaz qui la recouvre en considérant la sphère et la couche comme deux sphères et deux couches formées des deux gaz. Soient ρ et ρ' les densités de ces gaz; l'action de la sphère du premier gaz sur la couche du premier gaz sera, par ce qui précède, $2\pi\Pi K c^2\rho^2$ ou $Lc^2\rho^2$, en désignant $2\pi\Pi K$ par L; c est la chaleur contenue dans chaque molécule du premier gaz, et L dépend de la nature de ce gaz ou de la manière dont ses molécules se repoussent mutuellement en vertu de la force répulsive de la chaleur qu'elles contiennent. Il résulte encore de l'analyse précédente que l'action répulsive du premier gaz sur la couche du second gaz peut être exprimée par $Ncc'\rho\rho'$, c' étant la chaleur contenue dans une molécule du second gaz, et N étant une constante qui dépend de la manière dont deux molécules du premier et du second gaz se repoussent mutuellement par la force répulsive de leur chaleur. L'action de la sphère du second gaz sur la couche du premier gaz sera pareillement $Ncc'\rho\rho'$. Enfin, l'action de la sphère du second gaz sur la couche du second gaz peut être exprimée par $L'c'^2\rho'^2$. En réunissant toutes ces actions, dont la somme doit être égale à la pression P du mélange, on aura

$$P = Lc^2\rho^2 + 2Ncc'\rho\rho' + L'c'^2\rho'^2.$$

On voit, par ce qui précède, que cette valeur de P a lieu quelle que soit la figure de l'enveloppe.

Considérons maintenant le rayonnement de chaque molécule du gaz mélangé. Le rayonnement d'une molécule du premier gaz, produit par l'action répulsive de la chaleur de ce gaz, sera, par ce qui précède, proportionnel à $Lc^2\rho$. Le rayonnement de la même molécule par l'action du second gaz sera dans le même rapport avec $Ncc'\rho'$. En égalant la somme de ces rayonnements à l'extinction par la molécule des rayons qu'elle reçoit, et qui est proportionnelle à la fonction $\Pi(u)$ de la température u, on aura

$$Lc^2\rho + Ncc'\rho' = i\,\Pi(u),$$

i étant un facteur dépendant de la manière dont les molécules du premier gaz éteignent les rayons caloriques. On aura pareillement, en considérant le rayonnement d'une molécule du second gaz,

$$\mathrm{L}'c'^2\rho' + \mathrm{N}cc'\rho = i' \, \Pi(u).$$

Ces deux équations, multipliées respectivement par ρ et ρ', donnent, en les ajoutant,

$$\mathrm{L}c^2\rho^2 + 2\mathrm{N}cc'\rho\rho' + \mathrm{L}'c'^2\rho'^2 = i\rho \, \Pi(u) + i'\rho' \, \Pi(u).$$

Le premier membre de cette équation est la pression P du mélange à la température u. La fonction $i\rho\,\Pi(u)$ serait, par ce qui précède, la pression du premier gaz, s'il existait seul dans l'enveloppe, et $i'\rho'\,\Pi(u)$ serait la pression du second gaz s'il était seul. En nommant donc p et p' ces pressions, on aura

$$\mathrm{P} = p + p'.$$

Il est facile de voir que la pression P d'un nombre quelconque de gaz, dont les pressions partielles seraient $p,\ p',\ p'',\ \ldots$, sera

$$\mathrm{P} = p + p' + p'' + \ldots,$$

ce qui est donné par l'expérience.

Cette équation ayant lieu quelle que soit N, elle subsistera en faisant, comme M. Dalton, N nul, c'est-à-dire en supposant nulle l'action répulsive réciproque de deux gaz différents. Mais cette hypothèse est bien peu naturelle; elle est d'ailleurs contraire à plusieurs phénomènes.

L'équation (3) donne, pour un même gaz,

$$\frac{\Pi(u')}{\Pi(u)} = \frac{\mathrm{P}'\rho}{\mathrm{P}\rho'}.$$

Si l'on nomme v et v' les volumes du gaz aux températures u et u', on aura $\dfrac{\rho}{\rho'} = \dfrac{v'}{v}$; on aura donc

$$\frac{\Pi(u')}{\Pi(u)} = \frac{\mathrm{P}'v'}{\mathrm{P}v}.$$

En supposant $P = P'$, $\Pi(u)$ sera proportionnel à c; la fonction $\Pi(u)$ sera donc exprimée par le thermomètre d'un gaz maintenu à une pression constante.

Mais que doit-on entendre par la température u, et quelle est sa mesure? Il paraît naturel de prendre pour cette mesure la densité même du calorique produit dans un espace par le rayonnement des corps environnants; alors $\Pi(u)$ devient u, et cette densité est mesurée par les degrés du thermomètre à air ou par c. Pour 1 degré d'accroissement de température, en partant de la température de la glace fondante, c croit de $0,00375.c'$, suivant les expériences de M. Gay-Lussac, la valeur de c à cette température étant exprimée par c', d'où il suit que la densité du calorique de l'espace dont la température est celle de la glace fondante est représentée par $266^{\circ}\frac{2}{3}$.

Une supposition qu'il paraît très-naturel d'admettre est que l'action du calorique d'une molécule des gaz sur le calorique d'une autre molécule ne dépend point de la nature de ces molécules, ce qui donne

$$L = L' = N.$$

Alors on a les équations suivantes, relatives au mélange d'un nombre quelconque de gaz, renfermé dans 1 litre, par exemple, mélange qui n'est dans un état stable d'équilibre qu'autant que chacune de ses plus petites portions contient les molécules des divers gaz en même rapport que le mélange total :

$$(A) \quad \begin{cases} P = k(\rho c + \rho'c' + \rho''c'' + \ldots)^2, \\ k\rho c \ (\rho c + \rho'c' + \rho''c'' + \ldots) = q\rho u, \\ k\rho'c' \ (\rho c + \rho'c' + \rho''c'' + \ldots) = q'\rho'u', \\ k\rho''c'' (\rho c + \rho'c' + \rho''c'' + \ldots) = q''\rho''u'', \\ \ldots\ldots\ldots\ldots\ldots\ldots\ldots\ldots\ldots\ldots\ldots \end{cases}$$

P est la pression du mélange; k est une constante dépendante de l'intensité de la force répulsive mutuelle des particules du calorique; c, c', c'', ... sont les quantités de chaleur contenues dans 1 gramme du premier gaz, du second, du troisième, etc.; ρ, ρ', ρ'', ... sont les nombres de grammes de ces gaz dans 1 litre du mélange; u est la température du mélange et, q, q', q'', ... sont des constantes dépendantes de la nature de chaque gaz.

Les équations (A) donnent

$$\frac{\rho'c'}{\rho c} = \frac{q'\rho'}{q\rho}, \quad \frac{\rho''c''}{\rho c} = \frac{q''\rho''}{q\rho}, \quad \ldots;$$

on a donc

$$\rho c + \rho'c' + \rho''c'' + \ldots = (\rho q + \rho'q' + \rho''q'' + \ldots)\frac{c}{q}.$$

Ainsi, en faisant

$$\rho q + \rho'q' + \rho''q'' + \ldots = (q)(\rho),$$
$$\rho + \rho' + \rho'' + \ldots = (\rho),$$
$$C = \frac{(q)c}{q},$$

les équations (A) donneront

$$(5) \qquad\qquad P = k(\rho)^2 C^2,$$
$$(6) \qquad\qquad k(\rho)C^2 = (q)u.$$

Ces équations sont les mêmes que les équations (2) et (3), relatives à un fluide simple. Elles reviennent à considérer comme molécule du fluide composé un groupe infiniment petit dans lequel les molécules des divers gaz entrent dans le même rapport que dans le mélange entier. C est le calorique contenu dans 1 gramme de ce mélange; (ρ) est le poids de 1 litre du mélange.

L'air atmosphérique est, comme on sait, composé de quatre différents gaz, savoir l'azote, l'oxygène, la vapeur aqueuse et un peu d'acide carbonique; on peut donc appliquer à ce fluide composé les équations (5) et (6). On peut encore, dans les vibrations aériennes, considérer l'air comme formé de groupes pareils à ceux que je viens d'imaginer. A la vérité, chaque molécule d'un de ces groupes étant sollicitée par des forces différentes, les molécules devraient, dans leurs mouvements, se séparer; mais les obstacles que les autres groupes opposent à cette séparation suffisent pour les retenir ensemble, en sorte que le centre de gravité de chaque groupe se meut comme si ces molécules étaient liées fixement entre elles, et c'est ainsi que nous les envisagerons dans la suite.

Les équations (5) et (6) donnent

$$P = (q)(\rho)u;$$

ainsi, la température restant la même, la pression d'un fluide quelconque, simple ou composé, est proportionnelle à sa densité, ce qui est la loi de Mariotte.

Les mêmes équations donnent encore, pour un autre fluide simple ou composé,

$$P = (q')(\rho')u,$$

(ρ') étant la densité du second fluide et (q') étant la valeur de (q) relative à ce fluide; on a donc, quelles que soient la pression P et la température u,

$$\frac{(\rho')}{(\rho)} = \frac{(q)}{(q')}.$$

Le rapport des densités des deux fluides reste donc toujours le même, ce qui est la loi de MM. Dalton et Gay-Lussac.

Remarque. — Nous devons faire ici une remarque importante. La chaleur que nous avons désignée par c est la chaleur libre ou sensible d'une molécule, celle qui exerce une action sensible sur le thermomètre. Les physiciens ont été conduits par les phénomènes à distinguer dans la chaleur absolue d'une molécule deux parties, l'une sensible sur le thermomètre, l'autre *latente*, ou qui n'exerce sur lui aucune action. En désignant donc par i cette chaleur latente, la chaleur absolue sera $c + i$.

6. Nous avons supposé, dans ce qui précède, que le calorique d'une molécule y était retenu par l'attraction de cette molécule, qui n'éprouvait d'action sensible que par la force répulsive qu'exerce sur ce calorique celui des molécules environnantes. Cependant chaque molécule d'un corps est soumise à l'action de ces trois forces : 1° la force répulsive de son calorique par le calorique des autres molécules; 2° l'attrac-

tion de son calorique par ces molécules; 3° l'attraction de la molécule elle-même soit par le calorique de ces molécules, soit par les molécules mêmes. Sans doute, dans l'état aériforme, la première de ces forces l'emporte beaucoup sur les autres; mais il est utile de connaître leur influence.

Pour cela, j'imagine un parallélépipède vertical, d'une longueur et d'une largeur indéfinies. Je le conçois rempli d'un gaz en équilibre. En le divisant par une section horizontale, je puis supposer toutes les molécules du gaz au-dessus de cette section liées fixement entre elles : je considère une de ces molécules, que je désigne par A, élevée de la hauteur r au-dessus de la section; son calorique sera repoussé par le calorique d'une molécule B placée au-dessous de la section. Soient f la distance mutuelle des deux molécules, r' la distance de la molécule B à la section et s la distance horizontale des deux molécules. Soient c le calorique contenu dans chaque molécule, ϱ la densité du gaz. Il est facile de voir que l'ensemble du calorique des molécules pour lesquelles r', f et s sont les mêmes que pour la molécule B exercera sur le calorique de la molécule A une force répulsive qui, décomposée suivant la verticale, sera

$$2\pi c^2 \frac{s(r+r')}{f} \Pi \varphi(f),$$

$\Pi \varphi(f)$ étant la loi de répulsion du calorique à la distance f. Il faut multiplier cette fonction par $\varrho\, ds\, dr'$, et, pour avoir l'action entière répulsive du gaz inférieur à la section sur la molécule A, il faut prendre l'intégrale de ce produit depuis s nul jusqu'à s infini et depuis r' nul jusqu'à r' infini. On a

$$f^2 = (r+r')^2 + s^2;$$

ainsi, en ne faisant varier que f et s, on aura

$$f\, df = s\, ds;$$

le produit précédent devient donc

$$2\pi \Pi \varrho c^2 (r+r')\, df\, \varphi(f)\, dr'.$$

Nommons $\varphi_1(f)$ l'intégrale $\int df\, \varphi(f)$, prise de manière que $\varphi_1(f)$ soit nul lorsque f est infini. En intégrant ce produit depuis s nul jusqu'à s infini, on aura

$$-2\pi \Pi \rho c^2 (r - r')\, dr'\, \varphi_1(r + r').$$

Désignons par $\psi(f)$ l'intégrale $\int\!\int df\, \varphi_1(f)$, prise de manière que $\psi(f)$ soit nul lorsque f est infini. La fonction précédente, intégrée depuis r' nul jusqu'à r' infini, sera

$$2\pi \Pi \rho c^2\, \psi(r);$$

c'est l'expression de la force répulsive que le calorique du gaz inférieur à la section exerce, dans le sens vertical, sur le calorique de la molécule A. Soit Q la surface de la section horizontale dont nous avons parlé; il est facile de voir que l'action verticale du calorique du gaz inférieur sur le calorique du gaz supérieur et tendante à le soulever sera

$$2\pi Q \Pi \rho^2 c^2 \int dr\, \psi(r),$$

l'intégrale étant prise depuis r nul jusqu'à r infini.

L'intégrale $\int dr\, \psi(r)$ est ce que nous avons ci-dessus nommé K; ainsi le gaz supérieur est soulevé par le gaz inférieur par une force égale à

$$2\pi Q \Pi K \rho^2 c^2.$$

Mais le calorique du gaz inférieur, par l'attraction qu'il exerce sur les molécules du gaz supérieur, produit une force contraire. Si l'on désigne par $M \Pi(f)$ la loi de cette attraction, il est facile de voir, par ce qui précède, que, en nommant K' ce que devient K lorsqu'on change $\varphi(f)$ dans $\Pi(f)$, la force résultante de l'attraction des molécules supérieures du gaz par le calorique des molécules inférieures sera

$$2\pi Q M K' \rho^2 c;$$

c'est aussi la force résultante de l'attraction du calorique supérieur par les molécules du gaz inférieur. Enfin, si l'on désigne par $N \Gamma(f)$ la loi de l'attraction des molécules du gaz les unes sur les autres, on aura

$$2\pi Q N K'' \rho^2$$

pour la force verticale du gaz supérieur, résultante de l'attraction réciproque des molécules, K'' étant ce que devient K lorsqu'on change $\varphi(f)$ dans $\Gamma(f)$.

Par la réunion de ces diverses actions, le gaz supérieur tend à être soulevé par une force égale à

$$2\pi Q\rho^2(\Pi K c^2 - 2 M K'c - N K'').$$

En désignant donc par QP la pression nécessaire pour contenir ce gaz, on aura

$$P = 2\pi\rho^2(\Pi K c^2 - 2 M K'c - N K'').$$

Considérons maintenant le rayonnement d'une molécule A d'un gaz. L'action du calorique d'une molécule B sur le calorique de A sera, par ce qui précède, $\Pi c^2\varphi(r)$, et l'attraction qu'exerce la molécule B sur ce même calorique sera $M c \Pi(r)$. Ainsi, par ces deux actions réunies, la répulsion du calorique de A sera $\Pi c^2\varphi(r) - M c \Pi(r)$. En considérant donc A comme le centre d'une sphère indéfinie, la compression de son calorique par les forces attractives et répulsives des molécules environnantes sera

$$4\pi\rho\int r^2 dr[\Pi c^2\varphi(r) - M c \Pi(r)],$$

les intégrales étant prises depuis r nul jusqu'à r infini, ce qui donne pour cette fonction

$$8\pi\rho[\Pi c^2\psi(0) - M c \overline{\psi}(0)],$$

$\overline{\psi}(r)$ étant ce que devient $\psi(r)$ lorsque l'on change $\varphi(r)$ dans $\Pi(r)$.

Si l'on considère, ainsi que nous le faisons, cette compression comme cause du rayonnement de la molécule A, ce rayonnement devant être supposé proportionnel à la température ou à la densité u du calorique de l'espace, on aura

$$\Pi c^2\rho\,\psi(0) - M c\rho\,\overline{\psi}(0) = Lu,$$

L étant une constante.

Par la loi de Mariotte, on a

$$P = q\rho u.$$

On aura donc, en substituant pour P sa valeur précédente,

$$\Pi K c^2 - 2 M K' c - N K'' = \varepsilon \left[\Pi c^2 \psi(\mathrm{o}) - M c \,\overline{\psi}(\mathrm{o}) \right],$$

ε étant une constante. Cette équation devant subsister quel que soit c, on voit d'abord que NK'' est nul ou du moins insensible, c'est-à-dire que, dans l'état de gaz, la force attractive des molécules disparait devant la force répulsive de leurs caloriques. On voit ensuite que l'on doit avoir

$$\frac{\psi(\mathrm{o})}{K} = \frac{\overline{\psi}(\mathrm{o})}{2\,K'},$$

si, dans l'état de gaz, l'attraction d'une molécule sur le calorique d'une autre molécule est sensible. Or il est visible que cette équation n'a pas lieu si $\varphi(r)$ est égal à $\Pi(r)$ ou si la loi de cette attraction est la même que la loi de répulsion du calorique, ce qui devient évident en mettant l'équation précédente sous cette forme,

$$\frac{\psi(\mathrm{o})}{\int dr\,\psi(r)} = \frac{\overline{\psi}(\mathrm{o})}{2\int dr\,\overline{\psi}(r)},$$

les intégrales étant prises depuis r nul jusqu'à r infini. D'ailleurs il n'est pas naturel de supposer dans tous les gaz $\varphi(r)$ et $\Pi(r)$ tels qu'ils satisfassent à cette équation. Il est donc extrêmement probable que la force attractive du calorique d'une molécule par une autre molécule est insensible dans l'état de gaz et qu'il n'y a de sensible dans cet état que la force répulsive du calorique.

Nous avons dit précédemment que la densité d'un gaz contenu dans un vase pouvait être supposée la même dans toute son étendue, à l'exception des parties extrêmement voisines des parois du vase. Pour le faire voir, nous observerons que, par ce qui précède, la force répulsive du gaz inférieur à la section horizontale sur le gaz supérieur est

$$- 2\pi \,\Pi Q \int\!\!\int dr\,dr'\,\rho_1 c_1 \rho' c' (r + r')\,\varphi_1(r + r'),$$

$\rho_1,\ c_1$ se rapportant aux molécules du gaz supérieur, $\rho',\ c'$ se rapportant aux molécules du gaz inférieur. Les intégrales doivent être prises

17.

depuis r et r' nuls jusqu'à r et r' infinis. Il est visible que, si l'on suppose les variations de ρ et de c incomparablement moins rapides que celle de $\varphi(r)$, comme elles le sont lorsque les molécules du gaz sont à une distance sensible des parois, les termes dus à ces variations sont insensibles, et l'on peut supposer cette intégrale égale à $2\pi \text{QHK} \rho^2 c^2$, ρ et c se rapportant aux molécules contiguës à la section horizontale. Cette force répulsive doit balancer la pression PQ de la surface supérieure du vase, plus le poids du gaz supérieur, que je désignerai par mQ; ainsi l'on aura

$$2\pi \text{HK} \rho^2 c^2 = \text{P} + m.$$

Lorsque le vase a une petite hauteur, m est incomparablement moindre que P; on peut donc alors supposer, dans toute l'étendue du gaz, ρc constant. Le rayonnement d'une molécule A contiguë à la section horizontale donne, par ce qui précède,

$$\text{H} \rho c^2 \psi(\text{o}) = \text{L} u.$$

La température u étant donc supposée la même dans toutes les parties du gaz, c doit être constant, ainsi que ρc; donc aussi ρ peut être supposé le même dans toutes ces parties, pourvu qu'elles soient à une distance sensible des parois.

CHAPITRE III.

DE LA VITESSE DU SON ET DU MOUVEMENT DES FLUIDES ÉLASTIQUES.

7. Considérons, pour plus de simplicité, un cylindre horizontal, étroit, creux, rempli d'un gaz et d'une longueur indéfinie. Soient x la distance d'une molécule A de gaz, placée dans l'axe du cylindre, à l'origine de cet axe; ρ la densité du gaz correspondante à cette molécule, dont c soit la chaleur libre. Soient ρ' et c' les expressions des mêmes quantités relatives à une molécule B placée sur l'axe, à la distance $x + s$. Il résulte de ce que nous venons de dire à la fin du Chapitre précédent que la force répulsive du calorique c de la molécule A par le calorique du gaz entier est, dans le sens horizontal,

$$- 2\pi \Pi c \int \rho' c' s\, ds\, \varphi_1(s),$$

l'intégrale étant prise depuis s égal à $-\infty$ jusqu'à $s = \infty$. On a

$$\rho' c' = \rho c + s \frac{\partial . \rho c}{\partial x} + \cdots$$

On peut ici ne considérer que les deux premiers termes du développement de $\rho' c'$; alors l'intégrale précédente devient

$$- 4\pi \Pi c \frac{\partial . \rho c}{\partial x} \int s^2\, ds\, \varphi_1(s),$$

l'intégrale étant prise depuis s nul jusqu'à s infini, ce qui donne

$$\int s^2\, ds\, \varphi_1(s) = - \int ds\, \psi(s) = - \mathrm{K}.$$

Ainsi le gaz entier produit dans la molécule A une force répulsive dirigée vers l'origine des x et égale à $4\pi HKc\dfrac{\partial.\rho c}{\partial x}$, ce qui donne, en nommant dt l'élément du temps,

$$\frac{\partial^2 x}{\partial t^2} = -4\pi HKc\frac{\partial.\rho c}{\partial x}.$$

Soit X la coordonnée horizontale de la molécule A dans l'état d'équilibre, et faisons $x = X + z$, z étant une quantité très-petite par rapport à X. Supposons

$$\frac{\dfrac{\partial.\rho c}{\partial x}}{\rho c} = (1 - \theta)\frac{\dfrac{\partial \rho}{\partial x}}{\rho}.$$

En nommant (ρ) la densité du gaz dans l'état d'équilibre, on aura

$$\rho = (\rho)\frac{dX}{dX + dz}.$$

En négligeant le carré de dz et observant que $\dfrac{\partial \rho}{\partial x}$ est égal à $\dfrac{\partial \rho}{\partial X}$, on aura

$$\frac{\partial \rho}{\partial x} = -(\rho)\frac{\partial^2 z}{\partial X^2}.$$

On a ensuite

$$\frac{\partial^2 x}{\partial t^2} = \frac{\partial^2 z}{\partial t^2};$$

on aura donc

$$\frac{\partial^2 z}{\partial t^2} = 4\pi HK(\rho)c^2(1 - \theta)\frac{\partial^2 z}{\partial X^2},$$

équation dans laquelle on peut supposer que c se rapporte, ainsi que (ρ), à l'état d'équilibre, puisque l'on néglige les termes de l'ordre z^2. La pression du gaz dans l'état d'équilibre étant exprimée par P, on a, par le Chapitre précédent,

$$P = 2\pi HK(\rho)^2 c^2;$$

on aura donc

$$\frac{\partial^2 z}{\partial t^2} = \frac{2P}{(\rho)}(1 - \theta)\frac{\partial^2 z}{\partial X^2}.$$

Ainsi, la vitesse du son ou l'espace qu'il parcourt dans une seconde étant, comme l'on sait et comme il est facile de le conclure de l'équation précédente, la racine carrée du coefficient de $\frac{\partial^2 z}{\partial X^2}$, cette vitesse sera

$$\sqrt{\frac{\flat \mathrm{P}}{(\rho)}(1 - \mathfrak{E})}.$$

Pour appliquer cette formule à l'air atmosphérique, soient h la hauteur d'une atmosphère de la densité (ρ) et ε la hauteur dont la pesanteur fait tomber les corps dans une seconde; cette vitesse sera

$$\sqrt{\tfrac{1}{2} h \varepsilon (1 - \mathfrak{E})}.$$

Les géomètres, en étendant ces principes et cette analyse au cas où l'air a trois dimensions, trouveront facilement que, dans ce cas, la vitesse du son a la même expression.

La formule de Newton donne $\sqrt{2h\varepsilon}$ pour l'expression de cette vitesse. En partant des valeurs connues de ε et de h, elle serait de $283^m,4$ dans une seconde sexagésimale, à la température de $7^\circ,5$. L'expérience faite en 1738 par les Académiciens français a donné, à cette température, $337^m,2$. Il est donc bien certain que la formule de Newton donne un résultat trop faible. Si la valeur de i était nulle, ce qui rendrait c constant et par conséquent $\mathfrak{E}$ nul, la formule trouvée ci-dessus donnerait $400^m,4$ pour la vitesse du son, résultat trop considérable. Il est donc bien prouvé par cette expérience qu'il existe une chaleur latente i dans les molécules des gaz.

Je vais maintenant déterminer la valeur de $1 - \mathfrak{E}$, dont dépend, comme on l'a vu, la vitesse du son dans l'atmosphère. Pour cela, j'observe que, pendant la courte durée d'une vibration aérienne, la chaleur absolue $c + i$ d'une molécule d'air vibrante peut être supposée constante; car, cette chaleur ne pouvant se dissiper que par le rayonnement ou par sa communication aux molécules voisines, il faut, pour avoir ainsi une perte sensible, un temps beaucoup plus grand que la durée d'une vibration, durée qui n'excède pas une tierce. Il n'en est pas de même de la chaleur libre c, qui se perd non-seulement par le rayonnement, mais encore par sa combinaison due à la variation de la densité ρ. On peut donc, dans le cas présent, supposer dc ou $d(c+i-i)$ égal à $-di$.

La température u de l'espace ou la densité du fluide discret qui la représente peut aussi être supposée constante pendant la durée d'une vibration aérienne. Elle varie dans le point de l'espace occupé par une molécule aérienne vibrante, à raison de la variation de densité de l'air qui l'environne; mais cette densité n'est variable que dans l'étendue de la vibration, étendue très-petite par rapport à l'espace environnant; la variation de u étant de l'ordre du produit de cette étendue par la variation de la densité de l'air, on voit qu'elle peut être négligée. Maintenant la chaleur absolue $c+i$ de la molécule ne peut dépendre que de ces trois choses: la chaleur libre c, la température u de l'espace, la densité ρ de l'air. On pourrait y ajouter la température v de la molécule; mais, cette température étant celle de l'espace dans lequel la molécule serait en équilibre de chaleur, elle est donnée par l'équation

$$k\rho c^2 = qv;$$

elle est ainsi fonction de ρ et de c. De la relation qui existe entre les trois choses dont je viens de parler on conclut que $c+i$ est fonction de $k\rho^2 c^2$, ρ et u. Désignons par V cette fonction et par P la quantité $k\rho^2 c^2$; les suppositions de $c+i$ et de u constants donneront

$$o = \frac{dP}{P}\,P\,\frac{\partial V}{\partial P} + \frac{d\rho}{\rho}\,\rho\,\frac{\partial V}{\partial \rho}.$$

On aura ensuite

$$\frac{2d.\rho c}{\rho c} = \frac{dP}{P} = -\frac{d\rho}{\rho}\,\frac{\rho\,\dfrac{\partial V}{\partial \rho}}{P\,\dfrac{\partial V}{\partial P}}.$$

Mais nous avons désigné $\dfrac{d.\rho c}{\rho c}$ par $(1-\theta)\dfrac{d\rho}{\rho}$; on a donc

$$1 - \theta = -\frac{\frac{1}{2}\rho\,\dfrac{\partial V}{\partial \rho}}{P\,\dfrac{\partial V}{\partial P}}.$$

La vitesse du son, que nous avons trouvée égale à $\sqrt{4h\varepsilon(1-\theta)}$, devient ainsi

$$\left(\frac{-2h\varepsilon\rho\,\dfrac{\partial V}{\partial \rho}}{P\dfrac{\partial V}{\partial P}} \right)^{\frac{1}{2}}.$$

Il est facile de s'assurer que la fraction $\dfrac{-\rho\dfrac{\partial V}{\partial \rho}}{P\dfrac{\partial V}{\partial P}}$ est le rapport de la chaleur spécifique de l'air lorsqu'il est soumis à une pression constante à sa chaleur spécifique lorsque son volume est constant. En effet, en élevant de 1 degré la température u d'une masse d'air soumise à une pression constante, on augmente sa chaleur absolue $c + i$ de la quantité

$$-\mu\rho\,\frac{\partial V}{\partial \rho},$$

$\mu\rho$ étant la diminution de densité que cet accroissement de température produit dans la masse d'air, et μ étant un coefficient qui, suivant les expériences de M. Gay-Lussac, est $0,00375$ à la température de la glace fondante. Si l'on suppose le volume de la masse constant, la chaleur nécessaire pour accroître de 1 degré sa température sera

$$\mu P\,\frac{\partial V}{\partial P}.$$

Ces deux quantités de chaleur sont ce que l'on nomme *chaleurs spécifiques*, dont le rapport est ainsi

$$-\frac{\rho\,\dfrac{\partial V}{\partial \rho}}{P\dfrac{\partial V}{\partial P}}.$$

De là il suit que l'on aura la vitesse du son en multipliant la formule newtonienne par la racine carrée du rapport de ces chaleurs spécifiques, ce qui est le théorème que j'ai donné sans démonstration dans les *Annales de Physique et de Chimie* de l'année 1816.

Pour comparer ce résultat à l'expérience, je vais faire usage d'une expérience très-intéressante de MM. Desormes et Clément, que ces savants physiciens ont consignée dans le *Journal de Physique* du mois de novembre 1819. Ils ont rempli d'air atmosphérique un ballon de verre, dont la capacité était de $28^{lit},40$. La pression de l'air, tant à l'extérieur qu'à l'intérieur, était alors représentée par une hauteur du baromètre égale à $766^{mm},5$. La température était $12°,5$; cette température et la hauteur du baromètre extérieur ont été constantes pendant la durée de l'expérience, condition indispensable. Ils ont ensuite extrait du ballon une petite quantité d'air et ils l'ont fermé au moyen d'un robinet. Après le temps nécessaire pour que la température intérieure fût redevenue la même que l'extérieure, ils ont observé la différence de pression du dedans au dehors, au moyen d'un manomètre adapté au ballon, et ils ont trouvé la pression intérieure moindre que l'extérieure de $13^{mm},81$. En ouvrant ensuite le robinet, l'air extérieur est entré dans le ballon; lorsqu'il a cessé de s'y introduire, ce qu'ils ont jugé soit par la cessation du bruit que l'air faisait en y entrant, soit par le manomètre qui était revenu au niveau, ils ont promptement fermé le robinet, en sorte que l'intervalle entre son ouverture et sa fermeture n'a pas été $\frac{2}{3}$ de seconde. Le manomètre ensuite a remonté, et, lorsqu'il a été stationnaire ou lorsque la température intérieure est redevenue la même que l'extérieure, il a indiqué une pression intérieure plus petite que l'extérieure de $3^{mm},611$. Cette expérience, la meilleure de soixante expériences de ce genre qu'ils ont faites, en est le résultat moyen. On peut voir dans le *Journal* cité une description plus étendue de l'appareil et des précautions qui ont été prises.

Dans cette expérience, la chaleur absolue $c + i$ de chaque molécule d'air intérieur et la température u de l'espace peuvent être supposées sensiblement constantes, comme dans le son, pendant la courte durée de l'ouverture du robinet. Mais, en désignant par P' la pression intérieure immédiatement avant l'ouverture du robinet, l'air intérieur, pendant l'ouverture du robinet, a passé de cette pression à la pression P de l'atmosphère, puisqu'au moment de la fermeture du robinet il faisait équilibre à cette dernière pression. En nommant ensuite ρ la densité de l'air atmosphérique, ρ' celle de la masse de l'air intérieur immédiatement avant l'ouverture du robinet et ρ'' la densité de cette masse au moment de la fermeture du robinet, les suppositions de $c + i$ et de u constants donneront

$$0 = \frac{P - P'}{P'} P' \frac{\partial V'}{\partial P'} + \frac{\rho'' - \rho'}{\rho'} \rho' \frac{\partial V'}{\partial P'},$$

V', P', ρ' étant ce que deviennent pour l'air du ballon, avant l'ouverture du robinet, les quantités V, P, ρ relatives à l'air atmosphérique. Il est facile de voir que la densité ρ'' est à très-peu près celle de l'air intérieur à la fin de l'expérience, à cause de la très-petite quantité d'air introduite dans le ballon pendant l'ouverture du robinet. Cette densité est donc proportionnelle à la pression intérieure à la fin de l'expérience, pression que nous désignerons par P'', ce qui donne

$$\frac{\rho'' - \rho'}{\rho'} = \frac{P'' - P'}{P'};$$

on a donc

$$\frac{-\rho' \dfrac{\partial V'}{\partial \rho'}}{P' \dfrac{\partial V'}{\partial P'}} = \frac{P - P'}{P'' - P'}.$$

Ainsi, la température de l'atmosphère étant supposée de $12°,5$ centigrades et sa pression étant P' ou $752^{mm},69$, la vitesse du son sera, d'après cette expérience,

$$\sqrt{2h\varepsilon \frac{13^{mm},81}{10^{mm},199}},$$

parce que l'on a

$$P - P' = 13^{mm},81,$$
$$P - P'' = 3^{mm},61.$$

Le rapport des deux chaleurs spécifiques de l'air est donc, suivant cette expérience, égal à $1,354$, lorsque la hauteur du baromètre est $752^{mm},69$ et lorsque sa température est $12°,5$.

Les expériences sur l'air donnent, à cette température, $\sqrt{2h\iota}$ égal à $286^{\mathrm{m}},1$, d'où résulte la vitesse du son égale à $332^{\mathrm{m}},9$. Les Académiciens français l'ont observée de $337^{\mathrm{m}},2$ à la température de $7°,5$. Il faut l'augmenter de $3^{\mathrm{m}},2$ pour la faire correspondre à une température de $12°,5$, ce qui donne $340^{\mathrm{m}},4$, résultat qui ne surpasse celui de la théorie que de $7^{\mathrm{m}},5$.

MM. Gay-Lussac et Welter ont bien voulu me communiquer une des nombreuses expériences qu'ils ont faites sur cet objet, par un moyen qui paraît encore plus précis, tant par la brièveté de l'intervalle pendant lequel l'air intérieur communique avec l'air extérieur, intervalle qui n'est pas de $\frac{1}{6}$ de seconde, que par les précautions prises pour s'assurer que le manomètre indique à la fin de cet intervalle la même pression à l'intérieur qu'au dehors. Au lieu de raréfier l'air intérieur, comme MM. Clément et Desormes l'avaient fait, ils le compriment de manière que, avant la communication avec l'atmosphère, la pression intérieure surpasse l'extérieure. Dans l'expérience citée, cet excès était de $16^{\mathrm{mm}},3644$. Après cette communication, et lorsque l'air intérieur eut repris la température extérieure, la pression intérieure ne surpassait plus celle de l'atmosphère que de $4^{\mathrm{mm}},4409$. Cette dernière pression a été, pendant la durée de l'expérience, égale à 757 millimètres, et la température extérieure a été de 13 degrés. On a donc eu, dans cette expérience,

$$\mathrm{P}=757^{\mathrm{mm}},\quad \mathrm{P}'-\mathrm{P}=16^{\mathrm{mm}},3644,\quad \mathrm{P}''-\mathrm{P}=4^{\mathrm{mm}},4409.$$

ce qui donne

$$\frac{\mathrm{P}-\mathrm{P}'}{\mathrm{P}''-\mathrm{P}'}=1,37244.$$

C'est le rapport des deux chaleurs spécifiques de l'air, rapport qui, par l'expérience précédente, est $1,354$. On voit ainsi que les résultats des deux expériences, faites à peu près à la même pression et à la même température, diffèrent peu entre eux, ce qui en prouve la justesse. La vitesse du son conclue de l'expérience de MM. Gay-Lussac et Welter est $335^{\mathrm{m}},2$. Elle rapproche la théorie de $2^{\mathrm{m}},3$ du résultat de l'observation. D'autres expériences des mêmes savants donnent un résultat encore plus rapproché de celui de l'observation; mais ces expériences ont été faites sur de l'air desséché, ce qui peut produire une légère différence entre ces résultats. D'ailleurs, l'observation des Académiciens français, consignée dans les *Mémoires de l'Académie des Sciences* de l'année 1738, doit être répétée avec plus de soin et en y employant toutes les précautions suggérées par les progrès de la Physique.

Cette considération me fit proposer au Bureau des Longitudes la répétition de cette expérience. Elle donne $340^m,889$ à la température de $15°,9$ centésimaux; la hauteur du baromètre était $755^{mm},6$. Pour comparer à cette expérience ma formule de la vitesse du son, j'ai conclu la valeur de h des expériences de MM. Biot et Arago sur le rapport de la densité de l'air à celle du mercure. J'ai déduit la valeur de ε de l'expérience du pendule par Borda, et l'ensemble des nombreuses expériences de MM. Gay-Lussac et Welter m'a donné $1,3748$ pour le rapport des deux chaleurs spécifiques de l'air. J'ai trouvé ainsi $337^m,144$ pour la vitesse du son à $15°,9$ de température. On doit faire à ce résultat une petite correction dépendante de l'état hygrométrique de l'air. Toutes les expériences de MM. Biot, Arago, Gay-Lussac et Welter ont été faites sur un air privé d'humidité. La vapeur aqueuse répandue dans l'air atmosphérique étant plus légère que ce fluide, il doit en résulter, dans la vitesse du son, un effet analogue à celui de la chaleur. Dans la nouvelle expérience, les hygromètres à cheveu indiquaient 72 degrés. En partant des expériences de M. Gay-Lussac sur cet hygromètre et sur la densité de la vapeur aqueuse, je trouve $0^m,571$ pour l'effet hygrométrique de l'air; en l'ajoutant à la vitesse précédente, on aura $337^m,715$, ce qui ne diffère du résultat $340^m,889$ que de $3^m,174$. Cette différence me paraît être dans les limites des petites erreurs dont la nouvelle expérience et les éléments du calcul dont j'ai fait usage sont encore susceptibles.

Les savants français et espagnols envoyés au Pérou pour mesurer un degré du méridien ont fait à Quito l'observation de la vitesse du son, qu'ils ont trouvée la même à fort peu près que l'on avait observée à Paris, quoiqu'il y ait une grande différence entre les pressions de l'atmosphère dans ces deux villes, la hauteur moyenne du baromètre n'étant à Quito que de 544 millimètres. Cette observation fournit le moyen de vérifier le théorème que j'ai donné pour corriger la formule newtonienne sur la vitesse du son. La vérité de ce théorème exige que, C désignant la chaleur spécifique de l'air lorsque la pression est constante, et C_1 désignant cette chaleur spécifique lorsque le volume est constant, le rapport $\dfrac{C}{C_1}$ soit à peu près le même sous les deux pressions barométriques 544 et 760 millimètres : c'est en effet ce que MM. Gay-Lussac et Welter ont trouvé par l'expérience.

La fonction V est inconnue, et l'avantage des expériences précédentes est de donner le rapport des deux chaleurs spécifiques de l'air sans faire aucune supposition sur cette fonction. Il serait cependant bien intéressant de la connaitre pour la théorie des phénomènes de pression et de chaleur de l'air atmosphérique. Pour y parvenir, j'observe que, depuis la pression représentée par 144 millimètres jusqu'à la pression 1460 millimètres, et depuis la température $-20°$ jusqu'à la température $40°$, intervalles dans lesquels MM. Gay-Lussac et Welter ont étendu jusqu'ici leurs expériences, les résultats de ces expériences comparées à mon analyse donnent $\dfrac{C}{C_1}$ constant et à très-peu près égal à $1,3748$. En supposant cette quantité rigoureusement constante, on a

$$-\rho\,\frac{\partial V}{\partial \rho} = \frac{C}{C_1}\,\mathrm{p}\,\frac{\partial V}{\partial \mathrm{p}},$$

d'où l'on tire, en intégrant,

$$V = \psi\left(\frac{\mathrm{p}^{\frac{C_1}{C}}}{\rho}\right).$$

ψ étant ici le signe d'une fonction arbitraire. La valeur la plus simple de V comprise dans cette équation est

$$V = F + H\,\frac{\mathrm{p}^{\frac{C_1}{C}}}{\rho},$$

F et H étant des constantes. En y substituant au lieu de ρ sa valeur
donnée par l'équation

$$P = q \rho \upsilon,$$

υ étant la température, on aura

$$V = F + H q \upsilon P^{\frac{c_4}{c} - 1}.$$

Dans cette supposition, la chaleur absolue d'une molécule d'air croît,
sous une pression constante, comme la température υ, ce qui est conforme aux phénomènes.

Cette expression de V satisfait à la vitesse du son et aux expériences
de MM. Gay-Lussac et Welter. Voyons comment elle représente les
expériences sur la chaleur que l'air abandonne en passant d'une température élevée υ' à une température inférieure υ, sous une pression
déterminée P. La chaleur abandonnée par une molécule d'air sera,
d'après l'expression précédente de V,

$$H q (\upsilon' - \upsilon) P^{\frac{c_4}{c} - 1},$$

et la chaleur abandonnée par un volume d'air à cette pression sera
proportionnelle à cette quantité multipliée par P, parce qu'il y a d'autant plus de molécules d'air dans ce volume que P est plus considérable. En prenant donc pour unité cette chaleur abandonnée, celle
qu'abandonnera un égal volume d'air dans les mêmes circonstances,
mais sous la pression P', sera

$$\left(\frac{P'}{P} \right)^{\frac{c_4}{c}}.$$

MM. Laroche et Bérard ont consigné deux expériences de ce genre
dans leur Mémoire sur la chaleur spécifique des gaz. Dans ces expériences, P' était égal à $1005^{mm},8$ et P était égal à $740^{mm},5$. Ils ont
trouvé, dans une première expérience, $1,2127$ pour le rapport des chaleurs abandonnées, et $1,2665$ dans une seconde expérience. La fraction précédente, en y substituant $1,3748$ pour $\frac{c}{c_4}$, donne $1,249$, ce
qui tient à peu près le milieu entre les résultats des deux expériences.

Les suppositions de V et u constants donnent

$$o = C_1 \frac{dP}{P} - C \frac{d\rho}{\rho}.$$

Ainsi, P étant $k \rho^2 c^2$, on aura

$$\frac{dc}{c} = - \frac{d\rho}{\rho} \left(1 - \frac{C}{2 C_1} \right) = - di.$$

Tant que $\frac{C}{C_1}$ sera plus petit que 2, la compression, qui fait nécessairement croître la densité ρ, diminuera la chaleur libre c de la molécule aérienne et augmentera sa chaleur latente i.

Si l'on nomme R le rayonnement de la molécule, on aura R proportionnel à $\frac{P}{\rho}$; on aura donc

$$\frac{dR}{R} = \left(\frac{C}{C_1} - 1 \right) \frac{d\rho}{\rho}.$$

La compression augmentera donc le rayonnement de la molécule tant que $\frac{C}{C_1}$ surpassera l'unité; elle le diminuera dans le cas contraire. Dans le premier cas, il y aura augmentation de température par la compression et production du froid par la dilatation; dans le second cas, il y aura production de froid par la compression et augmentation de température par la dilatation.

La théorie newtonienne sur le son est fondée sur les deux équations suivantes :

$$\frac{\partial^2 x}{\partial t^2} = - \frac{\partial P}{\rho \partial X},$$
$$P = q \rho u,$$

u étant la température et P étant la pression. La première de ces équations est inexacte, parce que l'air n'agit point sur une couche aérienne d'une épaisseur infiniment petite par une simple différence de pression, comme il agirait sur un plan d'une épaisseur sensible. De plus, la seconde équation n'est vraie que dans l'état d'équilibre de l'air. Cependant il est remarquable que ces équations soient exactes, pourvu que P, au lieu d'exprimer la pression comme dans l'état d'équilibre, exprime la quantité $k\rho^2 c^2$, qui ne représente la pression que dans l'état d'équilibre; cela donne

$$\frac{\partial^2 x}{\partial t^2} = - \frac{2P}{\rho}\frac{\partial . \rho c}{\rho c \partial X} = - \frac{2P}{\rho}(1 - \delta)\frac{\partial \rho}{\rho \partial X},$$

d'où l'on tire, en substituant pour $\frac{d\rho}{\rho}$ sa valeur,

$$\frac{\partial^2 x}{\partial t^2} = \frac{2P}{(\rho)}(1 - \delta)\frac{\partial^2 x}{\partial X^2},$$

équation identique avec celle qui résulte de notre analyse.

Équations générales du mouvement des fluides élastiques.

8. On peut déduire de cette analyse les équations générales du mouvement des fluides élastiques. Si l'on considère une molécule A du fluide, son calorique c sera repoussé par le calorique c_1 des molécules qui forment l'élément $dx\,dy\,dz$ du même fluide. En nommant f la distance de cet élément à la molécule A, ρ_1 la densité du même élément, et représentant par $\Pi\varphi(f)$ la loi de répulsion du calorique, l'action répulsive du calorique de l'élément sur le calorique de la molécule A sera

$$\Pi\varphi(f)\rho_1 c_1 c\, dx\, dy\, dz.$$

En la multipliant par la variation δf de sa direction, le produit sera

$$\Pi\varphi(f)\rho_1 c_1 c\, \delta f\, dx\, dy\, dz.$$

Soient X, Y, Z les trois coordonnées orthogonales de la molécule A, et x, y, z celles de l'élément; on aura

$$f = \sqrt{(x - X)^2 + (y - Y)^2 + (z - Z)^2},$$

ce qui donne

$$\delta f = - \frac{(x - X)\delta X + (y - Y)\delta y + (z - Z)\delta Z}{f}.$$

L'action entière répulsive du calorique du gaz sur le calorique de la molécule A, multipliée par l'élément de sa direction, sera ainsi

$$- \mathrm{H} c \int \int \int \rho_i c_i \frac{\varphi(f)}{f} [(x - \mathrm{X})\, \delta\mathrm{X} + (y - \mathrm{Y})\, \delta\mathrm{Y} + (z - \mathrm{Z})\, \delta\mathrm{Z}]\, dx\, dy\, dz,$$

la triple intégrale étant prise depuis les valeurs infinies négatives de x, y, z jusqu'à leurs valeurs infinies positives. On a ensuite

$$\rho_i c_i = \rho c + (x - \mathrm{X}) \frac{\partial . \rho c}{\partial \mathrm{X}} + (y - \mathrm{Y}) \frac{\partial . \rho c}{\partial \mathrm{Y}} + (z - \mathrm{Z}) \frac{\partial . \rho c}{\partial \mathrm{Z}} + \cdots,$$

ρ étant la densité du fluide correspondante aux coordonnées X, Y et Z. Soit

$$x - \mathrm{X} = x', \quad y - \mathrm{Y} = y', \quad z - \mathrm{Z} = z';$$

la fonction précédente deviendra

$$- \mathrm{H} c \int \int \int \left(\rho c + x' \frac{\partial . \rho c}{\partial \mathrm{X}} + y' \frac{\partial . \rho c}{\partial \mathrm{Y}} + z' \frac{\partial . \rho c}{\partial \mathrm{Z}} \right) \frac{\varphi(f)}{f}$$
$$\times (x'\, \delta\mathrm{X} + y'\, \delta\mathrm{Y} + z'\, \delta\mathrm{Z})\, dx'\, dy'\, dz'.$$

Par la nature de la fonction $\varphi(f)$, on a, entre les limites infinies positives et négatives,

$$\int \int \int x' \; \frac{\varphi(f)}{f}\, dx'\, dy'\, dz' = 0,$$

$$\int \int \int y' \; \frac{\varphi(f)}{f}\, dx'\, dy'\, dz' = 0,$$

$$\int \int \int z' \; \frac{\varphi(f)}{f}\, dx'\, dy'\, dz' = 0,$$

$$\int \int \int x'y' \; \frac{\varphi(f)}{f}\, dx'\, dy'\, dz' = 0,$$

$$\cdots\cdots\cdots\cdots\cdots\cdots\cdots\cdots\cdots\cdots\cdots,$$

$$\int \int \int x'^2 \; \frac{\varphi(f)}{f}\, dx'\, dy'\, dz' = \int \int \int y'^2 \frac{\varphi(f)}{f}\, dx'\, dy'\, dz'$$
$$= \int \int \int z'^2 \frac{\varphi(f)}{f}\, dx'\, dy'\, dz';$$

ainsi la fonction précédente devient

$$-\text{H}c \int\int\int'\left(\frac{\partial.\rho c}{\partial X}\delta X + \frac{\partial.\rho c}{\partial Y}\delta Y + \frac{\partial.\rho c}{\partial Z}\delta Z\right)x'^2\frac{\varphi(f)}{f}dx'dy'dz'.$$

Concevons un plan perpendiculaire à l'axe des X, à la distance $X + x'$; menons, du point d'intersection de ce plan avec l'axe des X, une droite à la molécule dont les coordonnées sont $X + x'$, $Y + y'$, $Z + z'$. Soient s cette droite et ϖ l'angle qu'elle forme avec le plan des X et des Y. On pourra substituer à l'élément $dx'dy'dz'$ l'élément $dx'sdsd\varpi$. L'intégrale relative ϖ doit être prise depuis ϖ nul jusqu'à ϖ égal à la circonférence 2π. L'intégrale relative à s doit être prise depuis s nul jusqu'à s infini, et l'intégrale relative à x' doit être prise depuis x' égal à moins infini jusqu'à x' égal à plus infini. De là on tirera, par ce qui précède,

$$\int\int\int' x'^2 dx'dy'dz'\frac{\varphi(f)}{f} = 4\pi\text{K}.$$

Ainsi, en faisant
$$\text{P} = 2\pi\text{HK}\rho^2 c^2,$$

la fonction précédente ou la somme des produits des forces répulsives du calorique des molécules du gaz sur le calorique de la molécule A par les éléments de leurs directions sera

$$-\frac{\delta\text{P}}{\rho}.$$

Soient R, S, T les autres forces qui sollicitent cette molécule parallèlement aux axes des X, des Y et des Z; la somme des produits de ces forces par les éléments de leurs directions sera

$$\text{R}\delta X + \text{S}\delta Y + \text{T}\delta Z.$$

Enfin, les produits des mouvements détruits par les éléments de leurs directions seront

$$-\frac{\partial^2 X}{\partial t^2}\delta X - \frac{\partial^2 Y}{\partial t^2}\delta Y - \frac{\partial^2 Z}{\partial t^2}\delta Z;$$

on aura donc, par le principe des vitesses virtuelles,

$$(L) \quad 0 = -\delta P + \rho R\,\delta X + \rho S\,\delta Y + \rho T\,\delta Z - \rho\frac{\partial^2 X}{\partial t^2}\delta X - \rho\frac{\partial^2 Y}{\partial t^2}\delta Y - \rho\frac{\partial^2 Z}{\partial t^2}\delta Z.$$

Il faut joindre à cette équation celle du rayonnement de la molécule, qui est, en représentant $2\pi HK$ par k,

$$k\rho c^2 = q\upsilon.$$

Il faut y joindre encore l'équation (K) du n° 33 du Livre Ier, équation qui est relative à la continuité du fluide. On aura ainsi les équations générales du mouvement des fluides élastiques.

Du mélange de plusieurs gaz.

9. Si plusieurs gaz, soumis à la pression P et à la température u, sont mêlés ensemble dans un espace tel qu'ils conservent la même pression et la même température, alors, en nommant v, v', ... les volumes respectifs de ces gaz avant le mélange et U le volume total après le mélange, on aura, comme il est facile de le démontrer par ce qui précède,

$$U = v + v' + \ldots.$$

Les divers gaz finiront par se mêler entre eux de manière que la plus petite partie du mélange renferme dans la même proportion les molécules des divers gaz. Dans cet état, la chaleur libre c d'une molécule A séra la même qu'avant le mélange. En effet, les équations (A) du n° 5 donnent, avant comme après le mélange,

$$c\sqrt{Pk} = qu.$$

La chaleur absolue $c + i$ de la molécule A reste encore la même; car, la molécule A étant soumise dans le mélange à la même pression et à la même température qu'avant le mélange, et sa chaleur libre c étant la même, sa chaleur absolue $c + i$, qui ne peut dépendre que de ces trois choses, doit rester la même.

La chaleur spécifique du mélange, sous une pression constante ou sous un volume constant, est visiblement, ρ, ρ', ... étant ici les nombres de grammes de chaque gaz,

$$\frac{\rho\,\dfrac{d(c+i)}{du} + \rho'\,\dfrac{d(c'+i')}{du} + \cdots}{\rho + \rho' + \cdots}.$$

On peut donc facilement la conclure des expériences sur la chaleur spécifique de chacun des gaz.

Considérons présentement les mouvements des molécules du mélange. Il est facile de conclure de l'analyse précédente que, si l'on fait

$$P = 2\pi\, \Pi K (\rho c + \rho' c' + \ldots)^2,$$

la somme des produits des actions répulsives du calorique des molécules du mélange sur le calorique c d'une molécule A du premier gaz par les éléments de leurs directions sera

$$- c\,\frac{\sqrt{2\pi\,\Pi K}}{\sqrt{P}}\,\delta P;$$

l'équation du mouvement de la molécule A sera donc

$$0 = - c\,\frac{\sqrt{2\pi\,\Pi K}}{\sqrt{P}}\,\delta P + R\,\delta X + S\,\delta Y + T\,\delta Z - \frac{\partial^2 X}{\partial t^2}\,\delta X - \frac{\partial^2 Y}{\partial t^2}\,\delta Y - \frac{\partial^2 Z}{\partial t^2}\,\delta Z.$$

Pour une molécule A' du second gaz, infiniment voisine de A, l'équation du mouvement sera

$$0 = - c'\,\frac{\sqrt{2\pi\,\Pi K}}{\sqrt{P}}\,\delta P + R'\,\delta X' + S'\,\delta Y' + T'\,\delta Z'$$
$$- \frac{\partial^2 X'}{\partial t^2}\,\delta X' - \frac{\partial^2 Y'}{\partial t^2}\,\delta Y' - \frac{\partial^2 Z'}{\partial t^2}\,\delta Z',$$

et ainsi de suite. Toutes ces équations sont différentes si c, c', ... sont différents. Relativement aux gaz azote et oxygène, éléments de notre atmosphère, c et c' sont peu différents. Les molécules des divers gaz se sépareraient dans l'état de mouvement si elles n'étaient pas retenues par des forces incomparablement plus puissantes que les forces qui accélèrent leurs mouvements. Dans les corps solides, ces forces sont les attractions mutuelles de leurs molécules, qui font qu'elles s'entrainent réciproquement. Dans les gaz, ces forces sont celles qui dépendent des premières puissances de x', y', z' dans l'analyse précédente, et qui se détruisent mutuellement dans l'état d'équilibre et d'un mélange complet des divers gaz. Ces forces, par la nature de la fonction $\varphi(f)$, sont incomparablement plus grandes que les forces accélératrices du mouvement, qui dépendent des carrés de x', y', z'. Elles renaîtraient pour peu que les molécules des divers gaz se séparassent, et par là elles s'opposent à leur séparation, comme elles établissent l'équilibre stable du mélange en répandant les molécules des divers gaz suivant la même proportion dans toutes les parties de ce mélange. On peut donc, dans l'état de mouvement, considérer comme molécule du mélange un groupe infiniment petit des molécules des divers gaz, dans lequel ces molécules sont en même proportion que dans le mélange total, et l'on peut supposer les molécules de chaque groupe liées fixement entre elles. C'est aux forces dont je viens de parler qu'est due l'équation de continuité dans le mouvement des fluides.

Déterminons, d'après ce qui précède, la vitesse du son dans un mélange de plusieurs gaz, et, pour simplifier les calculs, ne considérons que deux gaz. Soient ρ et ρ' les nombres de grammes de chaque gaz contenus dans 1 litre du mélange, sous la pression P et à la température u. Soient, à la même pression et à la même température, (ρ) et (ρ') les nombres de grammes de chaque gaz renfermés séparément dans 1 litre pris pour unité d'espace. Désignons encore par C et C_1 les deux chaleurs spécifiques du premier gaz et par C', C'_1 les mêmes quantités pour le second gaz. Ces deux chaleurs relatives au mélange seront

$$\frac{\rho C + \rho' C'}{\rho + \rho'}, \quad \frac{\rho C_1 + \rho' C'_1}{\rho + \rho'}.$$

Ainsi l'expression de la vitesse du son dans une atmosphère formée de ce mélange sera

$$\sqrt{\frac{P}{\rho + \rho'} \cdot \frac{\rho C + \rho' C'}{\rho C_1 + \rho' C_1'}}.$$

L'excès du carré de cette vitesse sur le carré de la vitesse du son dans le premier gaz sera donc

$$\frac{P}{\rho + \rho'} \cdot \frac{\rho C + \rho' C'}{\rho C_1 + \rho' C_1'} - \frac{P}{(\rho)} \cdot \frac{C}{C_1};$$

on a ensuite, comme il est facile de le voir,

$$\frac{\rho}{(\rho)} + \frac{\rho'}{(\rho')} = 1.$$

On conclut de là ce singulier paradoxe, savoir que, dans le mélange de deux gaz, la vitesse du son peut n'être pas intermédiaire entre les deux vitesses du son dans chaque gaz; elle peut surpasser la plus grande ou être inférieure à la plus petite. En supposant égales les vitesses du son dans chacun de ces gaz, ce qui donne

$$\frac{C}{(\rho) C_1} = \frac{C'}{(\rho') C_1'},$$

on trouve l'excès du carré de la vitesse du son dans le mélange sur le carré de la vitesse du son dans chaque gaz égal à

$$\frac{P \rho \rho' [(\rho') - (\rho)](C' - C)}{(\rho)(\rho')(\rho + \rho')(\rho C_1 + \rho' C_1')};$$

ainsi, dans ce cas, la vitesse du son dans le mélange surpassera cette vitesse dans chaque gaz ou lui sera inférieure, suivant que $[(\rho') - (\rho)](C' - C)$ sera positif ou négatif.

Des atmosphères.

10. Les fluides élastiques ne peuvent exister qu'autant qu'ils sont contenus par une cause extérieure qui les empêche de se dissiper, telle que les parois d'un espace limité, ou par une force intérieure, telle que l'attraction d'un grand corps qu'ils environnent : c'est le cas des

atmosphères de la Terre et des corps célestes. Je vais considérer ici spécialement l'atmosphère terrestre.

Imaginons un tuyau conique très-étroit dont le sommet soit au centre de la Terre et qui s'élève jusqu'aux limites de l'atmosphère. Représentons par R le rayon terrestre et par s la hauteur, au-dessus de la surface de la Terre, d'une molécule aérienne située sur l'axe du cône; sa pesanteur sera $\dfrac{g}{(R+s)^2}$, $\dfrac{g}{R^2}$ étant la pesanteur à la surface de la Terre. Soient c la chaleur de la molécule, u la température de l'espace ou de la partie du tuyau qui correspond à cette molécule; on aura

$$k\rho c^2 = qu;$$

ensuite on aura, par ce qui précède, dans l'état d'équilibre,

$$o = -\frac{\delta P}{\rho} - \frac{g}{(R+s)^2}\,\delta s.$$

On peut ici changer δ en d, parce que l'on ne doit considérer que la seule coordonnée s, et alors on a

$$dP = -\frac{g\rho\,ds}{(R+s)^2};$$

P est égal à $k\rho^2 c^2$, et, dans l'état d'équilibre, il exprime la pression. On a donc

$$P = q\rho u,$$

ce qui donne

$$dP = -\frac{gP\,ds}{qu(R+s)^2},$$

d'où l'on tire, en intégrant,

$$P = (P)\, c^{-\int \frac{g\,ds}{qu(R+s)^2}},$$

$$\rho = \frac{(\rho)(u)}{u}\, c^{-\int \frac{g\,ds}{qu(R+s)^2}},$$

(P), (ρ), (u) étant ce que deviennent P, ρ et u à la surface de la Terre, et c étant ici le nombre dont le logarithme hyperbolique est l'unité. Ces deux équations servent de fondement aux théories du baromètre et des réfractions.

Pour déterminer la vitesse du son dans le sens vertical, j'observe

que, si l'on suppose l'air renfermé dans un tube vertical cylindrique,
ce qui ne change point l'expression de la vitesse, comme il est facile
de s'en assurer, et si l'on fait $s = S + s'$, S étant la hauteur initiale de
la molécule, on aura, par ce qui précède,

$$\frac{\partial^2 s'}{\partial t^2} = -\frac{2P}{\rho}(1 - \varepsilon)\frac{d\rho}{\rho ds} - \frac{g}{(R + S + s')^2}.$$

Si l'on développe cette équation, les termes indépendants de s' se
détruisent par les conditions de l'équilibre, et l'on trouvera, pour
l'expression fort approchée de la vitesse du son,

$$\sqrt{\frac{(P)u}{(\rho)(u)}\frac{C}{C_1}},$$

C étant la chaleur spécifique de l'air sous une pression quelconque P
et correspondante à la température u; C_1 est sa chaleur spécifique sous
un volume constant, à la pression P et à la température u. Cette
expression est une fonction de S; en la désignant par M, on aura, à
très-peu près, pour le temps t que le son emploie à s'élever à la hauteur S,

$$t = \int \frac{dS}{M}.$$

Dans le système des ondes lumineuses, il faut considérer chaque
molécule de lumière comme un point répulsif, dont la répulsion ne
s'exerce sensiblement qu'à des distances insensibles. Ici la considération de la température devient inutile et c doit être supposé constant;
on peut le prendre pour la molécule même, au lieu que, dans les gaz,
la chaleur qu'il représente est distincte de la molécule et varie avec la
température, ce qui distingue essentiellement le fluide lumineux des
gaz qui nous sont connus. On a, dans le cas de l'équilibre,

$$dP = -\frac{g\rho\,ds}{(R + s)^2},$$

$$P = kp^2c^2,$$

$$2kc^2\,dp = -\frac{g\,ds}{(R + s)^2};$$

et, en intégrant,

$$\rho = \frac{g}{2ke^2(R+s)} + (\rho),$$

(ρ) étant la valeur de ρ lorsque s est infini.

Si l'on conçoit maintenant que le corps dont le fluide est l'atmosphère le fasse vibrer pour produire la lumière, on trouvera, par l'analyse exposée ci-dessus, que la vitesse de la lumière est, à fort peu près, dans le sens vertical, $\sqrt{2k\rho e^2}$ ou

$$\sqrt{2k(\rho)e^2 + \frac{g}{R+s}}.$$

En supposant donc qu'ainsi que dans les atmosphères de la Terre et des astres, (ρ) soit nul, la vitesse de la lumière sera $\sqrt{\frac{g}{R+s}}$; elle sera nulle à une distance infinie, et à la surface elle sera $\sqrt{\frac{g}{R}}$.

A la surface du Soleil, cette vitesse n'est pas la sept-centième partie de celle de la lumière, telle qu'on l'a observée; car, en nommant ε l'espace dont la pesanteur fait tomber les corps à cette surface dans la première seconde prise pour unité, on a

$$2\varepsilon = \frac{g}{R^2},$$

ce qui donne

$$\sqrt{\frac{g}{R}} = \sqrt{2\varepsilon}R.$$

Cette dernière quantité est d'environ 437 810 mètres, et elle n'est pas la sept-centième partie de l'espace décrit par la lumière dans une seconde. Il faut donc supposer (ρ), dans l'espace, incomparablement plus grand que l'accroissement de densité du fluide dû à la pesanteur solaire; nous ne connaissons, dans l'espace céleste, aucune force comprimante qui puisse donner à (ρ) cette valeur.

De la vapeur aqueuse.

11. Si l'on introduit un volume d'eau dans un vase vide hermétiquement fermé et placé dans un espace d'une température donnée, il s'élèvera de la surface du liquide des vapeurs qui continueront de s'élever jusqu'à ce que leur pression arrête cet effet. La pression et la densité de la vapeur parvenue à cet état d'équilibre sont d'autant plus grandes que la chaleur de l'espace est plus considérable. On a formé par l'expérience des Tables du rapport entre la pression et la température; mais la loi rigoureuse de ce rapport n'est connue ni *a priori* ni par les observations. Appliquons à cette vapeur naissante la formule suivante, que nous avons donnée dans le n° 7 pour les gaz:

$$V = F + Hq\gamma P^{\frac{\mathcal{C}_1}{\mathcal{C}} - 1}.$$

Il est facile d'en conclure que, si l'on désigne par V' le nombre de grammes d'eau bouillante sous la pression barométrique $0^m,76$ dont la chaleur employée à former 1 gramme de sa vapeur peut élever de 1 degré la température; si l'on nomme ensuite $\mathcal{C}$ et $\mathcal{C}_1$ les nombres de grammes de ce liquide dont la température peut être élevée de 1 degré par les chaleurs employées pour élever de 1 degré la température de 1 gramme de vapeurs lorsque la pression P reste constante et lorsque le volume est constant; enfin si l'on nomme $(\mathcal{C})$ et (γ) ce que deviennent $\mathcal{C}$ et γ, lorsque P est égale à la pression barométrique $0^m,76$, on aura

$$V' = F' + \frac{(\mathcal{C})}{(\gamma)}\left[\gamma P^{\frac{\mathcal{C}_1}{\mathcal{C}} - 1} - (\gamma)\right],$$

F' étant une constante et P exprimant ici le nombre de fois que la pression P contient la pression barométrique $0^m,76$. Il est facile de voir que F' − 1 est le nombre de grammes d'eau à la température de 100 degrés dont 1 gramme de vapeurs de cette température et sous la pression $0^m,76$, réduites en liquide, élèverait de 1 degré la température. Ce nombre, d'après un grand nombre d'expériences, est à peu près

égal à 550; ainsi 1 gramme de vapeurs, en se réduisant en eau à la
température de 100 degrés, élèverait de 1 degré la température d'un
nombre de grammes d'eau égal à

$$551 + \frac{(6)}{1^v}\left[v\,\mathrm{p}^{\frac{6}{6}-1} - (v)\right].$$

On aura, par ce qui précède, les valeurs de v et de (v) en ajoutant aux
températures indiquées par un thermomètre d'air 266°$\frac{2}{3}$, ce qui donne

$$(v) = 366°\tfrac{2}{3}.$$

Suivant quelques physiciens, le terme

$$\frac{(6)}{1^v}\left[v\,\mathrm{p}^{\frac{6_1}{6}-1} - (v)\right]$$

se réduit à $\frac{v - (v)}{1^v}$, ce qui suppose $(6) = 1$, c'est-à-dire que la chaleur
spécifique de la vapeur aqueuse est égale à celle de l'eau bouillante.
Cela suppose encore que $\frac{6_1}{6}$ est égal à l'unité. Mais ces deux suppositions pourraient n'être qu'approchées et représenter les expériences
de ces physiciens dans les limites des erreurs dont ces expériences
délicates sont susceptibles. D'autres physiciens ont cru trouver ce terme
nul par leurs expériences. Ce terme ne peut devenir nul qu'en supposant (6) nul, ce qui est impossible et ce qui paraît d'ailleurs contraire
aux expériences que l'on a faites pour déterminer (6).

Considérations sur la théorie précédente des gaz.

12. Je terminerai ces recherches par les considérations suivantes.
La théorie précédente du son est fondée sur la seule hypothèse que
l'état élastique d'un gaz est dû à la force répulsive du calorique libre c
de chaque molécule du gaz, hypothèse bien naturelle et qui me paraît
clairement indiquée par l'accroissement du ressort des gaz lorsque
leur chaleur augmente. Alors on a, comme je l'ai fait voir ci-dessus,

$$\mathrm{P} = k\rho^2 c^2,$$

et l'on en conclut, par ce qui précède,

$$\frac{\partial^2 x}{\partial t^2} = -\frac{dP}{\rho\, dX}.$$

Ensuite, le peu de durée d'une vibration aérienne permet de supposer insensible la perte qu'éprouve la chaleur absolue $c + i$ de la molécule vibrante pendant la courte durée de sa vibration, durée qui n'excède pas une tierce. Considérant donc cette chaleur comme une fonction V de la pression P et de la densité ρ du gaz, ce que l'on peut faire puisque, cette pression et cette densité étant déterminées, la chaleur absolue $c + i$ et la chaleur libre c sont déterminées, on peut supposer V constant pendant la durée de la vibration, ce qui donne

$$0 = \frac{dP}{P}\, P\, \frac{\partial V}{\partial P} + \frac{d\rho}{\rho}\, \rho\, \frac{\partial V}{\partial \rho},$$

d'où l'on tire l'expression précédente $\sqrt{4hi(1 - \mathfrak{E})}$ de la vitesse du son et le théorème que j'ai publié dans les *Annales de Physique et de Chimie* de 1816, suivant lequel il faut, pour avoir cette vitesse, multiplier la formule newtonienne $\sqrt{2hi}$ par la racine carrée du rapport $\frac{C}{C_1}$, C étant la chaleur spécifique du gaz lorsque la pression est constante, et C_1 étant sa chaleur spécifique lorsque son volume ou sa densité sont constants.

Ayant supposé précédemment

$$\frac{d.\rho c}{\rho c} = (1 - \mathfrak{E})\frac{d\rho}{\rho},$$

il en résulte

$$\frac{dc}{c} = -\mathfrak{E}\frac{d\rho}{\rho}.$$

La supposition de la chaleur absolue $c + i$ constante donne $dc = -di$; on a donc

$$di = \mathfrak{E}\, c\, \frac{d\rho}{\rho};$$

ainsi la chaleur latente ou combinée i de l'air s'accroît par la pression, du moins à la surface de la mer. A cette surface, les observations sur le son donnent à peu près $\varepsilon = 0,3$. Ainsi l'existence d'une chaleur latente i et son accroissement par la pression sont des résultats de l'observation. L'existence d'une chaleur latente i est encore indiquée par les expériences de MM. Laroche et Bérard sur la chaleur spécifique de l'air. En effet, on a

$$\rho c = \sqrt{\frac{P}{k}}.$$

L'équation

$$P = q\upsilon$$

donne

$$\rho = \frac{P}{q\upsilon};$$

on a donc

$$c = \frac{q\upsilon}{\sqrt{Pk}}.$$

Si la chaleur libre c était la chaleur absolue $c + i$ ou si la chaleur latente i était nulle, on aurait $\dfrac{C_1}{C}$ égal à $\dfrac{1}{2}$. On aurait donc, dans l'analyse que nous avons donnée sur les expériences de MM. Laroche et Bérard,

$$\left(\frac{P'}{P}\right)^{\frac{C_1}{C}} = 1,173,$$

et ces expériences donnent, par un milieu, le premier membre de cette équation égal à $1,24$.

La théorie que j'ai proposée sur la chaleur suppose le rayonnement du calorique; la facilité d'expliquer par ce rayonnement les divers phénomènes de la chaleur l'a fait admettre par le plus grand nombre des physiciens. Mais ma théorie ajoute à la supposition de ce rayonnement celle de sa production par la force répulsive du calorique libre des molécules environnantes. C'est ce que je vais déduire des phénomènes à l'égard des gaz.

La loi de Mariotte donne

$$P = \rho\varphi(u).$$

u étant la température, que je représente ici par la densité du fluide discret produit par les rayonnements des divers corps renfermés dans un espace. Pour un autre gaz, on a

$$P = \rho' \psi(u),$$

ρ' étant la densité de ce nouveau gaz. Suivant la loi de M. Gay-Lussac, la pression P restant la même, le rapport de ρ' à ρ reste le même, quelle que soit la température u; le rapport de $\varphi(u)$ à $\psi(u)$ est donc constant, quel que soit u, ce qui donne

$$\varphi(u) = q \, \Pi(u),$$
$$\psi(u) = q' \, \Pi(u),$$

q et q' étant des constantes et $\Pi(u)$ étant une fonction quelconque de u, commune à tous les gaz; alors on a

$$P = q\rho \, \Pi(u) = k\rho^2 c^2.$$

Désignons par R le rayonnement d'une molécule d'un gaz; ce rayonnement est égal à l'absorption du calorique discret de l'espace par la molécule, en vertu de l'équilibre de température, et cette absorption doit être supposée proportionnelle à u; on a donc

$$R = fu,$$

f étant une constante dépendante de la nature du gaz; donc

$$R = \sqrt{Pk} \cdot \frac{cfu}{q \, \Pi(u)} = k\rho c \, \frac{cfu}{q \, \Pi(u)}.$$

Ainsi, en considérant le rayonnement comme produit par une force agissant sur le calorique c de la molécule proportionnellement à ce calorique, l'intensité de cette force sera proportionnelle à ρc; or ρc est, par le n° 6, proportionnel à la force répulsive du calorique du gaz: la force productrice du rayonnement est donc proportionnelle à cette force répulsive. La même chose a lieu relativement au mélange de plusieurs gaz, car, ce mélange étant supposé soumis à la même pression et à la même température que le gaz dont je viens de parler et que je

suppose entrer dans ce mélange, le rayonnement d'une molécule A de
ce gaz sera le même dans ces deux cas. Lorsque le gaz est entré dans le
mélange, les forces extérieures qui agissent sur la molécule, savoir
la température et la force répulsive du calorique environnant, qui est
proportionnelle à $\rho c + \rho' c' + \ldots$ ou à $\sqrt{\dfrac{\mathrm{P}}{k}}$, étant supposées les mêmes,
l'état intérieur de la molécule A doit être encore le même; ainsi la
chaleur libre c de la molécule, sa chaleur absolue $c + i$ et son rayonnement R doivent être les mêmes dans le cas où le gaz existait seul et
dans le cas où il entre dans le mélange. On a donc encore dans ce
dernier cas, comme dans le premier,

$$\mathrm{R} = \sqrt{\mathrm{P}k} \cdot \frac{cfu}{q\,\Pi(u)} = (\rho c + \rho' c' + \ldots)k \cdot \frac{cfu}{q\,\Pi(u)}.$$

Le rayonnement est ainsi proportionnel à la force répulsive du calorique du mélange. Il est donc naturel de prendre cette force répulsive
pour la force même qui fait rayonner le calorique de la molécule.
Cette force produit par son action l'état gazeux du fluide, sa pression P et le rayonnement R de ses molécules, en détachant les parcelles
du calorique qu'elles tendent à retenir par leur attraction. Si, comme
il est naturel de l'admettre, ce dernier effet ne dépend, comme le
second, que du produit de cette force par le calorique c contenu dans
la molécule A, alors $\dfrac{u}{\Pi(u)}$ devient une constante. C'est d'ailleurs la manière la plus simple de concevoir que la fonction $\Pi(u)$ soit commune à
tous les gaz, et nous l'avons adoptée. On voit ainsi que les hypothèses
sur lesquelles ma théorie de la chaleur est fondée sont toutes indiquées
par les phénomènes.

TRAITÉ

DE

MÉCANIQUE CÉLESTE.

LIVRE XIII.

FÉVRIER 1824.

LIVRE XIII.

DES OSCILLATIONS DES FLUIDES QUI RECOUVRENT LES PLANÈTES.

CHAPITRE PREMIER.

NOTICE HISTORIQUE DES RECHERCHES DES GÉOMÈTRES SUR CET OBJET ET SPÉCIALEMENT SUR LE FLUX ET LE REFLUX DE LA MER.

1. Newton a donné le premier la vraie théorie du flux et du reflux de la mer, en la rattachant à son grand principe de la pesanteur universelle. Kepler avait bien reconnu la tendance des eaux de la mer vers les centres du Soleil et de la Lune ; mais, ignorant la loi de cette tendance et les méthodes nécessaires pour la soumettre au calcul, il n'a pu donner sur cet objet qu'un aperçu vraisemblable. Galilée, dans ses *Dialogues sur le système du monde*, exprime son étonnement et ses regrets de ce qu'un aperçu qui lui semblait ramener dans la philosophie naturelle les qualités occultes des anciens eût été présenté par un homme aussi pénétrant que Kepler. Il expliqua le flux et le reflux par les changements diurnes que la rotation de la Terre, combinée avec sa révolution autour du Soleil, produit dans le mouvement absolu de chaque molécule de la mer. Son explication lui parut tellement incontestable, qu'il la donna comme l'une des preuves principales du système de Copernic, dont la défense lui suscita tant de persécutions. Les découvertes ultérieures ont confirmé l'aperçu de Kepler et détruit l'explication de Galilée, entièrement contraire aux lois de

l'équilibre et du mouvement des fluides. Je n'en parle ici que pour montrer jusqu'à quel point les meilleurs esprits s'abusent quelquefois sur leurs propres conceptions.

La théorie de Newton parut en 1687, dans son Ouvrage des *Principes mathématiques de la philosophie naturelle.* Ce grand géomètre, dans le Corollaire 19 de la Proposition 66 du premier Livre, conçoit un canal circulaire environnant la Terre et rempli d'un fluide qui, tournant avec elle, est attiré par un astre. Il observe que le mouvement de chaque molécule fluide doit être accéléré dans ses conjonctions et dans ses oppositions avec cet astre, et qu'il doit être retardé dans ses quadratures, en sorte que le fluide doit avoir un mouvement de flux et de reflux analogue à celui de la mer; mais il ne donne ni la loi ni la mesure de ce mouvement. L'explication véritable de ce phénomène est renfermée dans les Propositions 26 et 27 du troisième Livre, où Newton détermine les forces du Soleil et de la Lune pour mouvoir les eaux de la mer. Il y considère la mer comme un fluide de même densité que la Terre, qu'il recouvre totalement, et qui prend à chaque instant la figure où il serait en équilibre sous l'action du Soleil. En supposant ensuite que cette figure est celle d'un ellipsoïde de révolution dont le grand axe est dirigé vers le Soleil, il détermine le rapport des deux axes par le même procédé qui lui avait donné le rapport des axes de la Terre aplatie par la force centrifuge de son mouvement de rotation. Le grand axe de l'ellipsoïde aqueux étant dirigé constamment vers le Soleil, la plus grande hauteur de la mer dans chaque port, quand le Soleil est à l'équateur, doit arriver à midi et à minuit; le plus grand abaissement doit avoir lieu au lever et au coucher de cet astre. L'action de la Lune produit un ellipsoïde semblable, mais plus allongé, parce que l'action de cet astre est plus puissante. Le peu d'excentricité de ces ellipsoïdes permet de les concevoir superposés l'un à l'autre, en sorte que le rayon de la surface de la mer soit la somme des rayons correspondants de leurs surfaces, moins le rayon correspondant de la surface d'équilibre que la mer prendrait sans l'action des deux astres.

De là naissent les principales variétés du flux et du reflux de la mer. Dans les syzygies, les deux grands axes coïncident, et la plus grande hauteur de la mer arrive aux instants de midi et de minuit. Le plus grand abaissement a lieu au lever et au coucher des astres. Dans les quadratures, le grand axe de l'ellipsoïde lunaire et le petit axe de l'ellipsoïde solaire coïncident. La pleine mer a donc lieu au lever et au coucher des astres, et elle est le minimum des pleines mers; la basse mer arrive aux instants de midi et de minuit; elle est le maximum des basses mers. En exprimant donc l'action de chaque astre par la différence des deux demi-axes de son ellipsoïde, qui lui est évidemment proportionnelle, on voit que, si le port est situé à l'équateur, l'excès de la plus haute mer syzygie sur la plus basse mer syzygie exprimera la somme des actions lunaire et solaire, et l'excès de la plus haute mer quadrature sur la plus basse mer quadrature exprimera la différence de ces actions. Si le port n'est pas à l'équateur, il faut multiplier ces excès par le carré du cosinus de sa latitude. On peut donc, par l'observation des hauteurs des marées syzygies et quadratures, déterminer le rapport de l'action de la Lune à celle du Soleil. Newton conclut de quelques observations faites à Bristol que ce rapport est celui de six et un tiers à l'unité. Les distances des astres au centre de la Terre influent sur tous ces effets, l'action de chaque astre étant réciproque au cube de sa distance.

Quant à l'intervalle des pleines mers d'un jour à l'autre, Newton observe qu'il est le plus petit dans les syzygies, qu'il croît en allant d'une syzygie à la quadrature suivante; que, dans le premier octant, il est égal à un jour lunaire et qu'il est à son maximum dans la quadrature : qu'ensuite il diminue; que, à l'octant suivant, il redevient égal au jour lunaire, et que, enfin, dans la syzygie il reprend son minimum. Sa valeur moyenne est le jour lunaire, en sorte qu'il y a autant de pleines mers que de passages de la Lune au méridien supérieur et inférieur.

Tels seraient, suivant la théorie de Newton, les phénomènes des marées si le Soleil et la Lune se mouvaient dans le plan de l'équateur.

Mais l'observation a fait connaître que les plus hautes mers n'arrivent point au moment même de la syzygie, mais un jour et demi après. Newton attribue ce retard au mouvement d'oscillation de la mer, qui se conserverait encore quelque temps si l'action des astres venait à cesser. La théorie exacte des ondulations de la mer produites par cette action fait voir que, sans les circonstances accessoires, les plus hautes pleines mers coïncideraient avec la syzygie et que les pleines mers les plus basses coïncideraient avec la quadrature. Ainsi leur retard sur les instants de ces phases ne peut être attribué à la cause que Newton lui assigne : il dépend, ainsi que l'heure de la pleine mer dans chaque port, des circonstances accessoires. Cet exemple nous montre combien on doit se défier des aperçus même les plus vraisemblables, quand ils ne sont point vérifiés par une rigoureuse analyse.

Cependant la considération de deux ellipsoïdes superposés l'un à l'autre peut encore représenter les marées, pourvu que l'on dirige le grand axe de l'ellipsoïde solaire vers un Soleil fictif, toujours également éloigné du vrai Soleil. Le grand axe de l'ellipsoïde lunaire doit être pareillement dirigé vers une Lune fictive, toujours également éloignée de la véritable, mais à une distance telle que la conjonction des deux astres fictifs n'arrive qu'un jour et demi après la syzygie.

Cette considération de deux ellipsoïdes, étendue au cas où les astres se meuvent dans des orbes inclinés à l'équateur, ne peut se concilier avec les observations. Si le port est situé à l'équateur, elle donne, vers le maximum des marées, les deux pleines mers du matin et du soir à très-peu près égales, quelle que soit la déclinaison des astres ; seulement l'action de chaque astre est diminuée dans le rapport du carré du cosinus de sa déclinaison à l'unité. Mais, si le port a une latitude, ces pleines mers pourraient être fort différentes, et, quand la déclinaison des astres est égale à l'obliquité de l'écliptique, la marée du soir à Brest serait environ huit fois plus grande que celle du matin. Cependant les observations très-multipliées dans ce port font voir qu'alors ces deux marées y sont presque égales et que leur plus grande différence n'est pas un trentième de leur somme. Newton attribue la petitesse de cette différence à la même cause par laquelle il avait expliqué le retard de la plus haute mer sur l'instant de la syzygie, savoir au mouvement d'oscillation de la mer, qui, suivant lui, reporte une grande partie de la marée du soir sur la haute mer suivante du matin et rend ces deux marées presque égales. Mais la théorie des ondulations de la mer fait voir encore que cette explication n'est pas exacte et que, sans les circonstances accessoires, les deux marées consécutives ne seraient égales que dans le cas où la mer aurait partout la même profondeur.

Newton, dans les éditions suivantes de son Ouvrage, n'a presque rien ajouté à sa théorie du flux et du reflux de la mer, exposée dans la première; seulement il a eu égard, dans le calcul de l'action de la Lune, au changement de la distance lunaire, produit par l'inégalité de la *variation*. La plus haute mer suivant d'un jour et demi l'instant de la syzygie, il a cru que dans le calcul du maximum de la marée l'action du Soleil devait être multipliée par le cosinus du double du mouvement synodique de la Lune pendant cet intervalle. Mais cette correction est fautive, parce que la marée dans un port n'est pas le résultat de l'action immédiate des astres, mais celui de leur action antérieure d'un jour et demi. On peut assimiler ces marées à celles qui, étant dues à l'action immédiate des astres, emploieraient un jour et demi à parvenir dans le port.

En 1738, l'Académie des Sciences proposa la cause du flux et du reflux de la mer pour le sujet du prix de Mathématiques qu'elle décerna en 1740. Quatre pièces furent couronnées : les trois premières, fondées sur le principe de la pesanteur universelle, étaient de Daniel Bernoulli, d'Euler et de Maclaurin. Le jésuite Cavalleri, auteur de la quatrième, avait adopté le système des tourbillons. Ce fut le dernier honneur rendu à ce système par l'Académie, qui se remplissait alors de jeunes géomètres dont les heureux travaux devaient contribuer si puissamment aux progrès de la Mécanique céleste.

Les pièces qui ont pour base la loi de la pesanteur universelle sont des développements de la théorie de Newton : elles s'appuient non-seulement sur cette loi, mais encore sur l'hypothèse adoptée par ce grand géomètre, savoir que la mer prend à chaque instant la figure où elle serait en équilibre sous l'astre qui l'attire. La pièce de Bernoulli est celle qui contient les développements les plus étendus. L'auteur recherche d'abord la figure d'équilibre de la mer attirée par le Soleil, dans le cas où ce fluide recouvrirait la Terre entière, supposée sphérique et formée de couches sphériques dont la densité varie du centre à la surface, suivant une loi quelconque. Il conçoit deux canaux communiquant ensemble au centre de la Terre, le premier étant dirigé vers le Soleil et le second étant perpendiculaire au premier. Ces deux canaux sont remplis des parties des couches terrestres et de la mer qu'ils traversent; il suppose toutes ces parties fluides dans l'intérieur des canaux, et il détermine l'allongement de la colonne dirigée vers le Soleil pour qu'elle soit en équilibre avec l'autre colonne. La loi de densité des couches du sphéroïde terrestre peut être coordonnée de manière que la formule à laquelle on parvient ainsi donne un allongement propre à satisfaire aux hauteurs observées des marées, pour lesquelles Bernoulli juge que la formule de Newton donne des résultats trop faibles. En appliquant à l'atmosphère la formule de Bernoulli, on trouve que, dans l'intervalle de la haute mer à la basse mer suivante, la hauteur du baromètre varierait d'environ 150 millimètres vers les syzygies; et cependant les observations n'indiquent alors aucune variation sensible dans le baromètre, ce que Bernoulli attribue au ressort de l'air, qui, suivant lui, rétablit très-promptement l'équilibre de l'atmosphère. Un rétablissement aussi prompt, dans une masse fluide aussi étendue, est trop contraire aux principes du mouvement des fluides pour être admis; mais d'Alembert, dans ses recherches sur la cause des vents, a remarqué le vice de la formule de Bernoulli, en ce que, le globe terrestre étant solide, on ne doit point étendre jusqu'à son centre l'équilibre des canaux, qui n'a lieu que pour les canaux extérieurs à ce globe. Cette formule n'est exacte que dans le cas où la densité de la mer est égale à la densité moyenne de la Terre, et alors elle donne le résultat de la formule de Newton.

Bernoulli détermine les hauteurs et les heures des marées, en sup-

posant d'abord le Soleil et la Lune mus dans le plan de l'équateur. Il
donne les expressions de ces quantités, en ayant égard aux variations
de la distance de la Lune à la Terre, et il réduit ces expressions en
Tables. Il conclut le rapport des actions du Soleil et de la Lune sur la
mer des retards journaliers des marées, retards qui sont à leur minimum dans les syzygies et à leur maximum dans les quadratures. Ce
moyen d'obtenir ce rapport lui semble préférable à la considération du
maximum et du minimum des hauteurs, employée par Newton. Cependant, l'observation des hauteurs des pleines mers étant plus facile et
plus sûre que celle des heures de leur arrivée, elle doit donner une
valeur plus précise de ce rapport, pourvu qu'on ait égard à toutes les
causes qui peuvent la modifier. Par cette raison, j'ai préféré pour cet
objet la considération des hauteurs des marées. Quant au retard des
maxima et des minima des marées sur les instants des syzygies et des
quadratures, Bernoulli l'attribue, comme Newton, à l'inertie des eaux
de la mer, et peut-être, ajoute-t-il, une partie de ce retard dépend du
temps que l'action de la Lune emploie à parvenir à la Terre. Mais j'ai
reconnu que l'attraction universelle se transmet entre les corps
célestes avec une vitesse qui, si elle n'est pas infinie, surpasse plusieurs millions de fois la vitesse de la lumière, et l'on sait que la
lumière de la Lune parvient en moins de deux secondes à la Terre.

Bernoulli considère ensuite le cas de la nature, dans lequel les orbes
du Soleil et de la Lune sont inclinés à l'équateur. Il trouve que l'excès
des hauteurs de deux pleines mers consécutives l'une sur l'autre serait
très-grand dans nos ports vers les syzygies solsticiales. Il explique,
comme Newton, le peu de différence que l'on observe entre ces hauteurs par le mouvement d'oscillation de la mer, en vertu duquel la
plus grande marée donne, à très-peu près, à la plus petite ce qui
manque à celle-ci pour l'égaler. Mais nous avons remarqué ci-dessus
le vice de cette explication. Bernoulli termine sa pièce par la recherche du point fixe auquel il convient de rapporter les hauteurs des
pleines mers. Il place ce point à la surface d'équilibre que la mer prendrait si le Soleil et la Lune cessaient de l'agiter, et il trouve qu'il est

aux deux tiers de l'intervalle du maximum des hautes mers au minimum des basses mers, ce qui n'est pas exact, par les considérations suivantes. L'expression des actions du Soleil et de la Lune, développée en cosinus d'angles proportionnels au temps, est formée de deux parties, l'une indépendante du mouvement de rotation de la Terre, l'autre dépendante de ce mouvement. La première partie n'élève pas, à Brest, la mer d'un tiers de mètre au-dessus de sa surface d'équilibre. Elle n'est point sensiblement modifiée par les circonstances accessoires. L'autre partie, considérablement augmentée par ces circonstances, élève la mer autant au-dessus de sa surface d'équilibre qu'elle l'abaisse au-dessous. C'est donc à fort peu près au milieu de l'intervalle de la plus haute à la plus basse mer que le point dont il s'agit doit être placé.

Euler, dans sa pièce, conçoit d'abord, ainsi que Newton et Daniel Bernoulli, la mer en équilibre sous l'action du Soleil. Il détermine la figure qu'elle doit prendre pour être en équilibre par la condition que la force dont chaque molécule est animée soit perpendiculaire à cette surface. En n'ayant point égard à l'attraction mutuelle des molécules de la mer, ce qui simplifie beaucoup le problème, il trouve une figure elliptique dont l'extrémité du grand axe, dirigé vers le Soleil, s'élève au-dessus de la surface d'équilibre de la mer non soumise à l'action du Soleil d'une quantité égale à la masse du Soleil divisée par le cube de sa distance au centre de la Terre, la masse de cette planète et son rayon étant pris pour unité. Ce résultat n'est qu'environ le quart de celui de Newton. Euler en conclut que la méthode de Newton est erronée et que ce grand géomètre n'a pas même touché la question. Mais le peu d'accord de leurs résultats provient de ces deux causes : l'une que Newton donne la différence des deux demi-axes du sphéroïde aqueux ou la hauteur de la pleine mer au-dessus de la basse mer, tandis qu'Euler ne donne que la hauteur de la pleine mer au-dessus de sa surface d'équilibre, hauteur qui n'est que les deux tiers de la première; la seconde cause est l'attraction mutuelle des molécules de la mer, que Newton suppose de même densité que la Terre et qui augmente la différence des deux demi-axes du sphéroïde aqueux. Par la réunion de ces deux causes, le résultat d'Euler est à celui de Newton dans le rapport de 4 à 15. Ainsi, au lieu des reproches que Euler fait à la méthode de Newton, il devait plutôt en admirer la finesse. Euler, s'élevant au-dessus de l'hypothèse que la mer est à chaque instant en équilibre sous l'action du Soleil, essaye dans sa pièce de soumettre au calcul les oscillations de ce fluide. Mais la théorie du mouvement des fluides, à laquelle il a tant contribué lui-même, n'était pas encore connue. Il y a suppléé par la supposition qu'une molécule de la mer en mouvement tend à revenir à sa position verticale d'équilibre avec une force proportionnelle à sa distance verticale de cette position. En combinant cette force avec l'action du Soleil, il parvient, pour déterminer cette distance, à une équation différentielle linéaire du second ordre. Euler donne une méthode pour intégrer ce genre d'équations, qui se rencontrent si fréquemment dans la Physique céleste. C'est la chose la plus remarquable de sa pièce, et la seule à laquelle on reconnaît le grand analyste qui, par ses découvertes dans toutes les branches de l'Analyse et par la perfection qu'il a su donner à la langue analytique, peut être regardé comme le père de l'Analyse moderne.

Je viens enfin à la pièce de Maclaurin, dont j'ai déjà parlé dans le premier Chapitre du Livre XI. Elle offre peu de détails sur le flux et le reflux de la mer; mais, par l'importance et la nouveauté des théorèmes qu'elle contient sur les attractions des sphéroïdes et par l'élégance de leurs démonstrations synthétiques, elle méritait au moins de partager le prix de l'Académie.

D'Alembert, dans son *Traité sur la cause générale des vents*, qui remporta, en 1746, le prix proposé sur cet objet par l'Académie des Sciences de Prusse, considéra les oscillations de l'atmosphère produites par les attractions du Soleil et de la Lune. En supposant la Terre privée de son mouvement de rotation, dont il jugeait la considération inutile dans ces recherches, et supposant l'atmosphère partout également dense et soumise à l'attraction d'un astre en repos, il détermina

les oscillations de ce fluide. Mais, lorsqu'il voulut traiter le cas où
l'astre est en mouvement, la difficulté du problème le força de recourir, pour le simplifier, à des hypothèses précaires, dont les résultats ne
peuvent pas même être considérés comme des approximations. Ses
formules donnent un vent constant d'orient en occident, mais dont
l'expression dépend de l'état initial de l'atmosphère; or les quantités
dépendantes de cet état ont dû disparaître depuis longtemps, par
toutes les causes qui rétabliraient l'équilibre de l'atmosphère, si l'action des astres venait à cesser; on ne peut donc pas expliquer ainsi
les vents alizés. Le Traité de d'Alembert est remarquable par les solutions de quelques problèmes sur le Calcul intégral aux différences
partielles, solutions dont il fit, un an après, l'application la plus heureuse au mouvement des cordes vibrantes.

Le mouvement des fluides qui recouvrent les planètes était donc un
sujet presque entièrement neuf, lorsque j'entrepris, en 1774, de le
traiter. Aidé par les découvertes que l'on venait de faire sur le calcul
aux différences partielles et sur la théorie du mouvement des fluides,
découvertes auxquelles d'Alembert eut beaucoup de part, je publiai,
dans les *Mémoires de l'Académie des Sciences* pour l'année 1775, les
équations différentielles du mouvement des fluides qui recouvrent la
Terre quand ils sont attirés par le Soleil et la Lune. J'appliquai d'abord
ces équations au problème que d'Alembert avait tenté inutilement de
résoudre, celui des oscillations d'un fluide qui recouvrirait la Terre
supposée sphérique et sans rotation, en considérant l'astre attirant en
mouvement autour de cette planète. Je donnai la solution générale de
ce problème, quelle que soit la densité du fluide et son état initial,
en supposant même que chaque molécule fluide éprouve une résistance proportionnelle à sa vitesse, ce qui me fit voir que les conditions
primitives du mouvement sont anéanties à la longue par le frottement
et par la petite viscosité du fluide. Mais l'inspection des équations différentielles me fit bientôt reconnaître la nécessité d'avoir égard au
mouvement de rotation de la Terre. Je considérai donc ce mouvement
et je m'attachai spécialement à déterminer les oscillations du fluide

indépendantes de son état initial; les seules qui soient permanentes.
Ces oscillations sont de trois espèces. Celles de la première espèce sont
indépendantes du mouvement de rotation de la Terre, et leur détermination offre peu de difficultés. Les oscillations dépendantes de la rotation de la Terre, et dont la période est d'environ un jour, forment la
seconde espèce. Enfin la troisième espèce est composée des oscillations
dont la période est à peu près d'un demi-jour; elles surpassent considérablement les autres dans nos ports. Je déterminai ces diverses
oscillations, exactement dans les cas où cela se peut, et par des approximations très-convergentes dans les autres cas. L'excès de deux
pleines mers consécutives l'une sur l'autre, dans les solstices, dépend
des oscillations de la seconde espèce. Cet excès, très-peu sensible à
Brest, y serait fort grand suivant la théorie de Newton. Ce grand géomètre et ses successeurs attribuaient, comme je l'ai dit, cette différence entre leurs formules et les observations à l'inertie des eaux de
l'Océan. Mais l'Analyse me fit voir qu'elle dépend de la loi de profondeur de la mer. Je cherchai donc la loi qui rendrait nul cet excès, et
je trouvai que la profondeur de la mer devait être pour cela constante.
En supposant ensuite la figure de la Terre elliptique, ce qui donne
pareillement à la mer une figure elliptique d'équilibre, je donnai l'expression générale des inégalités de la seconde espèce, et j'en conclus
cette proposition remarquable, savoir, que les mouvements de l'axe
terrestre sont les mêmes que si la mer formait une masse solide avec
la Terre, ce qui était contraire à l'opinion des géomètres et spécialement
de d'Alembert, qui, dans son important Ouvrage sur la précession des
équinoxes, avait avancé que la fluidité de la mer lui ôtait toute influence sur ce phénomène. Mon analyse me fit encore reconnaître la
condition générale de la stabilité de l'équilibre de la mer. Les géomètres, en considérant l'équilibre d'un fluide placé sur un sphéroïde
elliptique, avaient remarqué que, en aplatissant un peu sa figure, il
ne tendait à revenir à son premier état que dans le cas où le rapport
de sa densité à celle du sphéroïde serait au-dessous de $\frac{2}{5}$, et ils avaient
fait de cette condition celle de la stabilité de l'équilibre du fluide. Mais

il ne suffit pas, dans cette recherche, de considérer un état de repos
du fluide très-voisin de l'état d'équilibre : il faut supposer à ce fluide
un mouvement initial quelconque très-petit et déterminer la condition
nécessaire pour que le mouvement reste toujours contenu dans
d'étroites limites. En envisageant ce problème sous ce point de vue
général, je trouvai que, si la densité moyenne de la Terre surpasse
celle de la mer, ce fluide, dérangé par des causes quelconques de son
état d'équilibre, ne s'en écartera jamais que de quantités très-petites,
mais que les écarts pourraient être fort grands si cette condition
n'était pas remplie. Enfin je déterminai les oscillations de l'atmosphère
sur l'Océan qu'il recouvre, et je trouvai que les attractions du Soleil
et de la Lune ne peuvent produire le mouvement constant d'orient
en occident que l'on observe sous le nom de *vents alizés*. Les oscillations de l'atmosphère produisent dans la hauteur du baromètre de
petites oscillations, dont l'étendue à l'équateur est d'un demi-milli-
mètre et qui méritent l'attention des observateurs.

Les recherches précédentes, quoique fort générales, sont encore loin
de représenter les observations des marées dans nos ports : elles supposent la surface du sphéroïde terrestre régulière et recouverte entièrement par la mer, et l'on sent que les grandes irrégularités de cette
surface doivent modifier considérablement le mouvement des eaux
dont elle n'est qu'en partie recouverte. L'expérience montre, en effet,
que les circonstances accessoires produisent des variétés considérables
dans les hauteurs et dans les heures des marées des ports même très-
rapprochés. Il est impossible de soumettre au calcul ces variétés,
parce que les circonstances dont elles dépendent ne sont pas connues,
et, quand même elles le seraient, l'extrême difficulté du problème empêcherait de le résoudre. Cependant, au milieu des modifications nombreuses du mouvement de la mer dues aux circonstances, ce mouvement conserve avec les forces qui le produisent des rapports propres
à indiquer la nature de ces forces et à vérifier la loi des attractions du
Soleil et de la Lune sur la mer. La recherche de ces rapports des
causes à leurs effets n'est pas moins utile dans la Philosophie naturelle

que la solution directe des problèmes, soit pour vérifier l'existence de
ces causes, soit pour déterminer les lois de leurs effets; elle est d'un
usage plus fréquent, et elle est, ainsi que le Calcul des probabilités, un
heureux supplément à l'ignorance et à la faiblesse de l'esprit humain.
Dans la question présente, j'ai fait usage du principe suivant, qui peut
être utile dans d'autres occasions :

*L'état d'un système de corps dans lequel les conditions primitives du
mouvement ont disparu par les résistances que ce mouvement éprouve est
périodique comme les forces qui l'animent.*

De là j'ai conclu que, si la mer est sollicitée par une force périodique exprimée par le cosinus d'un angle qui croît proportionnellement au temps, il en résulte un flux partiel, exprimé par le cosinus
d'un angle croissant de la même manière, mais dont la constante renfermée sous le signe cosinus et le coefficient de ce cosinus peuvent
être, en vertu des circonstances accessoires, très-différents des mêmes
constantes dans l'expression de la force, et ne peuvent être déterminés
que par l'observation. L'expression des actions du Soleil et de la Lune
sur la mer peut être développée dans une série convergente de pareils
cosinus. De là naissent autant de flux partiels, qui, par le principe de
la coexistence des petites oscillations, s'ajoutent ensemble pour former
le flux total que l'on observe dans un port. C'est sous ce point de
vue que j'ai envisagé les marées dans le Livre IV. Pour lier entre
elles les diverses constantes des flux partiels, j'ai considéré chaque
flux comme produit par l'action d'un astre qui se meut uniformément
dans le plan de l'équateur. Les flux dont la période est d'environ un
demi-jour sont dus à l'action d'astres dont le mouvement propre est
fort lent par rapport au mouvement de rotation de la Terre, et, comme
l'angle du cosinus qui exprime l'action d'un de ces astres est un multiple de la rotation de la Terre, plus ou moins un multiple du mouvement propre de l'astre, et que d'ailleurs les constantes des cosinus
qui expriment les flux produits par deux astres auraient les mêmes
rapports aux constantes des cosinus qui expriment leurs actions si les

mouvements propres étaient égaux, j'ai supposé que les rapports varient d'un astre à l'autre proportionnellement à la différence des mouvements propres. L'erreur de cette hypothèse, s'il y en a une, n'a point d'influence sensible sur les principaux résultats de mes calculs.

Les plus grandes variations de la hauteur des marées dans nos ports sont dues à l'action du Soleil et de la Lune, supposés mus uniformément dans leurs orbites et toujours à la même distance de la Terre. Mais, pour avoir la loi de ces variations, il faut combiner les observations de manière que toutes les autres variations disparaissent de leur résultat. C'est ce que l'on obtient en considérant les hauteurs des pleines mers au-dessus des basses mers voisines, dans les syzygies et les quadratures, prises en nombre égal vers chaque équinoxe et vers chaque solstice. Par ce moyen, les flux indépendants de la rotation de la Terre et ceux dont la période est d'environ un jour disparaissent, ainsi que les flux produits par la variation de la distance du Soleil à la Terre. En considérant trois syzygies ou trois quadratures consécutives, et, en doublant l'intermédiaire, on fait disparaître les flux que produit la variation de la distance de la Lune, parce que, si cet astre est périgée dans une syzygie, il est à peu près apogée dans la syzygie suivante, et la compensation est d'autant plus exacte que l'on emploie un plus grand nombre d'observations. Par ce procédé, l'influence des vents sur le résultat des observations devient presque nulle, car, si le vent élève la hauteur d'une pleine mer, il élève à peu près autant la basse mer voisine, et son effet disparaît dans la différence des deux hauteurs. C'est ainsi que, en combinant les observations de manière que leur ensemble ne présente qu'un élément, on parvient à déterminer successivement tous les éléments des phénomènes. L'analyse des probabilités fournit, pour obtenir ces éléments, une méthode plus sûre encore et que l'on peut désigner par le nom de *méthode la plus avantageuse*. Elle consiste à former entre les éléments autant d'équations de condition qu'il y a d'observations. On réduit, par les règles de cette méthode, le nombre de ces équations à celui des éléments que l'on détermine en résolvant les équations ainsi réduites. C'est par ce procédé que M. Bouvard a construit ses excellentes Tables de Jupiter, de Saturne et d'Uranus. Mais, les observations des marées étant loin d'atteindre la précision des observations astronomiques, le très-grand nombre de celles qu'il faut employer pour que leurs erreurs se compensent ne permet pas de leur appliquer la méthode la plus avantageuse.

Sur l'invitation de l'Académie des Sciences, on fit au commencement du dernier siècle, dans le port de Brest, des observations des marées pendant six années consécutives. C'est à ces observations, publiées par Lalande, que j'ai comparé, dans le Livre cité, mes formules. La situation de ce port est très-favorable à ce genre d'observations; il communique avec la mer par un vaste canal au fond duquel on l'a construit. Les irrégularités du mouvement de la mer parviennent ainsi dans le port très-affaiblies, à peu près comme les oscillations que le mouvement irrégulier d'un vaisseau produit dans le baromètre sont atténuées par un étranglement fait au tube de cet instrument. D'ailleurs, les marées étant considérables à Brest, les variations accidentelles n'en sont qu'une faible partie. Aussi l'on remarque dans les observations de ces marées, pour peu qu'on les multiplie, une grande régularité, que n'altère point la petite rivière qui vient se perdre dans la rade immense de ce port. Frappé de cette régularité, je proposai au Gouvernement d'ordonner que l'on fît à Brest une nouvelle suite d'observations des marées et qu'elle fût continuée au moins pendant une période du mouvement des nœuds de l'orbite lunaire. C'est ce que l'on a entrepris. Ces nouvelles observations datent du 1er juin de l'année 1806, et depuis cette époque elles ont été continuées chaque jour sans interruption. On a considéré celles de l'année 1807 et des quinze années suivantes. Je dois au zèle infatigable de M. Bouvard pour tout ce qui intéresse l'Astronomie les calculs immenses que la comparaison de mon analyse avec les observations a exigés. Il y a employé près de six mille observations; les résultats de ces calculs sont consignés dans les Tableaux que l'on verra ci-après. Pour avoir les hauteurs des

pleines mers et leur variation, qui, près du maximum et du minimum,
est proportionnelle au carré du temps, on a considéré, vers chaque
équinoxe et vers chaque solstice, trois syzygies consécutives, entre
lesquelles l'équinoxe ou le solstice était compris; on a doublé les
résultats de la syzygie intermédiaire pour détruire les effets de la parallaxe lunaire. On a pris, dans chaque syzygie, la hauteur de la pleine
mer du soir au-dessus de la basse mer du matin du jour qui précède
la syzygie, du jour même de la syzygie et des quatre jours qui la
suivent, parce que le maximum des marées tombe à peu près au
milieu de cet intervalle; le choix des heures est fondé sur ce que les
observations faites pendant le jour en deviennent plus sûres et plus
exactes. On a fait, pour chacune des seize années, une somme des
hauteurs des marées des jours correspondants dans les syzygies équinoxiales et une pareille somme relativement aux syzygies solsticiales,
et l'on en a conclu les maxima des hauteurs des pleines mers près des
syzygies, soit équinoxiales, soit solsticiales, et les variations de ces
hauteurs près de leurs maxima. L'inspection de ces hauteurs et de
leurs variations montre la régularité de ce genre d'observations dans
le port de Brest.

Dans les quadratures, on a suivi un procédé semblable, avec la seule
différence que l'on a pris l'excès de la haute mer du matin sur la basse
mer du soir du jour de la quadrature et des trois jours qui la suivent.
L'accroissement des marées quadratures à partir de leur minimum
étant beaucoup plus rapide que la diminution des marées syzygies à
partir de leur maximum, on a dû restreindre à un plus petit intervalle
la loi de variation proportionnelle au carré du temps. On a formé
pour chacune des seize années des Tableaux pareils à ceux des marées
syzygies.

Tous ces Tableaux montrent avec évidence l'influence des déclinaisons du Soleil et de la Lune, non-seulement sur les hauteurs absolues
des marées, mais encore sur leurs variations. Plusieurs savants, et
spécialement Lalande, avaient révoqué en doute cette influence, parce
que, au lieu de considérer un grand ensemble d'observations, ils

s'étaient attachés à quelques observations isolées, où la mer, par l'effet de causes accidentelles, s'était élevée à une grande hauteur vers les solstices. Mais l'application la plus simple du Calcul des probabilités aux résultats de M. Bouvard suffit pour voir que la probabilité de l'influence de la déclinaison des astres est excessive et bien supérieure à celle d'un grand nombre de faits sur lesquels on ne se permet aucun doute.

On a conclu des variations des marées près de leurs maxima et de leurs minima l'intervalle dont ces maxima et ces minima suivent les syzygies et les quadratures, et l'on a trouvé cet intervalle d'un jour et demi à fort peu près, ce qui est parfaitement d'accord avec ce que les observations anciennes m'ont donné dans le Livre IV. Le même accord a lieu relativement aux grandeurs de ces maxima et de ces minima, et par rapport aux variations des hauteurs des marées à partir de ces points, en sorte que la nature, après un siècle, s'est retrouvée conforme à elle-même. L'intervalle dont je viens de parler dépend des constantes renfermées sous les signes cosinus dans les expressions des deux flux principaux dus aux actions du Soleil et de la Lune. Les constantes correspondantes de l'expression des forces sont différemment modifiées par les circonstances accessoires : au moment de la syzygie, le flux lunaire précède le flux solaire, et ce n'est qu'un jour et demi après que, le flux lunaire retardant chaque jour sur le flux solaire, ces deux flux coïncident et produisent ainsi le maximum des marées. Une modification semblable a lieu dans les constantes qui multiplient les cosinus; il en résulte un accroissement dans l'action des astres sur la mer. J'ai donné, dans le Livre IV, le moyen de reconnaître cet accroissement, que j'avais trouvé de $\frac{1}{10}$ par les observations anciennes; mais, quoique les observations des marées quadratures s'accordassent sur ce point avec les observations des marées syzygies, j'avais dit qu'un élément aussi délicat exigeait un bien plus grand nombre d'observations. Les calculs de M. Bouvard ont confirmé l'existence de cet accroissement et l'ont porté à $\frac{1}{7}$, à fort peu près, pour la Lune. La détermination de ce rapport est

nécessaire pour conclure des observations des marées les rapports
véritables des actions du Soleil et de la Lune dont dépendent les phénomènes de la précession des équinoxes et de la nutation de l'axe
terrestre. En corrigeant les actions des astres sur la mer de leurs
accroissements dus aux circonstances accessoires, on trouve, en secondes sexagésimales, $9'',4$ pour la nutation, $6'',8$ pour l'équation
lunaire des Tables du Soleil, et la masse de la Lune $\frac{1}{75}$ de celle de la
Terre. Ces résultats sont à très-peu près ceux que donne la discussion
des observations astronomiques. L'accord de valeurs obtenues par des
moyens si divers est bien remarquable. C'est en comparant à mes formules les maxima et les minima des hauteurs observées des marées
que les actions du Soleil et de la Lune sur la mer et leurs accroissements ont été déterminés. Les variations des hauteurs des marées près
de ces points en sont une suite nécessaire; en substituant donc les
valeurs de ces actions dans mes formules, on doit retrouver à fort peu
près les variations observées : c'est ce que l'on retrouve en effet. Cet
accord est une grande confirmation de la loi de la pesanteur universelle; elle reçoit une nouvelle confirmation des observations des marées syzygies vers l'apogée et vers le périgée de la Lune. Je n'avais
considéré, dans le Livre IV, que la différence des hauteurs des
marées dans ces deux positions de la Lune. Je considère de plus la
variation de ces hauteurs à partir de leurs maxima, et sur ces deux
points mes formules représentent les observations.

Les heures des marées et leurs retards d'un jour à l'autre offrent
les mêmes variétés que leurs hauteurs. M. Bouvard en a formé des
Tableaux pour les marées qu'il avait employées dans la détermination
des hauteurs. On y voit évidemment l'influence des déclinaisons des
astres et de la parallaxe lunaire. Ces observations, comparées à mes
formules, offrent le même accord que les observations des hauteurs.
On ferait sans doute disparaître les petites anomalies que ces comparaisons présentent encore en déterminant convenablement les constantes de chaque flux partiel. Le principe par lequel j'ai lié entre
elles ces constantes diverses peut n'être pas rigoureusement exact.

Peut-être encore les quantités que l'on néglige en adoptant le principe de la coexistence des oscillations deviennent sensibles dans les grandes marées. Je me suis ici contenté de noter ces anomalies légères, afin de diriger ceux qui voudront reprendre ces calculs lorsque les observations des marées, que l'on continue à Brest et qui sont déposées à l'Observatoire royal, seront assez nombreuses pour donner la certitude que ces anomalies ne sont point dues aux erreurs des observations. Mais, avant que de modifier les principes dont j'ai fait usage, il faudra porter plus loin les approximations analytiques.

Enfin j'ai considéré le flux dont la période est d'environ un jour. En comparant les différences de deux hautes mers et de deux basses mers consécutives dans un grand nombre de syzygies solsticiales, j'ai déterminé la grandeur de ce flux et l'heure de son maximum dans le port de Brest. J'ai trouvé $\frac{1}{5}$ de mètre à fort peu près pour sa grandeur et $\frac{1}{10}$ de jour environ pour le temps dont il précède, à Brest, l'heure du maximum de la marée semi-diurne. Quoique sa grandeur ne soit pas $\frac{1}{10}$ de la grandeur du flux semi-diurne, cependant les forces génératrices de ces deux flux sont à peu près égales, ce qui montre combien différemment les circonstances accessoires influent sur la grandeur des marées. On n'en sera point surpris, si l'on considère que, dans le cas même où la surface de la Terre serait régulière et recouverte entièrement par la mer, le flux diurne disparaîtrait si la profondeur de la mer était constante.

Les circonstances accessoires peuvent encore faire disparaître dans un port les inégalités semi-diurnes et rendre très-sensibles les inégalités diurnes. Alors il n'y a chaque jour qu'une marée, qui disparaît lorsque les astres sont dans l'équateur. C'est ce que l'on a observé à Batsham, port du royaume de Tonquin, et dans quelques îles de la mer du Sud. J'observerai, relativement à ces circonstances, que les unes s'étendent à la mer entière et se rapportent à des causes très-éloignées du port où l'on observe les marées; on ne peut douter, par exemple, que les ondulations de l'océan Atlantique et de la mer du Sud, réfléchies par la côte orientale de l'Amérique, qui s'étend presque

d'un pôle à l'autre, n'aient une grande influence sur les marées du
port de Brest. C'est principalement de ces circonstances que dépendent
les phénomènes, qui sont à peu près les mêmes dans nos ports. Tel
paraît être le retard de la plus haute marée sur l'instant de la syzygie.
D'autres circonstances plus rapprochées du port, telles que les côtes
ou les détroits voisins, produisent les différences que l'on observe
entre les hauteurs et les heures des marées, dans des ports peu distants entre eux. De là il suit qu'un flux partiel n'a point avec la latitude du port le rapport indiqué par la force qui le produit, puisqu'il
dépend de flux semblables correspondants à des latitudes fort éloignées
et même à un autre hémisphère. On ne peut donc déterminer que par
l'observation le signe et la grandeur de ce flux.

Les phénomènes des marées, dont je viens de parler, dépendent des
termes du développement de l'action des astres, divisés par le cube de
leurs distances à la Terre, les seuls que l'on ait considérés jusqu'ici.
Mais la Lune est assez rapprochée de la Terre pour que les termes de
l'expression de son action, divisés par la quatrième puissance de sa
distance, soient sensibles dans les résultats d'un grand nombre d'observations; car on sait, par la théorie des probabilités, que le nombre
des observations supplée à leur défaut de précision et fait connaitre
des inégalités beaucoup moindres que les erreurs dont chaque observation est susceptible. On peut même, par cette théorie, assigner le
nombre d'observations nécessaires pour acquérir une grande probabilité que l'erreur du résultat obtenu est renfermée dans des limites
données. J'ai donc pensé que l'influence des termes de l'action de la
Lune, divisés par la quatrième puissance de sa distance à la Terre,
pourrait se manifester dans l'ensemble des nombreuses observations
discutées par M. Bouvard. Les flux correspondants aux termes divisés
par le cube de la distance ne donnent aucune différence entre les
marées des nouvelles lunes et celles des pleines lunes; mais ceux qui
ont pour diviseur la quatrième puissance de la distance mettent une
différence entre ces marées: ils produisent un flux dont la période est
d'environ $\frac{1}{3}$ de jour. Les observations de M. Bouvard, discutées sous

ce point de vue, indiquént avec une grande probabilité l'existence de ce flux partiel. Elles établissent encore, sans aucun doute, que l'action de la Lune pöur élever la mer à Brest est plus grande lorsque sa déclinaison est australe que lorsqu'elle est boréale, ce qui ne peut être dû qu'aux termes de l'action lunaire, divisés par la quatrième puissance de la distance.

On voit, par cet exposé, que la recherche des rapports généraux entre les phénomènes des marées et les actions du Soleil et de la Lune sur la mer supplée heureusement à l'impossibilité d'intégrer les équations différentielles de son mouvement et à l'ignorance des données nécessaires pour déterminer les fonctions arbitraires qui entrent dans leurs intégrales; il en résulte une certitude entière que ces phénomènes ont pour unique cause l'attraction de ces deux astres, conformément à la loi de la pesanteur universelle.

J'ai insisté particulièrement sur le flux et le reflux de la mer, parce qu'il est de tous les effets de l'attraction des corps célestes le plus près de nous et le plus sensible; d'ailleurs il m'a paru très-propre à montrer comment on peut reconnaître et déterminer, par un grand nombre d'observations même peu précises, les lois et les causes des phénomènes dont il est impossible d'obtenir les expressions analytiques par la formation et l'intégration de leurs équations différentielles. Tels sont les effets de la chaleur solaire sur l'atmosphère dans la production des vents alizés et des moussons et dans les variations régulières, soit diurnes, soit annuelles, du baromètre et du thermomètre.

Pour arriver à l'Océan, l'action du Soleil et de la Lune traverse l'atmosphère, qui doit, par conséquent, en éprouver l'influence et être assujettie à des mouvements semblables à ceux de la mer, mouvements dont j'ai donné la théorie dans le Livre IV. De là résultent des vents et des oscillations dans le baromètre, dont les périodes sont les mêmes que celles du flux et du reflux. Mais ces vents sont peu considérables et presque insensibles dans une atmosphère d'ailleurs fort agitée : l'étendue des oscillations du baromètre n'est pas de 1 millimètre à l'équateur même, où elle est le plus grande. Cependant les circonstances locales qui augmentent considérablement les oscillations de la mer peuvent également accroître les oscillations du baromètre, dont l'observation suivie sous ce rapport mérite l'attention des physiciens.

Le flux atmosphérique est produit par les trois causes suivantes : la première est l'action directe du Soleil et de la Lune sur l'atmosphère; la seconde est l'élévation et l'abaissement périodique de l'Océan, base mobile de l'atmosphère; la troisième enfin est l'attraction de ce fluide par la mer, dont la figure varie périodiquement. Ces trois causes dérivant des mêmes forces attractives du Soleil et de la Lune, elles ont, ainsi que leurs effets, les mêmes périodes que ces forces, conformément au principe sur lequel j'ai fondé ma théorie des marées. Le flux atmosphérique est donc soumis aux mêmes lois que le flux de l'Océan; il est, comme lui, la combinaison de deux flux partiels produits, l'un par l'action du Soleil, l'autre par l'action de la Lune. La période du flux atmosphérique solaire est d'un demi-jour solaire, et celle du flux lunaire est d'un demi-jour lunaire. L'action de la Lune sur la mer, à Brest, étant triple de celle du Soleil, le flux lunaire atmosphérique est au moins double du flux solaire. Ces considérations doivent nous guider dans le choix des observations propres à déterminer d'aussi petites quantités, et dans la manière de les combiner pour se soustraire, le plus qu'il est possible, à l'influence des causes qui produisent les grandes variations du baromètre.

Depuis plusieurs années on observe chaque jour, à l'Observatoire royal, les hauteurs du baromètre et du thermomètre, à 9 heures sexagésimales du matin, à midi, à 3 heures après midi et à 9 heures du soir. Ces observations, faites avec les mêmes instruments et presque toutes par le même observateur, sont, par leur précision et par leur grand nombre, propres à indiquer le flux atmosphérique, s'il est sensible. On voit avec évidence la variation diurne du baromètre dans les résultats de ces observations; un mois suffit pour la manifester. L'excès de la plus grande hauteur du baromètre observée, qui répond à 9 heures du matin, sur la plus petite, qui répond à 3 heures du soir, est à Paris de $\frac{8}{10}$ de millimètre, par le résultat moyen des observations faites chaque jour pendant six années consécutives.

La hauteur du baromètre due au flux solaire redevenant chaque jour la même à la même heure, ce flux se confond avec la variation diurne, qu'il modifie, et il n'en peut être distingué par les observations faites à l'Observatoire royal. Il n'en est pas ainsi des hauteurs barométriques dues au flux lunaire et qui, se réglant sur les heures lunaires, ne redeviennent les mêmes aux mêmes heures solaires qu'après un demi-mois d'intervalle. Les observations dont je viens de parler, comparées de demi-mois en demi-mois, sont disposées de la manière la plus favorable pour indiquer le flux lunaire. Si, par exemple, le maximum de ce flux arrive à 9 heures du matin le jour de la syzygie, son minimum arrivera vers 3 heures du soir. Le contraire aura lieu le jour de la quadrature. Ce flux augmentera donc la variation diurne du premier de ces jours, il diminuera la variation diurne du second, et la différence de ces variations sera le double de la grandeur du flux lunaire atmosphérique. Mais, le maximum de ce flux n'arrivant pas à 9 heures du matin dans la syzygie, il faut, pour déterminer sa grandeur et l'heure de son arrivée, employer les observations barométriques de 9 heures du matin, de midi et de 3 heures du soir, faites chaque jour, soit de la syzygie, soit de la quadrature. On peut également faire usage des observations des jours qui précèdent ou qui suivent ces phases du même nombre de jours et faire concourir à la détermination d'éléments aussi délicats toutes les observations de l'année.

On doit faire ici une remarque importante, sans laquelle il serait impossible de reconnaître une aussi petite quantité que le flux lunaire, au milieu des grandes variations du baromètre. Plus les observations sont rapprochées, moins l'effet de ces variations est sensible; il est presque nul sur un résultat conclu d'observations faites le même jour et dans le court intervalle de six heures; le baromètre varie presque toujours avec assez de lenteur pour ne pas troubler alors sensiblement l'effet des causes régulières. Voilà pourquoi le résultat moyen des variations diurnes de chaque année est toujours le même à fort peu près, quoiqu'il y ait des différences de plusieurs millimètres dans les hauteurs moyennes absolues barométriques des diverses années, en sorte que, si l'on comparait la hauteur moyenne de 9 heures du matin d'une année à la hauteur moyenne de 3 heures du soir d'une autre année, on aurait une variation diurne souvent très-fautive, quelquefois même d'un signe contraire à la véritable. Il importe donc, pour déterminer de très-petites quantités, de les déduire d'observations faites le même jour et de prendre une moyenne entre un grand nombre de valeurs ainsi obtenues. On ne peut conséquemment déterminer le flux lunaire que par un système d'observations faites chaque jour, au moins à trois heures différentes, conformément au système suivi à l'Observatoire.

M. Bouvard a bien voulu relever sur ses registres les observations barométriques du jour même de chaque syzygie et de chaque quadrature, du jour qui précède ces phases et des premier et second jours qui les suivent. Elles embrassent les huit années écoulées depuis le 1er octobre 1815 jusqu'au 1er octobre 1823. J'ai employé les observations de 9 heures du matin, de midi et de 3 heures du soir; je n'ai point considéré les observations de 9 heures du soir, pour diminuer le plus qu'il est possible l'intervalle des observations. D'ailleurs, celles des trois premières heures ont été faites plus exactement aux heures indiquées que celles de 9 heures du soir, et, le baromètre étant éclairé par la lumière du jour dans ces premières heures, la différence qui peut venir de la manière diverse dont les instruments sont éclairés disparaît. En comparant à mes formules les résultats de ces nombreuses observations, qui correspondent à 1584 jours, je trouve $\frac{1}{18}$ de millimètre pour la grandeur du flux lunaire atmosphérique et trois heures et un tiers sexagésimales pour l'heure de son maximum du soir, le jour de la syzygie.

C'est ici surtout que se fait sentir la nécessité d'employer un très-grand nombre d'observations, de les combiner de la manière la plus avantageuse et d'avoir une méthode pour déterminer la probabilité que l'erreur des résultats obtenus est renfermée dans d'étroites limites, méthode sans laquelle on est exposé à présenter comme lois de la nature les effets des causes irrégulières, ce qui est arrivé souvent en Météorologie. J'ai donné cette méthode dans ma théorie analytique des probabilités. En l'appliquant aux observations, j'ai déterminé la loi des anomalies de la variation diurne du baromètre, et j'ai reconnu que l'on ne peut pas, sans quelque invraisemblance, attribuer les résultats précédents à ces anomalies seules; il est probable que le flux lunaire atmosphérique diminue la variation diurne dans les syzygies, qu'il l'augmente dans les quadratures, mais dans des limites telles, que ce flux ne fait pas varier la hauteur du baromètre de $\frac{1}{15}$ de millimètre en plus ou en moins, ce qui montre combien peu l'action de la Lune sur l'atmosphère est sensible à Paris. Quoique ces résultats aient été conclus de 4752 observations, la méthode dont je viens de parler fait voir que, pour leur donner une probabilité suffisante et pour obtenir avec exactitude un élément aussi petit que le flux lunaire atmosphérique, il faut employer au moins 40000 observations. L'un des principaux avantages de cette méthode est de faire connaître jusqu'à quel point on doit multiplier les observations pour qu'il ne reste aucun doute raisonnable sur leurs résultats.

Quelle est sur le flux lunaire l'influence respective des trois causes du flux atmosphérique que j'ai citées? Il est difficile de répondre à cette question. Cependant le peu de densité de la mer par rapport à la moyenne densité de la Terre ne permet pas d'attribuer un effet sensible au changement périodique de sa figure. Sans les circonstances accessoires, l'effet direct de l'action de la Lune serait insensible sous nos latitudes. Ces circonstances ont, il est vrai, une grande influence sur la hauteur des marées dans nos ports; mais, le fluide atmosphérique étant répandu autour de la Terre beaucoup moins irrégulièrement que la mer, leur influence sur le flux atmosphérique doit être beaucoup moindre que sur le flux de l'Océan. Ces considérations me portent à regarder comme cause principale du flux lunaire atmosphérique, dans nos climats, l'élévation et l'abaissement périodiques de la mer. Des

24.

observations barométriques faites chaque jour dans les ports où la marée s'élève à une grande hauteur éclairciraient ce point curieux de Météorologie.

M. Bouvard a trouvé que la variation diurne moyenne du baromètre, de 9 heures du matin à 3 heures du soir, a été positive pour chacun des soixante-douze mois des six années écoulées depuis le 1ᵉʳ janvier 1817 jusqu'au 1ᵉʳ janvier 1823, d'où il a conclu la variation diurne moyenne égale à $0^{mm},8014$. La loi de probabilité des anomalies de la variation diurne à laquelle je suis parvenu donne à très-peu près $\frac{1}{2}$ pour la probabilité de ce résultat.

En examinant le Tableau des hauteurs moyennes du baromètre pour chacun des soixante-douze mois considérés par M. Bouvard, j'ai reconnu que le résultat moyen des variations diurnes de 9 heures du matin à 3 heures du soir, des trois mois de novembre, décembre et janvier, a été constamment plus faible, chaque année, que le résultat moyen des trois mois suivants, février, mars et avril. La variation moyenne des six années a été $0^{mm},5428$ pour les trois premiers mois et $1^{mm},0567$ ou presque double pour les trois mois suivants. La moyenne de ces six mois est à fort peu près $\frac{8}{10}$ de millimètre et par conséquent égale à la variation diurne moyenne. Les six autres mois n'offrent rien de semblable. Une différence aussi considérable indique une cause annuelle qui diminue la variation diurne dans les trois mois de novembre, décembre et janvier, et qui l'augmente dans les trois mois suivants. En appliquant à cette différence l'Analyse des probabilités, je trouve qu'il y a une probabilité de plus de 300000 contre 1 qu'elle n'est pas l'effet du hasard. Ce qui augmente encore cette probabilité est que la variation diurne moyenne de 9 heures du matin à midi a été $0^{mm},1933$ dans les trois premiers mois et $0^{mm},3733$ dans les trois mois suivants; pareillement, la variation diurne moyenne de 3 heures du soir à 9 heures du soir a été $0^{mm},3033$ dans les trois premiers mois et $0^{mm},6000$ dans les trois mois suivants; ces variations sont à peu près dans le rapport des variations correspondantes de 9 heures du matin à 3 heures du soir. Je ne cherche point ici la cause de ce phénomène; je me borne à constater son existence. La période de la variation diurne, réglée sur le jour solaire, indique évidemment que cette variation est due à l'action du Soleil. L'extrême petitesse de l'action attractive du Soleil sur l'atmosphère est prouvée par la petitesse de l'action attractive de la Lune. C'est donc par l'action de sa chaleur que le Soleil produit la variation diurne. Mais il est presque impossible de soumettre les effets de cette action à l'Analyse, et toute explication de ce genre de phénomènes qui n'est point fondée sur le calcul doit être bannie de la Philosophie naturelle.

CHAPITRE II.

NOUVELLES RECHERCHES SUR LA THÉORIE DES MARÉES.

2. Ma théorie des marées, exposée dans le Livre IV, repose sur ce principe, savoir, que *l'état d'un système de corps dans lequel les conditions primitives du mouvement ont disparu par les résistances qu'il éprouve est périodique comme les forces qui l'animent.* Ce principe, combiné avec celui de la coexistence des oscillations très-petites, explique d'une manière singulièrement heureuse tous les phénomènes des marées indépendants des circonstances locales. Les forces productrices de ces phénomènes, relatives à l'action d'un astre L, sont, comme on le voit dans le n° 16 du Livre IV, exprimées par les différences partielles de la fonction

$$(a) \qquad \frac{3L}{2r^3}\left\{[\cos\theta\sin v + \sin\theta\cos v\cos(nt + \varpi - \psi)]^2 - \frac{1}{3}\right\},$$

L désignant la masse de l'astre, r sa distance au centre de la Terre, v sa déclinaison, ψ son ascension droite comptée de l'intersection de son orbite avec l'équateur, t le temps, $nt + \varpi$ l'angle horaire de cette intersection et θ le complément de la latitude du port. Soient ε l'inclinaison de l'orbite à l'équateur et φ la distance angulaire de l'astre L à l'intersection de l'orbite et de l'équateur; on aura, par les formules de la Trigonométrie sphérique,

$$\sin v = \sin\varepsilon\sin\varphi,$$
$$\cos v\sin\psi = \cos\varepsilon\sin\varphi,$$
$$\cos v\cos\psi = \cos\varphi,$$

$$\cos^2 v = \frac{1}{2}(1 + \cos^2\varepsilon) + \frac{1}{2}\sin^2\varepsilon\,\cos2\varphi,$$

$$\cos^2 v\,\sin2\psi = \cos\varepsilon\,\sin2\varphi,$$

$$\cos^2 v\,\cos2\psi = \frac{1}{2}\sin^2\varepsilon + \frac{1}{2}(1 + \cos^2\varepsilon)\cos2\varphi:$$

la formule (a) devient ainsi

$$
(b) \quad
\begin{cases}
\dfrac{3\mathrm{L}}{2r^4}\left\{
\begin{aligned}
&\frac{1}{2}\cos^2\theta\,\sin^2\varepsilon + \frac{1}{4}(1+\cos^2\varepsilon)\sin^2\theta - \frac{1}{3} \\
&- \frac{1}{2}\left(\cos^2\theta - \frac{1}{2}\sin^2\theta\right)\sin^2\varepsilon\,\cos2\varphi
\end{aligned}
\right\} \\[4ex]
+\dfrac{3\mathrm{L}}{2r^3}\sin\theta\cos\theta\left\{
\begin{aligned}
&\sin\varepsilon\cos\varepsilon\,\sin(nt+\varpi) \\
&- \sin\varepsilon\,\frac{1+\cos\varepsilon}{2}\,\sin(nt+\varpi-2\varphi) \\
&+ \sin\varepsilon\,\frac{1-\cos\varepsilon}{2}\,\sin(nt+\varpi+2\varphi)
\end{aligned}
\right\} \\[5ex]
+\dfrac{3\mathrm{L}}{4r^3}\sin^2\theta\left\{
\begin{aligned}
&\cos^4\tfrac{1}{2}\varepsilon\,\cos(2nt+2\varpi-2\varphi) \\
&+ \sin^4\tfrac{1}{2}\varepsilon\,\cos(2nt+2\varpi+2\varphi) \\
&+ \frac{1}{2}\sin^2\varepsilon\,\cos(2nt+2\varpi)
\end{aligned}
\right\}.
\end{cases}
$$

Si l'on ne considère, dans les observations des marées, que l'excès d'une haute mer sur l'une des deux basses mers voisines; si, de plus, on prend ces excès en nombre égal, dans les syzygies et dans les quadratures des équinoxes du printemps, des équinoxes d'automne, des solstices d'été et des solstices d'hiver; enfin, si, pour détruire l'effet de la parallaxe lunaire, on considère les trois syzygies ou les trois quadratures les plus voisines de l'équinoxe ou du solstice, en doublant les observations relatives à la syzygie ou à la quadrature intermédiaire, les résultats de l'observation ne dépendront que des flux relatifs aux angles $2nt+2\varpi$, $2nt+2\varpi-2\varphi$, $2nt+2\varpi+2\varphi$, flux dont la période est d'environ un demi-jour et dont les deux premiers sont, dans nos ports, beaucoup plus grands que tous les autres flux. $\sin^4\tfrac{1}{2}\varepsilon$ étant une très-petite fraction, on peut négliger le terme qu'elle multiplie. Alors les flux partiels, dont la période est d'environ un demi-jour, dépendent des termes

$$\frac{3\,\mathrm{L}}{4\,r^3}\cos^4\tfrac{1}{2}\varepsilon\,\sin^2\theta\,\cos(2nt + 2\varpi - 2\varphi)$$

$$+ \frac{3\,\mathrm{L}}{4\,r^3}\sin^2\theta\cdot\tfrac{1}{2}\sin^2\varepsilon\,\cos(2nt + 2\varpi).$$

Ces termes produisent, comme on l'a vu dans le n° 17 du Livre IV, deux flux partiels, que l'on peut représenter par

$$\frac{\mathrm{A}\mathrm{L}}{r^3}\cos^4\tfrac{1}{2}\varepsilon\,\cos(2nt - 2mt + 2\varpi - 2\lambda)$$

$$+ \frac{\mathrm{B}\mathrm{L}}{r^3}\tfrac{1}{2}\sin^2\varepsilon\,\cos(2nt + 2\varpi - 2\gamma),$$

mt étant le moyen mouvement de l'astre L dans son orbite. A, B, λ et γ sont des constantes dépendantes des circonstances du port.

Ces deux flux sont les mêmes que ceux qui seraient produits par deux astres mus dans le plan de l'équateur, à la distance r du centre de la Terre, et dont le premier, représenté par $\mathrm{L}\cos^4\tfrac{1}{2}\varepsilon$, aurait le même mouvement moyen que l'astre L dans son orbite et passerait en même temps que lui par l'intersection de cette orbite avec l'équateur. Le second astre, représenté par $\tfrac{1}{2}\mathrm{L}\sin^2\varepsilon$, correspondrait constamment au point de cette intersection. Le maximum des hautes marées correspond à la conjonction ou à l'opposition des deux astres fictifs : alors la haute mer du premier coïncide avec celle du second. Le minimum des hautes marées correspond aux quadratures de ces astres fictifs : alors la haute mer du premier coïncide avec la basse mer du second. Ce maximum et ce minimum donneront donc la valeur de la fraction $\frac{\mathrm{A}}{\mathrm{B}}$, et par conséquent le rapport des deux actions. Si cette fraction surpasse l'unité, l'action de l'astre L est augmentée par son mouvement propre mt dans son orbite, en vertu des circonstances accessoires : je nomme ainsi l'ensemble de toutes les causes qui modilient les marées dans un port. J'ai fait voir la possibilité de cette augmentation dans le n° 18 du Livre IV.

Au moment de la coïncidence des hautes mers des deux astres fictifs, on a, en désignant par π la demi-circonférence,

$$2nt + 2\varpi - 2mt - 2\lambda = 2i\pi,$$
$$2nt + 2\varpi - 2\gamma = 2i'\pi,$$

i et i' étant des nombres entiers, ce qui donne, pour le temps t de la coïncidence,

$$t = \frac{(i'-i)\pi}{m} + \frac{\gamma - \lambda}{m};$$

$nt + \varpi - mt$ est l'angle horaire de l'astre L, réduit en jours mesurés par les retours de cet astre au méridien, et il exprime l'heure de la coïncidence. Si, comme nous le supposerons dans la suite, l'astre L est le Soleil, λ sera l'heure de la haute marée solaire, et, comme il y a deux marées chaque jour, nous supposerons que λ se rapporte à la pleine mer du soir, en sorte que, les heures étant comptées de minuit, λ surpassera la demi-circonférence. En désignant par T le temps de la conjonction ou de l'opposition des deux astres fictifs, on aura

$$mT = (i' - i)\pi;$$

donc

$$t - T = \frac{\gamma - \lambda}{m}.$$

Si γ surpasse λ, l'instant de la coïncidence des hautes mers suivra le moment de la conjonction ou de l'opposition des astres. C'est donc de la différence de ces deux constantes, différence qui tient aux circonstances du port, que dépend le retard du maximum des pleines mers sur ce moment. Ce retard serait très-petit si le mouvement de l'astre dans son orbite était fort petit. Mais on verra dans la suite qu'il est très-sensible pour la Lune dans le port de Brest, où il s'élève à un jour et demi.

Supposons maintenant que les lettres L, r, m, A, ε, λ et γ se rapportent au Soleil, et marquons d'un trait pour la Lune les mêmes lettres. On aura, par l'action réunie de ces deux astres et en n'ayant égard qu'aux inégalités dont la période est d'environ un demi-jour, la hauteur de la mer au-dessus de son niveau égale à

$$(\mathrm{A})\quad\left\{\begin{aligned}
&\frac{\mathrm{A}L}{r^4}\,\cos^4\tfrac{1}{2}\varepsilon\,\cos(2nt+2\varpi-2mt-2\lambda)\\[4pt]
&+\frac{1}{2}\frac{\mathrm{B}L}{r^3}\,\sin^2\varepsilon\quad\cos(2nt+2\varpi-2\gamma)\\[4pt]
&+\frac{\mathrm{A}'L'}{r'^4}\,\cos^4\tfrac{1}{2}\varepsilon'\cos(2nt+2\varpi-2m't-2\lambda')\\[4pt]
&+\frac{1}{2}\frac{\mathrm{B}L'}{r'^3}\,\sin^2\varepsilon'\quad\cos(2nt+2\varpi-2\gamma'),
\end{aligned}\right.$$

la constante B devant être la même à très-peu près pour le Soleil et pour la Lune, parce que les angles $2nt-2\gamma$ et $2nt-2\gamma'$ varient à très-peu près de la même manière, vu la lenteur du mouvement des nœuds de l'orbe lunaire. γ' serait égal à γ si l'intersection de l'orbe lunaire avec l'équateur coïncidait avec l'équinoxe du printemps. En comptant les angles mt et $m't$ de cet équinoxe, et désignant par δ l'ascension droite de l'intersection de l'orbe lunaire avec l'équateur, on aura

$$\gamma'=\gamma+\delta.$$

Les constantes A, A', B, γ, λ, λ' ne peuvent être déterminées que par les observations; mais, comme elles ne diffèrent d'un astre à l'autre qu'à raison de la différence des moyens mouvements de ces astres dans leurs orbites, différence toujours très-petite relativement à nt ou au mouvement de rotation de la Terre, il est assez naturel de supposer que ces constantes varient d'un astre à l'autre proportionnellement à la différence des moyens mouvements; ainsi, en désignant par x et y deux constantes indéterminées, nous ferons

$$\mathrm{A}=(1+mx)\mathrm{B},\quad \mathrm{A}'=(1+m'x)\mathrm{B},$$
$$\lambda=\gamma-my,\qquad \lambda'=\gamma-m'y.$$

Les observations feront connaître jusqu'à quel point ces suppositions sont approchées.

Les deux plus grands termes de la fonction (A) étant ceux qui dépendent des cosinus des angles

$$2nt + 2\varpi - 2mt - 2\lambda \quad \text{et} \quad 2nt + 2\varpi - 2m't - 2\lambda',$$

ces cosinus doivent, au moment de la pleine mer, différer peu de l'unité; en faisant donc

$$nt + \varpi - mt - \lambda = i\pi + l,$$
$$nt + \varpi - m't - \lambda' = i'\pi + l',$$

i et i' étant des nombres entiers, on pourra supposer l et l fort petits. Ces deux équations donnent

$$-(m' - m)t = (i' - i)\pi + \lambda' - \lambda + l' - l;$$

faisons

$$t = \mathrm{T} + t',$$

T étant le temps de la syzygie moyenne. Au moment de cette phase, les angles $m'\mathrm{T}$ et $m\mathrm{T}$ doivent être égaux ou différer d'un nombre entier de demi-circonférences, en sorte que l'on a

$$(m' - m)\mathrm{T} = i''\pi,$$

i'' étant un nombre entier; on a donc, en observant que $\lambda - \lambda'$ est égal à $(m' - m)y$,

$$-i''\pi - (m' - m)t' = (i' - i)\pi - (m' - m)y + l' - l.$$

Les angles $(m' - m)t'$, $(m' - m)y$ et $l' - l$ étant peu considérables, on doit avoir $-i''$ égal à $i' - i$; en faisant donc

$$t' = t'' + y,$$

on aura

$$l' = l - (m' - m)t''.$$

Ainsi l'on aura

$$\cos(2nt + 2\varpi - 2mt - 2\lambda) = \cos 2l,$$
$$\cos(2nt + 2\varpi - 2m't - 2\lambda') = \cos[2l - 2(m' - m)t''].$$

On a

$$\cos(2nt + 2\varpi - 2\gamma) = \cos(2nt + 2\varpi - 2mt - 2\lambda + 2mt + 2\lambda - 2\gamma)$$
$$= \cos(2l + 2mt - 2m\gamma).$$

Substituant pour mt sa valeur $mT + mt'' + m\gamma$, on aura

$$\cos(2nt + 2\varpi - 2\gamma) = \cos(2mT + 2l + 2mt'').$$

On trouvera pareillement

$$\cos(2nt + 2\varpi - 2\gamma') = \cos(2mT + 2l + 2mt'' - 2\delta).$$

Cela posé, si l'on fait

$$a = \frac{AL}{r^3} \cos^4 \tfrac{1}{2}\varepsilon,$$

$$a' = \frac{A'L'}{r'^3} \cos^4 \tfrac{1}{2}\varepsilon',$$

$$b = \frac{1}{2} \frac{BL}{r^3} \sin^2\varepsilon \cos 2mT + \frac{1}{2} \frac{BL'}{r'^3} \sin^2\varepsilon' \cos(2mT - 2\delta),$$

$$h = \frac{1}{2} \frac{BL}{r^3} \sin^2\varepsilon \sin 2mT + \frac{1}{2} \frac{BL'}{r'^3} \sin^2\varepsilon' \sin(2mT - 2\delta),$$

l'expression (A) de la hauteur de la mer deviendra, au moment de la pleine mer, en la réduisant en série par rapport aux puissances de l, $l - (m' - m)t''$, $l + mt''$, et en négligeant seulement les produits de quatre dimensions de ces quantités et les produits des troisièmes puissances de $l + mt''$ par $\sin^2\varepsilon$ et $\sin^2\varepsilon'$,

$$(B)\quad a(1 - 2l^2) + a'\left\{1 - 2[l - (m'-m)t'']^2\right\} + b[1 - 2(l + mt'')^2] - 2h(l + mt'').$$

Aux instants de la haute et de la basse mer, cette fonction est à son maximum et à son minimum; sa différentielle prise par rapport au temps t est donc nulle. On ne doit y faire varier que l et t'', le temps T de la syzygie devant être supposé constant, et alors on a

$$dl = (n - m)dt, \quad dt'' = dt;$$

on a donc

$$(\text{C}) \quad \begin{cases} 0 = - 4al(n - m) - 4a'l(n - m') + 4a'(n - m')(m' - m)t' \\ \quad - 2nh - 4lnb - 4nmbt'', \end{cases}$$

ce qui donne

$$l = \frac{(n - m')a'(m' - m)t'' - nmbt'' - \frac{1}{2}nh}{(n - m)a + (n - m')a' + nb},$$

$$l - (m' - m)t'' = - \frac{[(n - m)a + nb](m' - m)t'' + nmbt'' + \frac{1}{2}nh}{(n - m)a + (n - m')a' + nb},$$

$$l + mt'' = \frac{(n - m')a'(m' - m)t'' + [(n - m)a + (n - m')a']mt'' - \frac{1}{2}nh}{(n - m)a + (n - m')a' + nb}.$$

La fonction (B) donnera ainsi cette expression fort approchée de la hauteur de la pleine mer :

$$a + a' + b - \frac{h^2}{2(a + a' + b)} - \frac{2ha'(m' - m)t''}{a + a' + b}$$

$$- \frac{2a'\left(a + b\dfrac{m' + m}{m' - m}\right)}{a + a' + b}(m' - m)^2 t''^2.$$

On peut, dans l'ensemble d'un grand nombre de syzygies, supposer le terme

$$- \frac{2ha'(m' - m)t''}{a + a' + b}$$

alternativement positif et négatif, en sorte que la somme de ses diverses valeurs soit nulle et puisse être négligée; cela est d'autant plus permis que ce terme est fort petit, l'un des deux termes de son expression étant multiplié par $\sin^2\varepsilon$ et l'autre étant multiplié par $\sin^2\varepsilon'$. De plus, ayant négligé les termes qui ont pour facteur $\sin^4\frac{1}{2}\varepsilon'$, nous pouvons, à plus forte raison, négliger le terme $\dfrac{-h^2}{2(a+a'+b)}$; la formule précédente devient ainsi

$$(\mathrm{D})\qquad a+a'+b-\frac{2a'\left(a+b\dfrac{m'+m}{m'-m}\right)}{a+a'+b}(m'-m)^2\,t''^2.$$

3. Introduisons présentement les inégalités du mouvement et de la distance des astres dans l'expression de la hauteur des marées. Pour cela, développons le terme de la fonction (b) du n° **2**, rapportée à la Lune,

$$\frac{3\,\mathrm{L}'}{4\,r'^3}\sin^2\theta\,\cos^4\tfrac{1}{2}\varepsilon'\,\cos(2nt+2\varpi-2\varphi').$$

Soient $f\sin(st+\theta')$ une des inégalités du mouvement lunaire et $h\cos(st+\theta')$ l'inégalité correspondante du rayon vecteur r' de la Lune ; ces deux inégalités introduisent dans le terme précédent les termes

$$\frac{3\,\mathrm{L}'}{4\,\overline{r}'^3}\sin^2\theta\,\cos^4\tfrac{1}{2}\varepsilon'\left[\begin{array}{l}\left(f-\dfrac{3}{2}h\right)\cos(2nt+2\varpi-2m't-st-\theta')\\[2mm]-\left(\dfrac{3}{2}h+f\right)\cos(2nt+2\varpi-2m't+st+\theta')\end{array}\right],$$

$\overline{r}'$ étant la moyenne distance de la Lune à la Terre. Ces termes donnent naissance à deux flux partiels, que l'on peut considérer comme produits par l'action de deux astres mus uniformément dans le plan de l'équateur à la distance $\overline{r}'$, et dont les masses sont respectivement

$$\mathrm{L}'\cos^4\tfrac{1}{2}\varepsilon'\left(f-\frac{3}{2}h\right),\quad \mathrm{L}'\cos^4\tfrac{1}{2}\varepsilon'\left(\frac{3}{2}h+f\right),$$

leurs moyens mouvements étant $\left(m'+\dfrac{s}{2}\right)t$ et $\left(m'-\dfrac{s}{2}\right)t$. On a vu précédemment que le terme

$$\frac{3\,\mathrm{L}'}{4\,r'^3}\cos^4\tfrac{1}{2}\varepsilon'\,\sin^2\theta\,\cos(2nt+2\varpi-2m't)$$

produit dans l'expression de la hauteur de la mer le terme

$$(1+m'x)\frac{\mathrm{BL}'}{r'^3}\cos^4\frac{1}{2}\varepsilon'\cos(2nt+2\varpi-2m't+2m'y-2\gamma).$$

Il est facile d'en conclure que les termes dus à l'action des astres supposés produisent, dans cette expression, les termes

$$\left[1+\left(m'+\frac{s}{2}\right)x\right]\frac{\mathrm{BL}'}{r'^3}\cos^4\frac{1}{2}\varepsilon'\left(f-\frac{3}{2}h\right)$$
$$\times\cos\left[2nt+2\varpi-2m't-st-\theta'-2\gamma+2\left(m'+\frac{s}{2}\right)y\right],$$
$$-\left[1+\left(m'-\frac{s}{2}\right)x\right]\frac{\mathrm{BL}'}{r'^3}\cos^4\frac{1}{2}\varepsilon'\left(f+\frac{3}{2}h\right)$$
$$\times\cos\left[2nt+2\varpi-2m't+st+\theta'-2\gamma+2\left(m'-\frac{s}{2}\right)y\right].$$

Nous avons supposé, au moment de la haute mer,

$$nt-m't+\varpi-\gamma+m'y=i'\pi+l',$$

i' étant un nombre entier.

Les deux termes précédents deviennent ainsi

$$\left[1+\left(m'+\frac{s}{2}\right)x\right]\frac{\mathrm{BL}'}{r'^3}\cos^4\frac{1}{2}\varepsilon'\left(f-\frac{3}{2}h\right)\cos(2l'-st-\theta'+sy),$$
$$-\left[1+\left(m'-\frac{s}{2}\right)x\right]\frac{\mathrm{BL}'}{r'^3}\cos^4\frac{1}{2}\varepsilon'\left(f+\frac{3}{2}h\right)\cos(2l'+st+\theta'-sy).$$

On a, par ce qui précède,

$$t=\mathrm{T}+y+t'',$$

ce qui réduit les deux termes précédents à ceux-ci :

$$\left[1+\left(m'+\frac{s}{2}\right)x\right]\frac{\mathrm{BL}'}{r'^3}\cos^4\frac{1}{2}\varepsilon'\left(f-\frac{3}{2}h\right)\cos(s\mathrm{T}+\theta'+st''-2l'),$$
$$-\left[1+\left(m'-\frac{s}{2}\right)x\right]\frac{\mathrm{BL}'}{r'^3}\cos^4\frac{1}{2}\varepsilon'\left(f+\frac{3}{2}h\right)\cos(s\mathrm{T}+\theta'+st''+2l').$$

Ces deux termes, développés en séries, ajouteront donc à l'expression (B) de la hauteur des marées la quantité

$$- a' \left(3h - \frac{fsx}{1 + m'x} \right) \cos(sT + \varpi')$$

$$+ a'st'' \left(3h - \frac{fsx}{1 + m'x} \right) \sin(sT + \varpi')$$

$$+ \frac{1}{4} a'l' \left[f - \frac{3hsx}{4(1 + m'x)} \right] \sin(sT + \varpi')$$

$$- a' \left[\frac{3h}{2} - \frac{fsx}{2(1 + m'x)} \right] (s^2 l''^2 + \frac{1}{4} l'^2) \cos(sT + \varpi')$$

$$+ \frac{1}{4} a' \left[f - \frac{3hsx}{4(1 + m'x)} \right] st''l' \cos(sT + \varpi').$$

La différentielle de cette quantité, prise par rapport au temps t et divisée par dt, doit être ajoutée au second membre de l'équation (C) du numéro précédent, pour avoir l'instant de la haute mer. On peut, dans la différentiation, ne faire varier que t et supposer $dt = n\,dt$, à cause de la petitesse de m' et de s relativement à n. On aura ainsi, pour la différentielle de la quantité, divisée par dt,

$$\frac{1}{4} a'n \left[f - \frac{3hsx}{4(1 + m'x)} \right] \sin(sT + \varpi')$$

$$+ \frac{1}{4} a'nl' \left[3h - \frac{fsx}{1 + m'x} \right] \cos(sT + \varpi')$$

$$+ \frac{1}{4} a'nst'' \left[f - \frac{3hsx}{4(1 + m'x)} \right] \cos(sT + \varpi').$$

Nous pouvons supposer que, dans l'ensemble d'un grand nombre d'observations, les valeurs de $\sin(sT + \varpi')$ ont été alternativement positives et négatives, en sorte que leur somme soit nulle à fort peu près. En nommant $\frac{1}{4} X$ la somme des deux derniers termes de la quantité précédente, on voit qu'ils ajoutent aux numérateurs des valeurs de l, $l - (m' - m)t''$ et $l + mt''$, données dans le numéro précédent, la quantité X, et que, en négligeant le carré de X et le produit hX, cette quantité disparaîtra de l'expression (B) de la hauteur de la marée. Mais il faut ajouter à cette expression, et par conséquent à l'expression (D) de la même hauteur, la quantité

$$- a'\left(3h - \frac{fsx}{1 + m'x}\right)\cos(sT + \theta')$$

$$+ \frac{1}{2}a'\left(3h - \frac{fsx}{1 + m'x}\right)(s^2 l''^2 + 4 l'^2)\cos(sT + \theta')$$

$$- 4a'\left[f - \frac{3hsx}{4(1 + m'x)}\right]l'sl''\cos(sT + \theta').$$

Le terme

$$\frac{3L'}{8r'^3}\sin^2\theta \sin^2\varepsilon' \cos(2nt + 2\varpi - 2\delta)$$

de la fonction (b), transportée à la Lune, produit les deux suivants :

$$- \frac{3}{4}\frac{BL'}{r'^3}\sin^2\varepsilon'.h\left[\begin{array}{l}\left(1 + \frac{sx}{2}\right)\cos(2nt + 2\varpi - sl - \theta' - 2\gamma + sy - 2\delta) \\[1em] + \left(1 - \frac{sx}{2}\right)\cos(2nt + 2\varpi + sl + \theta' - 2\gamma - sy - 2\delta)\end{array}\right].$$

En substituant pour B sa valeur $\dfrac{A'}{1 + m'x}$; pour $\sin^2\varepsilon'$, $4\sin^2\frac{1}{2}\varepsilon'\cos^2\frac{1}{2}\varepsilon'$, et a' pour $\dfrac{A'L'\cos^4\frac{1}{2}\varepsilon'}{r'^3}$, ces deux termes deviennent

$$- \frac{3a'h\tan^2\frac{1}{2}\varepsilon'}{1 + m'x}\left[\begin{array}{l}\left(1 + \frac{sx}{2}\right)\cos(2nt + 2\varpi - sl + sy - \theta' - 2\gamma - 2\delta) \\[1em] + \left(1 - \frac{sx}{2}\right)\cos(2nt + 2\varpi + sl - sy + \theta' - 2\gamma - 2\delta)\end{array}\right].$$

On trouvera par l'analyse précédente, en supposant nulles dans l'ensemble des observations les moyennes de $\sin(sT + \theta')$, $\sin(2m'T - 2\gamma)$ et de leurs produits, qu'ils ajoutent à l'expression (D) de la hauteur de la pleine mer la quantité

$$- \frac{6a'h\tan^2\frac{1}{2}\varepsilon'}{1 + m'x}\cos(2m'T - 2\delta)\cos(sT + \theta')\left[1 - \frac{s^2 l''^2 + 4(l' + m'l'')^2}{2} + s.x.sl''(l' + m'l'')\right];$$

l'expression de la hauteur de la pleine mer devient ainsi

$$(\mathrm{M})\ \left\{ \begin{aligned}
& a + a' + b + 2a' \cdot \frac{a + \frac{b(m'+m)}{m'-m}}{a+a'+b} - (m'-m)^2 l''^2 \\[2ex]
& -\Sigma a'\cos(sT + \theta') \left\{ \begin{aligned}
& 3h - \frac{fs.x}{1+m'x} + \frac{6h\,\tan^2\frac{1}{2}\varepsilon'}{1+m'x}\cos(2m'T - 2\delta) \\[1ex]
& -\tfrac{1}{2}\left(3h - \frac{fs.x}{1+m'x}\right)(s^2 l''^2 + 4l'^2) \\[1ex]
& -4\left[f - \frac{3hs.x}{4(1+m'x)}\right]sl''l' \\[1ex]
& -\frac{3h\,\tan^2\frac{1}{2}\varepsilon'}{1+m'x}\cos(2m'T - 2\delta)\left[\begin{aligned}& s^2 l''^2 + 4(l'+m'l'')^2 \\ & \quad - 2s.x(l'+m'l'')sl''\end{aligned}\right]
\end{aligned} \right\}
\end{aligned} \right.$$

le signe intégral Σ embrassant tous les termes semblables relatifs aux diverses inégalités de la Lune.

On a par ce qui précède, au moment de la pleine mer,

$$nt + \varpi - mt - \lambda = i\pi + l;$$

il est facile d'en conclure que la valeur de l, réduite en temps, à raison de la circonférence entière pour un jour, exprime le retard des marées. On trouvera par l'analyse précédente que, en désignant par α la partie de l'expression de la hauteur des marées indépendante de l et de l'', on aura

$$(\mathrm{N})\ \ l = (m'-m)l''a' \left\{ \begin{aligned}
& 1 - \frac{mb}{(m'-m)a'} \\[2ex]
& -\Sigma\cos(sT + \theta') \cdot \frac{3h - \frac{fs.x}{1+m'x} - \frac{s}{m'-m}\left[f - \frac{3hs.x}{4(1+m'x)}\right] - \frac{3h\,\tan^2\frac{1}{2}\varepsilon'\cos(2m'T - 2\delta)}{(1+m'x)(m'-m)l''}\left(2ml'' - \frac{1}{2}s.x.sl''\right)}{\alpha + \frac{(m'-m)a}{n-m'} + \frac{m'b}{n-m'}}
\end{aligned} \right.$$

On fera entrer, par la même analyse, les inégalités du mouvement solaire dans les expressions de la hauteur et du retard des marées.

Parmi les inégalités lunaires, celle que l'on nomme *variation* augmente, dans les syzygies, la parallaxe de la Lune et sa vitesse angulaire de quantités constantes; elle les diminue des mêmes quantités dans les quadratures. Relativement à cette inégalité, s est égal à $2(m'-m)$, et, dans les syzygies, le cosinus de $2(m'-m)\mathrm{T}$ est l'unité; il est -1 dans les quadratures. La théorie lunaire donne, par rapport à cette inégalité, $3h = -0,02334$ et $f = 0,01$. De plus, on verra dans la suite que $m'x$ est à fort peu près égal à $\frac{1}{4}$, en sorte que l'on peut supposer, en négligeant la valeur de m,

$$-\frac{fs\,x}{1+m'x} = 0,004,$$

ce qui donne

$$3h - \frac{fs\,x}{1+m'x} = -0,02734.$$

On peut, vu la petitesse de $\tan^2\frac{1}{2}\varepsilon$, substituer sans erreur sensible $-0,02734$ au lieu de $3h$ dans le facteur de cette quantité; on aura donc égard à l'inégalité de la variation, dans la valeur de z, en multipliant L' par $1,02734$ dans les syzygies, et l'on y aura égard dans les quadratures en multipliant L' par $0,97266$.

4. Soit p le carré du cosinus de la déclinaison du Soleil à l'instant de la syzygie; on aura, par le n° 2,

$$p = \frac{1+\cos^2\varepsilon}{2} + \frac{1}{2}\sin^2\varepsilon\cos 2m'\mathrm{T};$$

or on a

$$\cos^4\frac{1}{2}\varepsilon = \frac{1+\cos^2\varepsilon}{2} - \sin^4\frac{1}{2}\varepsilon;$$

en négligeant donc, comme nous l'avons fait, $\sin^4\frac{1}{2}\varepsilon$, on aura

$$2\mathrm{A}\frac{\mathrm{L}}{r^3}\cos^4\frac{1}{2}\varepsilon + \mathrm{B}\sin^2\varepsilon\frac{\mathrm{L}}{r^3}\cos 2m\mathrm{T}$$

$$= 2\mathrm{A}\frac{\mathrm{L}}{r^3}p - (\mathrm{A}-\mathrm{B})\frac{\mathrm{L}}{r^3}\sin^2\varepsilon\cos 2m'\mathrm{T}.$$

26.

En nommant pareillement p' le carré du cosinus de la déclinaison de la Lune à l'instant de la syzygie, on aura

$$2A' \frac{L'}{r'^3} \cos^2 \tfrac{1}{2} \varepsilon' + B \sin^2 \varepsilon' \frac{L'}{r'^3} \cos(2m'T - 2\delta)$$

$$= 2A' \frac{L'}{r'^3} p' - (A' - B) \sin^2 \varepsilon' \frac{L'}{r'^3} \cos(2m'T - 2\delta).$$

Dans les syzygies des solstices, mT et $m'T$ sont à peu près égaux à $\tfrac{1}{2}\pi$. En désignant alors par $\tfrac{1}{2}\pi + mT'$ et $\tfrac{1}{2}\pi + m'T'$ les angles mT et $m'T$, ce qui revient à compter du solstice les arcs mT' et $m'T'$, on aura

$$\cos 2mT = - \cos 2mT', \quad \cos(2m'T - 2\delta) = - \cos(2m'T' - 2\delta);$$

en désignant donc par q et q' les carrés des cosinus des déclinaisons solaires et lunaires à l'instant de la syzygie solsticiale, on aura

$$2A \frac{L}{r^3} \cos^2 \tfrac{1}{2} \varepsilon + B \sin^2 \varepsilon \frac{L}{r^3} \cos 2mT$$

$$= 2A \frac{L}{r^3} q + (A - B) \sin^2 \varepsilon \frac{L}{r^3} \cos 2mT',$$

$$2A' \frac{L'}{r'^3} \cos^2 \tfrac{1}{2} \varepsilon' + B \sin^2 \varepsilon' \frac{L'}{r'^3} \cos(2m'T - 2\delta)$$

$$= 2A' \frac{L'}{r'^3} q' + (A' - B) \sin^2 \varepsilon' \frac{L'}{r'^3} \cos(2m'T' - 2\delta).$$

On peut supposer, dans l'ensemble d'un grand nombre de syzygies, que la somme des cosinus de $2mT$ est égale à la somme des cosinus de $2m'T'$, et que la somme des cosinus de $2m'T - 2\delta$ est égale à la somme des cosinus de $2m'T' - 2\delta$, parce que ces cosinus diffèrent peu de l'unité, et que d'ailleurs ils sont multipliés par les facteurs très-petits $(A - B)\sin^2 \varepsilon$ et $(A' - B)\sin^2 \varepsilon'$. En supposant donc que P et Q expriment les sommes des carrés des cosinus des déclinaisons du Soleil aux instants des syzygies équinoxiales et solsticiales, et que P' et Q' expriment les mêmes sommes pour la Lune, on aura, en ne considérant que l'inégalité lunaire de la variation, pour un nombre i de syzygies équinoxiales,

$$2i\alpha = 2A\,\frac{L}{r^3}\,P + 2A'.1,02734\cdot\frac{L'}{r'^3}\,P'$$
$$- (A - B)\,\frac{L}{r^3}\,(P - Q) - (A' - B).1,02734\cdot\frac{L'}{r'^3}\,(P' - Q'),$$

et, pour le même nombre i de syzygies solsticiales, on aura

$$2i\alpha' = 2A\,\frac{L}{r^3}\,Q + 2A'.1,02734\cdot\frac{L'}{r'^3}\,Q'$$
$$+ (A - B)\,\frac{L}{r^3}\,(P - Q) + (A' - B).1,02734\cdot\frac{L'}{r'^3}\,(P' - Q'),$$

α' étant ce que devient α dans les syzygies solsticiales.

La hauteur de la pleine mer syzygie, donnée par la formule (M) du numéro précédent, étant de la forme $\alpha - \beta t''^2$, il est clair que la basse mer syzygie sera $- \alpha + \beta t''^2$, ce qui revient à changer L et L' dans $- $L et $- $L'. Dans les quadratures, la basse mer solaire coïncide avec la haute mer lunaire. De là il suit que, si l'on désigne par P_i et Q_i les sommes des carrés des cosinus des déclinaisons du Soleil dans les quadratures équinoxiales et solsticiales, si l'on désigne par Q'_i et P'_i les sommes des carrés des cosinus des déclinaisons de la Lune dans les mêmes quadratures, enfin si l'on désigne par α'' et α''' ce que deviennent α et α' dans les quadratures, on aura, pour i quadratures équinoxiales, en n'ayant égard qu'à l'inégalité de la variation,

$$2i\alpha'' = 2A'.0,97266\cdot\frac{L'}{r'^3}\,Q'_i - 2A\,\frac{L}{r^3}\,P_i$$
$$+ (A' - B).0,97266\cdot\frac{L'}{r'^3}\,(P'_i - Q'_i) + (A - B)\,\frac{L}{r^3}\,(P_i - Q_i),$$

et, pour i quadratures solsticiales, on aura

$$2i\alpha''' = 2A'.0,97266\cdot\frac{L'}{r'^3}\,P'_i - 2A\,\frac{L}{r^3}\,Q_i$$
$$- (A' - B).0,97266\cdot\frac{L'}{r'^3}\,(P'_i - Q'_i) - (A - B)\,\frac{L}{r^3}\,(P_i - Q_i).$$

Dans le calcul des valeurs de $\mathfrak{S}\iota''^2$ et l, données par les formules (M) et (N), on fera, pour les i syzygies équinoxiales,

$$\cos^4 \tfrac{1}{2}\varepsilon = \frac{P+Q}{2i}, \quad \cos^4 \tfrac{1}{2}\varepsilon' = \frac{P'+Q'}{2i},$$

$$\sin^2\varepsilon \cos 2m\,T = \frac{P-Q}{i}, \quad \sin^2\varepsilon' \cos(2m'T - 2\delta) = \frac{P'-Q'}{i},$$

$$\operatorname{tang}^2 \tfrac{1}{2}\varepsilon' \cos(2m'T - 2\delta) = \frac{1}{2}\,\frac{P'-Q'}{P'+Q'}.$$

Il faut, dans les syzygies solsticiales, changer les signes des seconds membres des trois dernières équations.

Dans les quadratures, il faut changer L en $-$ L et faire

$$\cos^4 \tfrac{1}{2}\varepsilon = \frac{P_i+Q_i}{2i}, \quad \cos^4 \tfrac{1}{2}\varepsilon' = \frac{P'_i+Q'_i}{2i}.$$

Dans les quadratures équinoxiales, il faut faire

$$\sin^2\varepsilon \cos 2m\,T = \frac{P_i-Q_i}{i}, \quad \sin^2\varepsilon' \cos(2m'T - 2\delta) = \frac{Q'_i-P'_i}{i},$$

$$\operatorname{tang}^2 \tfrac{1}{2}\varepsilon' \cos(2m'T - 2\delta) = \frac{1}{2}\,\frac{Q'_i-P'_i}{P'_i+Q'_i}.$$

Dans les quadratures solsticiales, il faut changer les signes des seconds membres de ces trois dernières équations.

CHAPITRE III.

COMPARAISON DE L'ANALYSE PRÉCÉDENTE AVEC LES OBSERVATIONS DES HAUTEURS
DES MARÉES DONT LA PÉRIODE EST D'ENVIRON UN DEMI-JOUR.

5. On a considéré les syzygies équinoxiales suivantes :

TABLE I. — DES HAUTEURS DES MARÉES.

1807	9 mars.	23 mars.	8 avril.	2 sept.	16 sept.	1 oct.
1808	12 »	27 »	10 »	4 »	20 »	4 »
1809	2 »	15 »	31 mars.	9 »	23 »	9 »
1810	5 »	21 »	4 avril.	13 »	28 »	12 »
1811	10 »	24 »	8 »	2 »	17 »	2 »
1812	13 »	27 »	11 »	5 »	20 »	5 »
1813	2 »	17 »	1 »	10 »	24 »	10 »
1814	6 »	21 »	4 »	13 »	29 »	13 »
1815	11 »	25 »	9 »	3 »	18 »	2 »
1816	13 »	28 »	12 »	6 »	21 »	6 »
1817	3 »	17 »	1 »	11 »	25 »	10 »
1818	7 »	22 »	5 »	31 août.	14 »	30 sept.
1819	11 »	25 »	10 »	4 sept.	19 »	3 oct.
1820	29 février.	14 »	29 mars.	7 »	22 »	7 »
1821	4 mars.	18 »	2 avril.	11 »	26 »	11 »
1822	7 »	23 »	6 »	1 »	15 »	30 sept.

On a pris, dans les syzygies, l'excès de la haute mer du soir sur la
basse mer du matin, relatif au jour qui précède la syzygie, au jour
même de la syzygie et aux quatre jours qui la suivent. On a fait, pour
chaque année, une somme des excès relatifs à chacun de ces jours, en
doublant les résultats correspondants à la syzygie la plus voisine de
l'équinoxe et qui est la moyenne des trois syzygies considérées dans

chaque équinoxe. On a obtenu ainsi les résultats suivants exprimés en mètres :

TABLE II. — Syzygies équinoxiales.

	(−1).	(0).	(+1).	(+2).	(+3).	(+4).
1807........	44,125	49,020	51,460	50,720	48,830	45,070
1808........	44,740	49,155	51,120	51,060	48,195	43,910
1809........	44,195	48,520	50,910	51,135	49,305	44,910
1810........	46,300	49,711	51,740	50,275	47,711	43,079
1811........	44,205	49,030	51,290	51,100	48,860	43,850
1812........	43,527	48,116	51,348	51,630	49,619	46,015
1813........	45,330	49,069	51,041	50,804	47,928	43,466
1814........	44,211	48,651	50,551	50,705	48,165	44,707
1815........	43,997	48,768	51,852	50,917	48,641	43,857
1816........	43,980	48,350	51,380	51,370	49,000	44,180
1817........	43,730	48,250	50,630	50,580	49,000	44,290
1818........	43,500	48,060	50,330	50,250	48,560	43,640
1819........	43,758	48,226	50,592	50,281	48,802	43,316
1820........	45,028	49,762	51,857	51,116	48,639	43,860
1821........	44,265	48,605	50,660	49,630	48,815	42,107
1822........	44,153	48,364	50,777	49,983	47,730	42,640
Sommes...	709,944 $=f$	779,987 $=f'$	817,538 $=f''$	811,886 $=f'''$	778,429 $=f^{\mathrm{iv}}$	702,897 $=f^{\mathrm{v}}$

$f, f', f'', f''', f^{\mathrm{iv}}, f^{\mathrm{v}}$ sont les sommes des hauteurs relatives à chacun des six jours. Si l'on désigne la loi de ces sommes par

$$\zeta t^2 + \zeta' t + \zeta'',$$

t étant le temps écoulé depuis la haute mer du soir du jour qui précède la syzygie, l'intervalle de deux marées consécutives du soir étant pris pour unité, on aura les six équations de condition suivantes :

$$\zeta'' = f,$$
$$\zeta + \zeta' + \zeta'' = f',$$
$$4\zeta + 2\zeta' + \zeta'' = f'',$$
$$9\zeta + 3\zeta' + \zeta'' = f''',$$
$$16\zeta + 4\zeta' + \zeta'' = f^{\mathrm{iv}},$$
$$25\zeta + 5\zeta' + \zeta'' = f^{\mathrm{v}}.$$

Si l'on multiplie chacune de ces équations respectivement par les coefficients de ζ, et que l'on fasse la somme des produits, si l'on fait des sommes semblables relativement aux coefficients de ζ' et ζ'', ces trois sommes donneront les équations suivantes :

$$\begin{aligned}
979\zeta + 225\zeta' + 55\zeta'' &= f' + 4f'' + 9f''' + 16f^{\text{iv}} + 25f^{\text{v}},\\
225\zeta + 55\zeta' + 15\zeta'' &= f' + 2f'' + 3f''' + 4f^{\text{iv}} + 5f^{\text{v}},\\
55\zeta + 15\zeta' + 6\zeta'' &= f + f' + f'' + f''' + f^{\text{iv}} + f^{\text{v}}.
\end{aligned}$$

Ces équations donnent

$$\begin{aligned}
\zeta &= \frac{10(f + f^{\text{v}} - f'' - f''') + 2(f'' + f''' - f' - f^{\text{iv}})}{112},\\
\zeta' &= \frac{5(f^{\text{v}} - f) + 3(f^{\text{iv}} - f') + f''' - f''}{35} - 5\zeta,\\
\zeta'' &= \frac{f + f' + f'' + f''' + f^{\text{iv}} + f^{\text{v}}}{6} - \frac{5}{2}\zeta' - \frac{55}{6}\zeta.
\end{aligned}$$

Maintenant on a, le mètre étant pris pour unité,

$$\begin{aligned}
f &= 709{,}944, & f' &= 779{,}987, & f'' &= 817{,}538,\\
f''' &= 811{,}886, & f^{\text{iv}} &= 778{,}429, & f^{\text{v}} &= 702{,}897.
\end{aligned}$$

On trouve ainsi

$$\begin{aligned}
\zeta &= -\ 18{,}06977,\\
\zeta' &= 89{,}04710,\\
\zeta'' &= 809{,}8021.
\end{aligned}$$

L'expression

$$\zeta t^2 + \zeta' t + \zeta'' \quad \text{ou} \quad \zeta'' - \frac{\zeta'^2}{4\zeta} + \zeta\left(t + \frac{\zeta'}{2\zeta}\right)^2$$

des valeurs de $f, f', f'', \ldots$ devient

$$819{,}5070 - 18{,}06977.(t - 2{,}46398)^2.$$

Exprimons par t' la distance d'une haute marée du soir à l'instant de la syzygie, t' étant supposé positif pour les marées qui suivent la syzygie. Soit y une constante arbitraire, dont nous disposerons de manière que $z - \zeta(t' - y)^2$ représente cette haute marée. La basse marée qui la précède sera, comme on l'a vu d'après la loi de la pesanteur universélle, $-x + \varepsilon\left(t' - y - \frac{1}{4}\right)^2$. L'excès de la haute mer sur cette basse mer sera donc

$$2x - \frac{6}{32} - 2\varepsilon\left(t' - y - \frac{1}{8}\right)^2.$$

Ainsi, en nommant i le nombre des syzygies employées pour former les valeurs de $f, f', f'', \ldots$, l'expression générale des sommes de ces valeurs sera

(a) $$2ix - \frac{i6}{32} - 2i\varepsilon\left(t' - y - \frac{1}{8}\right)^2.$$

Désignons par k la moyenne des quantités dont les syzygies ont précédé, dans les observations précédentes, les instants des hautes marées du soir des jours mêmes des syzygies; on aura

$$t' - y = t - 1 + k - y.$$

La formule (a) devient ainsi

$$2ix - \frac{2i6}{64} - 2i\varepsilon\left(t - \frac{9}{8} + k - y\right)^2.$$

Cette formule doit coïncider avec l'expression

(b) $$\zeta'' - \frac{\zeta'^2}{4\zeta} + \zeta\left(t + \frac{\zeta'}{2\zeta}\right)^2;$$

on a donc

$$\frac{\zeta'}{2\zeta} = -\frac{9}{8} + k - y,$$

ce qui donne

$$y = k - \frac{9}{8} - \frac{\zeta'}{2\zeta}.$$

En substituant les valeurs précédentes de ζ' et de ζ, on a

$$y = 1,33898 + k.$$

Dans les syzygies précédentes, le retard journalier des marées a été $0,026136$. On a ainsi, en parties du jour solaire,

$$1,33898 = 1^j,37398.$$

La valeur moyenne k dont les syzygies ont précédé les marées du soir est $0^J,10615$. On a ainsi

$$y = 0,48013.$$

La comparaison des expressions (a) et (b) donne

$$2iz = 819,7895,$$
$$2i\delta = 18,0698,$$

i étant égal à 128, parce que l'on a employé 128 syzygies, en comptant pour deux chaque syzygie intermédiaire dont on a doublé les résultats.

Pour que l'on puisse apprécier la régularité des observations des marées faites dans le port de Brest, on a déterminé, comme ci-dessus, les valeurs de $2iz$ et de $2i\delta$ pour chacune des seize années, et, comme le nombre des observations de chaque année n'est qu'un seizième du nombre total des observations que nous venons d'employer, on a multiplié les divers résultats par 16, pour les comparer aux précédents. On a formé ainsi la Table suivante :

TABLE III. — Valeurs de $2i\delta$ et de $2iz$ conclues des marées équinoxiales syzygies.

	$2i\delta.$	$2iz.$
1807	16,884	821,585
1808	18,034	822,271
1809	16,851	820,878
1810	16,739	820,992
1811	19,193	825,188
1812	17,676	847,212
1813	17,256	818,212
1814	16,443	814,340
1815	19,776	826,075
1816	19,300	825,287
1817	17,712	815,962
1818	18,069	811,234
1819	18,614	814,466
1820	19,194	828,424
1821	19,200	814,194
1822	18,202	810,998
Moyennes	18,0714	819,8320

Le peu de différence de ces valeurs de $2i^6$ et de $2iz$ à leurs moyennes montre la régularité des marées dans le port de Brest, ces écarts ayant été rendus seize fois plus grands, en vertu de leur multiplication par 16.

6. On a considéré de la même manière les syzygies solsticiales suivantes, qui correspondent aux mêmes années.

TABLE IV.

1807	6 juin.	20 juin.	5 juill.	15 déc.	29 déc.	
1808	13 janv.	8 »	24 juin.	7 juill.	3 »	17 déc.
1809	1 »	13 »	27 »	12 »	7 »	21 »
1810	5 »	3 »	17 »	1 »	10 »	26 »
1811	9 »	6 »	20 »	6 »	15 »	29 »
1812	14 »	9 »	24 »	8 »	4 »	18 »
1813	2 »	14 »	28 »	13 »	7 »	22 »
1814	6 »	3 »	17 »	2 »	11 »	26 »
1815	10 »	7 »	21 »	6 »	16 »	30 »
1816	15 »	10 »	25 »	9 »	4 »	18 »
1817	3 »	30 mai.	14 »	28 juin.	8 »	23 »
1818	6 »	3 juin.	18 »	3 juill.	12 »	27 »
1819	11 »	8 »	22 »	7 »	1 »	17. 31 »
1820	10 juin.	26 »	10 juill.	5 déc.	19 »	»
1821	4 »	31 mai.	15 juin.	29 juin.	9 »	24 »
1822	7 »	4 juin.	19 »	4 juill.	13 »	28 »
1823	12 »					

On a fait, comme ci-dessus, les sommes des excès des hautes marées du soir sur les basses mers du matin du jour qui précède la syzygie, du jour même de la syzygie et des quatre jours qui la suivent, en doublant les résultats relatifs à la syzygie intermédiaire dans chaque solstice. On a obtenu ainsi les résultats suivants :

TABLE V. — SYZYGIES SOLSTICIALES.

	(—1).	(0).	(+1).	(+2).	(+3).	(+4).
1807........	41,030	43,040	44,745	45,545	43,830	41,575
1808........	41,365	44,260	46,075	45,920	44,875	42,545
1809........	41,195	44,140	46,885	45,915	45,610	43,334
1810........	41,942	45,481	46,623	46,487	45,425	41,242
1811........	40,695	44,163	45,459	45,736	45,219	43,284
1812........	42,058	44,759	45,932	45,478	43,474	40,904
1813........	41,733	44,867	45,821	44,845	43,302	39,784
1814........	40,380	43,665	45,767	45,030	44,017	41,264
1815........	40,045	43,043	45,129	44,834	43,289	40,867
1816........	40,830	42,390	44,090	43,850	41,640	39,620
1817........	39,440	42,720	44,380	43,880	41,910	40,120
1818........	39,474	42,400	43,575	44,145	42,048	39,468
1819........	39,457	41,030	42,733	42,325	41,268	38,261
1820........	38,320	40,990	42,222	42,454	41,208	39,029
1821........	39,220	42,130	42,160	41,825	41,225	38,055
1822........	38,194	44,824	43,357	43,524	42,532	39,470
Sommes...	645,358	690,902	714,592	712,843	690,872	648,792

L'ensemble de ces hauteurs donne

$$f = 645,358, \quad f' = 690,902, \quad f'' = 714,592,$$
$$f''' = 712,843, \quad f^{iv} = 690,872, \quad f^{v} = 648,792.$$

On trouve ainsi

$$\zeta = -\ 11,08513,$$
$$\zeta' =\quad 55,86375,$$
$$\zeta'' =\quad 645,84780.$$

L'expression $\zeta'' - \dfrac{\zeta'^2}{4\zeta} + \zeta\left(t + \dfrac{\zeta'}{2\zeta}\right)$ des valeurs de $f, f', \ldots$ devient

$$716,2293 - 11,08513(t - 2,51976)^2,$$

d'où l'on tire, comme dans le numéro précédent,

$$2ix' = 716,40050,$$

$$2i\xi' = 11,08515.$$

On a, comme dans le même numéro,

$$\frac{\zeta'}{2\xi} = -\frac{9}{8} + k - y,$$

ce qui donne

$$y = 1,39476 + k.$$

Dans les syzygies des solstices, le retard journalier des marées a été $0^j,028376$, en sorte que l'intervalle pris pour unité est ici $0^j,028376$. On a ainsi, en parties du jour solaire,

$$1,39476 = 0^j,43434.$$

Dans les syzygies solsticiales précédentes on a

$$k = 0^j,11250,$$

ce qui donne

$$y = 0^j,54684.$$

Pour apprécier la régularité de ces observations solsticiales des marées, on a déterminé, pour chaque année, les valeurs de $2i\xi'$ et de $2ix'$, et on les a multipliées par 16, pour les comparer aux valeurs précédentes des mêmes quantités relatives aux seize années d'observations. On a formé ainsi la Table suivante :

TABLE VI. — Valeurs de $2ib'$ et $2iz'$ conclues des marées solsticiales syzygies.

	$2ib'$.	$2iz'$.
1807..........	9,681	722,122
1808..........	10,717	738,531
1809..........	12,121	751,449
1810..........	13,557	745,930
1811..........	9,448	733,925
1812..........	11,147	732,925
1813..........	12,357	731,510
1814..........	12,208	729,610
1815..........	11,893	720,851
1816..........	9,583	701,618
1817..........	11,392	706,605
1818..........	13,034	705,261
1819..........	9,697	682,144
1820..........	9,659	679,984
1821..........	9,406	680,378
1822..........	12,446	700,525
Moyennes....	11,1485	716,4630

Le peu de différence de ces valeurs de $2ib'$ et de $2iz'$ à leurs moyennes prouve leur régularité. En les comparant aux mêmes valeurs relatives aux syzygies équinoxiales, on voit clairement l'influence des déclinaisons sur les valeurs de $2z$ et de $2b$: la plus petite des valeurs de $2iz$, dans les syzygies équinoxiales de la Table III, est 810,998; elle surpasse la plus grande des valeurs de $2iz'$ dans les syzygies solsticiales de la Table VI, qui ne s'élève qu'à 751,449. Pareillement, la plus petite des valeurs de $2ib$, dans les syzygies équinoxiales de la Table III, est 16,443; elle surpasse la plus grande des valeurs de $2ib'$ dans les syzygies solsticiales, qui, par la Table VI, ne s'élève qu'à 13,034 (*). Une telle disposition n'est point l'effet du hasard; car alors.

(*) La plus grande valeur de $2ib'$ dans la Table VI est 13,557 et non pas 13,034. Il en

en admettant que la plus grande des trente-deux valeurs de $2i\beta$ et de $2i\beta'$, qui, par la Table III, est 19,776, et la plus petite de ces valeurs, qui, par la Table VI, est 9,406, sont les limites entre lesquelles ces valeurs ont pu également s'étendre, on aura la supposition la plus favorable au hasard; un plus grand intervalle de limites diminuerait sa probabilité. Dans cette supposition, la probabilité qu'une valeur syzygie équinoxiale de $2i\beta$ ne sera pas au-dessous de 16,443 sera

$$\frac{19,776 - 16,443}{19,776 - 9,406} \quad \text{ou} \quad \frac{3,333}{10,370},$$

Pareillement, la probabilité qu'une valeur syzygie solsticiale de $2i\beta'$ ne sera pas au-dessus de 13,034 sera

$$\frac{13,034 - 9,406}{19,776 - 9,406} \quad \text{ou} \quad \frac{3,628}{10,370}.$$

De là il suit, par les principes connus de la théorie des probabilités, que la probabilité qu'aucune des seize valeurs syzygies équinoxiales de $2i\beta$ ne sera au-dessous de 16,443, en même temps qu'aucune des valeurs syzygies solsticiales de $2i\beta'$ ne surpassera pas 13,034, est égale à

$$\left(\frac{3,333}{10,370}\right)^{16} \left(\frac{3,628}{10,370}\right)^{16}.$$

Ce produit est moindre qu'une fraction qui, ayant l'unité pour numérateur, aurait pour dénominateur 15, suivi de quatorze zéros. L'excessive petitesse de cette fraction prouve incontestablement l'influence des déclinaisons du Soleil et de la Lune sur les valeurs de $2i\beta$ et de $2i\beta'$. Un raisonnement semblable, appliqué aux valeurs de $2iz$ et de $2iz'$, montre pareillement l'influence des déclinaisons sur ces valeurs.

7. J'ai considéré, d'une manière à peu près semblable, les quadratures équinoxiales suivantes :

TABLE VII. — QUADRATURES ÉQUINOXIALES.

1807	1 mars.	17 mars.	30 mars.	8 sept.	24 sept.	8 oct.
1808	5 »	19 »	4 avril.	13 »	26 »	12 »
1809	8 »	24 »	7 »	1 »	16 »	1 »
1810	13 »	28 »	11 »	6 »	20 »	5 »
1811	2 »	17 »	31 mars.	9 »	25 »	9 »
1812	6 »	19 »	4 avril.	13 »	27 »	13 »
1813	9 »	25 »	7 »	2 »	17 »	2 »
1814	14 »	28 »	12 »	7 »	21 »	6 »
1815	2 »	18 »	1 »	10 »	26 »	10 »
1816	7 »	20 »	5 »	29 août.	14 »	28 sept.
1817	10 »	26 »	8 »	3 sept.	17 »	3 oct.
1818	28 févr.	15 »	29 mars.	7 »	21 »	7 »
1819	3 mars.	19 »	2 avril.	11 »	26 »	11 »
1820	7 »	21 »	6 »	30 août.	15 »	29 sept.
1821	10 »	26 »	9 »	4 sept.	18 »	4 oct.
1822	28 févr.	15 »	29 mars.	8 »	23 »	7 »

On a pris l'excès de la haute mer du matin sur la basse mer du
soir, relatif au jour même de la quadrature et aux trois jours qui la
suivent. Je n'ai pas considéré six jours, comme je l'ai fait relativement aux syzygies, parce que, la variation des marées quadratures
étant plus rapide que celle des marées syzygies, la loi de variation
proportionnelle au carré du temps ne pourrait pas, sans erreur sensible, s'étendre à un intervalle de six jours. On a fait, pour chaque
marée, une somme des excès relatifs à chacun des quatre jours, en
doublant les résultats relatifs à la quadrature intermédiaire des trois
quadratures considérées dans chaque équinoxe. On a formé ainsi la
Table suivante :

TABLE VIII. — QUADRATURES ÉQUINOXIALES.

	(0).	(1).	(2).	(3).
1807	25,130	20,100	20,180	26,106
1808	26,770	20,950	20,935	26,320
1809	26,130	21,100	21,130	25,280
1810	21,500	20,974	21,483	27,080
1811	26,055	21,140	21,130	26,167
1812	26,947	21,500	20,625	25,111
1813	25,419	20,341	20,681	25,916
1814	23,861	19,754	20,004	25,943
1815	24,867	20,106	19,949	26,173
1816	25,250	19,380	21,130	23,720
1817	23,380	18,610	18,560	22,520
1818	23,860	18,330	19,010	23,610
1819	23,575	17,178	17,281	24,254
1820	23,002	16,798	16,828	23,159
1821	23,140	17,060	17,080	22,755
1822	23,228	18,102	17,024	22,644
Sommes	394,094	312,023	313,033	396,159

Si l'on nomme f, f', f'', f''' les sommes des hauteurs relatives à chacun des quatre jours, et que l'on représente la loi de ces sommes par

$$\zeta t^2 + \zeta' t + \zeta'',$$

t étant le temps écoulé depuis la haute marée du matin du jour de la quadrature, l'intervalle de deux marées quadratures du matin étant pris pour unité, on aura les quatre équations de condition suivantes :

$$\zeta'' = f,$$
$$\zeta + \zeta' + \zeta'' = f',$$
$$4\zeta + 2\zeta' + \zeta'' = f'',$$
$$9\zeta + 3\zeta' + \zeta'' = f'''.$$

Si l'on multiplie chacune de ces équations respectivement par leurs coefficients de ζ et que l'on fasse nulle la somme de leurs produits, si l'on fait les sommes semblables relativement aux coefficients de ζ' et de ζ'', ces trois sommes, égalées à zéro, formeront les équations suivantes :

$$98\zeta + 36\zeta' + 14\zeta'' = f + 4f'' + 9f''',$$

$$36\zeta + 14\zeta' + 6\zeta'' = f + 2f'' + 3f''',$$

$$14\zeta + 6\zeta' + 4\zeta'' = f + f' + f'' + f''';$$

ces équations donnent

$$\zeta = \frac{f - f' - f'' + f'''}{4},$$

$$\zeta' = \frac{-\frac{21}{2}(f - f' - f'' + f''') + 2(f''' - f'') + 4(f' - f')}{10};$$

$$\zeta'' = \frac{f + f' + f'' + f'''}{4} - \frac{3}{2}\zeta' - \frac{7}{2}\zeta.$$

Maintenant on a

$$f = 394,094, \quad f' = 312,023, \quad f'' = 313,033, \quad f''' = 396,159.$$

ce qui donne

$$\zeta = 41,29925, \quad \zeta' = -123,1812, \quad \zeta'' = 394.0515.$$

L'expression

$$\zeta t^2 + \zeta' t + \zeta''$$

devient ainsi

$$(a) \qquad 302,2016 + 41,29925(t - 1,49131)^2.$$

Nommons t' la distance d'une haute marée du matin à l'instant de la quadrature, et représentons par $\alpha'' + 6''(t' - y)^2$ cette haute marée. La hauteur de la basse mer qui la suit sera

$$-\alpha'' - 6''\left(t' - y + \frac{1}{4}\right)^2;$$

l'excès de la haute mer sur cette basse mer sera donc

$$2\alpha'' + \frac{2\delta''}{64} + 2\delta''\left(t' - y + \frac{1}{8}\right)^2.$$

Nommons k' la valeur moyenne des quantités dont les quadratures ont suivi les hautes marées du matin du jour de la quadrature; on aura $t' = t - k'$. La formule précédente devient ainsi, en la multipliant par le nombre i des quadratures considérées,

$$2i\alpha'' + \frac{2i\delta''}{64} + 2i\delta''\left(t - k' - y + \frac{1}{8}\right)^2.$$

Cette formule sera l'expression des valeurs de f, f', …; en la comparant à la formule (a), on a

$$k' + y - \frac{1}{8} = 1,49131,$$

ce qui donne

$$y = 1,61631 - k'.$$

L'intervalle pris pour unité est l'intervalle de deux marées consécutives du matin vers les syzygies équinoxiales, et l'on verra ci-après que cet intervalle est $1^j,057828$; on aura ainsi

$$1,61631 = 1^j,70978.$$

La valeur de k' relative aux marées précédentes est $0^j,20014$; on aura donc

$$y = 1^j,50964;$$

on a ensuite

$$2i\delta'' = 41,29925,$$
$$2i\alpha'' = 301,55690.$$

Pour apprécier la régularité de ces marées à Brest, on a déterminé les valeurs de $2i\alpha''$ et de $2i\delta''$ pour chaque année, et on les a multipliées par 16, ce qui a produit la Table suivante :

TABLE IX. — VALEURS DE $2i6'$ ET $2iz''$ CONCLUES DES MARÉES ÉQUINOXIALES EN QUADRATURES.

	$2i6'$.	$2iz'$.
1807	43,824	310,467
1808	44,820	323,448
1809	35,520	330,551
1810	36,492	318,768
1811	38,608	330,099
1812	39,732	324,982
1813	41,251	317,468
1814	36,174	310,479
1815	43,940	308,568
1816	37,040	302,939
1817	34,920	287,984
1818	40,520	287,957
1819	49,467	262,243
1820	50,140	271,685
1821	47,019	268,339
1822	40,589	269,891
Moyennes	41,2535	302,5624

Le peu de différence de ces valeurs de $2iz''$ et de $2i6''$ à leurs moyennes prouve la régularité de ces valeurs.

8. J'ai considéré de la même manière les quadratures solsticiales suivantes :

TABLE X. — Marées quadratures solsticiales.

1807	13 juin.	28 juin.	12 juill.	6 déc.	22 déc.	
1808	5 janv.	2 »	15 juin.	1 juill.	10 »	24 déc.
1809	9 »	5 »	20 »	4 »	13 »	29 »
1810	12 »	10 »	23 »	9 »	3 »	19 »
1811	1 »	13 »	29 »	12 »	6 »	22 »
1812	6 »	2 »	16 »	1 »	11 »	25 »
1813	9 »	5 »	21 »	5 »	1 »	14, 30 »
1814	11 juin.	24 »	10 juill.	4 »	19 »	» »
1815	2 janv.	31 mai.	14 juin.	29 juin.	8 »	23 »
1816	7 »	3 juin.	17 »	2 juill.	12 »	26 »
1817	10 »	6 »	22 »	6 »	1 »	15, 31 »
1818	11 juin.	25 »	11 juill.	4 déc.	20 »	» »
1819	3 janv.	1 »	14 juin.	30 juin.	9 »	23 »
1820	8 »	3 »	18 »	» »	12 »	27 »
1821	11 »	7 »	22 »	7 juill.	2 »	16, 31 »
1822	12 juin.	26 »	11 juill.	5 déc.	21 »	
1823	4 janv.					

On a fait, comme ci-dessus, les sommes des excès des hautes mers du matin sur les basses mers qui les suivent, pour le premier jour de la quadrature et pour les trois jours qui la suivent, ce qui a donné la Table suivante :

TABLE XI. — Quadratures solsticiales.

	(0).	(1).	(2).	(3).
1807	28,720	26,495	25,310	27,135
1808	28,910	25,765	25,145	27,120
1809	28,950	26,863	24,840	25,815
1810	29,586	25,750	26,477	27,940
1811	29,319	26,445	25,943	28,034
1812	28,106	25,837	25,823	27,705
1813	26,584	24,908	26,234	28,684
1814	27,196	24,431	25,500	28,384
1815	25,780	24,787	25,285	28,224
1816	26,870	25,500	24,900	28,370
1817	25,640	24,100	25,370	28,930
1818	26,607	24,713	24,853	26,769
1819	26,611	24,677	24,304	26,574
1820	26,934	24,412	23,709	26,226
1821	27,355	25,180	24,415	26,430
1822	28,047	25,014	24,204	26,036
Sommes	441,215	404,877	402,312	438,376

L'ensemble de ces hauteurs donne

$$f = 441,215, \quad f' = 404,877, \quad f'' = 402,312, \quad f''' = 438,376,$$

d'où l'on tire

$$\zeta = 18,1005, \quad \zeta' = -55,4097, \quad \zeta'' = 441,4578.$$

L'expression

$$\zeta t^2 + \zeta' t + \zeta''$$

devient ainsi

$$399,0524 + 18,1005 (t - 1,53062)^2,$$

ce qui donne, par un calcul semblable à celui que nous venons de faire relativement aux quadratures équinoxiales,

$$2\,i\,6'' = 18,1005,$$
$$2\,i\,x'' = 398,7696;$$

on trouve ensuite, comme ci-dessus,

$$y = 1,65561 - k'.$$

L'intervalle pris pour unité est ici $1^{j},046847$, et la valeur de k' relative à ces marées quadratures $0^{j},22048$, d'où l'on tire

$$y = 1^{j},51269.$$

Les marées quadratures équinoxiales ont donné

$$y = 1^{j},50964;$$

la moyenne est

$$y = 1,51116;$$

c'est la quantité dont le minimum des marées suit la quadrature. On a vu précédemment que les marées syzygies équinoxiales et solsticiales donnent, pour les valeurs correspondantes de y,

$$1^{j},48013,\quad 1^{j},54684.$$

La moyenne de ces deux valeurs est $1^{j},51349$; c'est la quantité dont le maximum des marées suit la syzygie. On voit ainsi que cet intervalle est à très-peu près égal à l'intervalle dont le minimum des marées suit la quadrature; ces deux intervalles peuvent donc être supposés égaux. Les observations anciennes m'ont donné pour ces intervalles $1^{j},50724$ et $1^{j},5077$ (Livre IV, n°s 24 et 31), ce qui est à très-peu près d'accord avec les résultats des nouvelles observations.

Pour juger de la régularité des marées quadratures solsticiales dans le port de Brest, on a déterminé, pour chaque année, les valeurs de $2\,i\,x'''$ et de $2\,i\,6'''$, en les multipliant par 16, ce qui a produit la Table suivante :

TABLE XII. — Valeurs de $2ib''$ et $2ix''$ conclues des marées solsticiales en quadratures.

	$2ib''$.	$2ix''$.
1807	16,200	408,743
1808	20,480	400,719
1809	12,248	403,736
1810	21,196	411,650
1811	19,860	413,200
1812	16,604	408,811
1813	16,504	402,496
1814	22,596	392,835
1815	15,728	393,822
1816	19,360	397,539
1817	20,400	396,448
1818	15,240	396,466
1819	16,816	387,373
1820	20,160	377,789
1821	16,760	401,345
1822	19,427	387,047
Moyennes	18,0312	398,7504

En comparant ces valeurs de $2ix''$ et de $2ib''$ à celles qui sont relatives aux marées quadratures équinoxiales, on voit clairement l'influence des déclinaisons des astres sur ces valeurs. Dans les quadratures équinoxiales, la déclinaison du Soleil est presque nulle et la déclinaison de la Lune est vers son maximum; le contraire a lieu dans les quadratures solsticiales, où la déclinaison de la Lune est fort petite, et celle du Soleil vers son maximum. Dans les quadratures équinoxiales, la plus grande des valeurs de $2ix''$ a été, par la Table IX, égale à 330,551, valeur inférieure à la plus petite des valeurs de $2ix''$ relatives aux quadratures solsticiales, et qui, par la Table XI, est 377,789. Au contraire, la plus petite des valeurs de $2ib''$ des marées quadratures équinoxiales de la Table IX, qui est 34,920, surpasse

la plus grande des valeurs de $2i\varepsilon^v$ des marées quadratures solsticiales
de la Table XII, qui est $22,596$. En appliquant à ces valeurs le raisonnement que nous avons fait, dans ce qui précède, sur les valeurs de
$2iz$ et de $2i\varepsilon$ relatives aux marées syzygies, on verra que cette disposition n'est point l'effet du hasard et qu'elle indique, d'une manière
incontestable, l'influence des déclinaisons des astres sur ces valeurs,
dans les marées quadratures comme dans les marées syzygies.

9. Toutes ces valeurs de $2iz$ et de $2i\varepsilon$ sont autant de phénomènes
très-propres à vérifier la théorie du flux et du reflux de la mer, fondée
sur la loi de la pesanteur universelle. Mais, avant de les comparer à
cette théorie, je vais les comparer aux valeurs semblables que j'ai
déduites, dans le Livre IV, des observations anciennes. Ces observations sont relatives à vingt-quatre syzygies et à vingt-quatre quadratures, tandis que les observations modernes se rapportent à cent
vingt-huit syzygies et à cent vingt-huit quadratures. Il faut donc, pour
comparer les résultats anciens aux modernes, diminuer ceux-ci dans
le rapport de 3 à 16. On aura ainsi :

	Observations modernes.	Observations anciennes.
Syzygies équinoxiales.....	$48.z = 153,711$	$150,235$
	$48.\varepsilon = 3,388$	$3,163$
Syzygies solsticiales	$48.z' = 134,325$	$132,371$
	$48.\varepsilon' = 2,078$	$1,945$
Quadratures équinoxiales .	$48.z'' = 56,561$	$58,033$
	$48.\varepsilon'' = 7,744$	$7,495$
Quadratures solsticiales...	$48.z''' = 74,769$	$75,517$
	$48.\varepsilon''' = 3,391$	$3,410$

On voit, par l'inspection de ce Tableau, que les résultats des observations modernes s'accordent avec ceux des observations anciennes
aussi bien qu'on peut l'attendre, vu les différences que peuvent y produire les différences des déclinaisons de la Lune aux deux époques.

10. Comparons maintenant les résultats des observations avec les formules du Chapitre précédent. Dans les syzygies et dans les quadratures que nous venons de considérer, on a, comme on vient de le voir,

$$2iz = 819,7895, \quad 2iz' = 716,4025,$$
$$2iz'' = 301,5569, \quad 2iz''' = 398,7696.$$

On a trouvé ensuite

$$P = 127,24259, \quad Q = 108,46527,$$
$$P' = 126,86464, \quad Q' = 108,34089,$$
$$P_1 = 127,24138, \quad Q_1 = 108,46814,$$
$$P'_1 = 126,77883, \quad Q'_1 = 108,40258.$$

En substituant ces valeurs de P, Q, P', ... dans les expressions de $2iz$, $2iz'$, ... du Chapitre précédent et comparant ces expressions à leurs valeurs données par les observations, on a formé les quatre équations suivantes :

$$
(1) \quad
\begin{aligned}
819,7895 &= 127,24259 \cdot \frac{2AL}{r^3} + 126,86464 \cdot 1,02734 \cdot \frac{2A'L'}{r'^3} \\
&\quad - 9,38866 \cdot \frac{A-B}{A} \cdot \frac{2AL}{r^3} \\
&\quad - 9,26187 \cdot 1,02734 \cdot \frac{A'-B}{A'} \cdot \frac{2A'L'}{r'^3},
\end{aligned}
$$

$$
(2) \quad
\begin{aligned}
716,4025 &= 108,46527 \cdot \frac{2AL}{r^3} + 108,34089 \cdot 1,02734 \cdot \frac{2A'L'}{r'^3} \\
&\quad + 9,38866 \cdot \frac{A-B}{A} \cdot \frac{2AL}{r^3} \\
&\quad + 9,26187 \cdot 1,02734 \cdot \frac{A'-B}{A'} \cdot \frac{2A'L'}{r'^3},
\end{aligned}
$$

$$
(3) \quad
\begin{aligned}
301,5569 &= 108,40258 \cdot 0,97266 \cdot \frac{2A'L'}{r'^3} - 127,24138 \cdot \frac{2AL}{r^3} \\
&\quad + 9,38662 \cdot \frac{A-B}{A} \cdot \frac{2AL}{r^3} \\
&\quad + 9,18812 \cdot 0,97266 \cdot \frac{A'-B}{A'} \cdot \frac{2A'L'}{r'^3},
\end{aligned}
$$

$$(4) \quad \begin{cases} 398,7696 = 126,77883 . 0,97266 . \dfrac{2A'L'}{r'^3} - 108,46814 \, \dfrac{2AL}{r^3} \\[2ex] \qquad - 9,38662 . \dfrac{A-B}{A} \dfrac{2AL}{r^3} \\[2ex] \qquad - 9,18812 . 0,97266 . \dfrac{A'-B}{A'} \dfrac{2A'L'}{r'^3}. \end{cases}$$

Dans toutes ces équations, r et $\bar{r}'$ sont les moyennes distances du Soleil et de la Lune à la Terre.

Le système $+(1)+(2)$ des équations précédentes donne

$$(5) \quad 1536,1920 = 235,70786 . \frac{2AL}{r^3} + 235,20551 . 1,02734 . \frac{2A'L'}{r'^3}.$$

Le système des équations $+(3)+(4)$ donne

$$(6) \quad 700,3265 = 235,18141 . 0,97266 . \frac{2A'L'}{r'^3} - 235,70952 . \frac{2AL}{r^3}.$$

De ces deux équations on tire

$$\frac{2A'L'}{r'^3} = 4,75468, \quad \frac{2AL}{r^3} = 1,64308.$$

Le système des équations $+(1)-(2)$ donne

$$(7) \quad \begin{cases} 103,3870 = 18,77732 . \dfrac{2AL}{r^3} + 18,52375 . 1,02734 . \dfrac{2A'L'}{r'^3} \\[2ex] \qquad - 18,77732 . \dfrac{A-B}{A} \dfrac{2AL}{r^3} \\[2ex] \qquad - 18,52375 . 1,02734 . \dfrac{A'-B}{A'} \dfrac{2A'L'}{r'^3}. \end{cases}$$

Le système des équations $+(4)-(3)$ donne

$$(8) \quad \begin{cases} 97,2127 = 18,77324 . \dfrac{2AL}{r^3} + 18,37625 . 0,97266 . \dfrac{2A'L'}{r'^3} \\[2ex] \qquad - 18,77324 . \dfrac{A-B}{A} \dfrac{2AL}{r^3} \\[2ex] \qquad - 18,37625 . 0,97266 . \dfrac{A'-B}{A'} \dfrac{2A'L'}{r'^3}. \end{cases}$$

En substituant pour $\frac{2AL}{r^3}$ et $\frac{2A'L'}{r'^3}$ leurs valeurs précédentes, l'équation (7) donne

$$(9) \qquad 17{,}9481 = 30{,}8527 \cdot \frac{A-B}{A} + 90{,}4824 \cdot \frac{A'-B}{A'}.$$

L'équation (8) donne

$$(10) \qquad 18{,}6159 = 30{,}8460 \cdot \frac{A-B}{A} + 84{,}9826 \cdot \frac{A'-B}{A'}.$$

On a, comme on l'a vu dans le Chapitre précédent,

$$A = (1+mx)B, \quad A' = (1+m'x)B,$$

ce qui donne

$$\frac{A-B}{A} = \frac{mx}{1+mx}, \quad \frac{A'-B}{A'} = \frac{m'x}{1+m'x}$$

On a, de plus, $\frac{m}{m'} = 0{,}0748$; on a donc, en ajoutant les équations (9) et (10),

$$(11) \qquad 36{,}5640 = 4{,}6151 \cdot \frac{m'x}{1+0{,}0748.m'x} + 175{,}4650 \cdot \frac{m'x}{1+m'x},$$

d'où l'on tire

$$m'x = 0{,}25291,$$

ce qui donne

$$\frac{2BL'}{r'^3} = 3{,}79491,$$

$$\frac{2BL}{r^3} = 1{,}612572,$$

et par conséquent

$$\frac{\dfrac{L'}{r'^3}}{\dfrac{L}{r^3}} = 2{,}35333.$$

Ce rapport est très-important pour l'Astronomie. En l'appliquant aux formules du n° 35 du Livre V et du n° 30 du Livre VI, on trouve, en secondes sexagésimales, 9″,4 pour le coefficient du principal terme de la nutation et 6″,9 pour le coefficient de l'équation lunaire des

Tables du Soleil. Il donne de plus la masse de la Lune égale à celle de la Terre divisée par 74,946.

On a considéré, dans chaque syzygie, la hauteur de la pleine mer du soir au-dessus de la basse mer du matin, pendant six jours consécutifs, à partir du jour qui précède la syzygie; or, l'intervalle de la syzygie au maximum de la pleine mer étant d'un jour et demi, celui des marées extrèmes de ces six jours à ce maximum serait au moins de deux jours et demi, ce qui peut paraitre trop considérable pour y appliquer la loi d'une variation de la haute mer, proportionnelle au carré de sa distance au maximum. Il était donc intéressant de voir ce que l'on obtiendrait en se bornant à considérer quatre jours dans les syzygies, comme on l'a fait dans les quadratures. On a obtenu ainsi, relativement aux syzygies équinoxiales précédentes, la loi des valeurs de $f, f', \ldots$, représentée par

$$819,1670 - 17,7520(t - 2,47092)^2,$$
$$2ix = 819,4424,$$
$$2i\varepsilon = 17,7520.$$

Les six jours avaient donné, par ce qui précède,

$$819,5070 - 18,06977(t - 2,46398)^2,$$
$$2ix = 819,7895,$$
$$2i\varepsilon = 18,0698,$$

ce qui diffère très-peu des quantités précédentes.

Pareillement, dans les syzygies solsticiales, quatre jours ont donné

$$716,3726 - 11,4155(t - 2,49194)^2,$$
$$2ix' = 716,7469,$$
$$2i\varepsilon' = 11,4155,$$

et, par ce qui précède, six jours avaient donné

$$716,2293 - 11,08515(t - 2,51976)^2,$$
$$2ix' = 716,40250,$$
$$2i\varepsilon' = 11,08515,$$

ce qui diffère peu des quantités précédentes. En substituant ces nouvelles valeurs de $2i\alpha$ dans les équations (1) et (2), on voit qu'il n'en peut résulter qu'une variation presque insensible dans le rapport de $\frac{L'}{r'^3}$ à $\frac{L}{r^3}$, ce qui confirme la valeur que nous en avons donnée.

On voit encore, par l'inspection de l'équation (11), que cette valeur ne dépend que fort peu de la supposition que nous avons faite, savoir que, $A' - B$ étant $m'x$, $A - B$ sera mx; car en faisant même $A - B = 2mx$, ce qui revient à changer $m'x$ en $2m'x$ dans le premier terme du second membre de cette équation, la valeur de $m'x$ sera peu changée, ainsi que la valeur du rapport de $\frac{L'}{r'^3}$ à $\frac{L}{r^3}$.

Les valeurs de $2i\alpha$, $2i\alpha'$, $2i\alpha''$ et $2i\alpha'''$, déduites des observations, nous font connaitre ces quatre choses : les actions des deux astres et leurs accroissements dus aux circonstances accessoires; elles suffisent pour déterminer les valeurs de $2i\ell$, $2i\ell'$, $2i\ell''$, $2i\ell'''$ au moyen des équations (M) et (N) du Chapitre précédent, dans lesquelles on doit observer que $\ell' = \ell - (m' - m)t''$.

On ne doit avoir égard ici qu'à l'inégalité lunaire de la variation, où $s = 2(m' - m)$. En prenant ensuite pour unité, comme nous l'avons fait, l'intervalle d'une pleine mer à la pleine mer correspondante du jour suivant, la partie de la formule (M) qui dépend de t et de t'' donnera les valeurs de $2i\ell$, $2i\ell'$, ...; en y changeant t'' en $t''+ R$, R étant le retard journalier de la marée, retard que donnent les Tables XIII, XIV, XV et XVI; en faisant $l = \frac{2\pi R}{13}$, parce que l est le retard journalier de la marée réduit en arc, à raison de la circonférence entière pour un jour; enfin, en multipliant les résultats par $2i$, j'ai obtenu ainsi les valeurs suivantes :

	Formule.	Observation
Syzygies équinoxiales.......	$2i\ell = 18,82$	$18,07$
Syzygies solsticiales.........	$2i\ell' = 12,41$	$11,09$
Quadratures équinoxiales....	$2i\ell'' = 45,41$	$41,30$
Quadratures solsticiales......	$2i\ell''' = 19,12$	$18,03$

Si l'on considère toutes les causes d'erreur, soit des observations,

soit des approximations des formules, soit enfin des hypothèses employées, causes que nous avons développées dans le Chapitre I, on
verra dans le peu de différence des valeurs calculées aux valeurs
observées une grande confirmation de la loi de la pesanteur universelle.

11. Je vais présentement considérer l'influence des variations des
distances de la Lune à la Terre sur les marées. On a choisi, dans les
observations syzygies équinoxiales ci-dessus employées, celles où le
demi-diamètre de la Lune surpassait de 118 secondes centésimales son
demi-diamètre moyen apparent; on en a trouvé 34. On a choisi pareillement les observations syzygies où le demi-diamètre moyen surpassait de 118 secondes le demi-diamètre apparent; elles sont au nombre
de 24. Les époques de ces syzygies sont comprises dans la Table suivante :

TABLE XIII.

ANNÉES.	APOGÉE.	PÉRIGÉE.
1807......	9 mars, 8 avril, 16 septembre.	23 mars, 2 septembre, 1ᵉʳ octobre.
1808......	27 mars, 4 octobre.	12 mars, 10 avril, 20 septembre.
1809......	....	31 mars, 9 octobre.
1811......	17 septembre.	2 septembre, 2 octobre.
1812......	27 mars, 5 septembre, 5 octobre.	13 mars, 11 avril, 20 septembre.
1813......	17 mars, 24 septembre.	2 mars, 1ᵉʳ avril, 10 octobre.
1815......	18 septembre.	3 septembre, 2 octobre.
1816......	28 mars, 6 septembre, 6 octobre.	13 mars, 12 avril, 21 septembre.
1817......	17 mars, 25 septembre.	3 mars, 1ᵉʳ avril, 11 sept., 10 oct.
1818......	....	22 mars.
1820......	29 février, 29 mars, 7 sept., 7 oct.	14 mars, 22 septembre.
1821......	18 mars, 26 septembre.	4 mars, 2 avril, 11 sept., 11 oct.
1822......	6 avril.	23 mars, 30 septembre.
	24 observations apogées.	34 observations périgées.

On a pris, comme ci-dessus, dans chaque syzygie, les hauteurs des marées du soir, au-dessus des basses mers du matin, du jour qui précède la syzygie, du jour de la syzygie et des quatre jours qui la suivent. En faisant une somme de ces hauteurs, on a obtenu les résultats suivants pour les 24 syzygies apogées :

$$f = 123,103, \quad f' = 131,148, \quad f'' = 133,739,$$
$$f''' = 132,486, \quad f'''' = 127,618, \quad f''''' = 118,300.$$

Les 34 syzygies périgées ont donné

$$f = 200,009, \quad f' = 227,162, \quad f'' = 242,877,$$
$$f''' = 244,178, \quad f'''' = 231,418, \quad f''''' = 204,301.$$

Le nombre total de ces syzygies étant 58, pour les réduire au même nombre, on a multiplié par $\frac{29}{24}$ les valeurs de $f, f', \ldots$ relatives aux 24 syzygies apogées, et par $\frac{29}{34}$ les mêmes valeurs relatives aux 34 syzygies périgées, et l'on a trouvé, par la méthode du n° 4,

$$161,83 - 2,5150(t - 2,25389)^2$$

pour la formule qui représente les valeurs de $f, f', \ldots$ apogées, multipliées par $\frac{29}{24}$, et

$$209,05 - 5,867(t - 2,57390)^2$$

pour la formule qui représente ces valeurs périgées et multipliées par $\frac{29}{34}$.

De là on a conclu, pour les observations apogées,

$$2i\alpha = 161,87, \quad 2i\varepsilon = 2,515,$$

et, pour les observations périgées,

$$2i\alpha = 209,14, \quad 2i\varepsilon = 5,863.$$

On voit ainsi la grande influence des variations de la distance de la Lune à la Terre sur les valeurs de $2i\alpha$ et de $2i\varepsilon$. Dans les observations

précédentes, l'excès des valeurs périgées sur les valeurs apogées a été
47,27 relativement à $2iz$ et 3,352 relativement à $2i\epsilon$.

La somme des deux valeurs de $2iz$ et celle des deux valeurs de $2i\epsilon$
répondent à 58 syzygies équinoxiales dans lesquelles la Lune serait à
sa moyenne distance. En multipliant donc ces sommes par $\frac{128}{58}$, on
doit retrouver à fort peu près les valeurs de $2iz$ et de $2i\epsilon$ trouvées dans
le n° 5. Cette multiplication donne

$$2iz = 818,7829, \quad 2i\epsilon = 18,498,$$

ce qui diffère très-peu des valeurs 819,7895 et 18,0698 données dans
le n° 5.

Pour comparer ces résultats à la formule (M) du Chapitre précédent,
nous observerons que cette formule donne, pour l'excès des deux
valeurs de $2iz$,

$$\frac{4\,A'L'}{r'^3}\cos(sT + \theta')\left[- 3hP' + \frac{fsx}{1 + m'x}\,\frac{P' + Q'}{2} + \frac{3hm'x}{2(1 + m'x)}(P' - Q')\right].$$

On doit observer ici que h et f ne sont pas relatifs à la seule équation
du centre de la Lune, mais encore à l'inégalité de l'évection, et que
l'on peut supposer à très-peu près, relativement à ces deux inégalités,
$f = -2h$ et $s = m'$. On peut observer encore que

$$- 6h\cos(sT + \theta') = \frac{\overline{r'^3}}{r'^3} - \frac{\overline{r'^3}}{r''^3},$$

r' étant le rayon vecteur de la Lune dans les syzygies périgées précédentes, et r'' étant ce même rayon dans les syzygies apogées. La fonction précédente prend ainsi cette forme

$$\frac{2\,A'L'}{r'^3}\left(\frac{\overline{r'^3}}{r'^3}P' - \frac{\overline{r'^3}}{r''^3}P'\right)\left(1 + \frac{2}{3}\,\frac{m'x}{1 + m'x}\,\frac{P' + Q'}{2P'} - \frac{m'x}{1 + m'x}\,\frac{P' - Q'}{2P'}\right).$$

Pour déterminer le facteur

$$\frac{\overline{r'^3}P'}{r'^3} - \frac{\overline{r'^3}P'}{r''^3},$$

on a fait, dans chaque syzygie périgée, le produit du carré du cosinus

de la déclinaison de la Lune au moment de la syzygie par le cube du
rapport de sa parallaxe, au même moment, à sa parallaxe moyenne;
on a fait la somme de ces produits, et on l'a multipliée par $\frac{29}{34}$. On a
fait une somme semblable pour les syzygies apogées, et on l'a multipliée par $\frac{29}{24}$. On a eu ainsi avec exactitude la valeur numérique du
facteur précédent, que l'on a trouvée égale à 9,7689. On a ensuite à
fort peu près $\frac{m'x}{1+m'x} = \frac{1}{5}$, et l'on peut déterminer sans erreur sensible
les facteurs $\frac{P'+Q'}{2P'}$ et $\frac{P'-Q'}{2P'}$, en faisant usage des valeurs de P' et
de Q', relatives aux 128 marées syzygies des n°s 5 et 6. On a eu ainsi,
pour l'excès de la valeur de $2iz$ périgée sur sa valeur apogée, 51,52.
L'observation a donné 47,27. La différence 4,25 doit-elle être attribuée aux erreurs soit des observations, soit des approximations, soit
enfin des suppositions dont nous avons fait usage? C'est ce qu'un plus
grand nombre d'observations et des approximations analytiques por-
tées plus loin pourront décider.

Quant à l'excès de la valeur de $2i\zeta$ périgée sur la valeur de $2i\zeta$
apogée, la formule (M) du Chapitre II donne 3,3 pour cet excès, et
l'observation donne 3,4. Ainsi l'observation et la théorie s'accordent à
très-peu près.

CHAPITRE IV.

COMPARAISON DE L'ANALYSE AVEC LES OBSERVATIONS DES HEURES ET DES INTERVALLES DES MARÉES.

12. Pour déterminer les heures et les intervalles des marées, on a considéré, dans les syzygies employées précédemment pour leurs hauteurs, les heures de la basse mer du matin et de la haute mer du soir du premier jour qui suit la syzygie, et leurs accroissements au jour suivant, en doublant les résultats relatifs à la syzygie la plus voisine de l'équinoxe ou du solstice. On a fait une somme des heures relatives à chaque année, et, en la divisant par 8, nombre des syzygies employées, on a formé les deux Tables suivantes. Les heures observées ont été comptées en temps vrai. Mais il est facile de s'assurer que l'équation du temps disparait des heures suivantes conclues de l'ensemble des syzygies.

TABLE XIV. — Des heures et des intervalles des marées.

Syzygies équinoxiales.

ANNÉES.	HEURES du premier jour après la syzygie.	ACCROISSEMENT de l'heure au second jour.	PREMIER JOUR.	ACCROISSEMENT.
	HAUTE MER.		BASSE MER.	
1807..........	0,67795	0,026696	0,41988	0,027240
1808..........	0,68142	0,027784	0,42768	0,027524
1809..........	0,67894	0,026404	0,42287	0,027880
1810..........	0,68364	0,027776	0,42760	0,027558
1811..........	0,67835	0,026977	0,42294	0,026041
1812..........	0,68142	0,027511	0,42205	0,027430
1813..........	0,68880	0,027522	0,43413	0,027977
1814..........	0,68551	0,026470	0,42899	0,027167
1815..........	0,68671	0,026134	0,43003	0,026737
1816..........	0,68185	0,026481	0,42517	0,026917
1817..........	0,68368	0,026215	0,42760	0,026215
1818..........	0,68151	0,024397	0,42964	0,023172
1819..........	0,67838	0,023785	0,42231	0,023958
1820..........	0,68185	0,024652	0,42579	0,024907
1821..........	0,67289	0,023611	0,41711	0,024213
1822..........	0,67760	0,027685	0,42231	0,027338
Moyennes...	0,68146	0,026006	0,42529	0,026265

TABLE XV. — Des heures et des intervalles des marées.

Syzygies solsticiales.

ANNÉES.	HEURES du premier jour après la syzygie.	ACCROISSEMENT de l'heure au second jour.	PREMIER JOUR.	ACCROISSEMENT.
	HAUTE MER.		BASSE MER.	
	j	j	j	j
1807.........	0,68842	0,028598	0,43169	0,027812
1808.........	0,68706	0,027475	0,42951	0,026331
1809.........	0,68030	0,028253	0,42470	0,026863
1810.........	0,68923	0,027429	0,43177	0,027600
1811........	0,67792	0,027464	0,42036	0,027908
1812.........	0,68447	0,029328	0,43144	0,028803
1813.........	0,68220	0,028388	0,42509	0,027432
1814.........	0,67830	0,028901	0,42453	0,028032
1815.........	0,67361	0,029514	0,41806	0,028913
1816.........	0,67882	0,027871	0,42197	0,028287
1817.........	0,68030	0,028546	0,42344	0,028819
1818.........	0,67977	0,027685	0,42282	0,027778
1819.........	0,68385	0,029167	0,42865	0,028564
1820.........	0,67613	0,028218	0,42431	0,028218
1821.........	0,67795	0,029422	0,42240	0,030996
1822.........	0,66623	0,029259	0,41094	0,030463
Moyennes...	0,68028	0,028451	0,42429	0,028301

On a considéré pareillement, dans les marées quadratures employées ci-dessus pour la détermination des hauteurs, les heures de la
haute mer du matin et de la basse mer du soir du premier jour qui
suit le jour de la quadrature, et leurs accroissements au jour suivant,

en doublant les résultats relatifs à la quadrature la plus voisine de
l'équinoxe ou du solstice. On a fait une somme des heures relatives à
chaque année, et, en la divisant par le nombre des quadratures employées, on a formé les deux Tables suivantes :

TABLE XVI. — DES HEURES ET DES INTERVALLES DES MARÉES.

Quadratures équinoxiales.

ANNÉES.	HEURES du premier jour après la quadrature.	ACCROISSEMENT de l'heure au second jour.	PREMIER JOUR.	ACCROISSEMENT.
	HAUTE MER.		BASSE MER.	
1807.........	0,38589	0,061633	0,64959	0,063195
1808.........	0,37843	0,054561	0,65204	0,052210
1809.........	0,39531	0,052431	0,65417	0,057244
1810.........	0,40183	0,057372	0,66302	0,059676
1811.........	0,39215	0,054167	0,65646	0,052916
1812	0,38944	0,053043	0,65148	0,054769
1813.........	0,40442	0,052523	0,66657	0,053391
1814.........	0,39879	0,059294	0,66051	0,062928
1815.........	0,40720	0,057210	0,66676	0,059884
1816.........	0,40616	0,055994	0,66935	0,061464
1817.........	0,39583	0,062327	0,66016	0,062153
1818.........	0,38949	0,057465	0,65278	0,062847
1819.........	0,39975	0,060069	0,66164	0,060591
1820.........	0,38447	0,056158	0,64948	0,056690
1821.........	0,39462	0,060509	0,65412	0,061203
1822.........	0,40477	0,058681	0,66858	0,055903
Moyennes...	0,39542	0,057090	0,65848	0,058566

TABLE XVII. — DES HEURES ET DES INTERVALLES DES MARÉES.

Quadratures solsticiales.

ANNÉES.	HEURES du premier jour après la quadrature.	ACCROISSEMENT de l'heure au second jour.	PREMIER JOUR.	ACCROISSEMENT.
	HAUTE MER.		BASSE MER.	
1807	0,40469	0,050520	0,66806	0,046875
1808	0,39644	0,046922	0,66072	0,045961
1809	0,39470	0,045394	0,65373	0,047130
1810	0,40464	0,048703	0,66632	0,045833
1811	0,39254	0,047396	0,65577	0,045449
1812	0,40343	0,049827	0,66545	0,050356
1813	0,40704	0,047900	0,66884	0,048426
1814	0,41275	0,048704	0,67951	0,049132
1815	0,39496	0,045231	0,67386	0,045579
1816	0,41363	0,043214	0,67301	0,044525
1817	0,40816	0,046089	0,67058	0,045660
1818	0,40538	0,044352	0,66684	0,043656
1819	0,39157	0,045832	0,65095	0,047070
1820	0,39435	0,048019	0,65573	0,049306
1821	0,40893	0,047222	0,67397	0,046272
1822	0,40442	0,046436	0,66911	0,046008
Moyennes...	0,402206	0,046991	0,66448	0,046702

L'effet des déclinaisons des astres sur les retards journaliers des marées est évident dans les seize années : le retard le plus grand des marées syzygies équinoxiales a été au-dessous de la moyenne des retards des marées syzygies solsticiales, et le plus petit retard des marées

syzygies solsticiales a surpassé la moyenne des retards des marées
syzygies équinoxiales. Dans les quadratures équinoxiales, le plus petit
retard journalier des marées quadratures équinoxiales a surpassé le
plus grand retard des marées quadratures solsticiales.

En prenant une moyenne entre les retards journaliers des hautes et
des basses mers, on a, pour ces retards,

	Syzygies		Quadratures
Équinoxes.....	$0^j,026136$	Équinoxes.....	$0^j,057828$
Solstices......	$0^j,028376$	Solstices......	$0^j,046846$

Les observations anciennes m'ont donné, dans le Livre IV, les retards suivants :

	Syzygies.		Quadratures
Équinoxes.....	$0^j,025503$	Équinoxes.....	$0^j,057495$
Solstices......	$0^j,028600$	Solstices......	$0^j,046643$

Nous retrouvons donc ici, entre les observations anciennes et modernes, le même accord que nous avons trouvé dans le troisième Chapitre, relativement aux hauteurs des marées et à leur variation.

L'heure de la basse mer du matin du jour qui suit la syzygie équinoxiale a été $0^j,425259$. En lui ajoutant un quart de jour, plus un quart
du retard journalier des marées syzygies équinoxiales, on doit avoir
l'heure de la haute mer du soir, si la mer à Brest emploie autant de
temps à monter qu'à descendre; on a ainsi pour cette heure $0^j,681793$.
L'observation donne $0^j,681464$. La différence est $32^s,9$. Les syzygies
solsticiales donnent $110^s,8$ de différence.

L'heure de la haute mer du matin du jour qui suit la quadrature
équinoxiale est $0^j,395542$. En lui ajoutant un quart de jour, plus un
quart du retard journalier de la marée, on a $0^j,659999$ pour l'heure de
la basse mer du soir. L'observation donne $0^j,658481$. La différence est
$151^s,8$. Les quadratures solsticiales donnent $-6^s,3$ pour cette différence. Toutes ces différences me paraissent être dans les limites des
erreurs des observations. Suivant les observations anciennes, le temps
de la descente de la marée surpassait de 1600 tierces environ celui de

l'ascension. Cette différence peut tenir à la manière dont on évaluait les moments de la haute et de la basse mer. On a prescrit, dans les observations modernes, de prendre un milieu entre les deux instants où la mer revient à la même hauteur, un peu avant et un peu après son maximum ou son minimum.

La moyenne des retards journaliers des marées est $0^j,027256$ dans les syzygies et $0^j,052337$ dans les quadratures. Les observations anciennes m'ont donné dans le Livre IV, pour les nombres correspondants, $0^j,027052$ et $0^j,052067$, ce qui s'accorde à fort peu près. L'heure de la haute mer du matin du jour de la quadrature est égale à l'heure de la haute mer du matin du jour qui la suit, diminuée du retard journalier des marées quadratures; mais l'heure moyenne de cette dernière marée est $0^j,398874$: l'heure de la haute mer du matin du jour de la quadrature est donc $0^j,346537$.

Cette heure a précédé la quadrature, dans les observations employées, de $0^j,2103$. En prenant donc un jour et demi pour la distance du minimum des marées à la quadrature, la distance de la marée du matin du jour de la quadrature à ce minimum sera $1^j,7103$, ce qui, à raison d'un accroissement de $0^j,052337$ pour $1^j,052337$, donne $0^j,085063$, qui, ajouté à l'heure $0^j,346537$, donne, pour l'heure du minimum des hautes marées à Brest, $0^j,431600$: c'est l'heure de la basse marée solaire. On trouve, par un procédé semblable, $0^j,441170$ pour l'heure du minimum de la basse mer dans les syzygies, et, par conséquent, pour l'heure de la basse mer solaire, conclue des observations syzygies; la différence 957^s indique une anticipation des heures des marées quadratures sur les heures des marées syzygies. Les observations des heures des hautes mers syzygies et des basses mers quadratures, dont les maxima correspondent à la haute mer solaire, indiquent à peu près la même anticipation. Les observations anciennes m'avaient donné cette anticipation égale à 850^s, dans le nº 39 du Livre IV. Tient-elle, comme je le pensais alors, à de légers écarts du principe de la coexistence des oscillations très-petites, ou des autres suppositions que nous avons employées? Ne peut-elle pas dépendre des erreurs des approximations? C'est ce que les observations ultérieures et de nouvelles recherches pourront faire connaître.

Nous allons maintenant comparer les intervalles observés des marées à la formule (N) du Chapitre précédent. Cette formule donne les résultats numériques suivants (*) :

	Retards calculés	Retards observés en temps moyen
	^{j}	^{j}
Syzygies équinoxiales	0,024506	0,25918
Syzygies solsticiales	0,029047	0,28615
Quadratures équinoxiales	0,063320	0,05761
Quadratures solsticiales	0,046187	0,04668

La réduction des retards en temps moyen a été faite en observant que, dans les équinoxes, le jour moyen surpasse le jour vrai de $0^j,000218$, et que, dans les solstices, le jour vrai surpasse le jour moyen de $0^j,000238$.

Le retard journalier des marées est augmenté quand la parallaxe lunaire augmente, et il est diminué quand elle diminue. Les heures observées des marées du premier et du second jour après la syzygie ont donné, dans les syzygies périgées considérées ci-dessus, $0^j,02899$, et, dans les syzygies apogées, $0^j,02227$. La formule (N) du Chapitre précédent donne $0^j,02878$ et $0^j,01912$.

(*) Ce Tableau est reproduit ici tel qu'il se trouve dans l'édition princeps ; mais les deux nombres 0,25918 et 0,28615 de la dernière colonne doivent probablement être divisés par 10.   V. P.

CHAPITRE V.

DES FLUX PARTIELS DONT LA PÉRIODE EST A PEU PRÈS D'UN JOUR.

13. Ces flux étant fort considérables à Brest, on peut négliger dans leur expression les quantités très-petites. Ils dépendent des sinus de $nt + \varpi$ et $nt + \varpi - 2\varphi$, dans l'expression des forces données dans le Chapitre II. Si l'on néglige le cube de $\sin\varepsilon$, l'expression de l'action solaire relative à ces flux sera

$$\frac{3\,\mathrm{L}}{2\,r^3} \sin\theta \cos\theta \left[\sin\varepsilon \sin(nt + \varpi) - \sin\varepsilon \sin(nt + \varpi - 2\varphi) \right].$$

Elle produit deux flux partiels que nous pouvons exprimer par

$$\mathrm{H} \sin\varepsilon \sin(nt + \varpi - \mathrm{F}) - \mathrm{H}_{,} \sin\varepsilon \sin(nt + \varpi - 2mt - \mathrm{F}_{,}),$$

H, F, H, et F, étant des constantes arbitraires. L'action lunaire produit pareillement deux flux partiels que nous pouvons exprimer par

$$\mathrm{H}' \sin\varepsilon' \sin(nt + \varpi - \mathrm{F}') - \mathrm{H}'_{,} \sin\varepsilon' \sin(nt + \varpi - 2m't - \mathrm{F}'_{,}).$$

On doit observer que l'on a

$$\mathrm{H}' = \frac{\mathrm{H}\mathrm{L}'}{\mathrm{L}} \frac{r^3}{r'^3}.$$

Au moment de la pleine mer syzygie du soir à Brest, on a, par le Chapitre II,

$$2nt + 2\varpi - 2mt - 2\lambda = 2i\pi + 2l,$$

$$2nt + 2\varpi - 2m't - 2\lambda' = 2i'\pi + 2l';$$

on a ensuite

$$t = \mathrm{T} + y + l'',$$

y étant égal à $\dfrac{\lambda' - \lambda}{m' - m}$. Les flux partiels dont la période est à peu près d'un jour seront ainsi

$$H \sin\varepsilon \sin(\lambda + mT + my - F + l + ml'')$$
$$- H_1 \sin\varepsilon \sin(\lambda - mT - my - F_1 + l - ml'')$$
$$+ H' \sin\varepsilon' \sin(\lambda + mT + my - F' + l + ml'')$$
$$- H'_1 \sin\varepsilon' \sin[\lambda - (2m' - m)y - 2(m' - m)T - mT - F'_1 - (2m' - m)l'' + l].$$

Dans les syzygies solsticiales d'été, $2(m' - m)T$ est nul ou un multiple de la circonférence, et $mT = \dfrac{\pi}{2}$; l'expression précédente se transforme par là dans celle que l'on obtient en y faisant T nul, en changeant le signe sin dans le signe cos, et en donnant le signe $+$ au deuxième et au quatrième terme. Si l'on développe cette expression ainsi transformée dans une série ordonnée par rapport aux puissances de l'' et de l, et à leurs produits, la partie indépendante de ces quantités sera l'expression du flux dont la période est d'un jour au moment du maximum de la marée dont la période est d'un demi-jour. Donnons à cette expression la forme

$$M \sin\lambda + N \cos\lambda.$$

On aura, à fort peu près, l'expression de ce flux au moment de la basse mer du matin en changeant λ en $\lambda - \dfrac{\pi}{2}$, ce qui donne

$$- M \cos\lambda + N \sin\lambda,$$

et l'on aura à peu près l'expression du même flux au moment de la haute mer du matin en changeant λ en $\lambda - \pi$, ce qui donne

$$- M \sin\lambda - N \cos\lambda.$$

Dans les solstices d'hiver, où $m'T = 3\pi$, toutes ces expressions changent de signe.

Exprimons l'ensemble des flux partiels, dont la période est à peu près d'un jour, par

$$R \cos(nt + \varpi - mt - \lambda_1),$$

comme on peut le faire pendant le jour du maximum de la marée semi-diurne. $\lambda_{,}$ sera l'heure de ce flux le soir. Au moment de la pleine marée du soir à Brest, au solstice d'été, ce flux d'un jour sera $R\cos(\lambda - \lambda_{,})$, en substituant pour $nt + \varpi$ sa valeur $\lambda + mt$. Au moment de la basse mer du matin, ce flux sera $R\sin(\lambda - \lambda_{,})$, et, au moment de la pleine mer du matin, il sera $- R\cos(\lambda - \lambda_{,})$.

Pour comparer ces résultats aux observations, on a pris, dans 43 syzygies solsticiales d'été, l'excès de la haute mer du soir sur la haute mer du matin du premier et du second jour après la syzygie, et l'on a obtenu $14^{m},706$ pour la somme de ces excès dans les quatre-vingt-six jours d'observation. On a pris semblablement, dans 30 syzygies solsticiales d'hiver, l'excès de la haute mer du matin sur la haute mer du soir du premier et du second jour après la syzygie, et l'on a obtenu $10^{m},798$ pour la somme de ces excès dans les soixante jours d'observation. En ajoutant cette somme à la précédente et en la divisant par $60 + 86$, le quotient $0^{m},1747$ sera la valeur de $2R\cos(\lambda - \lambda_{,})$. Le maximum de la marée semi-diurne tombant à très-peu près à l'instant du minuit qui sépare le premier du second jour après la syzygie, la variation de cette marée est très-petite, et devient presque insensible dans la somme des excès dont je viens de parler; car la marée du soir du premier jour est plus rapprochée de l'instant du maximum que la marée du soir du second jour; mais aussi la marée du matin du premier jour est plus éloignée de cet instant que celle du second jour, en sorte que la variation de la marée semi-diurne augmente, dans le premier jour qui suit la syzygie, l'excès de la haute mer du soir sur la haute mer du matin, et le diminue dans le second jour. L'effet de cette variation est ainsi très-petit dans la somme de ces excès; il serait nul si l'on considérait autant de solstices d'été que de solstices d'hiver, et j'ai reconnu que cet effet est insensible dans les observations précédentes, où l'on a considéré 46 solstices d'été et 30 solstices d'hiver.

J'ai trouvé, dans le n° 28 du Livre IV, la valeur de $2R\cos(\lambda - \lambda_{,})$ égale à $0^{m},183$. J'avais considéré, dans les observations anciennes des marées à Brest, 17 syzygies solsticiales d'été, qui, traitées comme les précédentes, m'avaient donné $6^m,131$ pour la somme des excès des marées du soir sur celles du matin dans les trente-quatre jours d'observation. 11 syzygies solsticiales d'hiver m'avaient donné $4^m,109$ pour la somme des excès des hautes mers du matin sur celles du soir dans les vingt-deux jours d'observation. En ajoutant ces deux sommes aux deux précédentes données par les observations nouvelles, on a $35^m,744$, qui, divisé par 202, somme des jours d'observation, donne $0^m,17695$ pour la valeur de $2R\cos(\lambda-\lambda_{,})$.

Pour avoir la valeur de $2R\sin(\lambda-\lambda_{,})$, on a pris, dans 23 syzygies solsticiales d'été, les excès des basses mers du matin sur celles du soir du premier et du second jour après les syzygies, et l'on a trouvé $5^m,394$ pour la somme de ces excès, qui, divisée par 46, nombre des jours d'observation, a donné $0^m,117$ pour la valeur de $2R\sin(\lambda-\lambda_{,})$. Mais ici la variation des basses mers semi-diurnes a un effet sensible et que je trouve à peu près égal à $0^m,009$, qu'il faut ajouter à la valeur précédente, qui devient par là $0^m,126$.

On peut obtenir encore cette valeur de la manière suivante. Dans le n° 5, on a considéré l'ensemble des syzygies solsticiales d'hiver et d'été. J'ai prié M. Bouvard de calculer séparément les syzygies solsticiales d'été et les syzygies solsticiales d'hiver; il a trouvé, pour les premières,

$$f = 323,741, \quad f' = 344,697, \quad f'' = 354,807,$$
$$f''' = 354,301, \quad f^{IV} = 341,460, \quad f^V = 319,397,$$

et il en a conclu, pour l'expression générale des valeurs de f,

$$355^m,7746 - 5,4875(i - 2.4158x)^2,$$

d'où il a conclu

$$2i\alpha' = 355^m,8503,$$
$$2i\delta' = \quad 5,4875.$$

Les syzygies solsticiales d'hiver lui ont donné

$$f = 321,640, \quad f' = 346,389, \quad f'' = 359,844,$$
$$f''' = 358,540, \quad f^{IV} = 349,517, \quad f^V = 349,495,$$

et pour l'expression de ces valeurs

$$360,6612 - 5,6029.(t - 2.62075)^2,$$

d'où il a conclu

$$2i\alpha' = 360,7488,$$
$$2i6' = 5,6029.$$

La somme des excès des pleines mers du soir sur les basses mers du matin, dans les 64 syzygies solsticiales d'été, réduits à leur maximum, a été 355,7746. Dans les 64 syzygies solsticiales d'hiver, cette somme a été 360,6612; elle a donc surpassé la somme précédente de 4,8866, qui, divisé par 64, donne, pour la différence relative à chaque syzygie, 0,07635. Au solstice d'hiver, le Soleil est plus près de la Terre que dans sa moyenne distance d'une quantité à fort peu près égale au soixantième de cette distance; son action est donc augmentée de la quantité

$$\frac{2ML}{r^3} \cdot \frac{3}{60} \cdot \frac{Q}{128},$$

Q étant, comme dans le n° 3, la somme des carrés des cosinus de la déclinaison du Soleil dans les 128 syzygies d'été et d'hiver; elle est diminuée de la même quantité dans les syzygies du solstice d'été : la différence de ces deux actions est donc

$$\frac{1}{10} \cdot \frac{2ML}{r^3} \cdot \frac{Q}{128}.$$

En substituant pour $\frac{2ML}{r^3}$ et Q leurs valeurs trouvées dans le n° 9, cette différence est 0,13924; mais elle est diminuée par le flux solaire diurne de la quantité

$$2R\cos(\lambda - \lambda_{,}) - 2R\sin(\lambda - \lambda_{,});$$

on a donc

$$0,13924 - 2R\cos(\lambda - \lambda_{,}) + 2R\sin(\lambda - \lambda_{,}) = 0,07635.$$

En substituant pour $2R\cos(\lambda - \lambda_{,})$ sa valeur 0,17695, on a

$$2R\sin(\lambda - \lambda_{,}) = 0,11406,$$

ce qui diffère peu de la valeur $0,126$ trouvée ci-dessus et ce qui prouve l'influence de la variation des distances du Soleil à la Terre. En prenant la moyenne de ces valeurs, on a

$$2R\sin(\lambda - \lambda_1) = 0,12003.$$

Les valeurs de $2R\cos(\lambda - \lambda_1)$ et de $2R\sin(\lambda - \lambda_1)$ donnent

$$\tan(\lambda - \lambda_1) = \frac{12003}{17695},$$

d'où l'on tire l'angle $\lambda - \lambda_1$, qui, réduit en temps à raison de la circonférence entière pour un jour, devient $0^j,095$: c'est le temps dont le flux d'un jour précède le moment des maxima des marées du soir d'un demi-jour, et, comme ce moment est $0^j,688$, l'heure correspondante de la pleine mer du flux partiel sera $0^j,593$. La valeur de $2R$ est $0^m,2138$; cette valeur n'est pas la vingtième partie de la hauteur de la marée semi-diurne, qui, dans les 128 syzygies solsticiales, a donné $716^m,402$, ou $5^m,60$ par syzygie. Ainsi, quoique les deux forces qui produisent ces deux flux soient presque égales entre elles à Brest, l'effet des circonstances est beaucoup plus grand sur le flux semi-diurne que sur le flux diurne. Pour mieux juger de ces effets, nous allons déterminer ces deux flux, en supposant, avec Newton, la mer en équilibre à chaque instant sous l'astre qui l'attire. Nous avons donné, dans le n° 12 du Livre IV, les expressions de ces flux; celle du flux diurne relatif à l'action du Soleil est

$$\frac{3L}{r^3 g\left(1 - \frac{3}{5\varphi}\right)}\sin v \cos v \sin\theta \cos\theta \cos(nt + \varpi - \psi).$$

L'expression correspondante du flux semi-diurne est

$$\frac{3L}{4r^3 g\left(1 - \frac{3}{5\varphi}\right)}\cos^2 v \sin^2\theta \cos(2nt + 2\varpi - 2\psi).$$

L'action de la Lune produit deux flux semblables, que l'on obtient en accentuant les lettres L, r, v, ψ.

On a, par le n° 11 du Livre IV,

$$\frac{3L}{r^3 g} = 0^m,98528.$$

Nous prendrons ensuite pour $\cos^2 v$ la valeur de Q du n° 9, divisée par 128; on a, de plus, θ égal à fort peu près au complément de la latitude de Brest, ou, en degrés sexagésimaux, égal à 41°36′46″. Nous supposerons encore la densité ρ de la Terre égale à 5, celle de la mer étant 1: enfin l'on a, par le n° 9,

$$\frac{L'}{r'^3} = 2,35333 \cdot \frac{L}{r^3},$$

et nous ferons $v' = v$, ce qui est exact à très-peu près. Cela posé, les doubles des coefficients de $\cos(nt + \varpi - \psi)$ et de $\cos(2nt + 2\varpi - 2\psi)$, dans les expressions précédentes, ajoutés aux doubles des mêmes coefficients relatifs à la Lune, seront respectivement, dans les syzygies,

$$0^m,674, \quad 0^m,350.$$

Ces nombres sont les hauteurs des pleines mers syzygies des deux flux diurne et semi-diurne; les hauteurs observées sont

$$0^m,2134, \quad 5^m,60.$$

Ainsi, par l'effet de la rotation de la Terre et des circonstances accessoires, le flux diurne est réduit à peu près au tiers, tandis que le flux semi-diurne devient seize fois plus grand. Au reste, cette grande différence ne doit point surprendre, si l'on considère que, par le Livre IV, la rotation de la Terre détruit, dans une mer partout également profonde, le flux diurne, et que, si la profondeur de la mer est $\frac{1}{720}$ du rayon terrestre ou d'environ 9000 mètres, la hauteur de la marée semi-diurne dans les syzygies est de 11 mètres.

Déterminons présentement l'effet du flux diurne sur les marées quadratures équinoxiales. Par ce qui a été dit, dans le Chapitre II, sur les marées quadratures du matin, on a, pour ces marées,

$$nt + \varpi - \varphi = \lambda - \frac{\pi}{2}.$$

Le flux diurne devient ainsi, au moment du minimum de la marée quadrature,

$$H \sin \varepsilon \sin\left(\lambda - \frac{\pi}{2} - F + mT + my\right)$$

$$- H_1 \sin \varepsilon \sin\left(\lambda - \frac{\pi}{2} - mT - F_1 - my\right)$$

$$+ H' \sin \varepsilon' \sin\left(\lambda - \frac{\pi}{2} - F' + mT + my\right)$$

$$- H'_1 \sin \varepsilon' \sin\left[\lambda - \frac{\pi}{2} - mT - 2(m'T - mT) - F'_1 - (2m' - m)y\right].$$

F_1 doit peu différer de F, à cause de la lenteur du mouvement du Soleil, comparé à celui de la Lune ; les deux premiers termes de cette fonction se détruisent donc à fort peu près dans les équinoxes. Dans les quadratures des équinoxes d'automne, on a mT égal à π, et $2(m'T - mT)$ égal à π ou à 3π ; les deux derniers termes deviennent

$$H' \sin \varepsilon' \cos(\lambda - F' + my) + H'_1 \sin \varepsilon' \cos[\lambda - F'_1 - (2m' - m)y],$$

et il est facile de voir qu'ils sont les mêmes que dans les syzygies des solstices d'été. Donnons-leur cette forme

$$M' \sin\lambda + N' \cos\lambda.$$

Dans les quadratures de l'équinoxe du printemps, cette quantité prend un signe contraire.

Dans les syzygies des solstices d'été, le flux diurne, au moment de la haute mer du soir, est, par ce qui précède,

$$M \sin\lambda + N \cos\lambda.$$

Au moment de la haute mer du matin, il prend un signe contraire. L'excès de l'un sur l'autre, qui, par l'observation, est $0^m,1769$, donne donc

$$2M \sin\lambda + 2N \cos\lambda = 0^m,1769.$$

L'excès de la basse mer du matin sur celle du soir est

$$- 2M \cos\lambda + 2N \sin\lambda ;$$

cet excès est $0^{\mathrm{m}},1200$, ce qui donne

$$- 2 \mathrm{M} \cos\lambda + 2 \mathrm{N} \sin\lambda = 0^{\mathrm{m}},1200.$$

Cette équation, ajoutée à la précédente, donne

$$(a) \qquad 2\mathrm{M}(\sin\lambda - \cos\lambda) + 2\mathrm{N}(\sin\lambda + \cos\lambda) = 0^{\mathrm{m}},2969.$$

Le flux diurne de la basse mer du soir qui suit la haute mer du matin dans une quadrature d'automne est

$$\mathrm{M}'\cos\lambda - \mathrm{N}'\sin\lambda.$$

Ainsi, ce flux étant, au moment de la haute mer,

$$\mathrm{M}'\sin\lambda + \mathrm{N}'\cos\lambda,$$

son excès sur sa valeur au moment de la basse mer suivante sera

$$\mathrm{M}'(\sin\lambda - \cos\lambda) + \mathrm{N}'(\sin\lambda + \cos\lambda),$$

et il l'emporte sur la même différence, dans une quadrature du printemps, de la quantité

$$2\mathrm{M}'(\sin\lambda - \cos\lambda) + 2\mathrm{N}'(\sin\lambda + \cos\lambda).$$

En comparant cette quantité au premier membre de l'équation (a), on voit qu'elle doit être positive, et, si l'on supposait les rapports de M et N à M' et N' égaux à celui de la somme des actions lunaire et solaire à l'action lunaire, rapport qui, par le Chapitre III, est celui de $3,35$ à $2,35$, ce qui ne peut être regardé que comme un simple aperçu, les hautes mers, dans les quadratures d'automne, surpasseraient celles du printemps de $0^{\mathrm{m}},21$. Mais cette évaluation indique seulement la supériorité des marées quadratures d'automne sur les marées semblables du printemps; c'est en effet ce que l'observation confirme. M. Bouvard a calculé séparément les hauteurs des marées quadratures du printemps et celles des marées quadratures d'automne, dont il avait considéré l'ensemble, et il a trouvé, relativement aux premières,

$$f = 189,282, \quad f' = 149,468, \quad f'' = 151,658, \quad f''' = 200,791,$$

d'où il a conclu, par les procédés du Chapitre III, la formule

$$146,4858 + 21,4867(t - 1,4076)^2,$$

ce qui lui a donné

$$2iz'' = 146,1503, \quad 2i6'' = 21,4867.$$

Les mêmes procédés, appliqués aux marées quadratures d'automne, lui ont donné

$$f = 204,797, \quad f' = 162,546, \quad f'' = 158,369, \quad f''' = 195,376,$$

d'où il a conclu la formule

$$155,3712 + 19,8145(t - 1,5818)^2$$

et

$$2iz'' = 155,0616, \quad 2i6'' = 19,8145.$$

La différence des deux valeurs de $2iz''$ est $8^m,9113$; cette différence, divisée par 64, nombre des quadratures de l'équinoxe de l'automne, donne $0^m,140$, à fort peu près, pour la supériorité d'une marée quadrature d'automne sur celle du printemps.

CHAPITRE VI.

DES FLUX PARTIELS QUI DÉPENDENT DE LA QUATRIÈME PUISSANCE INVERSE DE LA DISTANCE DE LA LUNE A LA TERRE.

On sait, par la théorie des probabilités, que le grand nombre des observations peut suppléer leur précision, pour reconnaître des inégalités beaucoup moindres que les erreurs dont elles sont susceptibles. J'ai donc pensé que les flux dépendants des différences de l'action de la Lune dans les nouvelles lunes à son action dans les pleines lunes et de son action dans les quadratures boréales à son action dans les quadratures australes pouvaient devenir sensibles dans l'ensemble des nombreuses observations des marées que M. Bouvard a discutées. Ces flux sont produits par les termes de l'expression de l'action lunaire qui sont divisés par la quatrième puissance de la distance de la Lune à la Terre. Les termes divisés par le cube de cette distance, les seuls que l'on ait considérés jusqu'ici ne donnent aucune différence entre les flux lunaires des nouvelles lunes et les flux lunaires des pleines lunes. Les termes divisés par la quatrième puissance de la distance lunaire sont, par le n° **23** du Livre III,

$$(p) \qquad \frac{5}{2}\frac{L'}{r'^4}\left\{ \begin{array}{l} [\cos\theta\sin v' + \sin\theta\cos v'\cos(nt + \varpi - \psi')]^3 \\[4pt] \;-\dfrac{3}{5}[\cos\theta\sin v' + \sin\theta\cos v'\cos(nt + \varpi - \psi')] \end{array}\right\}$$

On peut, dans le développement de cette fonction, négliger les termes qui dépendent de l'angle $nt + \varpi - \psi'$, parce qu'il résulte du Chapitre précédent que les flux partiels relatifs à cet angle sont très-petits dans le port de Brest et deviennent insensibles lorsqu'ils sont divisés par la distance r' de la Lune à la Terre. Nous allons d'abord considérer le terme dépendant de l'angle $3nt + 3\varpi - 3\psi'$. Ce terme est

$$\frac{5}{8}\frac{L'}{r'^3}\sin^3\theta\cos^3 v'\cos[3nt + 3\varpi - 3\psi - 3(\psi' - \psi)].$$

En substituant pour $\sin r'$, $\cos v'$, $\sin\psi'$ et $\cos\psi'$ leurs valeurs données dans le Chapitre II, on voit que ce terme produit un flux partiel de la forme

$$G\cos[3nt + 3\varpi - 3\varphi - 3(\varphi' - \varphi) - 3Q],$$

G et Q étant des constantes que l'observation seule peut déterminer. Les autres flux partiels dépendants de l'angle $3nt + 3\varpi - 3\varphi$ sont multipliés par le carré du sinus de l'inclinaison ε' de l'orbite lunaire à l'équateur; ils sont peu considérables et produisent la différence entre les observations équinoxiales et les observations solsticiales. On y aurait égard en considérant l'inégalité

$$G\cos[3nt + 3\varpi - 3\varphi - 3(\varphi' - \varphi) - 3Q]$$

comme représentant l'inégalité relative aux équinoxes, et en la multipliant par $\cos^3 v'$ pour la rapporter aux solstices, ce qui diminuerait d'un cinquième à peu près la valeur de G dans les solstices; mais peut-être cette correction n'est pas suffisante. Dans les nouvelles lunes équinoxiales, $\varphi' - \varphi$ est nul. De plus, au moment de la haute mer du soir, $nt + \varpi - \varphi$ ou l'angle horaire du Soleil est λ; l'inégalité précédente devient ainsi

$$G\cos(3\lambda - 3Q);$$

c'est la quantité que ce flux partiel ajoute à la hauteur de la pleine mer du soir à Brest. Pour avoir sa valeur dans la basse mer du matin qui la précède, il faut changer λ en $\lambda - \dfrac{\pi}{2}$, ce qui donne

$$- G\sin(3\lambda - 3Q);$$

ce flux ajoute donc à l'excès de la haute mer du soir à Brest dans les nouvelles lunes, sur la basse mer qui précède, la quantité

$$G \cos(3\lambda - 3Q) + G \sin(3\lambda - 3Q).$$

On verra de la même manière que dans les pleines lunes, où $\varphi' - \varphi$ est égal à π, ce flux ajoute à cet excès une quantité contraire

$$- G \cos(3\lambda - 3Q) - G \sin(3\lambda - 3Q);$$

ce flux doit donc, s'il est sensible, se manifester dans la différence d'un grand nombre de ces excès dans les nouvelles lunes et dans les pleines lunes.

Ce même flux doit se manifester encore dans les observations des marées quadratures. Dans ces observations, on a déterminé l'excès de la hauteur de la pleine mer du matin sur la basse mer du soir; l'inégalité précédente devient, au moment de la pleine mer du matin,

$$G \cos\left[3\left(\lambda - \frac{\pi}{2}\right) - 3Q - 3(\varphi' - \varphi)\right],$$

et au moment de la basse mer du soir, elle devient

$$G \cos[3\lambda - 3Q - 3(\varphi' - \varphi)].$$

Dans le premier quartier, $\varphi' - \varphi$ est égal à $\frac{\pi}{2}$; l'excès de la haute mer du matin sur la basse mer du soir est donc

$$- G \cos(3\lambda - 3Q) + G \sin(3\lambda - 3Q).$$

Cet excès prend un signe contraire dans le second quartier, où

$$\varphi' - \varphi = \frac{3}{2} \pi.$$

Dans les quadratures solsticiales, la Lune est près de l'équateur; dans les quadratures équinoxiales, elle est vers son maximum de déclinaison. La différence entre les marées quadratures du premier quartier et celles du second quartier doit donc être plus petite dans les équinoxes que dans les solstices.

L'excès d'une marée d'une nouvelle lune sur celle d'une pleine lune est

$$2G \sin(3\lambda - 3Q) + 2G \cos(3\lambda - 3Q);$$

nommons E cet excès. L'excès d'une marée du premier quartier sur une marée du second quartier est

$$2G \sin(3\lambda - 3Q) - 2G \cos(3\lambda - 3Q);$$

nommons E' cet excès. On aura

$$\tan(3\lambda - 3Q) = \frac{E + E'}{E - E'},$$

$$G = \frac{E}{2\sqrt{2}} \sqrt{1 + \left(\frac{E'}{E}\right)^2}.$$

Pour comparer ces résultats aux observations, M. Bouvard a fait la somme des hauteurs des pleines mers du soir au-dessus des basses mers du matin du jour de la syzygie et des trois jours suivants, dans les soixante-quatre nouvelles lunes équinoxiales qu'il avait considérées, et il a trouvé cette somme égale à 1583,594. Le même calcul, relatif aux soixante-quatre pleines lunes équinoxiales, lui a donné pour cette somme 1583,594 + 21,419. Les pleines mers des lunes solsticiales lui ont donné les sommes

$$1400,016, \quad 1400,016 + 10,175.$$

Ainsi les marées des pleines lunes ont excédé les marées des nouvelles lunes tant dans les équinoxes que dans les solstices, et, conformément à la théorie, cet excès a été plus grand dans les équinoxes que dans les solstices.

Les hauteurs des pleines mers quadratures du matin au-dessus des basses mers du soir du jour de la quadrature et des trois jours suivants ont donné, relativement aux quadratures équinoxiales du premier et du second quartier de la Lune, les sommes

$$710,850, \quad 710,850 - 5,605,$$

et, relativement aux quadratures solsticiales, les sommes

$$853,595, \quad 853,595 - 20,542.$$

Conformément à la théorie, la différence est plus grande dans les quadratures solsticiales que dans les quadratures équinoxiales; mais une partie de cet excès est due aux erreurs des observations. L'ensemble des différences dans les nouvelles et pleines lunes équinoxiales et solsticiales est $128E$, et l'ensemble des différences dans les quadratures équinoxiales et solsticiales est $128E'$; on a donc

$$128E = -21,016 - 10,175,$$
$$128E' = \qquad 5,605 + 20,542,$$

d'où l'on tire, en degrés centésimaux,

$$3\lambda - 3Q = 5^{g},59,$$
$$G = - 0^{m},11681.$$

Un aussi petit flux exige un plus grand nombre d'observations pour être déterminé avec exactitude; mais son existence est indiquée par les observations précédentes avec une grande probabilité.

Considérons maintenant les termes de la fonction (p) dépendants de l'angle $2nt + 2\varpi - 2\psi'$; ces termes résultant du développement de la quantité

$$\frac{15}{2} \frac{L'}{r'^4} \cos \psi' \sin v' \sin^2 \theta \cos^2 v' \cos^2(nt + \varpi - \psi'),$$

ils correspondent aux termes de l'expression de l'action lunaire divisés par le cube de la distance r' de la Lune, qui, par le Chapitre II, sont le développement de la quantité

$$\frac{3}{2} \frac{L'}{r'^3} \sin^2 \theta \, \cos^2 v' \cos^2(nt + \varpi - \psi').$$

Si l'on suit l'analyse du Chapitre cité et si l'on observe que $\sin v'$ est égal à $\sin \varepsilon' \sin \varphi'$, φ' étant la longitude de la Lune, comptée de l'intersection de son orbite avec l'équateur, on voit qu'il en résulte

dans la hauteur de la marée à Brest, soit dans les syzygies solsticiales,
soit dans les quadratures équinoxiales, une quantité égale à $\pm$ F, le
signe supérieur se rapportant à la déclinaison boréale de la Lune, et
le signe inférieur à sa déclinaison australe. L'observation peut seule
déterminer la constante F. Si les flux partiels avaient, relativement à
la latitude $\frac{\pi}{2} - \theta$ du port, le même rapport que les forces, la valeur de
F serait à la partie de la hauteur de la mer due à l'action de la Lune à
peu près dans le rapport de $\frac{15}{2r'}\cos\theta\sin\varepsilon'$ à $\frac{3}{2}$. Mais nous avons remarqué dans le Chapitre I que, chaque flux partiel étant la résultante
de tous les flux semblables qui émanent de chaque point de la surface de la mer et qui reçoivent un nombre presque infini de modifications avant que de parvenir dans le port de Brest, la résultante n'a
point avec la latitude de Brest le même rapport que les forces productrices de ce flux; elle peut même avoir un signe contraire à celui que
ces forces indiquent, en sorte que l'observation peut seule le faire
connaitre. Pour cela, M. Bouvard a séparé, dans le calcul des syzygies solsticiales, les marées où la déclinaison de la Lune était australe
des marées où la déclinaison de la Lune était boréale, et il a fait sur
ces marées ainsi séparées le même calcul qu'il avait fait sur leur ensemble, et dont nous avons donné le résultat dans le Chapitre III; il a
fait le même calcul relativement aux quadratures équinoxiales, et il a
formé la Table suivante :

TABLE XVIII.

Marées syzygies solsticiales. Lune australe.

$$f = 326,701, \quad f' = 348,393, \quad f'' = 362,051,$$
$$f''' = 361,672, \quad f'''' = 350,733, \quad f''''' = 329,636,$$
$$362,8222 - 5,5778\,(t - 2,5621)^2,$$
$$362,9096 = 2\,i\,\alpha',$$
$$5,5778 = 2\,i\,\delta'.$$

Marées syzygies solsticiales. Lune boréale.

$$f = 318,782, \quad f' = 342,724, \quad f'' = 352,605,$$
$$f''' = 350,299, \quad f'''' = 340,006, \quad f''''' = 319,253,$$
$$353,1223 - 5,4316\,(t - 2,4784)^2,$$
$$353,2072 = 2\,i\,\alpha',$$
$$5,4316 = 2\,i\,\delta'.$$

Marées quadratures équinoxiales. Lune australe.

$$f = 199,704, \quad f' = 160,878, \quad f'' = 161,350, \quad f''' = 201.089,$$
$$156,2010 + 19,6412\,(t - 1,4882)^2,$$
$$155,3925 = 2\,i\,\alpha'',$$
$$19,6412 = 2\,i\,\delta''.$$

Marées quadratures équinoxiales. Lune boréale.

$$f = 191,418, \quad f' = 151,304, \quad f'' = 151,616, \quad f''' = 195,106,$$
$$146,0466 + 21,6510\,(t - 1,4945)^2$$
$$145,7077 = 2\,i\,\alpha'',$$
$$21,6510 = 2\,i\,\delta''.$$

On voit d'abord, par cette Table, que l'action de la Lune australe sur la mer l'emporte sur l'action de la Lune boréale. La valeur de $2F$ est donnée, soit par la différence des valeurs de $2iz'$, relatives aux marées syzygies solsticiales, soit par la différence des valeurs de $2iz''$, relatives aux marées quadratures. La première de ces différences donne

$$128F = -9{,}7024,$$

parce qu'il y a 128 syzygies solsticiales.

La seconde de ces différences donne

$$128F = -9{,}6848.$$

L'accord de ces valeurs de $128F$ ne permet pas de douter que l'action lunaire australe sur l'Océan l'emporte sur l'action lunaire boréale.

CHAPITRE VII.

DU FLUX ET REFLUX DE L'ATMOSPHÈRE.

1. Les observations dont j'ai fait usage correspondant à toutes les saisons, les flux lunaires partiels qui dépendent des déclinaisons de la Lune et de sa parallaxe disparaissent dans l'ensemble de ces observations. Le flux lunaire atmosphérique peut alors s'exprimer, comme celui de la mer, par la formule

$$R \cos[2nt + 2\varpi - 2mt - 2(m't - mt) - 2\lambda'],$$

R et λ' étant des constantes indéterminées. mt est le moyen mouvement du Soleil pendant le temps t, $m't$ est celui de la Lune, nt est la rotation de la Terre, ϖ est la longitude du lieu; tous ces angles sont comptés de l'équinoxe du printemps. $nt + \varpi - mt$ est l'angle horaire du Soleil, que nous ferons partir de midi. Cet angle réduit en temps, à raison de la circonférence entière pour un jour, sera le temps compté depuis midi; λ' sera ainsi l'heure du maximum du flux atmosphérique du soir; R dépend de l'action de la Lune sur l'atmosphère, soit directe, soit transmise par la mer.

Si l'on suppose que la syzygie arrive à midi, ce que l'on peut admettre ici sans erreur sensible comme le résultat moyen des heures de toutes les syzygies considérées, la formule précédente donne $R \cos 2\lambda'$ pour la hauteur du flux au midi du jour de la syzygie. En désignant par q le mouvement synodique de la Lune dans un jour, la hauteur du flux à 9 heures du matin du jour de la syzygie sera

$$- R \sin\left(2\lambda' - \frac{q}{4}\right);$$

à 3 heures du soir, elle sera

$$+ \mathrm{R} \sin\left(2\lambda' + \frac{q}{4}\right).$$

Soient donc A, A', A" les hauteurs observées du baromètre, le jour de la syzygie, à 9 heures du matin, à midi, à 3 heures du soir; on aura

$$C - \mathrm{R} \sin\left(2\lambda' - \frac{q}{4}\right) = A,$$

$$C' + \mathrm{R} \cos 2\lambda' \qquad = A',$$

$$C'' + \mathrm{R} \sin\left(2\lambda' + \frac{q}{4}\right) = A'',$$

C, C', C" étant les hauteurs du baromètre qui auraient lieu sans l'action de la Lune. Ces équations subsistent également pour le jour de la quadrature, pourvu que l'on y change R en — R et A, A', A" dans B, B', B", ces trois dernières lettres exprimant respectivement les hauteurs du baromètre observées, le jour de la quadrature, à 9 heures du matin, à midi et à 3 heures du soir.

Ces six équations donnent les deux suivantes :

$$4\mathrm{R} \cos\frac{q}{4} \sin 2\lambda' = A'' - A + B - B'',$$

$$4\mathrm{R}\left(1 - \sin\frac{q}{4}\right) \cos 2\lambda' = 2A' - (A + A'') - 2B' + (B + B'').$$

Ces deux équations sont indépendantes des hauteurs absolues du baromètre; elles n'emploient que les différences $A - A'$, $A - A''$, $A' - A''$ du jour de la syzygie et les différences correspondantes du jour de la quadrature.

Le jour $i^{\text{ième}}$ après chaque syzygie et après chaque quadrature donne les deux équations suivantes :

$$4\mathrm{R} \cos\frac{q}{4} \sin(2\lambda' + 2iq) = A''_i - A_i + B_i - B''_i,$$

$$4\mathrm{R}\left(1 - \sin\frac{q}{4}\right) \cos(2\lambda' + 2iq) = 2A'_i - (A_i + A''_i) - 2B'_i + (B_i + B''_i).$$

A_i, A'_i, ..., B_i, B'_i ... sont les valeurs de A, A', ..., B, B', ..., relatives à ce $i^{ème}$ jour; i est négatif pour les jours qui précèdent la syzygie ou la quadrature.

On peut conclure des observations de chaque jour les valeurs de R et de λ'. Mais il y a des jours plus propres à déterminer l'une de ces inconnues. La méthode que j'ai désignée sous le nom de *méthode la plus avantageuse* combine toutes les équations de manière à donner les valeurs les plus probables des inconnues. Les deux équations du jour $i^{ème}$ donnent, en faisant

$$4R\sin 2\lambda' = x, \quad 4R\cos 2\lambda' = y,$$

les suivantes :

$$x\cos\frac{q}{4}\cos 2iq + y\cos\frac{q}{4}\sin 2iq = A'_i - A_i + B_i - B'_i,$$

$$y\left(1 - \sin\frac{q}{4}\right)\cos 2iq - x\left(1 - \sin\frac{q}{4}\right)\sin 2iq = 2A'_i - (A_i + A''_i) - 2B'_i + (B_i + B''_i).$$

$\sin\frac{q}{4}$ est une quantité très-petite et à fort peu près égale à $\frac{1}{19}$. Si l'on néglige son carré et si l'on nomme F_i la quantité

$$2A'_i - (A_i + A''_i) - 2B'_i + (B_i + B''_i)$$

augmentée de sa dix-neuvième partie, si l'on nomme pareillement E_i la quantité

$$A'_i - A_i + B_i - B'_i,$$

les deux équations précédentes deviendront

$$x\cos 2iq + y\sin 2iq = E_i,$$
$$y\cos 2iq - x\sin 2iq = F_i.$$

En faisant i successivement égal à -1, 0, $+1$, $+2$, on aura huit équations qui, résolues par le procédé de la méthode la plus avantageuse, détermineront x et y. Mais cette méthode exige que l'on connaisse la loi des écarts des hauteurs du baromètre de leur hauteur moyenne, dus aux causes irrégulières, pour les diverses heures du jour : ce que nous ignorons. Dans cet état d'incertitude, nous supposerons cette loi la même pour les heures diverses, l'inexactitude de cette supposition n'ayant que peu d'influence sur les résultats cherchés. Alors, pour former les deux équations finales qui doivent donner x et y, il faut, suivant le procédé que j'ai donné dans le *Troisième Supplément* à ma *Théorie analytique des probabilités,* multiplier chacune des quatre équations relatives à la lettre E par 3 et par son coefficient de x; il faut multiplier chacune des équations relatives à la lettre F par son coefficient de y; enfin il faut ajouter tous ces produits, ce qui donne

$$x(8 + \Sigma \cos 4 iq) + y \Sigma \sin 4 iq = 3 \Sigma E_i \cos 2 iq - \Sigma F_i \sin 2 iq,$$

le signe Σ exprimant la somme de toutes les quantités qu'il affecte et que l'on obtient en faisant successivement $i = -1, i = 0, i = 1, i = 2$. En opérant de la même manière sur le coefficient de y, on aura la seconde équation finale

$$y(8 - \Sigma \cos 4 iq) + x \Sigma \sin 4 iq = 3 \Sigma E_i \sin 2 iq + \Sigma F_i \cos 2 iq.$$

Toutes les syzygies et toutes les quadratures, depuis le 1er octobre 1815 jusqu'au 1er octobre 1823, ont donné, en réduisant la colonne de mercure du baromètre à zéro de température,

$$A_{-1} = 755\overset{mm}{,}925, \quad A'_{-1} = 755\overset{mm}{,}712, \quad A''_{-1} = 755\overset{mm}{,}175,$$
$$B_{-1} = 756,315, \quad B'_{-1} = 756,034, \quad B''_{-1} = 755,549,$$
$$A = 756,195, \quad A' = 755,788, \quad A'' = 755,270,$$
$$B = 756,072, \quad B' = 755,692, \quad B'' = 755,041,$$
$$A_1 = 755,704, \quad A'_1 = 755,416, \quad A''_1 = 755,010,$$
$$B_1 = 755,296, \quad B'_1 = 755,015, \quad B''_1 = 754,386,$$
$$A_2 = 755,631, \quad A'_2 = 755,407, \quad A''_2 = 754,955,$$
$$B_2 = 755,575, \quad B'_2 = 755,322, \quad B''_2 = 754,891.$$

De là on conclut

$$E_{-1} = +0\overset{mm}{,}016, \quad E_0 = +0\overset{mm}{,}105, \quad E_1 = -0\overset{mm}{,}216, \quad E_2 = -0\overset{mm}{,}008,$$
$$F_{-1} = +0,126, \quad F_0 = +0,168, \quad F_1 = -0,242, \quad F_2 = +0,053.$$

On a ainsi les deux équations finales

$$10,18716.x + 0,99136.y = 1,076815,$$
$$4,51927.y + 0,99136.x = 0,027033,$$

d'où l'on tire

$$x = 0,10743, \quad y = -0,017591.$$

L'étendue $2R$ du flux lunaire est égale à $\frac{1}{2}.\sqrt{x^2 + y^2}$; elle est donc $0^{mm},05443$.

On a

$$\tan g 2\lambda = \frac{x}{y},$$

ce qui donne, en degrés sexagésimaux,

$$\lambda = 49^{v}39'.$$

Cette valeur, réduite en temps, donne, pour l'heure sexagésimale du plus haut flux lunaire du jour de la syzygie, $3^h18^m36^s$ du soir.

2. Déterminons maintenant la probabilité avec laquelle les observations précédentes indiquent un flux lunaire atmosphérique. Il résulte de ce que j'ai fait voir dans le n° 20 du Livre II de ma *Théorie analytique des probabilités* que, si l'on prend un très-grand nombre n de valeurs de la variation diurne du baromètre, que l'on divise leur somme par n pour avoir la valeur moyenne, que l'on nomme e la somme des carrés des différences de cette valeur moyenne à chacune de ces valeurs, si l'on nomme ensuite u l'erreur moyenne d'un nombre considérable s de valeurs de la variation diurne, la probabilité de u sera proportionnelle à

$$e^{-\frac{n}{2e}su^2},$$

e étant le nombre dont le logarithme hyperbolique est l'unité. Le nombre n des observations diurnes comprises dans les observations précédentes est 1584, et l'on a trouvé, relativement à ces observations, la valeur moyenne de la variation diurne égale à $0^{mm},8045$, et c égal à 5572,93, ce qui donne

$$\frac{n}{2e} = 0,142116,$$

le millimètre étant pris pour l'unité. La probabilité de u est ainsi proportionnelle à

$$c^{-0.142116 \cdot u^2}.$$

En supposant que s exprime le nombre des variations diurnes observées vers les syzygies, on a $s = 792$, et la probabilité de l'erreur moyenne u sera proportionnelle à

$$c^{-112.53 \cdot u^2},$$

s'il n'y a point de cause constante qui influe sur ces variations. La probabilité de l'erreur moyenne u' des 792 observations vers les quadratures sera pareillement proportionnelle à

$$c^{-112.53 \cdot u'^2}.$$

Soit z l'excès de u' sur u; la probabilité des erreurs simultanées u et u' sera proportionnelle à

$$c^{-112.53 \cdot [(u+z)^2 + u^2]};$$

la probabilité de z sera donc proportionnelle à l'intégrale

$$\int du \cdot c^{-112.53 \cdot [(u+z)^2 + u^2]},$$

l'intégrale étant prise depuis u égal à l'infini négatif jusqu'à u égal à l'infini positif. En donnant à l'intégrale précédente cette forme

$$c^{-112.53 \, \frac{z^2}{2}} \int du \cdot c^{-112.53 \cdot 2 \left(u + \frac{z}{2}\right)^2},$$

on voit que la probabilité de z est proportionnelle à

$$c^{-\frac{112.53}{2} z^2}.$$

Les observations précédentes donnent pour z

$$\frac{1}{7}\left(\begin{array}{l} B_{-1} - B''_1 + B - B'' + B_1 - B'_1 + B_2 - B'_2 \\ + A''_1 - A_{-1} + A'' - A + A'_1 - A_1 + A'_2 - A_2 \end{array}\right),$$

d'où l'on tire

$$z = 0,0865.$$

La probabilité que les seules anomalies du hasard donneront une valeur de z plus petite est donc

$$\frac{\int dz . c^{-\frac{112.55}{2}z^2}}{\int dz . c^{-\frac{112.55}{2}z^2}},$$

l'intégrale du numérateur étant prise depuis $z = -\infty$ jusqu'à $z = 0,0865$ et celle du dénominateur étant prise depuis $z = -\infty$ jusqu'à $z = \infty$. Si l'on fait

$$t = z \sqrt{\frac{112,55}{2}},$$

cette fraction devient

$$1 - \frac{\int dt . c^{-t^2}}{\sqrt{\pi}},$$

l'intégrale du numérateur étant prise depuis $t = 0,0865 \cdot \sqrt{\frac{112,55}{2}}$ jusqu'à t infini et π étant le rapport de la circonférence au diamètre. Ainsi la probabilité que la valeur observée de z n'atteindrait pas $0,0865$ par les seules chances du hasard est $0,843$; il y a donc quelque invraisemblance à leur attribuer cette valeur; mais cette invraisemblance est si petite, que, pour affirmer quelque chose à cet égard, il faut multiplier considérablement les observations. Neuf fois plus d'observations donneraient

$$t = 0,0865 . \sqrt{\frac{112,55}{2} \cdot 9}.$$

Si la valeur de z restait égale à $0,0865$, la probabilité que cette valeur ne serait pas l'effet du hasard serait à fort peu près $\frac{335}{338}$; cette valeur indiquerait donc alors avec beaucoup de vraisemblance le flux lunaire atmosphérique.

REMARQUES

J'ai dit, à la 6ᵉ ligne de cette page, que je ferais voir, dans la théorie du flux et du reflux de la mer, que la valeur de $\delta V'$ est à très-peu près la même pour toutes les molécules situées sur le même rayon terrestre. J'ai omis de le faire en exposant cette théorie ; pour réparer cette omission, je vais considérer la partie de $\delta V'$ relative à l'attraction de la couche aqueuse. Cette partie est donnée par l'expression de ΔV de la page 39 du second Volume. Si l'on fait varier θ et ϖ, dans l'intérieur, des mêmes quantités zu et zv qu'à la surface, ce qui revient à considérer les molécules situées primitivement sur le même rayon comme restant constamment sur un même rayon, alors $\delta V'$ ne varie de l'intérieur à la surface qu'à raison de la variation zy du mouvement de la molécule dans le sens vertical, variation d'un ordre inférieur à celui de la variation zu de son mouvement horizontal dans le sens du méridien. Or il résulte de l'expression de ΔV que la variation zy de r a pour facteur une quantité de l'ordre de la profondeur de la mer ; on peut donc négliger la variation qui en résulte dans $\delta V'$ et supposer $\delta V'$ le même à l'intérieur qu'à la surface, ce qui rend l'équation (M) commune à tous ces points. Comme cette équation donne, pour tous les points situés sur le même rayon, les mêmes valeurs de zu et de zv, on voit que la supposition des points restant sur le même rayon pendant la durée du mouvement satisfait aux conditions de ce mouvement ; car il est facile d'appliquer à la force attractive des astres ce que nous venons de dire relativement à l'attraction de la couche aqueuse.

TRAITÉ

DE

MÉCANIQUE CÉLESTE.

LIVRE XIV.

JUILLET 1824.

LIVRE XIV.

DU MOUVEMENT DES CORPS CÉLESTES AUTOUR DE LEUR CENTRE DE GRAVITÉ.

CHAPITRE PREMIER.

DE LA PRÉCESSION DES ÉQUINOXES.

*Notice historique des travaux des astronomes et des géomètres
sur cet objet.*

1. La plus ancienne observation de la position sidérale des solstices
ou des équinoxes remonte au commencement du XIIe siècle avant notre
ère. Tcheou-Kong, qui gouvernait alors la Chine pendant la minorité
de son neveu, fixa la position du solstice d'hiver à 2 degrés chinois
de *nu*, constellation chinoise qui commençait par ε du Verseau. Cette
détermination, que l'on peut rapporter à l'an 1100 avant notre ère,
ne diffère pas de 92 minutes centésimales du résultat des formules
du Livre VI, différence qui paraîtra bien petite si l'on considère l'imperfection des moyens dont on pouvait alors faire usage pour obtenir
un élément aussi délicat. La même tradition qui nous a transmis ce
précieux résultat nous a pareillement transmis l'observation des
ombres du gnomon aux solstices d'hiver et d'été, faite par le même
prince. L'accord de l'obliquité de l'écliptique qu'elle donne pour cette
époque avec les formules du Livre VI ne permet pas de révoquer en
doute cette observation, regardée comme incontestable par le mission-
naire Gaubil, l'homme le plus versé dans l'Astronomie chinoise, qu'il

avait approfondie pendant un long séjour à la Chine. Dans le vᵉ siècle
avant notre ère, les astronomes chinois placèrent le solstice d'hiver au
commencement de la constellation chinoise *nieou*, dont la première
étoile était ε du Capricorne. Il est fort vraisemblable, dit le savant et
judicieux Gaubil, que ces astronomes, en comparant cette position
du solstice d'hiver avec celle que Tcheou-Kong lui avait assignée et
qui leur était bien connue, remarquèrent le mouvement rétrograde
des solstices par rapport aux étoiles ; mais rien dans l'Astronomie
des Égyptiens, des Chaldéens et des Grecs n'indique que ces peuples
aient eu connaissance des observations chinoises. Il faut descendre
de huit siècles depuis Tcheou-Kong pour avoir des observations de
leurs astronomes sur la position sidérale des équinoxes. Aristille et
Timocharis, premiers observateurs de l'école d'Alexandrie, déterminèrent la position de plusieurs étoiles par rapport à l'équinoxe du
printemps, et ce fut en comparant leurs observations aux siennes
qu'Hipparque reconnut le changement de la position équinoxiale des
étoiles, changement que les Égyptiens et les Chaldéens paraissent
avoir ignoré. Les périodes que les Chaldéens assignaient aux mouvements sidéraux du Soleil, de la Lune, de ses nœuds et de son périgée,
périodes que Geminus et Ptolémée nous ont transmises, supposent une
année sidérale de $365\frac{1}{4}$, la même que l'année tropique admise généralement par les anciens astronomes ; ils ne supposaient donc pas dans
les étoiles un mouvement par rapport aux équinoxes. Ptolémée, qui
pouvait mieux que nous connaître ce que l'on avait avant lui pensé
sur cet objet, dit expressément qu'Hipparque soupçonna le premier
ce mouvement, et qu'il y fut conduit uniquement par la comparaison
de ses observations avec celles d'Aristille et de Timocharis. Hipparque
reconnut que, depuis le temps de ces astronomes, les étoiles s'étaient
avancées en longitude, comptée de l'équinoxe du printemps, de ι degré sexagésimal par siècle, sans changer de latitude au-dessus de
l'écliptique, ce qu'il expliqua en faisant mouvoir la sphère des étoiles
autour des pôles de l'écliptique. Ptolémée confirma par ses propres
observations la découverte d'Hipparque ; mais, ayant conclu de ses ob-

servations défectueuses des équinoxes la même durée de l'année tropique qu'Hipparque avait donnée, il dut retrouver, et il retrouva en effet, le même mouvement des étoiles en longitude. Les astronomes arabes rectifièrent ce mouvement; ils remarquèrent l'inexactitude des équinoxes de Ptolémée. En comparant ceux qu'ils observèrent avec les équinoxes d'Hipparque, ils donnèrent une durée de l'année tropique plus exacte que celle qui fut depuis déterminée par Copernic, et ils en conclurent le vrai mouvement des étoiles en longitude.

Copernic, ayant substitué les mouvements réels de la Terre aux mouvements apparents des astres, expliqua la précession des équinoxes par un mouvement des pôles de la Terre autour des pôles de l'écliptique, ce qui maintenant est généralement admis; mais il ne s'occupa point de la cause de ce mouvement, se bornant à démêler, dans les mouvements apparents des astres, ce qui est dû aux mouvements réels de la Terre. Kepler, porté par une imagination active à la recherche des causes, essaya de découvrir celle de la précession des équinoxes; après diverses tentatives, il avoua l'inutilité de ses efforts.

Il était réservé à Newton de nous faire connaître la cause de ce phénomène, en la rattachant à sa découverte de la pesanteur universelle, dont il est l'un des plus curieux résultats et l'une des plus fortes preuves. Après avoir reconnu par sa théorie l'aplatissement de la Terre et la cause du mouvement des nœuds de l'orbite lunaire, Newton, considérant le renflement graduel du sphéroïde terrestre, des pôles à l'équateur, comme le système d'un nombre infini de satellites, vit bientôt que l'attraction solaire devait faire rétrograder les nœuds des orbites qu'ils décrivent, comme elle fait rétrograder les nœuds de la Lune, et que l'ensemble de ces mouvements devait produire un mouvement rétrograde dans l'intersection de l'équateur de la Terre avec l'écliptique. Voici comment il détermine ce mouvement.

Ce grand géomètre, supposant la Terre homogène, la conçoit formée 1° d'une sphère intérieure dont le diamètre est l'axe des pôles, 2° de l'excès du sphéroïde terrestre sur cette sphère. Il imagine d'abord cet excès réuni autour de l'équateur sous la forme d'un anneau détaché du globe, en conservant toujours son mouvement de rotation. Il trouve qu'alors ses nœuds auraient sur l'écliptique un mouvement rétrograde, qui serait au mouvement rétrograde des nœuds de l'orbe lunaire comme le jour sidéral est à la durée d'une révolution sidérale de la Lune, résultat exact et que l'on peut facilement déduire de l'expression différentielle de la précession des équinoxes donnée dans le n° 4 du Livre V, en y supposant, comme Newton l'a fait d'abord, l'inclinaison de l'écliptique sur l'équateur très-petite. Newton remarque ensuite que l'anneau, par son adhérence à l'équateur du globe terrestre, doit communiquer à la masse entière de ce globe une très-grande partie du mouvement rétrograde de ses nœuds, qui par là se trouve extrêmement affaibli. Mais de quelle manière cette communication doit-elle se faire? quel est le mouvement rétrograde qu'elle produit dans l'intersection de l'équateur et de l'écliptique? C'est dans la solution de ces deux questions que consiste la principale difficulté du problème.

Il était naturel que Newton fît usage, pour cet objet, de la règle suivante, qu'il a donnée dans le scolie qui termine l'exposition de la troisième loi du mouvement ou de l'égalité de l'action à la réaction, dans l'Ouvrage des *Principes :*

Si l'on estime l'action de l'agent par sa force multipliée par sa vitesse, et que l'on estime pareillement la réaction du corps résistant par les vitesses de chacune de ses parties, multipliées respectivement par les forces qu'elles ont pour résister en vertu de leur cohésion, de leur attrition, de leur poids et de leur accélération, l'action et la réaction se trouveront égales dans les effets de toutes les machines.

Pour appliquer cette règle à la question présente, il faut observer que la force imprimée à l'anneau par l'action solaire est égale à la masse de l'anneau multipliée par son mouvement de précession. Ainsi l'action de l'agent sur le corps résistant ou sur le globe terrestre est ici le produit de cette masse par son mouvement de précession, diminué de la précession qui lui reste et qui lui est commune avec le globe, et par sa vitesse, qui est celle de rotation de la Terre à l'équateur.

Chaque molécule du globe reçoit une force égale à son accélération multipliée par sa masse, et, en vertu de la cohésion des molécules, cette accélération est la précession terrestre multipliée par la distance de la molécule à l'axe des pôles, la moitié de cet axe étant prise pour unité. La vitesse de la molécule est la vitesse de rotation à l'équateur, multipliée par cette distance; la réaction du corps résistant est donc égale à la somme des produits de chaque molécule par le carré de sa distance à l'axe, par la précession terrestre et par la vitesse de rotation à l'équateur. Newton eût pu facilement déterminer cette somme; en égalant ensuite l'action de l'agent à la réaction du corps résistant, il aurait trouvé la précession terrestre égale à la précession primordiale de l'anneau multipliée par le rapport de la masse de l'anneau à celle de la Terre et par le facteur $\frac{5}{2}$. Au lieu de ce vrai facteur, Newton déduit de considérations inexactes le facteur l'unité divisée par $\frac{3}{32}$ du carré de la demi-circonférence dont le rayon est l'unité. En supposant, comme Newton l'a fait d'abord, l'excès du sphéroïde terrestre sur la sphère dont le diamètre est l'axe des pôles réuni sous la forme d'un anneau à l'équateur, on obtient une précession plus grande que la véritable, car l'action du Soleil sur les molécules de cet excès, pour faire rétrograder les équinoxes, est plus petite et a moins d'énergie que dans cette hypothèse; il faut donc diminuer la précession qui en résulte. Newton, dans la première édition de son Ouvrage des *Principes*, la réduisait au quart; depuis, il ne l'a réduite qu'aux deux cinquièmes, ce qui est exact. Il la multiplie ensuite par le cosinus de l'inclinaison de l'écliptique à l'équateur, pour tenir compte de cette inclinaison, ce qui est encore exact. Ainsi la solution newtonienne du problème de la précession des équinoxes n'est en défaut que par le facteur erroné dont je viens de parler, facteur qui réduit la précession au-dessous de la moitié de sa vraie valeur. Il est vraisemblable que ce grand géomètre eût rectifié cette erreur capitale, mais bien excusable dans le premier inventeur, si, moins livré à des occupations d'un tout autre genre, il eût donné une attention plus particulière aux découvertes des géomètres du continent, telles que le principe par lequel Jacques Bernoulli a déterminé les oscillations des pendules composés, et le principe des vitesses virtuelles, publié sans démonstration par Jean Bernoulli, principes dont le premier a une grande analogie avec la règle énoncée ci-dessus et dont le second est une généralisation de cette règle. Mais alors la correction de son erreur lui eût fait éprouver quelque difficulté à concilier avec l'observation son résultat de la précession des équinoxes, qui par là devenait beaucoup trop grand. Pour avoir la précession totale, il faut ajouter la précession solaire à la précession lunaire, et, pour obtenir celle-ci, Newton multiplie la première par le rapport de l'action lunaire sur ce phénomène à l'action solaire. Ce rapport est le même que le rapport de ces actions sur les marées. Newton, dans la première édition de ses *Principes*, le trouvait, par les observations des marées, égal à $6\frac{1}{3}$. Il l'a réduit ensuite à $4,4815$. L'incertitude des observations dont il a fait usage lui permettait de le diminuer encore, et l'on a vu, dans le Livre XIII, que des observations très-nombreuses des marées, faites chaque jour à Brest pendant seize années consécutives et discutées avec un soin particulier, donnent ce rapport égal à $2\frac{1}{3}$, ce qui rapproche considérablement de l'observation la formule newtonienne de la précession, corrigée de son erreur. Newton eût pu remarquer encore que l'hypothèse de l'homogénéité de la Terre est peu vraisemblable et qu'il est naturel de penser que les couches du sphéroïde terrestre croissent en densité à mesure qu'elles se rapprochent du centre. C'est ce qu'il supposait dans la première édition de ses *Principes;* mais il croyait que cette supposition rendait la Terre plus aplatie, et par conséquent augmentait la précession des équinoxes, ce qui est entièrement contraire aux résultats de l'Analyse, qui a fait voir qu'en rectifiant toutes ces erreurs la théorie de Newton devenait parfaitement conforme à l'observation.

Newton a remarqué l'inégalité de la nutation, produite par l'action du Soleil, et dont la période est de six mois. Mais il se contente d'observer qu'elle est très-petite. Il n'a point considéré les inégalités de la précession et de la nutation dépendantes du mouvement des nœuds de l'orbe lunaire. Dans la production de ces inégalités, l'action lunaire, déjà insensible dans les inégalités de ce genre qui sont indépendantes de l'inclinaison de cet orbe, est multipliée par cette petite inclinaison, et il fallait une analyse délicate et très-épineuse pour reconnaitre que les expressions de ces inégalités acquièrent par les intégrations un très-petit diviseur qui les rend sensibles. Ainsi la théorie, qui, perfectionnée, a sur beaucoup de points devancé l'observation, a été sur ce point devancée par elle. Bradley dut à une longue suite d'observations la découverte de la nutation de l'axe terrestre, découverte l'une des plus remarquables et des plus importantes de l'Astronomie, en ce qu'elle affecte toutes les observations des astres. Ce grand astronome, ayant reconnu, par la précision de ses observations, l'aberration des étoiles et sa cause, s'aperçut bientôt qu'elle ne suffisait pas pour représenter les observations de plusieurs années, et que ces observations indiquaient une inégalité, qu'il suivit pendant une période de dix-huit ans, après laquelle les étoiles lui parurent revenir à leur première position. Cette période, la même que celle du mouvement des nœuds de la Lune, lui fit penser que l'axe de la Terre avait un mouvement périodique dépendant de la longitude de ces nœuds. Machin lui proposa l'hypothèse du pôle vrai de la Terre décrivant uniformément autour du pôle moyen, pendant une période du mouvement des nœuds lunaires, un petit cercle, de manière que le pôle vrai fût le plus près de l'écliptique lorsque le nœud ascendant de l'orbe lunaire coïncide avec l'équinoxe du printemps. Bradley reconnut que, par là, ses observations étaient à fort peu près représentées, mais qu'elles le seraient un peu mieux encore si l'on substituait au cercle une ellipse peu aplatie. Machin n'a point fait connaitre la théorie qui l'a conduit à son hypothèse, et qui, si elle eût été juste, lui aurait donné l'ellipticité de la courbe décrite par le pôle vrai de la Terre et soupçonnée par Bradley. Il aurait vu que le grand axe de cette ellipse, toujours tangent à la sphère céleste, passe constamment par le pôle moyen de la Terre et par celui de l'écliptique. Mais la découverte de ces résultats était alors au-dessus des moyens de l'Analyse et de la Mécanique; il fallait en inventer de nouveaux pour y arriver. L'honneur de cette invention était réservé à d'Alembert. Un an et demi après la publication de l'écrit dans lequel Bradley présenta sa découverte, d'Alembert fit paraître son *Traité de la précession des équinoxes*, Ouvrage aussi remarquable dans l'histoire de la Mécanique céleste et de la Dynamique que l'écrit de Bradley dans les annales de l'Astronomie.

D'Alembert détermine d'abord les résultantes des attractions du Soleil et de la Lune sur toutes les molécules du sphéroïde terrestre, qu'il suppose être un solide de révolution, résultantes auxquelles il applique en sens contraire la résultante de ces attractions sur le centre de la Terre, que l'on doit ici considérer comme immobile. Pour avoir la vraie situation de la Terre autour de ce point, d'Alembert choisit pour coordonnées l'inclinaison de l'axe du sphéroïde au plan de l'écliptique, l'angle que l'intersection de ces deux plans ou la ligne des équinoxes forme avec une droite fixe menée sur l'écliptique par le centre de la Terre, enfin l'arc compris entre un point déterminé de l'équateur terrestre et le point où cet équateur coupe l'écliptique à l'équinoxe du printemps. Les variations de ces coordonnées pendant un instant donnent la vitesse correspondante de chaque molécule du sphéroïde. D'Alembert, en appliquant ici son principe général de Dynamique, décompose cette vitesse en deux, l'une qui subsiste dans l'instant suivant, et l'autre qui est détruite et qui ne peut l'être que par les résultantes des attractions du Soleil et de la Lune. En déterminant ensuite les résultantes de ces vitesses détruites et en les supposant en équilibre avec les résultantes des attractions des deux astres, il parvient, au moyen des conditions de l'équilibre d'un nombre quelconque de forces, conditions qu'il a le premier établies, à trois équations différentielles du second ordre entre les trois coordonnées. L'une de ces équations est facile à intégrer; elle donne la vitesse de rotation du sphéroïde. D'Alembert n'intègre point les deux autres équations; il se contente de faire voir que la nutation du pôle terrestre observée par Bradley en est une conséquence nécessaire, et il détermine le rapport des deux axes de la petite ellipse décrite par le pôle vrai de la Terre et la loi du mouvement de ce pôle sur cette ellipse, résultats précieux qui sont généralement adoptés dans les Tables astronomiques. En comparant aux observations les expressions analytiques de la nutation et de la précession, d'Alembert en conclut le rapport de l'action de la Lune à celle du Soleil; mais il observe qu'une très-petite différence dans la valeur de la nutation changerait sensiblement ce rapport et celui de la masse de la Lune à la masse de la Terre, que l'on conclut de ce rapport.

D'Alembert détermine ensuite les rapports de la précession et de la nutation avec la figure de la Terre, et les lois de la densité et de l'ellipticité de ses couches, depuis son centre jusqu'à sa surface; il en conclut que l'ellipticité $\frac{1}{174}$, qui résulte de la comparaison des degrés mesurés en Laponie en 1736 et à l'équateur, ne peut satisfaire à ces rapports. Ce grand géomètre croit cependant qu'il est possible de concilier avec ces mesures la théorie de l'attraction, en considérant que la Terre est recouverte en grande partie par la mer, dont les molécules, cédant à l'action des astres, ne doivent point, suivant lui, contribuer aux mouvements de l'axe terrestre; en sorte qu'il ne faut employer dans le calcul de ces mouvements que l'ellipticité du sphéroïde recouvert par l'océan, ellipticité qui peut être supposée moindre que celle de la surface de la mer. Mais, ayant soumis à une analyse exacte les oscillations d'un fluide qui recouvrirait le sphéroïde terrestre et la pression qu'il exerce sur la surface du sphéroïde, j'ai fait voir que ce fluide transmet à l'axe terrestre les mêmes mouvements que s'il formait une masse solide avec la Terre. M. Plana, par d'ingénieuses et savantes recherches sur les oscillations des fluides qui recouvrent les planètes, vient de confirmer ce résultat important, auquel j'avais donné, dans le Livre V, la plus grande généralité, en établissant, par le principe de la conservation des aires, que l'action des astres sur la mer, quelle que soit la manière dont elle recouvre le sphéroïde terrestre, produit sur la nutation et la précession les mêmes effets que si la mer venait à se consolider. La difficulté que la théorie de l'attraction présente sur cet objet subsiste donc si l'ellipticité de la Terre est $\frac{1}{174}$. Cet aplatissement ne peut encore se concilier, dans cette théorie, avec les observations du pendule de l'équateur aux pôles, qui donnent un aplatissement au-dessous de $\frac{1}{330}$. Mais une vérification du degré de Laponie, faite par M. Swanberg, astronome suédois, a montré que la mesure de ce degré, à laquelle on avait accordé trop de confiance, est fautive. La nouvelle mesure de M. Swanberg, comparée aux degrés mesurés en France, dans l'Inde et à l'équateur, donne un aplatissement au-dessous de $\frac{1}{300}$, et par là concilie avec la théorie de l'attraction les phénomènes de la précession et de la nutation et les observations du pendule. L'erreur de d'Alembert que nous venons de signaler n'est pas le seul exemple que l'histoire des Sciences nous offre de savants célèbres induits en erreur par trop de confiance dans des mesures fautives. Ce fut par la mesure inexacte de la hauteur du baromètre, faite par le P. Feuillée au sommet du pic de Ténériffe, que Daniel Bernoulli fut conduit à l'étrange hypothèse de l'accroissement de la chaleur à mesure qu'on s'élève dans l'atmosphère au-dessus de la surface de la Terre. Il importe donc au géomètre de ne s'appuyer que sur des observations très-exactes et vérifiées avec un soin particulier.

D'Alembert applique sa solution du problème de la précession des équinoxes aux deux cas que Newton avait considérés, celui où la Terre serait réduite à l'enveloppe qui recouvre une sphère dont le diamètre serait l'axe des pôles, et le cas où les molécules de cette enveloppe seraient réunies sous la forme d'un anneau à l'équateur. Il examine le cas où la Terre n'aurait point de mouvement de rotation. Je tiens de ce grand géomètre qu'il avait d'abord pensé que, la Terre étant supposée un solide de révolution, sa rotation ne devait avoir aucune influence sur les phénomènes de la précession et de la nutation, parce que, tous les méridiens étant semblables et se présentant successivement de la même manière au Soleil et à la Lune, l'action de ces astres sur l'axe terrestre est la même, soit que la Terre tourne sur elle-même, soit qu'elle ne tourne pas. C'était, en effet, conformément à cette idée qu'il avait précédemment considéré les oscillations de l'atmosphère, dans sa pièce *Sur la cause des vents*. Il parvint ainsi, sur la précession et sur la nutation, à des résultats contraires aux observations. Mais, avant que de rien prononcer sur un objet de cette importance, il voulut revoir avec le plus grand soin ses calculs et soumettre à un nouvel examen les principes qui leur servaient de base, et spécialement celui de la non-influence de la rotation de la Terre sur les mouvements de l'axe terrestre. Ayant donc traité cette question en considérant le mouvement de rotation, il parvint à des résultats fort différents de ceux qu'il avait d'abord obtenus, et ces nouveaux résultats se trouvèrent parfaitement conformes aux observations de la précession et de la nutation.

D'Alembert détermine la position de l'axe instantané de rotation et la vitesse de rotation. N'ayant point intégré les équations différentielles qu'il avait trouvées, il n'a point considéré les inégalités du mouvement de l'axe terrestre qui dépendent de sa position et de son mouvement primitifs, inégalités que j'ai déterminées dans le n° 4 du Livre V. Les observations les plus précises n'ayant point fait reconnaitre ces inégalités, il est naturel de penser que, si elles ont eu lieu primitivement, les fluides qui recouvrent le sphéroïde terrestre les ont à la longue anéanties par leur frottement et leurs chocs multipliés contre sa surface. On conçoit, en effet, que ces causes diminuent sans cesse la force vive du système de ces fluides et du sphéroïde ; mais elles n'altèrent point la somme des aires que toutes les molécules de ce système décrivent sur le plan du maximum des aires. La diminution de la force vive doit donc avoir une limite, qu'elle finit par atteindre, ce qui ne peut arriver que dans le cas où ces fluides sont en repos sur la surface du sphéroïde, l'axe de rotation de la Terre étant immobile autour de son centre. J'ai prouvé dans le Livre XI qu'un tel axe est toujours possible, quelle que soit la manière dont l'océan recouvre le sphéroïde terrestre. Il devient, lorsque l'équilibre est établi, perpendiculaire au plan du maximum des aires, et la rotation de la Terre autour de cet axe doit être telle que la somme des aires décrites par chaque molécule de la Terre soit la même qu'à l'origine. Ainsi cette somme et le plan du maximum des aires, qui restent toujours l'un et l'autre les mêmes qu'à l'origine, s'il n'y a point d'action

36.

étrangère, déterminent la position de l'axe de rotation de la Terre et sa vitesse de rotation, lorsqu'elle parvient à l'état d'équilibre.

D'Alembert a étendu, dans les *Mémoires de l'Académie des Sciences* pour l'année 1754, sa solution du problème de la précession des équinoxes au cas où l'équateur et les parallèles terrestres seraient elliptiques, ce qui donne la solution générale de ce problème, lorsque dans l'action du Soleil et de la Lune on ne porte l'approximation que jusqu'aux termes divisés par le cube de leurs distances à la Terre. Enfin il a déterminé, par la même analyse, le mouvement d'un corps solide animé par des forces quelconques autour de son centre de gravité.

Euler a traité depuis les mêmes sujets avec beaucoup d'élégance, soit dans les *Mémoires de l'Académie de Berlin*, soit dans son *Traité de la Mécanique des corps durs*. Son premier Mémoire sur la précession des équinoxes parut dans le Volume des *Mémoires* de cette Académie pour l'année 1749. Il n'y fait aucune mention du Traité de d'Alembert; mais, dans le Volume suivant, il reconnut expressément qu'il n'avait composé son Mémoire qu'après la lecture de l'Ouvrage du géomètre français. La méthode d'Euler est identique avec une seconde solution du problème de la précession des équinoxes, que d'Alembert avait donnée dans son Ouvrage, solution moins rigoureuse que la première, mais qui conduit fort simplement aux mêmes résultats.

C'est à Euler que l'on est redevable des équations générales du mouvement d'un corps solide animé par des forces quelconques, que j'ai développées dans le Chapitre VII du Livre I. La découverte des trois axes principaux de rotation, due à Segner, apporte d'utiles simplifications dans un sujet aussi compliqué, et les équations auxquelles Euler est parvenu me paraissent être les plus simples qu'il soit possible d'obtenir.

Plusieurs géomètres ont essayé de traiter synthétiquement le problème de la précession des équinoxes; mais leurs solutions inexactes, du moins pour la plupart, sont autant d'exemples de la supériorité de l'analyse sur la synthèse.

Les recherches de d'Alembert et d'Euler laissaient encore à considérer plusieurs points importants, que j'ai discutés dans le Livre V. L'un de ces points est l'influence de la fluidité de la mer, de ses courants et de ceux de l'atmosphère sur les mouvements de l'axe terrestre; j'ai reconnu, comme je l'ai dit précédemment, que cette influence est la même que si ces fluides formaient une masse solide adhérente au sphéroïde terrestre.

Un second point est l'influence de l'aplatissement de la Terre sur l'obliquité de l'écliptique et sur la longueur de l'année. Si le Soleil et la Lune agissaient seuls sur la Terre, l'inclinaison moyenne de l'équateur à l'écliptique serait constante. Mais l'action des planètes change continuellement la position de l'orbe terrestre, et il en résulte, dans son obliquité sur l'équateur, une diminution confirmée par toutes les observations anciennes et modernes. La même cause donne aux équinoxes un mouvement annuel direct d'environ $\frac{1}{10}$ de seconde centésimale. Ainsi la précession annuelle produite par l'action du Soleil et de la Lune est diminuée de cette quantité par l'action des planètes. Ces effets de l'action des planètes sont indépendants de l'aplatissement du sphéroïde terrestre. Mais l'action du Soleil et de la Lune sur ce sphéroïde doit les modifier et en changer les lois.

Rapportons à un plan fixe la position de l'orbite de la Terre et le mouvement de son axe de rotation. Il est clair que l'action du Soleil, supposé mû constamment sur cette orbite, produira dans cet axe, en vertu des variations de l'écliptique, un mouvement d'oscillation analogue à la nutation, avec cette différence que, la période de ces variations étant incomparablement plus longue que celle des variations du plan de l'orbe lunaire, l'étendue de l'oscillation correspondante dans l'axe de la Terre est beaucoup plus grande que celle de la nutation. L'action de la Lune produit dans ce même axe une oscillation semblable, parce que l'inclinaison moyenne de son orbe sur l'écliptique vraie est constante. Le déplacement de l'écliptique, en se combinant avec l'action du Soleil et de la Lune sur la Terre, produit donc dans son obliquité sur l'équateur une variation très-différente de ce qu'elle serait en vertu de ce seul déplacement. L'étendue entière de cette variation due à ce déplacement se trouve par là réduite environ au quart de sa valeur.

La variation du mouvement des équinoxes, produite par les mêmes causes, change la longueur de l'année tropique dans les différents siècles. Cette durée diminue quand ce mouvement augmente, ce qui a lieu présentement, et l'année actuelle est plus courte d'environ 13 secondes centésimales qu'au temps d'Hipparque. Mais cette variation dans la longueur de l'année a des limites qui sont encore restreintes par l'action du Soleil et de la Lune sur le sphéroïde terrestre. L'étendue de ces limites serait d'environ 500 secondes, par le déplacement seul de l'écliptique ; elle est réduite à 120 secondes par cette action.

J'ai recherché, avec tout le soin qu'exige l'importance de l'objet dans l'Astronomie, si les inégalités séculaires des mouvements de la Terre et de la Lune pouvaient déplacer sensiblement l'axe de rotation sur la surface du sphéroïde terrestre et altérer le mouvement de rotation. J'ai reconnu que ces effets seront toujours insensibles. M. Poisson a confirmé depuis ce résultat important, par une savante analyse insérée dans le Tome VIII du *Journal de l'École Polytechnique*. Il restait à discuter une cause de variation du mouvement diurne de rotation, que les expériences faites sur la température des mines profondes m'ont paru indiquer. Ces expériences donnent un accroissement de température à mesure que l'on s'enfonce au-dessous de la surface de la Terre. Il est naturel d'en conclure que la Terre a une chaleur intérieure, croissante de la surface au centre, et qui diminue sans cesse par les pertes qu'elle éprouve à cette surface. En vertu de cette diminution, les parties de la Terre se resserrent, et, comme cette cause n'altère point l'aire décrite par le rayon vecteur de chaque molécule du sphéroïde terrestre projetée sur le plan de l'équateur, le mouvement de rotation doit par là s'accélérer. On a vu dans le Livre XI que l'effet de cette cause est jusqu'à présent insensible, en sorte que l'on peut regarder comme constante la durée du jour, que les astronomes ont prise pour étalon du temps.

Enfin un troisième point de discussion est la nutation de l'orbe

lunaire, correspondante à la nutation de l'équateur terrestre. Il résulte
du n° 10 du Livre II que, vu la grande distance du Soleil à la Terre et
à la Lune, le centre de gravité du système de ces deux derniers corps
est à très-peu près attiré par le Soleil comme si toutes les molécules de
ce système étaient réunies à ce centre. De là il suit que la somme des
aires décrites autour de ce point par le rayon vecteur de chaque molécule projetée sur le plan mené par le même point parallèlement à
l'écliptique est toujours la même en temps égal, quelle que soit la
manière dont ces molécules agissent et réagissent les unes sur les
autres. Or, en vertu de la nutation de l'axe terrestre, la somme des
aires décrites par les molécules du sphéroïde terrestre, autour du
centre de gravité du système de la Terre et de la Lune, est assujettie
à une inégalité semblable à la nutation; l'aire décrite par le rayon vecteur de la Lune doit donc être assujettie à une inégalité contraire, ce
qui ne peut avoir lieu qu'autant que l'expression de la latitude de
la Lune contient une inégalité proportionnelle au sinus de la longitude
moyenne de la Lune, et dont le coefficient dépend, comme celui de la
nutation, de l'aplatissement de la Terre. Je retrouve ainsi l'inégalité à
laquelle je suis parvenu dans le Chapitre II du Livre VII, par la considération directe de l'action du sphéroïde terrestre sur la Lune.

J'avais négligé, dans le Livre V, la petite nutation dépendante du
double de la longitude du nœud lunaire, parce qu'elle me paraissait
devoir être insensible. Mais, comme on peut facilement la comprendre
dans les Tables de la précession et de la nutation, j'en donne ici l'expression, qui confirme ce que j'avais dit à son égard.

Quelques astronomes ont pensé qu'il serait avantageux, dans le calcul de ces phénomènes, d'employer la longitude vraie du nœud de la
Lune au lieu de sa longitude moyenne. Mais il est aisé de voir, par
l'expression différentielle de la nutation, réduite en sinus et cosinus du
temps, que la différence entre la longitude vraie du nœud de la Lune et
sa longitude moyenne serait insensible dans l'intégrale, parce qu'elle
n'acquiert point, par l'intégration, pour diviseur le très-petit coefficient
du temps dans la valeur de la longitude du nœud; en employant donc

la longitude vraie du nœud au lieu de sa longitude moyenne, on s'exposerait à une erreur qui pourrait devenir sensible.

Enfin, pour ne rien négliger sur un objet de cette importance dans l'Astronomie, j'ai considéré les termes dépendants des variations séculaires des mouvements de la Lune et ceux qui dépendent de la quatrième puissance de sa parallaxe et de celle du Soleil, et j'ai trouvé qu'ils sont insensibles.

Formules générales du mouvement de l'équateur terrestre.

2. Les expressions différentielles de ce mouvement, que j'ai données dans le n° 4 du Livre V, me paraissent être les plus simples auxquelles on puisse parvenir. Mais on peut leur donner la forme suivante, qui présente quelques résultats utiles que nous allons exposer.

Soient x', y', z' les coordonnées d'une molécule dm de la Terre, rapportées au centre de gravité de cette planète et à un plan fixe. Désignons par x'', y'', z'' les coordonnées de la même molécule, rapportées au même centre et au premier, au second et au troisième axe principal de la Terre, que nous supposerons être à très-peu près son axe de rotation. Nommons θ le complément de l'angle que ce troisième axe forme sur le plan fixe et ψ le complément de l'angle que la projection de cet axe sur ce plan forme avec l'axe des x'; ψ sera l'angle que ce dernier axe fait avec la ligne d'intersection du plan fixe et du plan formé par le premier et le second axe principal. Désignons encore par φ l'angle que cette ligne d'intersection fait avec le second axe principal. Cela posé, on aura, par le n° 26 du Livre I,

$$x' = x''(\cos\theta \sin\psi \sin\varphi + \cos\psi \cos\varphi)$$
$$+ y''(\cos\theta \sin\psi \cos\varphi - \cos\psi \sin\varphi) + z'' \sin\theta \sin\psi,$$

$$y' = x''(\cos\theta \cos\psi \sin\varphi - \sin\psi \cos\varphi)$$
$$+ y''(\cos\theta \cos\psi \cos\varphi + \sin\psi \sin\varphi) + z'' \sin\theta \cos\psi,$$

$$z' = z'' \cos\theta - y'' \sin\theta \cos\varphi - x'' \sin\theta \sin\varphi.$$

Soient

$$\int(y''^2 + z''^2)\,dm = A, \quad \int(x''^2 + z''^2)\,dm = B, \quad \int(y''^2 + x''^2)\,dm = C;$$

on aura, par les propriétés des axes principaux,

$$\int x''y''\,dm = 0, \quad \int x''z''\,dm = 0, \quad \int y''z''\,dm = 0,$$

toutes ces intégrales étant étendues à la masse entière de la Terre. On aura, par la nature du centre de gravité,

$$\int x'\,dm = 0, \quad \int y'\,dm = 0, \quad \int z'\,dm = 0,$$
$$\int x''\,dm = 0, \quad \int y''\,dm = 0, \quad \int z''\,dm = 0.$$

Considérons l'action d'un astre L sur la molécule dm. Soient x, y, z les coordonnées de cet astre, rapportées au centre de la Terre et aux axes des x', des y' et des z'. Faisons

$$r_1 = \sqrt{x^2 + y^2 + z^2}$$

et

$$\frac{L}{\sqrt{(x - x')^2 + (y - y')^2 + (z - z')^2}} = V;$$

dt étant l'élément du temps, supposons

$$\frac{dN}{dt} = \int dm \left(x' \frac{\partial V}{\partial y'} - y' \frac{\partial V}{\partial x'} \right),$$

$$\frac{dN'}{dt} = \int dm \left(x' \frac{\partial V}{\partial z'} - z' \frac{\partial V}{\partial x'} \right),$$

$$\frac{dN''}{dt} = \int dm \left(y' \frac{\partial V}{\partial z'} - z' \frac{\partial V}{\partial y'} \right);$$

V est fonction de x, y, z, x', y', z'. En y substituant pour x', y', z' leurs valeurs précédentes, V devient fonction de neuf quantités x, y, z, x'', y'', z'', φ, ψ et θ, parmi lesquelles x'', y'', z'' sont invariables pour la même molécule. On a donc

$$\frac{\partial V}{\partial x'}\,dx' + \frac{\partial V}{\partial y'}\,dy' + \frac{\partial V}{\partial z'}\,dz' = \frac{\partial V}{\partial \varphi}\,d\varphi + \frac{\partial V}{\partial \psi}\,d\psi + \frac{\partial V}{\partial \theta}\,d\theta,$$

en ne faisant varier que φ, ψ et θ dans les valeurs précédentes de x',

y', z'. Si l'on différentie ces valeurs, et qu'après les différentiations on fasse, pour plus de simplicité, ψ nul, on aura

$$dx' = d\varphi(z'\sin\theta - y'\cos\theta) + y'd\psi,$$
$$dy' = x'\cos\theta\, d\varphi - x'd\psi + z'd\theta,$$
$$dz' = -x'd\varphi\,\sin\theta - y'd\theta.$$

Substituant ces valeurs dans l'équation précédente aux différences partielles, on aura, en comparant séparément les coefficients de $d\varphi$, $d\psi$ et $d\theta$, les trois équations suivantes :

$$\frac{\partial V}{\partial \varphi} = \cos\theta\left(x'\frac{\partial V}{\partial y'} - y'\frac{\partial V}{\partial x'}\right) + \sin\theta\left(z'\frac{\partial V}{\partial x'} - x'\frac{\partial V}{\partial z'}\right),$$
$$\frac{dV}{d\psi} = y'\frac{\partial V}{\partial x'} - x'\frac{\partial V}{\partial y'},$$
$$\frac{dV}{d\theta} = z'\frac{\partial V}{\partial y'} - y'\frac{\partial V}{\partial z'},$$

d'où l'on tire

$$z'\frac{\partial V}{\partial x'} - x'\frac{\partial V}{\partial z'} = \frac{\dfrac{\partial V}{\partial \varphi} + \cos\theta\dfrac{\partial V}{\partial \psi}}{\sin\theta}.$$

Maintenant, les variables φ, ψ et θ étant les mêmes pour toutes les molécules dm, il est clair que, si l'on fait

$$V' = \int V\,dm = L\int \frac{dm}{\sqrt{(x-x')^2 + (y-y')^2 + (z-z')^2}},$$

on aura

$$\int dm\left(x'\frac{\partial V}{\partial y'} - y'\frac{\partial V}{\partial x'}\right) = -\frac{\partial V'}{\partial \psi},$$
$$\int dm\left(x'\frac{\partial V}{\partial z'} - z'\frac{\partial V}{\partial x'}\right) = -\frac{\dfrac{\partial V'}{\partial \varphi} - \cos\theta\dfrac{\partial V'}{\partial \psi}}{\sin\theta},$$
$$\int dm\left(y'\frac{\partial V}{\partial z'} - z'\frac{\partial V}{\partial y'}\right) = -\frac{\partial V'}{\partial \theta}.$$

Les seconds membres de ces équations sont les valeurs de $\dfrac{dN}{dt}$, $\dfrac{dN'}{dt}$, $\dfrac{dN''}{dt}$, présentées sous une autre forme.

Soient

$$\frac{p}{\sqrt{p^2 + q^2 + r^2}}, \quad \frac{q}{\sqrt{p^2 + q^2 + r^2}}, \quad \frac{r}{\sqrt{p^2 + q^2 + r^2}}$$

les cosinus des angles que l'axe instantané de rotation de la Terre fait avec le troisième axe, le second et le premier de ses axes principaux; soit encore $\sqrt{p^2 + q^2 + r^2}$ la vitesse angulaire de rotation autour de cet axe instantané; on aura, par les n^{os} **26** et **28** du Livre I, les équations

$$C\,dp + (B - A)qr\,dt = -\ dN\cos\theta - dN'\sin\theta,$$
$$A\,dq + (C - B)pr\,dt = -(dN\sin\theta + dN'\cos\theta)\sin\varphi + dN''\cos\varphi,$$
$$B\,dr + (A - C)pq\,dt = -(dN\sin\theta + dN'\cos\theta)\cos\varphi - dN''\sin\varphi.$$

Substituant pour $\dfrac{dN}{dt}$, $\dfrac{dN'}{dt}$, $\dfrac{dN''}{dt}$ leurs valeurs précédentes, on aura

$$(F) \quad \begin{cases} C\dfrac{dp}{dt} + (B - A)\,qr = \dfrac{\partial V'}{\partial\varphi}, \\[2mm] A\dfrac{dq}{dt} + (C - B)\,pr = \dfrac{\sin\varphi}{\sin\theta}\left(\dfrac{\partial V'}{\partial\psi} + \cos\theta\dfrac{\partial V'}{\partial\varphi}\right) - \dfrac{\partial V'}{\partial\theta}\cos\varphi, \\[2mm] B\dfrac{dr}{dt} - (C - A)\,pq = \dfrac{\cos\varphi}{\sin\theta}\left(\dfrac{\partial V'}{\partial\psi} + \cos\theta\dfrac{\partial V'}{\partial\varphi}\right) + \dfrac{\partial V'}{\partial\theta}\sin\varphi. \end{cases}$$

C'est sous cette forme générale que M. Poisson a présenté les équations (G) du n° 4 du Livre V.

Si l'on développe V' ou

$$L\int \frac{dm}{\sqrt{(x - x')^2 + (y - y')^2 + (z - z')^2}}$$

dans une série ordonnée suivant les puissances négatives de la distance r_1 de l'astre L au centre de la Terre, on aura, en ne portant l'approximation que jusqu'aux termes de l'ordre $\dfrac{1}{r_1^3}$,

$$V' = \frac{LT}{r_1} - \frac{L}{2}\int\frac{dm(x'^2 + y'^2 + z'^2)}{r_1^3} + \frac{3L}{2}\int\frac{dm(xx' + yy' + zz')^2}{r_1^5},$$

T étant la masse entière de la Terre. En substituant pour x', y', z' leurs valeurs précédentes, on trouvera

$$V' = \frac{LT}{r_1} + \frac{3L}{4r_1^3}(B-A)\left\{\begin{array}{l}[X^2-(Y\cos\theta-Z\sin\theta)^2]\cos 2\varphi\\ + 2X(Y\cos\theta-Z\sin\theta)\sin 2\varphi\end{array}\right\}$$
$$+ \frac{3L}{4r_1^3}(2C-A-B)\left[X^2+(Y\cos\theta-Z\sin\theta)^2-\frac{2}{3}r_1^2\right],$$

X, Y, Z étant les coordonnées x, y, z de l'astre L, rapportées, par la supposition de ψ nul, à l'équinoxe du printemps et aux deux axes perpendiculaires à la ligne des équinoxes, l'écliptique fixe d'une époque donnée étant prise pour le plan fixe.

Quoique cette expression ne renferme point explicitement l'angle ψ, elle le renferme implicitement, parce que les coordonnées X et Y en dépendent. Si l'on nomme R la projection du rayon r_1 sur l'écliptique et v l'angle que cette projection fait avec l'axe fixe d'où l'on compte les angles, on aura

$$X = R\cos(v+\psi), \quad Y = R\sin(v+\psi),$$

d'où l'on tire

$$\frac{\partial X}{\partial \psi} = -Y, \quad \frac{\partial Y}{\partial \psi} = X;$$

par conséquent,

$$\frac{\partial V'}{\partial \psi} = X\frac{\partial V'}{\partial Y} - Y\frac{\partial V'}{\partial X}.$$

Les équations (F) donneront ainsi

$$C\,dp+(B-A)\,qr\,dt = \frac{3L\,dt}{2r_1^3}(B-A)\left\{\begin{array}{l}[(Y\cos\theta-Z\sin\theta)^2-X^2]\sin 2\varphi\\ + 2X(Y\cos\theta-Z\sin\theta)\cos 2\varphi\end{array}\right\},$$

$$A\,dq+(C-B)\,pr\,dt = \frac{3L\,dt}{r_1^3}(C-B)\left\{\begin{array}{l}(Y\cos\theta-Z\sin\theta)(Y\sin\theta+Z\cos\theta)\cos\varphi\\ - X(Y\sin\theta+Z\cos\theta)\sin\varphi\end{array}\right\},$$

$$B\,dr+(A-C)\,pq\,dt = \frac{3L\,dt}{r_1^3}(A-C)\left\{\begin{array}{l}X(Y\sin\theta+Z\cos\theta)\cos\varphi\\ + (Y\cos\theta-Z\sin\theta)(Y\sin\theta+Z\cos\theta)\sin\varphi\end{array}\right\}.$$

Ces équations sont identiquement les équations (G) du n° 4 du Livre V. Elles donnent, en les intégrant, les valeurs de φ, ψ et θ au moyen des équations suivantes, données dans le n° 26 du Livre I,

$$d\varphi - d\psi \cos\theta = p\,dt,$$
$$d\psi \sin\theta \sin\varphi - d\theta \cos\varphi = q\,dt,$$
$$d\psi \sin\theta \cos\varphi + d\theta \sin\varphi = r\,dt.$$

On peut substituer $\dfrac{d\varphi}{dt}$ au lieu de p dans les termes $(C - B)pr$ et $-(C - A)pq$ des équations (F); car, la différence $\dfrac{d\varphi}{dt} - p$ étant égale à $\dfrac{d\psi}{dt}\cos\theta$, et les valeurs de q et de r étant de l'ordre de $\dfrac{d\psi}{dt}$ et $\dfrac{d\theta}{dt}$, on ne fait que négliger des termes de l'ordre des carrés et des produits des différentielles $d\psi$ et $d\theta$, et qui, de plus, ont les facteurs très-petits $C - A$ et $C - B$. Cela posé, si l'on multiplie la seconde des équations (F) par $\cos\varphi$, et qu'on retranche le produit de la troisième de ces équations multipliée par $\sin\varphi$, on formera la suivante :

$$\frac{A + B}{2} \cdot d\,\frac{r\sin\varphi - q\cos\varphi}{dt}$$
$$- \frac{A - B}{2} \cdot d\,\frac{q\cos\varphi + r\sin\varphi}{dt}$$
$$- C\frac{d\varphi}{dt}(r\cos\varphi + q\sin\varphi) = \frac{\partial V'}{\partial\theta}.$$

On a

$$r\sin\varphi - q\cos\varphi = \frac{d\theta}{dt},$$
$$r\cos\varphi + q\sin\varphi = \frac{d\psi}{dt}\sin\theta,$$
$$r\sin\varphi + q\cos\varphi = \frac{d\psi}{dt}\sin\theta\sin 2\varphi - \frac{d\theta}{dt}\cos 2\varphi;$$

p serait égal à une constante n si la Terre était un solide de révolution, et, dans le cas général, la valeur de p est une constante n plus le produit de $A - B$ et de la force perturbatrice par $\sin 2\varphi$ et $\cos 2\varphi$; en négligeant donc ce produit et celui des différentielles $d\psi$ et $d\theta$, on pourra supposer $\dfrac{d\varphi}{dt} = n$ dans l'équation précédente, qui devient

$$\frac{A + B}{2}\frac{d^2\theta}{dt^2} - Cn\frac{d\psi}{dt}\sin\theta - \frac{A - B}{2}\,d\left(\frac{d\psi}{dt}\sin\theta\sin 2\varphi - \frac{d\theta}{dt}\cos 2\varphi\right) = \frac{\partial V'}{\partial\theta}.$$

Si le sphéroïde était de révolution, le terme qui a pour facteur $A - B$ disparaîtrait ; dans tous les cas il est insensible, parce que, vu la rapidité du mouvement de rotation, les termes dépendants de $\sin 2\varphi$ et de $\cos 2\varphi$, déjà insensibles par eux-mêmes, acquièrent encore par les intégrations le grand diviseur $2n$. L'équation précédente devient ainsi

$$(i) \qquad \frac{A + B}{2} \cdot \frac{d^2\theta}{dt^2} - Cn\frac{d\psi}{dt}\sin\theta = \frac{\partial V'}{\partial\theta}.$$

On trouvera de la même manière, en multipliant la seconde des équations (F) par $\sin\varphi$ et en l'ajoutant à la troisième multipliée par $\cos\varphi$,

$$\frac{A + B}{2}d\frac{\frac{d\psi}{dt}\sin\theta}{dt} - \frac{A - B}{2}d\frac{\frac{d\psi}{dt}\sin\theta\cos 2\varphi + \frac{d\theta}{dt}\sin 2\varphi}{dt} + Cn\frac{d\theta}{dt} = \frac{1}{\sin\theta}\left(\frac{\partial V'}{\partial\psi} + \cos\theta\frac{\partial V'}{\partial\varphi}\right).$$

Si l'on néglige, comme nous venons de le faire, les termes multipliés par $A - B$ et par $\frac{d\psi}{dt}\cos 2\varphi$ ou par $\frac{d\theta}{dt}\sin 2\varphi$; si l'on observe, de plus, que la rapidité du mouvement de la Terre permet de négliger les termes dépendants de $\sin\varphi$ et de $\cos\varphi$, et par conséquent $\frac{\partial V'}{\partial\varphi}$, l'équation précédente donnera

$$(i') \qquad \frac{A + B}{2}d\frac{\frac{d\psi}{dt}\sin\theta}{dt} + Cn\frac{d\theta}{dt} = \frac{1}{\sin\theta}\frac{\partial V'}{\partial\psi}.$$

Si l'on n'a égard, dans les équations (i) et (i'), qu'aux termes de θ et ψ qui dépendent de l'action des astres, et si l'on considère que le mouvement des astres est fort lent par rapport au mouvement rapide de rotation de la Terre, on pourra négliger dans ces équations les secondes différentielles de θ et de ψ, ainsi que les produits de leurs premières différences, et alors on a

$$\frac{d\psi}{dt} = -\frac{\frac{\partial V'}{\partial\theta}}{Cn\sin\theta},$$

$$\frac{d\theta}{dt} = \frac{\frac{\partial V'}{\partial\psi}}{Cn\sin\theta}.$$

Si, dans l'expression de V' donnée ci-dessus, on néglige les termes multipliés par $\sin 2\varphi$ et par $\cos 2\varphi$, et si l'on suppose

$$\mathrm{P} = \frac{3\mathrm{L}}{r_1^5}\ (\mathrm{Y}\cos\theta - \mathrm{Z}\sin\theta)(\mathrm{Y}\sin\theta + \mathrm{Z}\cos\theta),$$

$$\mathrm{P}' = \frac{3\mathrm{L}}{r_1^5}\,\mathrm{X}(\mathrm{Y}\sin\theta + \mathrm{Z}\cos\theta),$$

on aura

$$\frac{d\psi}{dt}\sin\theta = \frac{2\mathrm{C} - \mathrm{A} - \mathrm{B}}{2n\mathrm{C}}\mathrm{P},$$

$$\frac{d\theta}{dt} = -\frac{2\mathrm{C} - \mathrm{A} - \mathrm{B}}{2n\mathrm{C}}\mathrm{P}'.$$

Ces équations sont identiquement celles que j'ai données dans les n°s 5 et 6 du Livre V. Elles sont les plus simples auxquelles on puisse parvenir.

Si l'on multiplie la première des équations (F) par p, la seconde par q et la troisième par r, qu'ensuite on les ajoute, et que, dans le second membre de l'équation résultante, on substitue pour p, q et r leurs valeurs, on aura

$$\mathrm{C}p\,dp + \mathrm{A}q\,dq + \mathrm{B}r\,dr = \frac{\partial\mathrm{V}'}{\partial\varphi}\,d\varphi + \frac{\partial\mathrm{V}'}{\partial\psi}\,d\psi + \frac{\partial\mathrm{V}'}{\partial\theta}\,d\theta,$$

ce qui donne, en intégrant,

$$\mathrm{C}p^2 + \mathrm{A}q^2 + \mathrm{B}r^2 = \text{const.} + 2d\!\int\mathrm{V}'dt,$$

la caractéristique différentielle d se rapportant aux seules variations du mouvement du sphéroïde. Ainsi, en désignant par V'' la fonction $\mathrm{V}' - \dfrac{\mathrm{LT}}{r_1}$, on aura

$$\mathrm{C}p^2 + \mathrm{A}q^2 + \mathrm{B}r^2 = \text{const.} + 2d\!\int\mathrm{V}''dt.$$

Quelque loin que l'on porte l'approximation de la valeur de $\int\mathrm{V}''dt$, tout ce qui dépend de la précession ψ des équinoxes, de l'inclinaison θ de l'axe terrestre à l'écliptique et de l'angle $nt + \varepsilon$, nt étant le mouvement de rotation de la Terre, ne peut avoir été introduit que par ces quantités, puisque les coordonnées des astres ne les renferment point.

On aura donc $d \int V'' dt$ en faisant tout varier dans cette intégrale, à l'exception des angles introduits par les inégalités du mouvement des astres, ce qui donne

$$d \int V'' dt = V' - \int \left(\frac{dV''}{dt} \right)' dt,$$

la différence partielle $\left(\frac{dV''}{dt} \right)'$ étant uniquement relative à la variation du mouvement des astres. L'équation précédente devient ainsi

$$p^2 + q^2 + r^2 - \frac{2C - A - B}{2C} (q^2 + r^2) + \frac{A - B}{2C} (q^2 - r^2) = n^2 + \frac{2V''}{C} - \frac{2}{C} \int \left(\frac{dV''}{dt} \right)' dt.$$

On a, par ce qui précède,

$$q^2 + r^2 = \left(\frac{d\psi}{dt} \right)^2 \sin^2 \theta + \left(\frac{d\theta}{dt} \right)^2,$$

$$q^2 - r^2 = \left[\left(\frac{d\theta}{dt} \right)^2 - \left(\frac{d\psi}{dt} \right)^2 \sin^2 \theta \right] \cos 2\varphi - 2 \frac{d\theta}{dt} \frac{d\psi}{dt} \sin \theta \sin 2\varphi;$$

ces termes sont du second ordre, en considérant comme des quantités du premier ordre celles qui sont de l'ordre l, lt étant la précession des équinoxes. En ne conservant donc que les quantités du premier ordre, qui sont multipliées par le sinus ou le cosinus d'un angle croissant avec une grande lenteur ou dans lequel le coefficient du temps soit de l'ordre l, on voit que $q^2 + r^2$ et $q^2 - r^2$ ne renferment point de termes semblables. Ainsi, en n'ayant égard qu'à des quantités de ce genre, on peut supposer

$$p^2 + q^2 + r^2 = n^2 + \frac{2V''}{C} - \frac{2}{C} \int \left(\frac{dV''}{dt} \right)' dt.$$

Maintenant, ne considérons dans V'' que la partie qui est indépendante de $\sin 2\varphi$ et de $\cos 2\varphi$. Cette partie est, par ce qui précède,

$$\frac{3L}{4 r_1^3} (2C - A - B) \left[X^2 + (Y \cos \theta - Z \sin \theta)^2 - \frac{2}{3} r_1^2 \right].$$

Dans le cas d'un sphéroïde de révolution, dans lequel $A = B$, on a vu dans le n° 8 du Livre V, et il résulte, de la valeur donnée ci-dessus de dp que p devient une constante et qu'ainsi $p^2 + q^2 + r^2$ ne contient point de quantités du premier ordre multipliées par le sinus d'un angle croissant avec une très-grande lenteur. Mais la supposition de $A = B$ ne détruit point les quantités de ce genre qui pourraient exister dans le cas d'un sphéroïde quelconque, puisque cette supposition ne fait que changer $2C - A - B$ en $2(C - A)$. Il n'existe donc point de quantités semblables dans le cas d'un sphéroïde quelconque, à moins que, dans une seconde approximation, elles ne soient introduites dans la fonction

$$\frac{2V''}{C} - \frac{2}{C} \int \left(\frac{dV''}{dt} \right)' dt$$

par les valeurs de $\delta\varphi$, $\delta\theta$ et $\delta\psi$ dépendantes des sinus et cosinus de 2φ. Mais ces valeurs ayant acquis par les intégrations de grands diviseurs de l'ordre $\frac{1}{4}n^2$, comme il est facile de le conclure des équations différentielles données ci-dessus, ayant de plus le facteur $A - B$ qui est insensible jusqu'ici pour la Terre, et acquérant encore ce facteur dans les termes indépendants de φ qu'ils produisent dans la fonction précédente, nous nous dispenserons d'y avoir égard. D'ailleurs, il résulte de l'analyse citée de M. Poisson que ces valeurs ne produisent dans cette fonction aucun terme du premier ordre multiplié par le sinus ou cosinus d'un angle croissant avec une extrême lenteur. Les inégalités de l'intégrale

$$\int dt \sqrt{p^2 + q^2 + r^2}$$

ou de la rotation de la Terre sont donc insensibles.

Le sinus de l'angle formé par l'axe instantané de rotation et par l'axe principal étant

$$\frac{\sqrt{q^2 + r^2}}{\sqrt{p^2 + q^2 + r^2}},$$

il sera

$$\frac{1}{n} \sqrt{\left(\frac{d\psi}{dt} \sin\theta \right)^2 + \left(\frac{d\theta}{dt} \right)^2},$$

et l'on voit, par les expressions précédentes de $\frac{d\psi}{dt} \sin\theta$ et de $\frac{d\theta}{dt}$, qu'il sera toujours insensible. Ces deux résultats sont très-importants, en ce qu'ils assurent l'uniformité de la rotation de la Terre et la stabilité des latitudes terrestres.

Je n'ai point eu égard, dans le Livre V, à l'inégalité dépendante du double de la longitude du nœud de l'orbite lunaire, par la raison qu'elle est très-petite relativement à la nutation. Cependant, vu la précision des observations modernes, et parce qu'il est facile de la comprendre dans une même Table avec la nutation, je vais ici la déterminer.

Pour cela, je rapporterai 'es coordonnées X, Y, Z au plan de l'écliptique vraie, en faisant abstraction des variations séculaires de cette écliptique, ce que l'on peut faire ici. En désignant par v' la longitude de la Lune, comptée de l'équinoxe du printemps, et par Λ la longitude de son nœud ascendant, on aura

$$X = r'_1 \sqrt{1 - \gamma^2 \sin^2(v' - \Lambda)}\, \cos v',$$

$$Y = r'_1 \sqrt{1 - \gamma^2 \sin^2(v' - \Lambda)}\, \sin v',$$

$$Z = r'_1 \gamma \sin(v' - \Lambda),$$

r'_1 étant la distance de la Lune à la Terre, γ étant l'inclinaison de l'orbe lunaire à l'écliptique, inclinaison dont nous négligeons les puissances supérieures au carré. On aura, à très-peu près,

$$XY = \frac{r'^2_1}{2}\left[1 - \frac{1}{2}\gamma^2 + \frac{1}{2}\gamma^2 \cos(2v' - 2\Lambda)\right] \sin 2 v'.$$

En substituant au lieu de v' sa valeur approchée

$$m't - \frac{1}{4}\gamma^2 \sin(2v' - 2\Lambda),$$

on trouvera que XY contient le terme

$$\frac{r'^2_1}{4} \sin 2\Lambda;$$

l'expression de P' contient donc le terme

$$\frac{3L'}{4 r'^3_1} \sin\theta . \gamma^2 \sin 2\Lambda.$$

Le terme

$$\frac{3\,\mathrm{L}'}{r_1^{\prime 5}}\,\mathrm{XZ}\,\cos\theta$$

de la même expression contient le terme

$$-\frac{3\,\mathrm{L}'}{2\,r_1^{\prime 3}}\cos\theta\,.\,\gamma\,\sin\Lambda;$$

les deux inégalités dépendantes de $\cos\Lambda$ et de $\cos 2\Lambda$, dans l'expression de θ, ont donc des coefficients qui sont dans le rapport de

$$-\frac{1}{2}\gamma\cos\theta \quad\text{à}\quad \frac{1}{8}\gamma^2\sin\theta$$

ou dans le rapport de l'unité à $-\frac{1}{4}\gamma\,\mathrm{tang}\theta$. On trouve, pareillement que le terme

$$\frac{3\,\mathrm{L}'}{r_1^{\prime 5}}\,\mathrm{Y}^2\,\sin\theta\,\cos\theta$$

de l'expression de P produit le terme

$$-\frac{3\,\mathrm{L}'}{8\,r_1^{\prime 3}}\sin 2\theta\,.\,\gamma^2\cos 2\Lambda,$$

et que le terme

$$\frac{3\,\mathrm{L}'}{r_1^{\prime 5}}\,\mathrm{YZ}(\cos^2\theta-\sin^2\theta)$$

produit le terme

$$\frac{3\,\mathrm{L}'}{2\,r_1^{\prime 3}}\cos 2\theta\,.\,\gamma\cos\Lambda.$$

Les inégalités de la précession dépendantes de $\sin\Lambda$ et de $\sin 2\Lambda$ ont donc leurs coefficients dans le rapport de l'unité à $-\frac{1}{4}\gamma\,\mathrm{tang}\,2\theta$.

De la nutation de l'orbe lunaire correspondante à la nutation de l'équateur terrestre.

3. Le centre de gravité du système formé de la Lune et de la Terre est attiré par le Soleil à très-peu près comme si toutes les molécules de ce système étaient réunies à ce centre, ce qui, par le n° 10 du Livre II,

résulte de la proximité de la Lune à la Terre relativement à sa distance au Soleil. De là il suit que la somme des aires tracées à chaque instant par le rayon vecteur de chaque molécule projetée sur l'écliptique autour de leur centre commun de gravité est constante. Soient donc X, Y, Z les coordonnées du centre de gravité de la Terre rapportées au centre de gravité du système et au plan de l'écliptique; soient x', y', z' celles d'une molécule dm de la Terre, et x, y, z celles du centre de la Lune, rapportées toutes au centre de gravité de la Terre. On aura

$$(1) \quad \begin{cases} \displaystyle\int dm\left[(X - x')\frac{dY - dy'}{dt} - (Y - y')\frac{dX - dx'}{dt}\right] \\[2ex] \quad + L\left[(x - X)\frac{dy - dY}{dt} - (y - Y)\frac{dx - dX}{dt}\right] = \text{const.}, \end{cases}$$

L étant la masse de la Lune. Mais on a, par la nature du centre de gravité,

$$\int x'\,dm = 0, \quad \int y'\,dm = 0, \quad \int z'\,dm = 0.$$

Soit T la masse de la Terre; on aura

$$T = \int dm.$$

On a de plus, par la propriété du centre de gravité,

$$L(x - X) = TX,$$

ce qui donne

$$X = \frac{Lx}{T + L}.$$

On aura pareillement

$$Y = \frac{Ly}{T + L}.$$

L'équation (1) deviendra donc

$$\int dm\,\frac{x'dy' - y'dx'}{dt} + \frac{TL}{T + L}\,\frac{x\,dy - y\,dx}{dt} = \text{const.}$$

La première des équations (C) du n° **26** du Livre I donne

$$(L) \quad Aq\sin\theta\sin\varphi + Br\sin\theta\cos\varphi - Cp\cos\theta = -\int dm\,\frac{x'dy' - y'dx'}{dt}.$$

et l'on a, en vertu des expressions de p, q et r du numéro précédent,

$$\mathrm{A} \sin\theta (q \sin\varphi + r \cos\varphi) + (\mathrm{B} - \mathrm{A}) \sin\theta \cdot r \cos\varphi$$

$$= \mathrm{A} \frac{d\psi}{dt} \sin^2\theta + \frac{\mathrm{B} - \mathrm{A}}{2} \frac{d\psi}{dt} \sin^2\theta + \frac{\mathrm{B} - \mathrm{A}}{2} \left\{ \begin{array}{l} \dfrac{d\psi}{dt} \sin^2\theta \, \cos 2\varphi \\[2mm] + \dfrac{d\theta}{dt} \sin\theta \, \sin 2\varphi \end{array} \right\}.$$

L'équation précédente (l) deviendra, en négligeant les termes multipliés par le sinus et le cosinus de 2φ, ce qui, par le numéro précédent, réduit p à la constante n,

$$(2) \qquad n\mathrm{C} \cos\theta - \frac{\mathrm{A} + \mathrm{B}}{2} \cdot \frac{d\psi}{dt} \sin^2\theta + \frac{\mathrm{TL}}{\mathrm{T} + \mathrm{L}} \cdot \frac{x\,dy - y\,dx}{dt} = \mathrm{const.}$$

L'aire tracée dans l'instant dt par le rayon vecteur de la Lune est $\frac{1}{2}(x\,dy - y\,dx)$. En désignant par a le demi-grand axe de l'orbe lunaire, par e son excentricité et par γ l'inclinaison de cet orbe à l'écliptique, on a, en regardant cet orbe comme une ellipse variable,

$$x\,dy - y\,dx = a^2 m' \, dt \, \cos\gamma \cdot \sqrt{1 - e^2},$$

$m't$ étant le moyen mouvement de la Lune. La partie de V' qui produit la nutation de l'équateur terrestre est, par le numéro précédent,

$$- \frac{3\mathrm{L}}{4 r_{\scriptscriptstyle 1}^3} (2\mathrm{C} - \mathrm{A} - \mathrm{B}) \gamma \sin\theta \cos\theta \cos\Lambda,$$

Λ étant la longitude du nœud de l'orbe lunaire. J'ai donné, dans le n° 1 du *Supplément au Traité de Mécanique céleste*, les expressions différentielles des éléments d'une ellipse variable par une force perturbatrice R. Cette force est augmentée, par la considération de l'aplatissement de la Terre, de la fonction — V', comme il est facile de le voir par le numéro cité. Il résulte encore, des expressions différentielles du demi-grand axe et de l'excentricité e, que la partie de V' dont je viens de parler ne produit aucun terme sensible dans ces expressions, en sorte que l'on peut supposer, relativement à cette partie, a et e constants. L'équation (2) donne donc, en y substituant pour $\dfrac{x\,dy - y\,dx}{dt}$ sa valeur précédente, en désignant par $\delta\theta$ et $\delta\gamma$ les nutations de l'équateur terrestre et de l'orbe lunaire, et en observant que $\dfrac{d\psi}{dt}$ peut être négligé relativement à $\delta\theta$, qui par l'intégration a acquis pour diviseur le très-petit coefficient du temps dans l'expression du mouvement des nœuds de l'orbe lunaire, enfin en négligeant le carré e^2,

$$ nC\,\delta\theta \sin\theta = - \frac{TL}{T+L}\, a^2 m'\, \delta\gamma \sin\gamma. $$

Telle est la relation fort simple qui existe entre les nutations de l'équateur terrestre et de l'orbe lunaire.

On a, par le n° 5 du Livre V,

$$ nC\,\delta\theta \sin\theta = \frac{3m^2}{4}\,\frac{\lambda c'}{f'}\,(2C - A - B)\sin\theta\cos\theta\cos(f't + \varepsilon), $$

c' étant l'inclinaison de l'orbe lunaire, que nous désignons ici par γ, et $-f't - \varepsilon$ étant la longitude de son nœud ascendant. On a

$$ m\lambda = \frac{L}{a^3}, \qquad \frac{T+L}{a^3} = m'^2; $$

on aura donc, en comparant les deux expressions précédentes de $\delta\theta$ et désignant $f't$ par $(g-1)m't$,

$$ \delta\gamma = -\frac{3}{4a^2}\,\frac{2C-A-B}{(g-1)T}\sin\theta\cos\theta\cos[(g-1)m't + \varepsilon]. $$

On a, par le n° 2 du Livre V,

$$ 2C - A - B = \frac{4}{3}T\left(\alpha h - \frac{1}{2}\alpha\varphi\right)D^2, $$

αh étant l'ellipticité du sphéroïde terrestre, $\alpha\varphi$ le rapport de la force centrifuge à la pesanteur à l'équateur, et D étant le rayon moyen du sphéroïde terrestre; on a donc

$$ \delta\gamma = -\left(\alpha h - \frac{1}{2}\alpha\varphi\right)\frac{D^2}{a^2}\,\frac{\sin\theta\cos\theta}{g-1}\cos[(g-1)m't + \varepsilon]. $$

Soient

$$H \sin(it + k) + H' \sin(i't + k') + \dots$$

les inégalités de la latitude de la Lune dépendantes de l'aplatissement de la Terre, les angles $it + k$, $i't + k'$, … étant rapportés, comme la longitude Λ du nœud ascendant de l'orbite lunaire, à l'équinoxe du printemps. La latitude lunaire étant

$$\gamma \sin(m't - \Lambda),$$

sa variation relative aux variations de ses éléments sera

$$\delta\gamma \sin(m't - \Lambda) - \gamma\delta\Lambda \cos(m't - \Lambda),$$

ou

$$\sin m't\,(\delta\gamma \cos\Lambda - \gamma\delta\Lambda \sin\Lambda) - \cos m't\,(\delta\gamma \sin\Lambda + \gamma\delta\Lambda \cos\Lambda).$$

En l'égalant à la fonction

$$H \sin(it + k) + H' \sin(i't + k') + \dots,$$

mise sous cette forme

$$\sin m't \left\{ H \cos[(i - m')t + k] + H' \cos[(i' - m')t + k'] + \dots \right\}$$
$$- \cos m't \left\{ H \sin[(i - m')t + k] + H' \sin[(i' - m')t + k'] + \dots \right\},$$

on aura

$$\delta\gamma \cos\Lambda - \gamma\delta\Lambda \sin\Lambda = \quad H \cos[(i - m')t + k] + H' \cos[(i' - m')t + k'] + \dots$$
$$\delta\gamma \sin\Lambda + \gamma\delta\Lambda \cos\Lambda = - H \sin[(i - m')t + k] - H' \sin[(i' - m')t + k'] - \dots$$

Si l'on multiplie la première de ces équations par $\cos\Lambda$ et qu'on l'ajoute à la seconde multipliée par $\sin\Lambda$, on aura

$$\delta\gamma = H \cos[\Lambda + (i - m')t + k] + H' \cos[\Lambda + (i' - m')t + k'] + \dots$$

En comparant cette valeur de $\delta\gamma$ à la précédente, on aura

$$(i - m')t + k = 0,$$
$$H = -\alpha\left(h - \frac{1}{2}\rho\right)\frac{D^2}{a^2}\cdot\frac{\sin\theta\cos\theta}{g - 1},$$
$$H' = 0, \quad \dots$$

Les inégalités lunaires en latitude, dues à l'aplatissement de la Terre, se réduisent ainsi à la suivante,

$$-\left(\alpha h - \frac{1}{2}\alpha\varphi\right)\frac{D^2}{a^2}\frac{\sin\theta\cos\theta}{g-1}\sin m't,$$

ce qui est conforme à ce que j'ai trouvé dans le Chapitre II du Livre VII.

Des inégalités de la précession et de la nutation de l'équateur terrestre dépendantes de la quatrième puissance des parallaxes du Soleil et de la Lune.

4. Si l'on nomme v la déclinaison d'un astre L, υ sa longitude comptée de l'équinoxe du printemps, ψ la distance de cet équinoxe à une ligne fixe sur l'écliptique, V' la somme des produits de la masse L de l'astre par chaque molécule dm de la Terre, divisée par la distance de cette molécule au centre de L, enfin, si l'on nomme T la masse de la Terre et r la distance de son centre à celui de L, on aura, par le n° 35 du Livre III,

$$V' = \frac{TL}{r} + \frac{\frac{1}{2}\alpha\varphi - \alpha h}{r^3}\cdot TL\left(\sin^2 v - \frac{1}{3}\right) + \frac{\alpha q}{r^4}TL\left(\sin^3 v - \frac{3}{5}\sin v\right) + \cdots,$$

en supposant que le rayon terrestre soit

$$1 - \alpha h\left(\mu^2 - \frac{1}{3}\right) + \alpha q\left(\mu^3 - \frac{3}{5}\mu\right) + \cdots,$$

μ étant le sinus de la latitude terrestre. Le terme

$$\frac{\alpha q\,TL}{r^4}\left(\sin^3 v - \frac{3}{5}\sin v\right)$$

est le terme que la considération de la quatrième puissance de la parallaxe de L ajoute à l'expression de V' donnée ci-dessus. Pour en déterminer la valeur, nous observerons que, s étant la latitude de L, γ l'inclinaison de son orbite et Λ la longitude de son nœud ascendant, on a

$$\sin v = \cos\theta\sin s + \sin\theta\sin\upsilon\cos s,$$
$$\tan g s = \tan g\gamma\sin(\upsilon - \Lambda).$$

Ces équations donnent

$$\frac{\partial \sin v}{\partial \psi} = \sin\theta \, \cos v \, \cos s,$$

$$\frac{\partial \sin v}{\partial \theta} = \cos\theta \, \sin v \, \cos s - \sin\theta \, \sin s.$$

En effet, si F est formé d'angles rapportés à l'équinoxe mobile du printemps, et que i soit le nombre de ces angles pris positivement et i' le nombre des angles pris négativement, on a généralement

$$\frac{\partial \sin F}{\partial \psi} = (i - i') \cos F;$$

car, A étant un des angles de F, en lui donnant cette forme

$$A - \varpi + \psi,$$

il est clair que par la variation de ψ l'angle $A - \varpi$ reste invariable.

De là il est facile de conclure que le terme précédent, dépendant de $\frac{1}{r^4}$ ajouté à la valeur de $\frac{d\theta}{dt}$, donnée ci-dessus, la quantité

$$\frac{3\alpha q \,\mathrm{TL} \cos v \cos s}{n\,\mathrm{C}\,r^4} \left(\sin^2 v - \frac{1}{5}\right);$$

en négligeant le carré de γ, cette fonction devient

$$\frac{3\alpha q\,\mathrm{TL}}{n\,\mathrm{C}\,r^4} \cos v \left\{ \begin{aligned} &\tfrac{1}{2}\sin^2\theta - \tfrac{1}{5} - \tfrac{1}{2}\sin^2\theta \cos 2v \\ &\quad - \gamma \sin\theta \cos\theta [\cos(2v - A) - \cos A] \end{aligned} \right\}..$$

On voit d'abord que cette fonction ne contient point le sinus ou le cosinus de la longitude A du nœud, les seuls qui, affectés de γ, puissent devenir sensibles par l'intégration qui leur fait acquérir un très-petit diviseur. Ainsi le coefficient de la nutation ne reçoit aucune augmentation des termes dépendants de la quatrième puissance de la parallaxe lunaire, ce qui a également lieu pour la précession. La seule influence que puisse avoir cette puissance dépend de l'excentricité e

de l'orbe lunaire. En effet, r étant à peu près

$$r_1[1 - e \cos(v - \varpi)],$$

la fonction précédente donnera le terme

$$\frac{3\alpha q \mathrm{TL}}{4n\mathrm{C} r_1^3} \frac{1}{r_1} e \cos\varpi \left(\sin^2\theta - \frac{4}{5}\right).$$

En nommant it le mouvement du périgée lunaire, il en résultera dans la valeur de θ le terme

$$\frac{3\alpha q \mathrm{TL}}{4n\mathrm{C} r_1^3} \frac{1}{r_1} \frac{e \sin\varpi}{i}.$$

Le terme de V, dépendant de $\frac{1}{r_1^2}$, produit, dans la valeur de θ, le terme

$$\left(\alpha h - \frac{1}{2}\alpha\varphi\right) \frac{\mathrm{TL}}{4\mathrm{C} r_1^3} \cos\theta \frac{\gamma \cos\mathrm{A}}{f'},$$

$f't$ étant le mouvement rétrograde du nœud. Ainsi, en nommant b le coefficient de $\cos\mathrm{A}$ ou de la nutation, le coefficient de $\sin\varpi$ sera

$$(\mu) \qquad b \cdot \frac{3}{4} \frac{e}{\gamma} \frac{f'}{i} \frac{1}{r_1} \frac{\sin\theta - \frac{4}{5}}{\cos\theta} \cdot \frac{\alpha q}{\alpha h - \frac{1}{2}\alpha\varphi},$$

coefficient insensible; car i est à peu près égal à $2f'$, $\frac{e}{\gamma}$ est environ $\frac{3}{5}$, et $\frac{1}{r_1}$ environ $\frac{1}{60}$, et les expériences du pendule prouvent que αq doit être beaucoup plus petit que $\alpha h - \frac{1}{2}\alpha\varphi$, comme on peut le voir dans le Livre XI.

Relativement au Soleil, l'expression de $e \sin\varpi$ est, par le Chapitre VII du Livre II, composée de termes de la forme $c \sin(it + \varepsilon)$. Lagrange a donné, dans les *Mémoires de l'Académie de Berlin* pour l'année 1782, les valeurs numériques de c et de it, d'après des suppositions sur les masses des planètes, qui ne sont pas, sans doute, exactes, mais que l'on peut regarder comme suffisamment approchées pour notre objet; il en résulte que la plus grande des valeurs de c est au-dessous de $\frac{1}{10}$, et que les valeurs annuelles de it diffèrent peu de $\pm 50''$ sexagésimales. En adoptant pour it cette valeur, en faisant c égal à $\frac{1}{10}$, observant ensuite que $\frac{1}{r_1}$ est environ $\frac{1}{24000}$ et que la formule (μ) doit être divisée par le rapport de l'action de la Lune à celle du Soleil, rapport égal à $2,3$ à fort peu près, on trouve que la formule (μ) est au-dessous d'une demi-seconde sexagésimale multipliée par

$$\frac{\alpha q}{\alpha h - \frac{1}{2}\alpha^2}.$$

De là il suit que ce genre d'inégalités sera toujours insensible.

CHAPITRE II.

DE LA LIBRATION DE LA LUNE.

*Notice historique des travaux des astronomes et des géomètres
sur cet objet.*

5. Les anciens avaient reconnu que la Lune nous présente toujours la même face dans son mouvement autour de la Terre ; mais, loin
de s'en étonner, ils regardaient ce phénomène comme naturel à tout
corps qui circule autour d'un centre. Cette erreur, ou plutôt cette illu-
sion, força Copernic, pour maintenir le parallélisme de l'axe terrestre,
à donner à cet axe un mouvement annuel contraire au mouvement de
la Terre dans son orbite et assujetti aux mêmes inégalités, ce qui
compliquait beaucoup son système. Kepler remarqua le premier que
l'axe de rotation d'un globe doit conserver toujours de lui-même une
situation parallèle dans les divers mouvements du centre de ce globe.
Par cette remarque, le système de Copernic est devenu plus simple, ce
qui lui est arrivé constamment par les progrès successifs de l'observation, de l'Analyse et de la Dynamique, progrès qui l'ont enfin élevé au
plus haut degré de simplicité et de certitude. En étendant la remarque
de Kepler à la Lune, le phénomène suivant lequel cet astre nous présente toujours le même hémisphère, et qui semblait si naturel, devenait
très-difficile à expliquer. Il fallait admettre une égalité rigoureuse
entre la durée de la rotation de la Lune et la durée de sa révolution
autour de la Terre, égalité dont il était impossible alors d'entrevoir la
cause.

Galilée reconnut, par des considérations tirées de l'Optique, que l'hémisphère visible de la Lune varie sans cesse par le changement de sa parallaxe de hauteur et de sa latitude, et il s'en assura par l'observation.

Riccioli reconnut la libration en longitude, qu'il expliqua, ainsi qu'Hevelius, par la supposition que la Lune présente toujours la même face au centre de son orbite, ce qui ne donne que la moitié de cette libration si l'on considère l'orbite comme une ellipse, mais ce qui la donne tout entière si l'on considère, avec Riccioli, cette orbite comme un cercle excentrique. Newton, dans une Lettre écrite à Mercator en 1675, donna une explication semblable, en faisant mouvoir uniformément la Lune autour de son axe de rotation, pendant qu'elle se meut inégalement autour de la Terre; mais il supposait l'axe de rotation perpendiculaire à l'écliptique. Enfin, Dominique Cassini reconnut par l'observation que cet axe est incliné à l'écliptique et que ses nœuds coïncident toujours avec les nœuds de l'orbite lunaire, en sorte que les pôles de cette orbite, de l'écliptique et de l'équateur lunaire sont constamment sur un même cercle de latitude, le pôle de l'écliptique étant entre les deux autres. Cassini, par cette découverte, l'une des plus importantes qu'il ait faites, et qu'il publia en 1693 dans son *Traité de l'origine et des progrès de l'Astronomie*, compléta la théorie astronomique de la libration de la Lune.

En 1748, Tobie Mayer confirma la théorie de Cassini par une suite nombreuse d'observations, dont il calcula les résultats suivant un procédé fort ingénieux; seulement il trouva l'inclinaison de l'équateur lunaire à l'écliptique moindre que Cassini; mais il assure que des observations faites du temps de ce grand astronome donnent l'inclinaison qu'il trouva en 1748.

Lalande, en 1764, parvint, au moyen de nouvelles observations, aux résultats de Mayer. MM. Bouvard et Arago voulurent bien, à ma prière, entreprendre en 1806 une nouvelle suite d'observations, qui fut continuée par MM. Bouvard et Nicollet, et qui, par le nombre et la précision des observations, surpasse les précédentes et confirme l'invariabilité de l'inclinaison de l'équateur lunaire à l'écliptique et la coïncidence constante de ses nœuds avec ceux de l'orbe lunaire.

Newton parle de la libration de la Lune dans les propositions XVII et XXXVIII du Livre III de son Ouvrage des *Principes*. Dans la proposition XVII de la première édition, antérieurement à la publication du Traité de Cassini, il attribue la libration en latitude à l'inclinaison de l'axe de rotation de la Lune au plan de son orbite; dans la troisième édition, il l'attribue à la latitude de la Lune et à l'inclinaison de son axe sur l'écliptique, inclinaison que le Traité de Cassini avait fait connaître.

C'est dans la proposition XXXVIII du Livre III que Newton parle de la cause physique de la libration de la Lune. Il détermine d'abord la figure de la Lune, qu'il considère comme un ellipsoïde de révolution homogène et fluide. Il trouve que son grand axe doit être dirigé vers la Terre, et qu'il surpasse d'environ 60 mètres le diamètre de son équateur. Ce grand géomètre n'a point eu égard à la force centrifuge due au mouvement de rotation de la Lune, sans doute parce qu'il la jugeait insensible relativement aux forces résultantes de l'attraction terrestre. Mais elle est du même ordre, et elle change la figure de la Lune, supposée fluide et homogène, dans un ellipsoïde qui n'est pas de révolution et dont l'axe de rotation est le plus petit axe. L'axe moyen et le grand axe sont dans le plan de l'équateur, et le plus grand axe est dirigé vers la Terre; l'excès du plus grand sur le plus petit axe est quadruple de l'excès de l'axe moyen sur le plus petit axe et environ $\frac{1}{27640}$ de ce petit axe. « C'est ce qui fait », dit Newton, « que la Lune présente toujours le même côté à la Terre; car elle ne peut être en repos dans une autre position, mais elle doit retourner sans cesse à celle-là, en oscillant. » Cela suppose que le moyen mouvement de rotation de la Lune est rigoureusement égal à son moyen mouvement de révolution. Il y a une invraisemblance infinie à supposer que cette égalité rigoureuse a eu lieu à l'origine, en sorte que l'on peut regarder comme certain qu'il y a eu primitivement une très-petite différence entre ces mouvements, et que l'attraction de la Terre a établi et maintient constamment entre eux une rigoureuse égalité. Newton n'a point considéré cet effet de l'attraction terrestre, qu'il aurait pu cependant reconnaître par un de ces concepts au moyen desquels il a souvent suppléé à l'état d'imperfection où était de son temps l'analyse de l'infini pour arriver à des résultats que cette analyse perfectionnée a confirmés et généralisés. Concevons que l'on transporte à chaque instant le mouvement du centre de gravité de la Lune à toutes ses parties et à la Terre; ce centre sera immobile et la Terre tournera autour de lui avec une vitesse angulaire que nous supposerons uniforme. Donnons au sphéroïde lunaire un mouvement moyen angulaire de rotation égal à cette vitesse. Si son grand axe eût été à l'origine sur le rayon mobile qui joint les centres de la Lune et de la Terre, et qu'au premier instant il l'eût exactement suivi, il ne s'en serait jamais écarté. Mais, s'il y avait eu au premier instant une très-petite différence entre les vitesses angulaires du rayon vecteur et de l'axe du sphéroïde, ces deux lignes se seraient successivement écartées l'une de l'autre; mais, à cause de l'extrême petitesse que nous supposons à cette différence, l'attraction terrestre, tendant sans cesse à ramener l'axe sur le rayon, aurait fini par la diminuer. On voit *a priori*, et un calcul fort simple prouve que l'axe doit alors osciller sans cesse de part et d'autre du rayon vecteur, dans des limites d'autant plus rapprochées que la différence primitive des vitesses de l'axe et du rayon aura été plus petite. La vitesse angulaire de rotation du grand axe ou de la Lune variera donc sans cesse: sa valeur moyenne sera la vitesse moyenne angulaire de révolution de la Lune, dont elle a pu différer primitivement d'une quantité arbitraire mais extrêmement petite, ce qui fait disparaître l'invraisemblance infinie d'une égalité rigoureuse à l'origine.

D'Alembert appliqua ses formules de la précession des équinoxes à la libration de la Lune. Mais ce grand géomètre, qui avait si bien senti l'influence de la rapidité du mouvement de rotation de la Terre sur les mouvements de nutation et de précession de son équateur, ne fit pas attention aux changements que la lenteur du mouvement de rotation

de la Lune et surtout la circonstance de l'égalité de ce mouvement à
celui de révolution doivent produire dans les mouvements de précession et de nutation, ce qui le conduisit à des résultats inexacts.

L'Académie des Sciences ayant proposé pour le sujet du prix de
Mathématiques qu'elle devait décerner en 1764 la théorie de la libration de la Lune, Lagrange remporta ce prix. Sa Pièce est remarquable
par une profonde analyse, et surtout par l'union du principe de Dynamique de d'Alembert avec le principe des vitesses virtuelles de Jean
Bernoulli, ce qui réduit de la manière la plus générale et la plus
simple la recherche des mouvements d'un système de corps à l'intégration des équations différentielles; alors l'objet de la Mécanique est
rempli, et l'Analyse doit achever la solution des problèmes. C'est ce
que Lagrange a fait voir en détail dans sa *Mécanique analytique*. Ce
grand géomètre, dans sa Pièce, détermine d'abord la libration de la
Lune en longitude. Il prouve que, dans le cas où il y aurait eu à l'origine une très-petite différence entre les mouvements de rotation et de
révolution de la Lune, l'attraction terrestre a suffi pour établir entre
ces mouvements une égalité rigoureuse. Cette différence primitive a
fait naître un mouvement d'oscillation du grand axe du sphéroïde
lunaire, dirigé vers la Terre, de part et d'autre du rayon vecteur de la
Lune. Lagrange détermine les lois de ce mouvement, ainsi que les
petites inégalités du mouvement de rotation correspondantes aux inégalités du mouvement de révolution. Passant ensuite à la libration de
la Lune en latitude, il donne les équations différentielles de l'inclinaison de l'équateur lunaire et du mouvement de ses nœuds. Mais
ayant négligé, en les intégrant, comme on le peut relativement à
l'équateur terrestre, les différences secondes, ce qui, par ce qui précède, simplifie considérablement l'intégration de ces équations, il ne
put expliquer le phénomène singulier de la coïncidence des nœuds de
l'équateur et de l'orbite lunaire; seulement il trouva que cette coïncidence existe dans un cas particulier, qui fait entrevoir sa possibilité
dans le cas général. Mais les inégalités arbitraires introduites par l'intégration complète des équations aux différences secondes peuvent

seules expliquer comment, dans le cas infiniment vraisemblable d'une
très-petite différence initiale entre les positions des nœuds de l'orbite
et de l'équateur lunaire, l'attraction terrestre établit et maintient la
coïncidence de leurs nœuds moyens. Lagrange, dans les *Mémoires de
l'Académie de Berlin* pour l'année 1780, reprit la théorie de la libration de la Lune, au moyen d'une très-belle analyse; il expliqua de
la manière la plus heureuse la coïncidence des nœuds moyens de
l'équateur et de l'orbite lunaire, et il détermina la loi des oscillations
du nœud vrai de l'équateur lunaire autour de son nœud moyen.

Il restait, pour compléter la théorie de la Lune, à déterminer l'influence des grandes inégalités séculaires des mouvements de la Lune
sur les phénomènes de sa libration : c'est ce que j'ai fait dans le Chapitre II du Livre V. Les inégalités séculaires de son mouvement de
révolution, s'élevant à plusieurs circonférences, devraient à la longue
présenter à la Terre toutes les parties de sa surface. Mais je démontre
que l'attraction de la Terre sur le sphéroïde lunaire donne au mouvement de rotation de ce sphéroïde les inégalités séculaires de son
mouvement de révolution et rend invisible à jamais l'hémisphère
opposé à celui qu'elle nous présente. Je fais voir encore que cette
même attraction maintient les mêmes inclinaisons moyennes de l'équateur et de l'orbite lunaires sur l'écliptique vraie, et la coïncidence de
leurs nœuds au milieu des mouvements séculaires de cette écliptique. Ce résultat est analogue à celui que l'attraction du Soleil et de
la Lune sur le sphéroïde terrestre produit, en réduisant au quart
environ les variations séculaires de l'obliquité de l'écliptique et de la
longueur de l'année qui auraient lieu par l'action des planètes si la
Terre était sphérique, et qui deviendraient insensibles, si le mouvement
des équinoxes était aussi rapide que celui des nœuds de l'orbite lunaire.

En discutant avec un soin particulier les inégalités de la libration
en latitude, M. Poisson a reconnu une petite inégalité qui dépend de
la différence en longitude du nœud et du périgée lunaire. Un nouvel
examen de la théorie de la libration m'a fait voir ensuite que rien de

sensible n'avait été omis, en sorte que cette théorie ne laisse maintenant à désirer qu'une longue suite d'observations, au moyen desquelles on puisse déterminer avec précision les quantités inconnues que cette théorie renferme et surtout les rapports des moments d'inertie des trois axes principaux du sphéroïde lunaire. C'est dans cette vue que j'avais invité les astronomes de l'Observatoire Royal à vouloir bien entreprendre cette suite d'observations et à la comparer aux formules de la théorie. M. Nicollet a exécuté ce travail important, en y employant 174 observations faites par lui et par MM. Bouvard et Arago. L'inclinaison de l'équateur lunaire à l'écliptique, qu'il trouve en degrés sexagésimaux de $1°28'45''$ et qui ne diffère que de $15''$ de celle que Mayer avait trouvée, est une donnée précieuse, en ce qu'elle détermine avec beaucoup d'exactitude les rapports des moments d'inertie du plus grand et du plus petit axe du sphéroïde lunaire. La plus sensible des inégalités de la libration est l'inégalité de la libration en longitude, dépendante du sinus de l'anomalie moyenne du Soleil. M. Nicollet trouve en secondes sexagésimales $4'48'',7$ pour le coefficient de cette inégalité, qui donne le rapport des moments d'inertie du plus grand axe et de l'axe moyen du sphéroïde lunaire. Mais, pour que l'on puisse compter sur ce rapport, il faut un nombre plus grand encore d'observations.

Remarques sur la théorie de la libration de la Lune.

6. Les formules que j'ai données dans le Chapitre II du Livre V me paraissent laisser peu de chose à désirer.

L'expression de la libration en latitude renferme une petite inégalité qui, pouvant devenir sensible dans des observations exactes, mérite d'être considérée. Pour la déterminer, nous transporterons à la Lune les expressions de dp, dq et dr du n° 2, et nous observerons que, l'inclinaison de l'équateur lunaire à l'écliptique étant très-petite, nous pouvons négliger son carré et son produit par le carré de l'inclinaison de l'orbite lunaire. Cela posé, on aura, par le n° 2,

$$A\,dq + (C - B)pr\,dt = \frac{3L\,dt}{r_1'^3}(C - B)\sin(\upsilon - \varphi)(\theta\sin\upsilon + \gamma\sin\upsilon),$$

$$B\,dr + (A - C)pq\,dt = \frac{3L\,dt}{r_1'^3}(A - C)\cos(\upsilon - \varphi)(\theta\sin\upsilon + \gamma\sin\upsilon).$$

L est ici la Terre, υ est sa longitude vue de la Lune et rapportée au nœud de l'orbite lunaire, en sorte que $\gamma\sin\upsilon$ est sa latitude vue pareillement de la Lune. Soient

$$\theta\sin\varphi = s, \quad \theta\cos\varphi = s'.$$

On aura, par le n° 2,

$$p = \frac{d\varphi}{dt} - \frac{d\psi}{dt},$$

$$q = -\frac{ds'}{dt} - sp,$$

$$r = \frac{ds}{dt} - s'p.$$

Les équations différentielles précédentes relatives à dq et dr deviendront, en y substituant m pour p et en négligeant les différentielles $s\frac{dp}{dt}$ et $s'\frac{dp}{dt}$, ce que l'on peut faire ici,

$$-\frac{d^2s'}{dt^2} - \frac{A+B-C}{A}m\frac{ds}{dt} - \frac{C-B}{A}m^2s'$$
$$= \frac{3L}{r_1'^3}\frac{C-B}{A}\sin(\upsilon - \varphi)[s'\sin(\upsilon - \varphi) + s\cos(\upsilon - \varphi) + \gamma\sin\upsilon],$$

$$\frac{d^2s}{dt^2} - \frac{A+B-C}{B}m\frac{ds'}{dt} + \frac{C-A}{B}m^2s$$
$$= \frac{3L}{r_1'^3}\frac{A-C}{B}\cos(\upsilon - \varphi)[s'\sin(\upsilon - \varphi) + s\cos(\upsilon - \varphi) + \gamma\sin\upsilon].$$

$\upsilon - \varphi$ est, comme on le voit dans le Chapitre II du Livre V, un très-petit angle, en sorte qu'on peut le supposer nul et faire son cosinus égal à l'unité.

$\sin(\upsilon - \varphi)$ contient à fort peu près, par le Chapitre II du Livre V, le

terme $2e \sin (mt - \varpi)$, e étant l'excentricité de l'orbe lunaire, ϖ étant
la longitude de son périgée, les angles mt et ϖ étant comptés du nœud
ascendant de l'orbite lunaire. Le second membre de la première des
deux équations précédentes contient donc le terme

$$3m^2 \frac{C - B}{A} (\gamma + \theta) . 2e \sin (mt - \varpi) \sin mt,$$

et par conséquent celui-ci,

$$3m^2 \frac{C - B}{A} (\gamma + \theta) e \cos \varpi.$$

On trouvera de la même manière que le second membre de la deuxième
des mêmes équations contient le terme

$$3m^2 \frac{A - C}{B} (\theta + \gamma) \left[3e \cos (mt - \varpi) \sin mt + 2e \sin (mt - \varpi) \cos mt \right],$$

et par conséquent celui-ci,

$$3m^2 \frac{A - C}{2B} (\theta + \gamma) e \sin \varpi ;$$

ces deux équations deviennent ainsi, en ne considérant dans leurs
seconds membres que ces termes,

$$-\frac{d^2 s'}{dt^2} - \frac{A + B - C}{A} m \frac{ds}{dt} - \frac{C - B}{A} m^2 s' = \quad 3m^2 \frac{C - B}{A} (\gamma + \theta) e \cos \varpi,$$

$$\frac{d^2 s}{dt^2} - \frac{A + B - C}{B} m \frac{ds'}{dt} + \frac{C - A}{B} m^2 s = - 3m^2 \frac{C - A}{2B} (\theta + \gamma) e \sin \varpi,$$

ϖ étant rapporté au nœud ascendant de l'orbite lunaire. La longitude
du périgée de la Terre, vue de la Lune, est la longitude du périgée de
la Lune vue de la Terre, moins la demi-circonférence de l'orbite lunaire. Si l'on suppose $it + L$ la longitude de ce dernier périgée, rapportée à un point fixe, et $O - g't$ la longitude du nœud rapportée au
même point, on aura

$$\varpi = (i + g')t + L - O - \text{la demi-circonférence} ;$$

alors, $m\dfrac{C-A}{B}$ et $m\dfrac{C-B}{A}$ étant fort petits par rapport à $m(i+g')$, on aura, à fort peu près,

$$s = 3m^2\frac{C-B}{A}\frac{(\gamma+\theta)e}{i+g'}\sin[(i+g')t+L-O].$$

$$s' = 3m^2\frac{C-A}{2B}\frac{(\gamma+\theta)e}{i+g'}\cos[(i+g')t+L-O].$$

θ étant, par le Chapitre II du Livre V, égal à

$$-\frac{3m(A-C)\gamma}{3m(A-C)+2Ag'}.$$

On aura, par ce même Chapitre, pour les expressions complètes de s et de s',

$$s = \frac{3m(C-A)}{2Ag'-3m(C-A)}\gamma\sin(mt+g't-O),$$
$$+3m^2\frac{C-B}{A}\frac{(\gamma+\theta)e}{i+g'}\sin[(i+g')t+L-O].$$

$$s' = \frac{3m(C-A)}{2Ag'-3m(C-A)}\gamma\cos(mt+g't-O),$$
$$-3m^2\frac{C-A}{2B}\frac{(\gamma+\theta)e}{i+g'}\cos[(i+g')t+L-O].$$

M. Nicollet a trouvé, par la comparaison de 174 observations de la libration de la Lune en longitude et d'un même nombre d'observations de la libration en latitude, l'inclinaison θ de l'équateur lunaire à l'écliptique, en degrés sexagésimaux, égale à $1°28'45''$, ce qui ne diffère que de $15''$ du résultat de Mayer, et il en a conclu

$$\frac{C-A}{C} = 0,0005970\iota.$$

Il a trouvé, par les mêmes observations, l'équation de la libration en longitude dépendante de l'anomalie du Soleil égale à

$$4'49'',7.\sin(\text{anomalie moyenne du Soleil}),$$

et il en a conclu

$$\frac{B - A}{C} = 0,000563916.$$

Mais cette valeur de $\frac{B - A}{C}$ n'est pas aussi sûre que celle de $\frac{C - A}{C}$, à cause de la petitesse de l'équation de la libration en longitude. Un nombre plus grand encore d'observations déterminera plus exactement cette valeur, et alors la théorie physique de la libration de la Lune sera complète.

CHAPITRE III.

DES ANNEAUX DE SATURNE.

*Notice historique des travaux des astronomes et des géomètres
sur cet objet.*

Galilée observa le premier l'anneau de Saturne. Il le vit, dans ses
faibles lunettes, sous la forme de deux corps lumineux contigus à
deux parties opposées de la surface de la planète. Quelquefois Saturne
lui parut rond comme les autres planètes. Ces apparences singulières
furent ensuite observées par d'autres astronomes. Enfin Huygens, les
ayant suivies au moyen d'excellents objectifs qu'il avait construits lui-
même, en découvrit les lois et la cause. Il fit voir que Saturne est
environné d'un anneau large et d'une très-mince épaisseur, suspendu
autour de lui à une petite distance et incliné à son orbite d'un
douzième environ de la circonférence, ce qui lui donne une forme ap-
parente elliptique. Cet anneau disparaît toutes les fois que le Soleil ou
la Terre traverse son plan; il ne nous transmet alors de lumière que
par ses bords, trop minces pour être aperçus. L'accord de cette théorie
avec toutes les disparitions et toutes les réapparitions de l'anneau observées depuis Huygens ne laisse aucun doute sur sa réalité. Jacques
Cassini reconnut la division de l'anneau en deux anneaux distincts.
Short crut en apercevoir un plus grand nombre. Mais Herschel, avec
ses puissants télescopes, qui lui ont toujours fait voir les bords éclairés
de l'anneau lorsqu'il avait disparu pour les autres observateurs, n'y a
vu, comme Cassini, que deux anneaux situés dans un même plan,

séparés par un très-petit intervalle, et dont l'extérieur a moins de largeur et une lumière moins vive que l'intérieur. Dans le mois de juin 1790, il présenta à la Société Royale de Londres une série d'observations, d'où il conclut la durée de la rotation de l'anneau intérieur de Saturne d'environ dix heures et demie sexagésimales. Il avait présenté à la Société Royale, en novembre 1789, une suite d'observations qui lui donnaient la durée de la rotation de Saturne presque égale à celle de l'anneau, et plus petite seulement de seize minutes sexagésimales. Ces deux résultats ont été publiés dans le Volume des *Transactions Philosophiques* pour l'année 1790, et qui parut en 1791.

Maintenant, par quel mécanisme les anneaux de Saturne se maintiennent-ils suspendus autour de la planète? S'ils l'étaient par la seule force de cohésion, leurs diverses parties se détacheraient à la longue les unes des autres et finiraient par se précipiter sur Saturne ou par former autant de satellites, et, comme cela n'est point arrivé, il est naturel d'en conclure que leur suspension repose principalement sur les lois de l'équilibre des fluides. C'est ainsi que Maupertuis les a considérés, dans l'explication ingénieuse de ce phénomène qu'il a donnée dans son *Discours sur la figure des astres*. Il conçoit chaque molécule d'un anneau fluide sollicitée vers le centre de la planète et vers un point intérieur de la *figure génératrice* de l'anneau : je nomme ainsi la section de l'anneau par un plan mené perpendiculairement à son plan et passant par le centre de Saturne. En combinant ces deux tendances de la molécule avec la force centrifuge due à une rotation de l'anneau dans son plan autour du centre de Saturne, il détermine la figure que l'anneau doit prendre pour l'équilibre de toutes ses parties. Mais, dans la nature, chaque molécule de l'anneau ne tend point uniquement vers deux points; elle a un nombre infini de tendances vers les autres molécules de l'anneau et vers la planète. C'est en combinant toutes ces tendances avec la force centrifuge qu'il faut déterminer la figure d'équilibre de la section génératrice de l'anneau. Tel est le problème que je me suis proposé dans un Mémoire inséré dans le Volume des *Mémoires de l'Académie des Sciences* de 1787, qui parut au mois de février 1789. J'ai prouvé, dans ce Mémoire et ensuite dans le Livre III, qu'un anneau fluide peut se maintenir en équilibre autour de Saturne en vertu de l'attraction mutuelle de ses molécules, combinée avec un mouvement de rotation, si la figure génératrice de l'anneau est une ellipse aplatie dont le grand axe est dirigé vers le centre de Saturne. La durée de la rotation doit être alors la même que celle de la révolution d'un satellite dont la distance au centre de Saturne serait celle du centre de la figure génératrice au même point; j'en avais conclu que cette durée était d'environ $\frac{5}{13}$ de jour, avant qu'Herschel l'eût reconnu par l'observation.

J'ai remarqué ensuite que, si l'anneau était parfaitement semblable dans toutes ses parties, les centres de la planète et de l'anneau se repousseraient mutuellement, pour peu qu'ils cessassent de coïncider, ce qui devrait nécessairement arriver par les attractions étrangères. Le centre de l'anneau décrirait donc alors une courbe convexe vers le centre de la planète, et l'anneau finirait par atteindre la surface de la planète, à laquelle il se réunirait. Il est donc nécessaire, pour la stabilité de son équilibre, que ses figures génératrices soient dissemblables et que son centre de gravité ne coïncide point avec son centre de figure. Dans ce cas, l'équilibre de la masse fluide ne sera point sensiblement troublé si les changements des ellipses génératrices ne deviennent sensibles qu'à des distances respectives beaucoup plus grandes que les grands axes de ces ellipses.

Les deux anneaux de Saturne, placés à des distances différentes de la planète, doivent, par l'action du Soleil, avoir des mouvements différents de précession, qui, si rien ne s'y opposait, changeraient continuellement la position respective de leurs plans; ces plans ne coïncideraient donc sensiblement que pendant de courts intervalles. Il est contre toute vraisemblance de supposer que les anneaux de Saturne ont été découverts dans un de ces intervalles; il est donc très-probable qu'il existe une cause qui maintient ces anneaux à peu près dans un même plan, quoique l'action du Soleil tende sans cesse à les en écarter. J'ai annoncé comme un résultat de la théorie de la pesan-

teur, dans le Volume cité de l'Académie des Sciences, que cette cause
est l'aplatissement du sphéroïde de Saturne, produit par un mouvement rapide de rotation de cette planète, mouvement qu'Herschel a
confirmé depuis par l'observation. L'Analyse fait voir que, en supposant
les anneaux peu inclinés au plan de l'équateur de Saturne, cet aplatissement les maintient toujours à peu près dans ce plan, dont l'action
du Soleil tend à les écarter. En même temps que ces anneaux tournent
autour de leurs centres de gravité, ces centres se meuvent autour du
centre de la planète. De là naissent, dans les positions respectives des
plans des anneaux, des variations continuelles, qui produisent, dans la
manière dont ils sont éclairés par le Soleil vers leurs apparitions et
leurs disparitions et dans celle dont ils se présentent à l'observateur,
des différences propres à expliquer les apparences singulières que l'on
a quelquefois observées. Telle est la disparition d'une des anses avant
l'autre, qui continue de paraître du même côté de la planète pendant
une et même plusieurs périodes de la rotation de l'anneau. Tels sont
encore ces points lumineux qui semblent immobiles, et qui ont porté
quelques observateurs à douter de la rotation des anneaux, dont cependant la nécessité est démontrée par les lois de la Mécanique.

Suivant les observations d'Herschel, la durée de la rotation de l'anneau est de $0^j,438$; celle de Saturne est de $0^j,427$, presque égale à la
précédente, mais un peu plus petite, comme cela doit être suivant
l'hypothèse que j'ai proposée sur la formation des planètes, des satellites et des anneaux. Dans cette hypothèse, les satellites et les anneaux
de Saturne ont été formés par les zones que l'atmosphère de la planète
a successivement abandonnées à mesure qu'elle s'est resserrée en se
refroidissant. Le mouvement de rotation de Saturne s'est accéléré de
plus en plus, en vertu du principe des aires. La durée de la rotation
d'une planète doit donc être, d'après cette hypothèse, plus petite que
la durée de la révolution du corps le plus voisin qui circule autour
d'elle, ce qui a lieu pareillement pour le Soleil relativement aux planètes, qui sont toutes les produits des zones abandonnées successivement par l'atmosphère solaire. Tout cela, confirmé par l'observation,

augmente la probabilité que beaucoup de phénomènes singuliers du système solaire donnent à l'hypothèse dont il s'agit, comme on peut le voir dans l'*Exposition du système du monde*. On conçoit que, dans cette hypothèse, l'anneau intérieur de Saturne étant fort voisin de la planète, la durée de sa rotation ne doit surpasser que très-peu celle de la rotation de Saturne. En considérant combien la différence observée entre ces durées est petite, il est difficile de ne pas admettre que l'atmosphère de Saturne s'est étendue jusqu'à ses anneaux et qu'ils ont été formés par la condensation de ses couches.

TRAITÉ

DE

MÉCANIQUE CÉLESTE.

LIVRE XV.

DÉCEMBRE 1824.

LIVRE XV.

DU MOUVEMENT DES PLANÈTES ET DES COMÈTES.

CHAPITRE PREMIER.

NOTICE HISTORIQUE DES TRAVAUX DES GÉOMÈTRES SUR CET OBJET.

1. Les anciens astronomes, et spécialement Hipparque et Ptolémée, déterminèrent les mouvements apparents des astres. Ils essayèrent de les représenter par des mouvements circulaires et uniformes, qu'ils jugeaient être les plus parfaits et devoir ainsi appartenir aux corps célestes, n'attribuant, par une bizarrerie de l'esprit humain, aucune imperfection des corps terrestres à ces mêmes astres, dont cependant ils subordonnaient l'existence à la Terre. La complication des cercles qu'ils avaient imaginés, et qu'ils multipliaient à chaque inégalité que l'observation faisait découvrir, avait frappé de bons esprits et leur avait inspiré des doutes sur le système de Ptolémée. Elle engagea Copernic à rechercher un moyen plus simple d'expliquer les mouvements célestes. Considérant que plusieurs anciens philosophes avaient fait tourner la Terre sur elle-même et autour du Soleil, il appliqua cette hypothèse aux phénomènes, et il reconnut que le mécanisme de l'univers en devenait beaucoup plus simple. Elle affranchissait la sphère des étoiles de l'inconcevable vitesse que sa révolution diurne donnait, dans le système de Ptolémée, à ces astres, dont on connaissait déjà le grand éloignement. Les mouvements rétrogrades des planètes n'étaient que

de simples apparences produites par leur mouvement réel, combiné avec celui de la Terre, et le mouvement général du ciel, d'où résulte la précession des équinoxes, se réduisait à un mouvement fort lent dans l'axe terrestre. Mais, pour expliquer les inégalités des mouvements réels, Copernic adopta l'ancienne hypothèse des mouvements circulaires et uniformes. Kepler, après avoir essayé longtemps et inutilement de représenter dans cette hypothèse les observations de Tycho Brahe sur la planète Mars, reconnut enfin qu'elle se meut dans une ellipse dont le centre du Soleil occupe un des foyers et que son rayon vecteur trace autour de ce point des aires proportionnelles au temps. Il étendit ces résultats à la Terre et aux autres planètes, et il découvrit que toutes leurs ellipses sont liées entre elles par ce beau rapport, savoir que les cubes des grands axes sont proportionnels aux carrés des temps des révolutions.

Quoique Kepler donne, dans la Préface de son Ouvrage *De stella Martis*, des idées justes sur l'attraction réciproque de la Lune et de la Terre et sur la tendance des eaux de la mer vers la Lune, et qu'il reconnaisse, dans ce même Ouvrage, que les inégalités elliptiques du mouvement des planètes sont dues à l'action du Soleil, il attribue cependant à une autre cause la périodicité des mouvements planétaires : il suppose que le Soleil, par sa rotation, envoie à chaque instant, dans le plan de son équateur, des espèces immatérielles douées d'une activité décroissante en raison des distances, et qui, en s'étendant, conservent le mouvement circulaire qu'elles avaient à la surface de cet astre et donnent aux planètes, qu'elles entraînent, leur mouvement de révolution. J'ai montré ailleurs comment la rotation du Soleil a pu imprimer à chaque planète son mouvement initial. Mais, pour le rendre presque circulaire, il est nécessaire de le combiner avec une tendance de la planète vers le Soleil. Borelli a eu, le premier, l'heureuse idée de cette combinaison, qu'il a étendue aux satellites relativement à leur planète. Newton, Halley, Wren et Hooke, en comparant cette idée aux théorèmes d'Huygens sur la force centrifuge et au rapport trouvé par Kepler entre les carrés des temps des révolutions des

planètes et les cubes des grands axes de leurs orbites, trouvèrent que,
en supposant ces orbites circulaires, les tendances des planètes vers le
Soleil étaient réciproques aux carrés de leurs distances à cet astre. En
effet, la vitesse d'une planète étant alors la circonférence de son orbite,
divisée par le temps de sa révolution; le carré de cette vitesse est proportionnel au carré du rayon de l'orbite divisé par le carré de ce temps,
qui, d'après la loi de Kepler, est proportionnel à la puissance $\frac{3}{2}$ du
rayon; le carré de la vitesse est donc réciproque au rayon. Par les
théorèmes d'Huygens, la force centrifuge d'un corps mû dans un cercle
est égale au carré de sa vitesse divisé par le rayon; elle est donc, pour
une planète, réciproque au carré de sa distance au Soleil; or cette
force doit être balancée à chaque instant par la tendance de la planète
vers le Soleil, pour que l'orbite se maintienne circulaire; cette tendance est donc réciproque au carré de la distance.

Mais les planètes ne se meuvent point exactement dans des orbes
circulaires. On pouvait d'ailleurs douter qu'une planète, transportée
sur l'orbite d'une autre planète, éprouverait la même tendance qu'elle
vers le Soleil. Il était donc nécessaire de démontrer que la même planète, dans ses diverses distances au Soleil, tend vers lui réciproquement à leurs carrés, et que la tendance vers cet astre ne varie d'une
planète à l'autre qu'à raison de la distance. Cette démonstration, alors
très-difficile, fut vainement tentée par les trois géomètres qui, con-
jointement avec Newton, avaient déduit des théorèmes d'Huygens la
tendance des planètes vers le Soleil, réciproque au carré de leur distance : elle commença la Mécanique céleste. Newton prouva d'abord
que la loi des aires décrites par le rayon vecteur d'une planète indique
nécessairement une tendance de la planète vers le centre du Soleil. Il
fit voir ensuite, par une application délicate de sa méthode des fluxions,
que l'ellipticité de l'orbite exige une tendance réciproque au carré du
rayon vecteur. Enfin il conclut, de la loi du carré des temps des révolutions proportionnel au cube des grands axes, que la tendance vers le
Soleil ne varie d'une planète à l'autre qu'à raison de la distance. Les
trois lois de Kepler furent ainsi ramenées au seul principe d'une ten-

dance des planètes vers le Soleil, réciproque au carré de leurs distances au centre de cet astre. Ce principe avait déjà été énoncé par Bouilliau; son analogie avec l'émission de la lumière pouvait le faire soupçonner. Il paraît être la loi de toutes les forces qui sont perceptibles à des distances sensibles, telles que le magnétisme et l'électricité. Mais l'honneur d'une découverte appartient à celui qui, le premier, l'établit solidement par le calcul ou par des observations décisives, et c'est ce que Newton a fait incontestablement à l'égard de la pesanteur universelle.

Ce grand géomètre détermina les conditions de direction et de quantité de la vitesse initiale qui font décrire au mobile un cercle, une ellipse, une parabole ou une hyperbole. Quelles que soient ces conditions, il assigna une section conique dans laquelle le mobile peut et doit conséquemment se mouvoir; car, avec les mêmes conditions, il ne peut décrire qu'une seule courbe, ce qui répond au reproche que lui fit Jean Bernoulli, de n'avoir point démontré que les sections coniques sont les seules courbes qu'un corps peut décrire en vertu d'une loi d'attraction réciproque au carré de la distance. Newton remarqua que l'on peut, par sa méthode, déterminer la nouvelle section conique que le mobile décrirait si, à un instant quelconque, on lui imprimait une nouvelle force, et il en conclut que l'on pourrait suivre ainsi le mouvement du mobile dérangé continuellement par des actions étrangères. Lagrange en a déduit, dans les *Mémoires de l'Académie de Berlin* pour l'année 1786, les variations différentielles des éléments du mouvement elliptique; mais, Newton n'ayant point fait cette application délicate, on doit considérer sa remarque comme une des choses de son admirable Ouvrage qui ont été le germe des belles théories de ses successeurs.

Newton a étendu sa méthode au cas général d'un point sollicité par une force centrale, variable suivant une fonction quelconque de la distance. Il donne l'expression du carré de la vitesse du point, et il en conclut, au moyen des quadratures des courbes, la nature de la courbe décrite et le temps employé par le mobile à décrire ses diverses parties.

Il parvient à ce résultat singulier, savoir, qu'un point qui décrit une courbe en vertu d'une force centrale pourra décrire de la même manière cette courbe, supposée mobile, si l'on augmente la force centrale d'une quantité réciproque au cube du rayon vecteur. Alors les vitesses angulaires du point et de la courbe sont en raison constante. Newton déduit de ce théorème un procédé fort ingénieux pour avoir le mouvement des apsides dans une orbite presque circulaire, décrite en vertu d'une force centrale exprimée par une fonction quelconque de la distance. Ce procédé, réduit en formule générale, donne l'angle décrit par le mobile, en allant d'une apside à la suivante, égale à la demi-circonférence multipliée par la racine carrée d'une fraction dont le numérateur est le produit de l'expression de la force centrale par le carré du rayon vecteur, et dont le dénominateur est le coefficient de la différentielle du rayon vecteur dans la différentiation du produit de l'expression de la force centrale par le cube de ce rayon, cette fraction étant rapportée, après les différentiations, à la moyenne distance du mobile, à l'origine de la force centrale.

Newton applique son procédé au cas où, la force centrale étant réciproque au carré de la distance, une action étrangère la diminue d'une quantité proportionnelle au rayon vecteur. En supposant cette quantité $\frac{1}{357}$ de la force centrale dans les moyennes distances, ce qui a lieu, à fort peu près, relativement à l'action du Soleil sur la Lune, décomposée suivant le rayon vecteur lunaire, il trouve le mouvement de l'apogée plus petit de moitié que celui de l'apogée de la Lune. C'est ce qu'une première approximation donna ensuite aux géomètres qui appliquèrent, les premiers, l'analyse à la théorie de la Lune. Mais il est remarquable que Newton, dans la proposition IV du Livre III des *Principes,* cherchant à corriger la tendance de la Lune vers la Terre de l'effet de l'action solaire, suppose cet effet égal à $\frac{2}{357}$ de la pesanteur de ce satellite, c'est-à-dire tel qu'il résulte du mouvement observé de l'apogée lunaire.

Newton transporta facilement ses résultats au mouvement de deux points matériels A et B, qui s'attirent en raison de leurs masses et

suivant une fonction quelconque de leur distance mutuelle. Il avait
établi que le mouvement du centre de gravité d'un système de corps
ne reçoit aucun changement par leur action réciproque ; en imprimant
donc à ces points une vitesse égale et contraire à la vitesse initiale de
leur centre commun de gravité, ce qui ne change point leur mouvement relatif, ce centre devient immobile. Le point A est attiré vers lui
par l'attraction du point B. En substituant ainsi, dans l'expression de
l'attraction de ce dernier point, au lieu de la distance mutuelle des
deux points, le rayon vecteur mené du centre de gravité au point A et
multiplié par le rapport de la somme des masses A et B à la masse B,
le mouvement de A autour du centre de gravité sera ramené au cas
d'un point attiré suivant une fonction du rayon vecteur vers un centre
de forces immobile.

Par la nature du centre de gravité, les deux points A et B sont toujours avec lui sur une même droite, et leurs distances à ce centre sont
en raison constante soit entre elles, soit avec leur distance mutuelle.
De là il suit que ces points décrivent dans le même temps des courbes
semblables autour de leur centre de gravité et l'un autour de l'autre
supposé immobile. Le cas de deux points matériels est celui de deux
sphères dont les molécules s'attirent en raison des masses et réciproquement au carré des distances, Newton ayant démontré qu'alors ces
corps s'attirent comme si leurs masses étaient réunies à leurs centres
respectifs. Cette propriété très-remarquable de la loi de la nature con-
tribue à la simplicité des mouvements célestes, parce que, le Soleil,
les planètes et les satellites étant à très-peu près sphériques, leurs
mouvements ne sont que très-peu troublés par leurs figures.

Le système de tous ces corps est constitué de manière que la masse
du Soleil surpasse considérablement celles des planètes, en sorte que
l'on peut, dans une première approximation, négliger, avec Newton,
leur action les unes sur les autres et sur le Soleil. Alors elles obéissent
exactement aux lois de Kepler. Le système d'une planète et de ses
satellites est pareillement constitué de manière que la masse de la planète surpasse considérablement celles de ses satellites. En négligeant

donc, dans une première approximation, leur action les uns sur les autres et sur la planète, ils décriraient autour d'elle des orbes rigoureusement elliptiques, sans la force perturbatrice du Soleil. Heureusement, la distance de la planète au Soleil étant considérablement plus grande que celle des satellites à la planète, cette force est très-petite. Si cette distance était infinie, le Soleil, agissant également sur la planète et sur ses satellites, ne troublerait point leur mouvement relatif : la différence de ses actions sur ces différents corps est donc très-affaiblie par sa grande distance à la planète, et elle altère peu ce mouvement. Newton établit que le centre de gravité du système de la planète et de ses satellites décrit, à très-peu près, un orbe elliptique autour du Soleil, et il fait voir que la pesanteur du satellite vers la planète n'est que très-peu changée par l'action solaire ; elle n'est diminuée que de $\frac{1}{360}$ au plus pour la Lune. En négligeant donc cette action et l'action mutuelle des satellites, chacun d'eux peut être censé décrire un orbe elliptique autour de sa planète.

Newton conclut de ce résultat les rapports des masses des planètes accompagnées de satellites à la masse du Soleil. Si l'on augmente la distance moyenne du satellite à sa planète, en sorte qu'elle soit égale à la moyenne distance de la planète au Soleil, le carré du temps de la révolution de ce satellite autour de sa planète sera, par la loi de Kepler, augmenté dans le rapport du cube de la seconde de ces distances au cube de la première. Mais il résulte des théorèmes de Huygens sur la force centrifuge que les masses de la planète et du Soleil sont réciproques aux carrés des temps des révolutions des corps qui circulent autour de chacun d'eux à la même distance. De là il est facile de conclure que le rapport de la masse de la planète à celle du Soleil est égal à une fraction dont le numérateur est le produit du cube de la moyenne distance du satellite à sa planète par le carré du temps de la révolution de la planète, et dont le dénominateur est le produit du cube de la moyenne distance de la planète au Soleil par le carré du temps de la révolution du satellite. Newton détermina de cette manière les rapports des masses de Jupiter, de Saturne et de la Terre à la masse du Soleil. La masse étant égale à la densité multipliée par le volume, les densités de ces quatre corps sont comme leurs masses divisées par les cubes de leurs diamètres apparents vus de la même distance, et les pesanteurs à leurs surfaces sont comme leurs masses divisées par les carrés de ces diamètres. Newton a conclu ainsi ces densités et ces pesanteurs respectives des mesures astronomiques de ces diamètres.

L'une des plus heureuses applications du principe de la pesanteur universelle est celle que Newton en fit aux comètes. Ces astres se montrent dans toutes les régions du ciel; ils se meuvent dans tous les sens et d'une manière très-compliquée, et finissent, après quelque temps, par disparaître. On avait essayé vainement, avant Newton, de déterminer la loi de leurs mouvements. Ce grand géomètre considéra que les comètes devaient être soumises, comme les planètes et les satellites, à l'attraction du Soleil, et qu'elles décrivaient par conséquent autour de lui des orbes elliptiques, avec la différence que, n'étant visibles pour nous que dans la partie de leurs orbes la plus voisine du Soleil, ces orbes, au lieu d'être presque circulaires, étaient fort allongés et pouvaient même être des paraboles ou des hyperboles. Pour vérifier ce beau résultat, il fallait le comparer aux observations; mais cette comparaison offrait des difficultés. A la vérité, le grand allongement des ellipses décrites par les comètes permet, du moins dans une première approximation, de considérer la partie visible de ces ellipses comme un arc de parabole, ce qui simplifie le problème : il reste cependant encore très-difficile. Newton le résolut par une méthode dans laquelle le génie inventeur ne brille pas moins que dans les autres parties de l'Ouvrage des *Principes*. Ce grand géomètre appliqua sa méthode à la fameuse comète de 1680, qui parut pendant un intervalle de temps considérable, et qui, reparaissant après avoir été perdue dans les rayons du Soleil, fut regardée par divers astronomes comme formant deux comètes distinctes. Newton fit voir qu'elles étaient identiques, et il représenta toutes les bonnes observations de la comète avec une précision qui ne laissait aucun doute sur la vérité de sa théorie du mouvement de ces astres. Dans la troisième édition de son Ouvrage, Newton n'ajouta rien à sa méthode. Seulement il en présenta de nouvelles applications, faites principalement par Halley, qui soumit à cette théorie les observations de vingt-quatre comètes, parmi lesquelles il reconnut l'identité des comètes de 1531, 1607 et 1682. Il en conclut que cet astre décrit un orbe elliptique dans une période d'environ soixante-quinze ans, et qu'il devait reparaître à la fin de 1758 ou au commencement de 1759, ce que l'observation a confirmé. La même théorie a représenté exactement les observations de toutes les comètes qui ont paru depuis Newton, en sorte que chaque apparition de ces astres a fourni une nouvelle preuve de cette admirable théorie et du principe de la pesanteur universelle qui en est la base.

Plusieurs grands géomètres se sont occupés, depuis Newton, du problème de la détermination des orbites des comètes par les observations. Ils sont parvenus, sur cet objet, à des résultats intéressants, parmi lesquels on doit distinguer l'expression élégante et simple que Lambert a donnée du temps employé à décrire un arc parabolique, en fonction de cet arc et de la somme des rayons vecteurs extrêmes, expression qu'il a étendue aux arcs elliptiques et qui est démontrée dans le n° 27 du Livre II.

Les diverses solutions de ce problème employaient à la recherche des premières valeurs des éléments trois observations, assez rapprochées pour que l'on pût se permettre de négliger la troisième puissance de l'intervalle de temps qui sépare les deux observations extrêmes. Il me parut que, au lieu de faire porter l'approximation sur les valeurs analytiques, il serait à la fois plus exact et plus simple d'employer une analyse rigoureuse, et de ne faire porter l'approximation que sur les données des observations. C'est ce que j'ai fait par la méthode exposée dans les n° 31 et suivants du Livre II. Les données dont je me sers sont la longitude et la latitude de la comète à l'époque de l'observation moyenne, et leurs différences premières et secondes, divisées par les puissances correspondantes de l'élément du temps. Au moyen de ces données, je détermine rigoureusement, par la seule considération des équations différentielles du mouvement de l'astre, sa distance périhélie et l'instant de son passage par le périhélie. Cette méthode a l'avantage de pouvoir employer, pour déterminer les données, toutes les observations faites dans l'intervalle des observations extrêmes, car, si cet intervalle est peu considérable, on peut étendre sans erreur sensible les mêmes données à ces observations et former ainsi, pour les obtenir, deux fois autant d'équations de condition qu'il y a d'observations. Je corrige ensuite, par trois observations éloignées entre elles, la distance périhélie et l'instant du passage, directement et sans avoir besoin de connaître les autres éléments de l'orbite. Persuadé que l'Analyse, lorsqu'elle est convenablement appliquée, peut toujours fournir aux astronomes les méthodes les plus faciles et les plus abrégées pour les calculs numériques, je me suis étudié à leur en offrir un exemple dans ce problème, l'un des plus difficiles de toute l'Astronomie. Les nombreuses applications qui ont été faites de cette méthode prouvent son utilité.

Newton n'a point considéré les perturbations que l'action des planètes sur le Soleil et sur elles-mêmes produit dans leur mouvement elliptique. Seulement, il fait voir que, en considérant le mouvement autour du Soleil de deux planètes qui s'attirent réciproquement au carré de la distance et qui sont attirées suivant la même loi, le mouvement elliptique de la planète inférieure et la proportionnalité des aires que son rayon vecteur décrit autour du Soleil seront moins troublés, si cet astre obéit à l'attraction des planètes, que s'il est immobile. Il observe encore que, l'action de Jupiter sur Saturne dans la conjonction de ces planètes étant à l'action du Soleil sur Saturne dans le rapport de l'unité à 211, elle ne doit point être négligée. « De là vient », dit-il, « que l'orbe de Saturne est dérangé si sensiblement dans chaque conjonction avec Jupiter, que les astronomes s'en aperçoivent. » Cependant la théorie analytique des mouvements de ces deux planètes, qui représente exactement toutes les observations, nous montre que le dérangement de Saturne dans sa conjonction avec Jupiter est presque insensible. Le dérangement correspondant de Jupiter est environ six fois plus grand, quoique l'action de Saturne sur Jupiter ne soit à la pesanteur de Jupiter sur le Soleil que dans le rapport de l'unité à 500. Cette remarque, déjà faite par Euler, fait voir qu'il ne faut adopter qu'avec une extrême réserve les aperçus les plus vraisemblables, tant qu'ils ne sont point vérifiés par des preuves décisives.

Depuis la publication de l'Ouvrage des *Principes* jusqu'aux premiers travaux d'Euler sur les perturbations des planètes, les géomètres n'ont rien ajouté de remarquable aux grandes découvertes consignées dans cet Ouvrage. Ils ont traduit en Analyse les démonstrations de Newton, qui, probablement, était parvenu par cette méthode à ses résultats, que sa grande prédilection pour la synthèse lui a fait démontrer synthétiquement. Cependant les applications de l'Analyse aux découvertes newtoniennes ont préparé celles qu'Euler et ses contemporains en ont faites à la théorie des perturbations des mouvements célestes. Les recherches sur le Calcul intégral et sur la Mécanique, dont les géomètres s'étaient fort occupés dans l'intervalle dont je viens de parler, ont surtout contribué aux progrès de cette théorie, qui leur offrait les applications les plus importantes de l'Analyse infinitésimale, sans laquelle il eût été impossible de résoudre les questions difficiles du système du monde. C'est principalement dans la considération des équations différentielles et dans leur intégration que réside la puissance de cette Analyse. Newton ne parait pas s'être occupé de leur calcul, si fécond en résultats, surtout depuis son extension aux équations à différences partielles. C'est à Leibnitz et aux Bernoulli qu'il doit ses premiers progrès. Ces illustres géomètres n'adoptèrent point la découverte de la gravitation universelle à sa naissance; mais leurs recherches, perfectionnées et appliquées par leurs disciples à cette découverte, l'ont élevée au plus haut point de perfection et de certitude.

Si l'on conçoit un système de corps sphériques dont toutes les molécules s'attirent proportionnellement à leurs masses et réciproquement au carré de la distance, on peut rapporter chacun de ces corps à trois axes fixes perpendiculaires entre eux et décomposer parallèlement à ces axes les attractions qu'il éprouve de la part des autres corps. En égalant ensuite les différences secondes des coordonnées, divisées par le carré de l'élément du temps supposé constant, à ces attractions ainsi décomposées, on aura les trois équations différentielles du second ordre qui déterminent le mouvement du corps. Chaque corps du système fournit trois équations semblables, en sorte que le nombre de ces équations est triple de celui des corps. Leurs intégrales complètes renferment donc six fois autant d'arbitraires qu'il y a de corps. Ces constantes sont déterminées par les coordonnées initiales de chaque corps et par ses vitesses initiales suivant ces coordonnées.

On a presque toujours besoin de rapporter les corps du système à un corps principal. Il suffit, pour cela, de retrancher les équations différentielles de son mouvement suivant chaque coordonnée des équations différentielles correspondantes du mouvement des autres corps, dont on aura ainsi les équations différentielles relatives à leurs mouvements autour du corps principal.

On n'a pu obtenir jusqu'ici que sept intégrales des équations différentielles du mouvement du système. Les trois premières sont finies et ne sont qu'une traduction du beau théorème de Newton sur le mouvement du centre de gravité d'un système de corps qui n'éprouvent point d'actions étrangères. Les quatre autres intégrales, données par les principes des aires et des forces vives, sont différentielles du premier ordre; elles sont une généralisation de la loi des aires proportionnelles aux temps et de l'expression du carré de la vitesse, que Newton a trouvées dans le mouvement du système de deux corps. Le problème de ce mouvement est ainsi ramené à l'intégration d'équations différentielles du premier ordre, qu'il est facile ensuite d'intégrer par les quadratures. C'est ce que Newton a développé avec une grande élégance, sous une forme synthétique. Mais, dans le cas d'un plus grand nombre de corps, le problème présente d'extrêmes difficultés. Heureusement la constitution du système solaire apporte des simplifications considérables qui permettent de résoudre ce problème par des approximations convergentes.

Les planètes, comme nous l'avons déjà dit, se meuvent autour du

Soleil, dans des orbes peu excentriques et peu inclinés à l'écliptique.
De plus, leurs masses sont fort petites relativement à la masse de cet
astre. En négligeant donc leur action sur le Soleil et sur elles-mêmes,
on a, par une première approximation, le mouvement elliptique dont
Newton a développé les lois. Si l'on considère ensuite cette action, en
négligeant les carrés et les produits des masses planétaires, on a une
seconde approximation, qui peut être ordonnée suivant les puissances
et les produits des excentricités et des inclinaisons des orbites. En considérant de la même manière les carrés et les produits des masses des
planètes, on obtient une troisième approximation, et ainsi de suite. Le
mouvement des satellites autour de leur planète offre des simplifications semblables. L'action perturbatrice du Soleil est toujours peu
considérable par rapport à l'action directe de la planète sur ces corps,
quoique l'action du Soleil sur eux soit fort grande. Mais, leur distance
à la planète étant très-petite relativement à la distance de la planète
au Soleil, cet astre attire à peu près de la même manière la planète et
ses satellites, en sorte que la force perturbatrice de leurs mouvements
relatifs, qui n'est que la différence de ces diverses attractions du
Soleil, est fort petite par rapport à l'attraction de la planète sur ses
satellites. Malgré toutes ces simplifications, les divers problèmes de
la théorie des perturbations des planètes et des satellites présentent de
grandes difficultés, dont la solution exige des considérations délicates
et minutieuses, soit pour choisir les coordonnées qui doivent donner
dans les divers cas les approximations les plus convergentes, soit pour
démêler dans le nombre infini des inégalités celles qui, quoique
très-petites dans les équations différentielles, acquièrent par les intégrations de grandes valeurs et donnent ainsi la cause et les lois
des singularités observées par les astronomes dans les mouvements
célestes.

C'est à la première pièce d'Euler sur les mouvements de Jupiter et
de Saturne qu'il faut rapporter les premières recherches sur les perturbations des mouvements planétaires. Cette pièce, couronnée par l'Académie des Sciences en 1748, fut remise au Secrétariat de cette Acadé-

mie le 27 juillet 1747, quelques mois avant que Clairaut et d'Alembert communiquassent à l'Académie les recherches analogues qu'ils avaient faites sur le *problème des trois corps,* qu'ils nommèrent ainsi parce qu'ils avaient appliqué leurs solutions au mouvement de la Lune attirée par le Soleil et par la Terre. Mais les différences de leurs méthodes à celles d'Euler prouvent qu'ils n'avaient rien emprunté de sa pièce. Elle fut imprimée en 1749, année où parut l'Ouvrage de d'Alembert sur la précession des équinoxes, et qui par là est remarquable dans l'histoire de la Mécanique céleste.

Euler, ainsi que les géomètres qui se sont occupés les premiers de la théorie des perturbations, a choisi pour coordonnées celles que les astronomes employaient alors dans les Tables astronomiques, savoir, la longitude de la planète comptée d'une droite invariable prise sur un plan fixe, son rayon vecteur, l'inclinaison de l'orbite au même plan et la longitude de son nœud ascendant. Mayer a le premier introduit directement dans les Tables la latitude, au lieu de ces deux dernières coordonnées, ce qui est plus commode pour le calcul des perturbations et pour les calculs astronomiques. Euler donne entre les quatre coordonnées dont il fait usage et le temps, dont il suppose l'élément constant, quatre équations différentielles. Les deux premières, relatives à la longitude de la planète et à son rayon vecteur projeté sur le plan fixe, sont différentielles du second ordre. Les deux autres équations sont relatives à l'inclinaison de l'orbite et à la longitude de son nœud : elles sont différentielles du premier ordre. Euler ne donne point, dans sa pièce, l'analyse qui l'a conduit à ces équations. La Commission nommée par l'Académie pour juger cette pièce, et dont Clairaut et d'Alembert étaient membres, persuadée que la formation d'équations différentielles propres aux approximations et aux usages astronomiques était l'un des points les plus intéressants de la théorie des perturbations, témoigna ses regrets de ce que l'auteur se fût contenté de présenter ces équations sans les démontrer. L'analyse par laquelle il y est parvenu est exposée dans deux de ses Mémoires, dont le premier parut en 1749 dans les *Mémoires de l'Académie de Berlin* pour la même année; le second parut en 1750 dans le Volume des *Mémoires de l'Académie de Pétersbourg* pour les années 1747 et 1748. On y voit que le procédé d'Euler consiste à transformer les équations différentielles du second ordre, relatives aux coordonnées parallèles à trois axes fixes perpendiculaires entre eux, en quatre autres qui se rapportent aux coordonnées précédentes, et à combiner ces équations différentielles ainsi transformées, de manière à obtenir les équations différentielles qu'il a présentées dans sa pièce. Le premier des deux Mémoires cités est surtout remarquable en ce que ce grand géomètre y parvient aux équations différentielles du premier ordre de l'inclinaison et de la longitude du nœud en faisant varier les constantes arbitraires qui expriment ces deux éléments dans l'orbite invariable : c'est le premier essai de la méthode de la variation des constantes arbitraires.

Euler considère d'abord les perturbations indépendantes des excentricités et des inclinaisons. Pour cela, il développe les forces perturbatrices en sinus et cosinus d'angles croissants comme le temps. Mais ce développement, sans lequel la formation des Tables astronomiques des planètes devenait impossible, présentait une difficulté que ce grand géomètre a très-heureusement surmontée. Elle consiste à développer les puissances du radical, qui exprime la distance mutuelle des deux planètes, dans une série d'angles multiples de leur élongation. Euler donne des expressions élégantes des divers termes de ce développement et, de plus, une relation très-simple entre trois termes consécutifs, au moyen de laquelle on peut facilement conclure des deux premiers termes tous les suivants. Il fait la remarque importante que cette série, quoique peu convergente pour Jupiter et Saturne, le devient beaucoup par les diviseurs que ses divers termes acquièrent en vertu des intégrations.

Euler ne considère, dans sa pièce, que les perturbations du mouvement de Saturne par l'action de Jupiter. Il suppose d'abord les deux orbites dans un même plan, et il détermine les perturbations du rayon vecteur et de la longitude en faisant abstraction des excentricités des orbites. Les résultats auxquels il parvient sont peu différents de ceux

que j'ai donnés dans le Livre VI. Il considère ensuite les inégalités
dépendantes des excentricités des orbites. Ici, de graves erreurs de
calcul, qui ne tiennent point à sa méthode, rendent ses résultats
inexacts. Les deux seules inégalités de ce genre qu'Euler détermine,
et qui sont en effet les plus grandes de cet ordre, ont pour argument,
la première l'élongation de Saturne à Jupiter moins l'anomalie de
Saturne, la seconde le double de cette élongation moins l'anomalie de
Jupiter. Il trouve à cette dernière inégalité un signe contraire à son
véritable signe. La comparaison des observations avec sa formule de
la longitude de Saturne lui fit voir qu'elles s'en écartent considérablement, mais qu'elles s'en rapprochent beaucoup si l'on change le
signe de cette inégalité. Soupçonnant alors qu'il s'était trompé dans
son calcul, il le revit, mais sans en reconnaître l'erreur, et il en conclut que la loi newtonienne de l'attraction réciproque au carré des
distances devait être modifiée. Dans le même temps, Clairaut tira la
même conclusion en appliquant l'analyse différentielle au mouvement
de l'apogée lunaire. Mais cet illustre géomètre, ayant porté plus loin
les approximations, reconnut bientôt que la loi newtonienne donne le
véritable mouvement de cet apogée. Dès lors tous les géomètres et Euler
lui-même admirent cette loi sans aucune restriction, quoique plusieurs
phénomènes astronomiques, tels que les grandes irrégularités de Jupiter et de Saturne et l'accélération du moyen mouvement de la Lune,
leur parussent inexplicables en vertu de cette loi : plutôt que de la
modifier, ils préférèrent de recourir à des causes étrangères.

Euler détermine le mouvement de l'aphélie de Saturne, mais sa
formule est inexacte. En considérant les inégalités dépendantes de
l'excentricité de l'orbite de Jupiter, l'intégration des équations différentielles lui donna une inégalité en longitude, dont le coefficient
croît proportionnellement au temps et dont l'argument est la distance
de Saturne à l'aphélie de Jupiter. L'apparition de cet arc de cercle
l'embarrassa ; mais, dans un Supplément à sa pièce, il reconnut que,
cette inégalité atteignant son maximum dans le même temps, à peu
près, que l'équation du centre de Saturne, elle pouvait être représentée

par une diminution séculaire de l'excentricité de l'orbite de cette planète. On verra bientôt par quel moyen ce grand analyste a fait disparaître cet arc.

Enfin Euler détermine les variations du nœud et de l'inclinaison de l'orbite de Saturne sur l'orbite de Jupiter, supposée fixe. Il fait voir que l'inclinaison moyenne reste constante, mais que le nœud rétrograde sans cesse, et il donne l'expression exacte de ce mouvement rétrograde. En transportant ses formules au mouvement de l'orbite terrestre produit par l'action de Jupiter, il en conclut la variation correspondante de la latitude des étoiles, et il en forme une Table dont l'argument est la longitude de l'étoile. Ce grand géomètre n'ayant point eu égard à l'action de Vénus, dont l'influence sur ce phénomène est plus grande que celle de Jupiter, sa Table est incomplète ; mais elle est la première de ce genre.

Cette pièce d'Euler étant le premier pas que l'on a fait dans la théorie des perturbations planétaires, j'ai cru devoir en donner une analyse étendue. L'auteur y a tracé la route la plus directe et la plus simple pour arriver aux divers résultats de cette théorie. Il a surmonté, par son génie et par son profond savoir en Analyse, des obstacles qui, dès les premiers pas, auraient arrêté la plupart des géomètres. Enfin, il a donné les formules des inégalités périodiques et séculaires du mouvement des planètes, dont plusieurs sont fautives, mais qu'il serait facile de rectifier en suivant ses méthodes analytiques.

L'Académie, en couronnant la pièce dont je viens de parler et voulant donner à la théorie dont elle est l'objet une plus grande perfection, proposa cette théorie pour le sujet du prix de Mathématiques qu'elle devait décerner en 1750. Aucune pièce digne du prix ne lui étant parvenue, elle remit le même sujet pour le prix de l'année 1752, qui fut adjugé à une seconde pièce d'Euler. Ce grand géomètre part des équations différentielles de sa première pièce, mais il les transforme en d'autres dans lesquelles l'élément de l'élongation de Saturne à Jupiter est supposé constant. Il considère simultanément les mouvements des deux planètes, et il détermine leurs inégalités indépendantes des excentricités. Passant ensuite aux inégalités dépendantes des excentricités, il cherche à obtenir des intégrales sans arcs de cercle, et pour cela il emploie un moyen très-ingénieux et peut-être le plus direct et le plus simple que l'on puisse imaginer. On sait que, si l'on néglige le carré de l'excentricité, la partie elliptique du rayon vecteur d'une planète se réduit au produit de l'excentricité par le cosinus de la distance de la planète à son aphélie. Euler conçoit, dans le rayon vecteur de Jupiter, deux termes semblables rapportés à deux aphélies différents, ce qui revient à supposer une double excentricité à l'orbite. La partie elliptique du mouvement de la planète en longitude est alors formée, comme dans le mouvement elliptique simple, des termes elliptiques du rayon vecteur, dans lesquels on change les cosinus en sinus, en leur donnant pour coefficients le double de ceux des cosinus, pris avec un signe contraire. Euler suppose les parties elliptiques du rayon vecteur et de la longitude de Saturne formées de termes semblables rapportés à ces deux aphélies. En substituant, dans l'équation différentielle du rayon vecteur de Jupiter, les termes relatifs à l'un de ces aphélies, la comparaison des mêmes cosinus lui donne une expression du mouvement de cet aphélie, qui contient le rapport de l'excentricité de l'orbite de Jupiter relative à cet aphélie à l'excentricité correspondante de l'orbite de Saturne. La même substitution dans l'équation différentielle du rayon vecteur de Saturne lui donne une seconde expression du mouvement de cet aphélie, pareillement dépendante du rapport des excentricités. De la comparaison de ces deux expressions il obtient, pour déterminer ce rapport, une équation du second degré, dont il choisit une des racines, qu'il substitue dans ces expressions pour avoir le mouvement de l'aphélie. En considérant de la même manière les parties elliptiques relatives à l'autre aphélie, Euler parvient à une autre équation du second degré, qui détermine le rapport des deux excentricités des orbites correspondantes à cet aphélie. Les racines de cette équation sont imaginaires; mais il les rend réelles et égales par un léger changement dans les valeurs des masses des planètes. On est étonné qu'un aussi profond analyste n'ait pas cherché ce que signifiait la racine qu'il négligeait et ce qui devait faire préférer l'autre racine. Mais, s'il eût bien fait son calcul, il aurait trouvé que les deux équations du second degré qu'il obtenait n'en forment qu'une, dont les deux racines sont réelles et donnent les rapports des excentricités correspondantes dans les deux orbites. Euler, malgré l'inexactitude de ses résultats, fit, par la considération d'une excentricité multiple des orbites, une découverte importante, dont le développement a démontré la stabilité du système du monde. Ce grand géomètre prouve que les excentricités et les positions des aphélies de Jupiter et de Saturne, déterminées par les astronomes, varient sans cesse, mais inégalement dans les différents siècles, et qu'elles se rétablissent dans une période d'environ trente mille ans. Il en conclut, dans la longitude des deux planètes, une grande inégalité séculaire, la même pour chaque planète, maintenant additive à leur longitude, et qui se rétablit dans la période précédente. Les observations semblaient indiquer, au contraire, une accélération dans le mouvement de Jupiter et un ralentissement dans celui de Saturne; mais les recherches ultérieures ont prouvé que cette inégalité introduite par Euler n'existe pas.

D'Alembert publia, en 1754, les deux premiers Volumes de ses *Recherches sur le système du monde*. Il y appliqua au mouvement des planètes, troublé par leur action mutuelle, les formules par lesquelles il avait calculé les mouvements de la Lune. Mais il n'a rien ajouté aux recherches d'Euler, si ce n'est la remarque de la relation qui existe entre les termes de la série dans laquelle Euler avait développé une puissance quelconque du radical qui exprime la distance mutuelle de deux planètes et les termes de la série de ce développement lorsqu'on diminue de l'unité cette puissance. On doit encore à ce grand géomètre, pour calculer les perturbations du mouvement d'une planète par l'action de ses satellites, perturbations qu'Euler n'avait point considérées, le moyen le plus simple, fondé sur le mouvement à très-peu près elliptique du centre commun de gravité de tous ces corps autour du Soleil. D'Alembert avait fait disparaître, par un moyen ingénieux, l'arc de cercle que sa méthode d'intégration introduisait dans l'expression du rayon vecteur de la Lune. Il pensa que le même moyen peut être appliqué au mouvement des planètes. Mais ce moyen ne réussit qu'autant que l'arc de cercle est introduit par le mouvement de l'apogée, ce qui a lieu pour la Lune. Si l'arc dépend de ce mouvement et d'une variation séculaire de l'excentricité, ce qui a lieu pour les planètes, le moyen proposé par d'Alembert ne réussit plus, et la question devient beaucoup plus difficile. On vient de voir par quel artifice Euler l'a résolue. D'Alembert, membre des Commissions nommées par l'Académie pour juger les pièces d'Euler, ne paraît pas avoir remarqué cet artifice; mais ce qui doit surprendre, c'est qu'Euler lui-même n'en ait pas senti l'importance et qu'il n'ait pas cherché à l'étendre au système entier des planètes.

En 1756, l'Académie des Sciences couronna une troisième pièce d'Euler sur les inégalités du mouvement des planètes, produites par leurs actions réciproques. La méthode que ce grand géomètre y expose est très-belle et fort importante dans la Mécanique céleste. Elle consiste à regarder les éléments du mouvement elliptique comme variables en vertu des forces perturbatrices. Ces éléments sont : 1° le grand axe de l'orbite qui donne, par la loi de Kepler, le rapport de la différentielle de la longitude moyenne à l'élément du temps; 2° l'époque de cette longitude; 3° l'excentricité de l'orbite; 4° la longitude de l'aphélie; 5° l'inclinaison de l'orbite à un plan fixe; 6° la longitude de son nœud. Euler se propose de déterminer les variations que les forces perturbatrices introduisent dans ces éléments. Il l'avait déjà fait, comme on l'a vu ci-dessus, par rapport à l'inclinaison et à la longitude du nœud de l'orbite. Pour cela, il considère qu'à la fin d'un instant infiniment petit l'expression de la tangente de la latitude peut être censée appartenir également au plan de l'orbite de cet instant et au plan de l'orbite de l'instant suivant. En différentiant l'expression de la latitude dans l'hypothèse des deux éléments constants, on a la différentielle relative à l'orbite invariable pendant un instant. En différentiant la même expression dans l'hypothèse où la longitude et les éléments varient, on a la différentielle relative à l'origine de l'instant suivant. En égalant ces deux différentielles, Euler obtient une équation entre les différentielles de l'inclinaison et de la longitude du nœud. Il différentie de nouveau la différentielle de la tangente de la latitude, obtenue dans la première hypothèse, ce qui lui donne entre les différentielles de ces éléments une seconde équation, dans laquelle il substitue, au lieu de la différence seconde de la tangente de la latitude, sa valeur donnée par les équations différentielles du mouvement de la planète.

La méthode suivie par Euler, pour déterminer les variations des autres éléments du mouvement elliptique, n'est pas aussi directe que la précédente; mais, au fond, elle revient au même. Le plan auquel ce grand géomètre rapporte d'abord les coordonnées est celui de l'orbite de la planète dont il considère les perturbations. Il suppose ce plan fixe, ce que l'on peut faire dans le calcul du rayon vecteur et de la longitude, du moins si l'on néglige le carré de la force perturbatrice. Il détermine les expressions différentielles de ces deux coordonnées, différentielles que l'on déduit immédiatement du principe des aires et du principe des forces vives. Ensuite il considère l'expression elliptique du rayon vecteur, qui, comme l'on sait, est égal au paramètre divisé par l'unité diminuée du produit de l'excentricité par le cosinus de l'anomalie rapportée à l'aphélie. Il différentie cette expression en supposant les éléments constants; en comparant ensuite cette différentielle à celle du rayon vecteur qu'il a trouvée en fonction des forces perturbatrices, il détermine le paramètre et l'excentricité de manière à faire coïncider ces différentielles, ce qui lui donne les expressions de ces deux éléments. Euler en conclut la différentielle du quotient de l'unité divisée par le grand axe. Il est facile de s'assurer qu'elle est une différence exacte des coordonnées de la planète troublée, résultat important auquel Lagrange est parvenu d'une manière directe et d'où il a conclu, comme nous le dirons bientôt, l'invariabilité des moyens mouvements planétaires. La différentielle de l'expression elliptique du rayon vecteur, prise en y faisant varier les éléments et l'anomalie, donne la différentielle de l'anomalie, qui, retranchée de la différentielle de la longitude, donne la différentielle de la longitude de l'aphélie. Euler ne considère point la variation de l'époque, ce qui rend incomplète sa théorie de la variation des éléments elliptiques.

Dans l'évaluation des forces attractives, Euler rapporte le mouvement de la planète troublée au plan de la planète perturbatrice ; mais il observe que la projection de l'ellipse de la planète troublée sur ce plan est une ellipse dans laquelle, le Soleil n'étant plus au foyer, les lois de Kepler ne sont point observées autour de ce point, ce qui complique les calculs. Il juge donc avec raison que, dans le calcul des perturbations du rayon vecteur et de la longitude, il convient de rapporter le mouvement de la planète troublée au plan de son orbite. Il y a de l'avantage à rapporter ce mouvement au plan de l'orbite de la planète perturbatrice, dans le calcul des variations de l'inclinaison de l'orbite et de ses nœuds, et sur cet objet il parvient aux résultats de sa première pièce.

Plusieurs des formules de ce grand géomètre sont incomplètes ; ainsi l'expression qu'il donne du mouvement de l'aphélie ne renferme point la partie de ce mouvement dépendante du rapport de l'excentricité de l'orbite de la planète perturbatrice à celle de l'orbite de la planète troublée. En général, dans cette pièce comme dans les deux précédentes, le mérite des méthodes fait regretter que leur auteur ait été souvent, par de nombreuses erreurs de calcul, conduit à des résultats fautifs, qui l'ont peut-être empêché lui-même de reconnaitre les avantages de ces méthodes, sur lesquelles il n'est plus revenu.

Enfin, Euler termine sa pièce par une application étendue de ses formules au mouvement de la Terre. En partant de suppositions assez vraisemblables sur le rapport des masses des planètes à la masse du Soleil, il détermine la variation séculaire de l'obliquité de l'écliptique, qu'il trouve de $48''$ sexagésimales, ce qui s'écarte fort peu des observations. Il a mis par là hors de doute la diminution séculaire de cette obliquité, que de savants astronomes regardaient alors comme incertaine.

C'est à fort peu près à ces trois pièces que se réduisent les travaux d'Euler sur la théorie des perturbations du mouvement des planètes. On n'a rien ajouté à cette théorie jusqu'aux recherches de Lagrange, publiées dans le Tome III des *Mélanges* de la Société Royale de Turin, qui parut en 1766. Lagrange y considère les objets traités par Euler dans sa deuxième et dans sa troisième pièce, savoir, la variation des éléments du mouvement elliptique et le moyen d'intégrer les équations différentielles du mouvement des planètes sans introduire d'arcs de cercle dans les intégrales. Lagrange ne paraît pas avoir connu ces pièces d'Euler, qui n'ont été publiées qu'en 1769. Pour obtenir les variations différentielles des éléments du mouvement elliptique, Lagrange étend au rayon vecteur les mêmes considérations par lesquelles Euler, dans les *Mémoires de l'Académie de Berlin* pour l'année 1750, avait déduit de l'expression de la latitude les variations différentielles de l'inclinaison de l'orbite et du nœud. Il différentie l'expression elliptique du rayon vecteur, et il égale à zéro la partie de cette différentielle qui dépend des variations de l'excentricité et de la longitude de l'aphélie, ce qui lui donne une première équation entre les différentielles de ces éléments. La différentielle du rayon vecteur devient ainsi la même que dans l'ellipse invariable. Il la différentie de nouveau, et il obtient entre les variations des deux mêmes éléments une seconde équation, dans laquelle il substitue, au lieu de la différence seconde du rayon vecteur, sa valeur donnée par les équations différentielles du mouvement de la planète. Mais ces équations sont inexactes, parce qu'elles ne renferment point la variation du grand axe, à laquelle Lagrange n'a point eu égard, non plus qu'à la variation de l'époque.

Le moyen par lequel Lagrange obtient les intégrales du mouvement des planètes sans arcs de cercle, quoique beaucoup moins simple que celui d'Euler, est très-ingénieux. Il consiste à égaler chaque terme des équations différentielles des mouvements de Jupiter et de Saturne à une nouvelle variable, à différentier ces variables et leurs valeurs, et à combiner les équations qui en résultent avec les équations différentielles des coordonnées des planètes, de manière à obtenir, entre toutes ces variables, un système d'équations différentielles linéaires à coefficients constants, qu'il intègre par un procédé fort simple. Il détermine ainsi les rayons vecteurs des deux planètes et il est conduit, par son analyse, aux deux excentricités qu'Euler avait imaginées pour chaque planète. Mais, son calcul étant exact, il ne trouve qu'une seule équation du second degré pour déterminer les rapports des excentricités des orbites des deux planètes, relatives au même aphélie. En appliquant cette méthode aux équations différentielles de la latitude, ce grand géomètre représente la latitude de chaque planète au moyen de deux inclinaisons rapportées à deux nœuds différents, et il détermine, par les racines d'une seule équation du second degré, les rapports des inclinaisons des orbites des deux planètes, relatives au même nœud. En développant ses formules en séries, il donne les expressions analytiques et numériques des variations séculaires des excentricités, des aphélies, des inclinaisons et des nœuds des orbites de Jupiter et de Saturne, expressions dont j'ai reconnu l'exactitude. Il parvient enfin à deux équations séculaires proportionnelles au carré du temps, l'une additive à la longitude moyenne de Jupiter, l'autre plus grande et soustractive de la longitude moyenne de Saturne. Euler, comme nous l'avons dit, trouvait ces inégalités les mêmes et toutes deux additives à la longitude. Mais le résultat de Lagrange, quoique plus conforme que celui d'Euler à ce que les observations semblaient indiquer, n'en est pas plus exact.

Je présentai en 1773, à l'Académie des Sciences, mes premières recherches sur le système du monde. Elles ont paru dans le Volume des *Mémoires des Savants étrangers* de la même année, qui n'a été publié qu'en 1776. Mon objet principal, dans ces recherches, a été de donner les expressions exactes des inégalités séculaires du mouvement des planètes. Frappé des différences qu'offraient à cet égard les expressions trouvées par Euler et Lagrange, et considérant qu'ils avaient négligé plusieurs quantités du même ordre que celles dont ils avaient tenu compte, je déterminai ces expressions avec l'attention la plus scrupuleuse. Celle du moyen mouvement était surtout importante

dans l'Astronomie; elle paraissait fort sensible dans le mouvement de
Saturne. En substituant dans ma formule les valeurs numériques des
quantités relatives à l'action de Jupiter sur cette planète, je fus surpris
de trouver un résultat nul, et j'en conclus que l'action de Jupiter n'altère point le mouvement moyen de Saturne. Une substitution semblable, relative à l'action de Saturne sur Jupiter, me donna pareillement un résultat nul. L'égalité à zéro de ces deux résultats me fit
soupçonner qu'elle ne tenait point aux valeurs propres des éléments
de ces deux planètes et que l'expression analytique elle-même était
identiquement nulle. Cette expression renferme un nombre considérable de termes, multipliés par les coefficients des angles multiples de
l'élongation des deux planètes dans le développement des puissances
du radical qui exprime leur distance mutuelle. On a vu que ces coefficients ont entre eux des rapports tels, que, si le premier et le second
coefficient du développement de l'une de ces puissances sont donnés,
on peut en conclure tous les autres. La formule analytique de l'inégalité séculaire du moyen mouvement pouvait être ainsi réduite à ne
renfermer que ces deux coefficients. Je reconnus que, par cette réduction, chacun de ces coefficients disparaissait, et que la formule se
réduisait à zéro. Il fut ainsi bien prouvé que l'action mutuelle des
planètes ne produit aucune altération séculaire dans leurs moyens
mouvements, du moins en négligeant les carrés et les produits des
masses des planètes, et les produits de quatre dimensions des excentricités et des inclinaisons des orbites; car il est facile de s'assurer
que les quantités de dimensions impaires de ces éléments ne peuvent
entrer dans l'expression analytique de l'inégalité séculaire du moyen
mouvement. Cela suffisait aux besoins de l'Astronomie et montrait qu'il
fallait chercher ailleurs que dans l'action mutuelle des planètes la
cause des inégalités séculaires que les observations paraissaient indiquer dans les mouvements de Jupiter et de Saturne.

En réduisant d'une manière semblable les expressions analytiques
des inégalités séculaires de l'excentricité et de l'aphélie, je leur donnai
la forme la plus simple.

Je discutai, dans le Mémoire qui contient ces recherches, le principe de la gravitation universelle et la manière dont il avait été employé par Newton et par ses successeurs. La propagation instantanée qu'ils supposaient à cette force me parut peu vraisemblable. Déjà Daniel Bernoulli avait soupçonné que le retard d'environ un jour et demi des plus grandes marées sur les instants des syzygies pouvait dépendre du temps que l'attraction de la Lune emploie à se transmettre à la mer. Une transmission aussi lente n'est pas, sans doute, admissible; mais cette transmission, quoique incomparablement plus prompte, peut cependant être successive, et il était intéressant d'en calculer les effets. Je trouvai que son effet le plus sensible serait une inégalité séculaire dans le moyen mouvement de la Lune, croissante comme le carré du temps, et que, pour expliquer par ce moyen l'inégalité déduite des observations par Mayer, il fallait supposer à l'attraction terrestre une vitesse de transmission près de huit millions de fois plus grande que celle de la lumière. Maintenant que nous connaissons la vraie cause de l'équation séculaire de la Lune, nous pouvons affirmer que la première de ces vitesses est au moins cinquante millions de fois plus grande que la seconde.

Lagrange envoya en 1774, à l'Académie des Sciences, un beau Mémoire sur les variations des inclinaisons et des nœuds des orbites planétaires, Mémoire qui parut dans le Volume de l'Académie de la même année. Ce grand géomètre y détermine les mouvements des orbites par la méthode de la variation des éléments; mais, au lieu de l'inclinaison et de la longitude du nœud, il considère deux autres variables, qui sont les produits de l'inclinaison par le sinus et par le cosinus de la longitude du nœud, et il détermine leurs expressions différentielles. Cette transformation des variables, dont il a fait ensuite un heureux usage dans sa théorie de la libration de la Lune, a l'avantage de réduire les équations différentielles qui déterminent les inclinaisons et les nœuds d'un système d'orbites à des équations différentielles linéaires à coefficients constants et dont le nombre est double de celui des planètes. Ayant ramené les variations séculaires de l'excentricité et de la longitude du périhélie à leur forme la plus simple, il me devint facile de leur appliquer une transformation analogue, en considérant, au lieu de ces deux variables, les produits de l'excentricité par le sinus et par le cosinus de la longitude du périhélie. J'en conclus les variations séculaires de ces nouvelles variables. Je considérai ensuite ces variations comme le développement en série de ces variables suivant les puissances du temps; or le coefficient de la première puissance du temps dans ce développement est la différentielle de la variable, divisée par l'élément du temps; j'égalai donc ce quotient au coefficient du temps dans l'expression de l'inégalité séculaire de la variable, ce qui me donna une équation linéaire du premier ordre entre les variables. L'autre variable me donna une équation pareille. En étendant la même considération à toutes les variables semblables d'un système quelconque de planètes, j'obtins, pour les déterminer, un nombre d'équations différentielles linéaires du premier ordre double de celui des planètes, et je fis ainsi disparaitre les arcs de cercle introduits par l'intégration des équations différentielles suivant la méthode ordinaire, qui a l'avantage de conduire par la voie la plus simple aux approximations les plus convergentes et les plus appropriées aux usages astronomiques. Je publiai dans la première Partie des *Mémoires de l'Académie des Sciences* pour l'année 1772, et qui parut en 1776, ces résultats et cette nouvelle méthode de faire disparaitre les arcs de cercle, puisée dans la nature même des séries. La forme très-simple des équations différentielles des éléments elliptiques auxquelles j'étais parvenu me fit reconnaitre un des éléments les plus importants du système du monde, sa stabilité. Ces équations étant linéaires à coefficients constants, leur intégration donne l'expression finie de chacune des variables par une suite de sinus et cosinus d'angles croissant proportionnellement au temps, et dont les coefficients du temps dans chaque angle sont les racines d'une équation algébrique d'un degré égal au nombre des planètes. Si toutes les racines sont réelles et inégales, ces diverses expressions sont périodiques et les variables restent toujours fort petites; le système des planètes ne fait donc alors qu'osciller autour d'un état moyen, dans d'étroites limites. Mais, si quelques-unes des racines étaient imaginaires ou égales entre elles, les sinus et les cosinus correspondants se changeraient en exponentielles ou en arcs de cercle, qui, croissant indéfiniment avec le temps, donneraient aux variables de grandes valeurs et changeraient considérablement la forme des orbites. Heureusement, je suis parvenu d'une manière fort simple, exposée dans les *Mémoires de l'Académie des Sciences* pour l'année 1784, à faire voir que, quelles que soient les masses des planètes, pourvu qu'elles soient fort petites par rapport à la masse du Soleil, par cela seul qu'elles se meuvent toutes dans le même sens autour de cet astre et dans des orbes presque circulaires et peu inclinés entre eux, l'équation algébrique dont je viens de parler n'a que des racines réelles et inégales. En appliquant les mêmes raisonnements aux équations différentielles relatives à l'inclinaison et à la longitude du nœud, j'ai trouvé pareillement que les racines de l'équation algébrique dont dépendent leurs intégrales sont réelles et inégales, et qu'ainsi les inclinaisons des orbites sont toujours fort petites. De là il suit que le système des planètes est stable. Comme les systèmes des satellites satisfont à la condition que tous les satellites de chaque système se meuvent dans le même sens autour de leur planète, on peut affirmer, quoique leurs masses soient pour la plupart inconnues, que ces divers systèmes jouissent de la même stabilité que celui des planètes.

Je développai, dans la seconde Partie des *Mémoires de l'Académie des Sciences* pour l'année 1772, la méthode précédente de faire disparaître les arcs de cercle des intégrales, en faisant varier les éléments, et je l'étendis aux équations différentielles d'un ordre quelconque. Cette manière de faire varier les constantes arbitraires diffère de celle qu'Euler avait employée, en ce qu'elle n'embrasse que les inégalités dont la période est indépendante de la configuration mutuelle des planètes, ce qui apporte une grande simplicité dans les calculs. Elle s'étend à tous les cas où les éléments d'un système de corps éprouvent par des causes quelconques, telles que la résistance d'un milieu rare, des altérations qui ne deviennent sensibles qu'après un long intervalle de temps.

Fontaine remarqua, le premier, qu'une équation différentielle d'un ordre quelconque a autant d'intégrales de l'ordre inférieur qu'il y a d'unités dans son ordre. Lagrange, dans sa pièce sur les perturbations des comètes, qui remporta en 1780 le prix de l'Académie des Sciences, et dans les *Mémoires* de Berlin pour l'année 1782, considéra sous ce point de vue général les intégrales des équations différentielles du mouvement des planètes. Le mouvement d'une planète soumise à la seule attraction du Soleil est donné par trois équations différentielles du second ordre, dont les trois intégrales finies renferment, par conséquent, six constantes arbitraires, qui sont les éléments du mouvement elliptique. En différentiant ces intégrales, on a six équations, au moyen desquelles on peut, par l'élimination, déterminer chaque élément en fonction des coordonnées du mouvement de la planète et de leurs différentielles divisées par l'élément du temps. Lagrange conçoit que ces six équations différentielles du premier ordre ont également lieu dans l'ellipse invariable et dans l'ellipse troublée, mais que, dans ce dernier cas, les éléments sont variables. Pour avoir les différentielles des éléments, il fait tout varier en différentiant chacune de ces intégrales du premier ordre, et il substitue après la différentiation, au lieu de la différence seconde de chaque coordonnée, sa valeur donnée par les équations différentielles du mouvement de la planète troublée. Il obtient ainsi la différentielle de chaque élément. Ensuite il observe que, dans la substitution de la valeur de la différence seconde de chaque coordonnée, on peut ne considérer que la partie de cette valeur due aux forces perturbatrices, l'autre partie devant disparaître dans l'expression de la différentielle de l'élément, puisque cette expression serait identiquement nulle si ces forces n'existaient pas. Lagrange, dans sa pièce sur l'équation séculaire de la Lune, qui remporta en 1774 le prix de l'Académie des Sciences, exprima les forces attractives, décomposées suivant la direction des coordonnées, par les différences partielles d'une fonction prises par rapport à ces coordonnées. Si l'on rapporte le mouvement du point attiré au centre de gravité du système de corps, cette fonction est la somme des molécules attirantes, divisées respectivement par leurs distances au point attiré. Si l'on rapporte le mouvement au centre de l'un des corps du système, considéré comme immobile, il faut ajouter à cette somme la demi-somme des produits de chaque molécule perturbatrice attirante par le carré de sa distance au point attiré, diminué des carrés des distances de la molécule et du point au centre du corps supposé immobile, chacun de ces produits étant divisé par le cube de la distance de la molécule attirante à ce même centre. Je nommerai cette fonction *fonction perturbatrice*. La propriété dont elle jouit, d'exprimer par ses différences partielles les forces perturbatrices du mouvement du point attiré, simplifie extrêmement les calculs et donne à leurs résultats une forme qui fait voir facilement leurs rapports, surtout quand on considère une infinité de molécules attirantes ou attirées, comme dans les théories de la figure des planètes, du flux et du reflux de la mer, et de la précession des équinoxes. Son introduction dans la Mécanique céleste est, à cause de son utilité, une véritable découverte.

Lagrange, en appliquant la méthode précédente de la variation des éléments elliptiques à l'expression du quotient de l'unité divisée par le grand axe, reconnut que la différentielle de cette expression, prise en moins, est la différentielle exacte de la fonction perturbatrice, prise par rapport aux seules coordonnées de la planète troublée. Si l'on développe cette fonction dans une série de sinus et de cosinus d'angles croissant proportionnellement au temps, et si l'on néglige le carré des forces perturbatrices, on obtient cette différentielle en ne faisant varier, dans ces sinus et cosinus, que les angles qui se rapportent à la planète. Lagrange en conclut que l'expression du grand axe ne contient que des inégalités périodiques, et qu'ainsi la longitude moyenne que l'on en déduit par les lois de Kepler ne contient elle-même que des inégalités de ce genre et ne renferme point d'inégalités séculaires. Ce théorème, auquel j'étais parvenu en négligeant les produits de quatre dimensions des excentricités et des inclinaisons des orbites, fut ainsi non-seulement confirmé par ce grand géomètre de la manière la plus élégante et la plus simple, mais encore étendu à des excentricités et à des inclinaisons quelconques.

J'ai fait voir dans le Livre VI que, en ayant égard aux carrés et aux produits des masses de Jupiter et de Saturne, leurs grandes inégalités n'altèrent point ce résultat. M. Poisson est ensuite parvenu, par une savante analyse insérée dans le Tome VIII du *Journal de l'École Polytechnique*, à démontrer généralement que le carré de la force perturbatrice n'introduit que des quantités périodiques dans l'expression de la longitude moyenne, résultat important dans l'Astronomie, parce qu'une inégalité séculaire dans l'expression différentielle du grand axe, quoique multipliée par le carré des masses planétaires, donnerait, par la double intégration qu'elle subit dans l'expression de la longitude moyenne, une inégalité du même ordre que l'inégalité du mouvement elliptique dont l'argument est le double de l'anomalie. Ces recherches de M. Poisson et celles qu'il a publiées dans le même Volume sur la précession des équinoxes et sur l'uniformité de la rotation de la Terre lui ont acquis de justes droits à la reconnaissance des géomètres et des astronomes.

Le résultat précédent cesse d'avoir lieu si les moyens mouvements ont entre eux des rapports commensurables. Ce cas très-singulier se présente dans le système des satellites de Jupiter, et je l'ai discuté dans les *Mémoires de l'Académie des Sciences* de 1784. La longitude moyenne du premier satellite, moins trois fois celle du second, plus deux fois celle du troisième, est égale à la demi-circonférence. L'approximation avec laquelle les Tables des satellites de Jupiter par Wargentin donnent ce rapport me fit soupçonner qu'il est rigoureux. Il était contre toute vraisemblance de supposer que le hasard a placé originairement les trois premiers satellites aux distances et dans les positions convenables à ce rapport, et il était extrêmement probable qu'il est dû à une cause particulière. Je cherchai donc cette cause dans l'action mutuelle des satellites. L'examen approfondi de cette action me fit voir qu'elle a suffi pour rendre ce rapport rigoureux, s'il a été fort approché à l'origine, d'où je conclus qu'en déterminant de nouveau, par la discussion d'un très-grand nombre d'observations éloignées entre elles, les longitudes moyennes des trois premiers satellites, on trouverait qu'ils approchent encore plus de ce rapport que les Tables de Wargentin. Cette conséquence de la théorie a été confirmée, avec une précision remarquable, par les recherches que Delambre a faites sur les satellites de Jupiter, et les Tables qu'il a publiées sont rigoureusement assujetties à ce rapport. La petite différence qui a pu exister primitivement à cet égard a donné lieu à une inégalité d'une étendue arbitraire, qui se partage entre les trois satellites, et que j'ai désignée par le nom de *libration* des mouvements de ces satellites. Les deux constantes arbitraires de cette inégalité remplacent les deux arbitraires que ce rapport fait disparaître dans les moyens mouvements et dans les époques des longitudes moyennes, car le nombre des arbitraires que renferme la théorie du mouvement d'un système de corps est nécessairement sextuple du nombre de ces corps. La discussion des observations n'ayant point fait reconnaître cette inégalité, elle est fort petite et même insensible.

Dans les *Mémoires de l'Académie de Berlin* pour les années 1781 et suivantes, Lagrange détermina, par la méthode de la variation des éléments elliptiques, les inégalités séculaires et périodiques du mouvement des planètes, et il les réduisit en nombres, en donnant aux masses planétaires les valeurs qui lui parurent les plus vraisemblables. Cette méthode, déjà fort longue quand on considère la première puissance des excentricités et des inclinaisons, devient presque impraticable lorsqu'on veut l'étendre aux carrés et aux puissances supérieures de ces quantités, ce qui est indispensable dans la théorie des planètes. Mais elle peut être extrêmement simplifiée par les considérations suivantes.

On a vu que la différentielle de la puissance première inverse du grand axe prise en moins est égale à la différentielle de la fonction perturbatrice, prise en n'y faisant varier que les coordonnées de la planète troublée. En développant donc cette fonction dans une série de sinus et de cosinus d'angles croissant proportionnéllement au temps, il suffira, dans une première approximation où l'on néglige le carré de la force perturbatrice, de différentier chacun des termes de cette série par rapport au seul mouvement de la planète. On aura ensuite, par l'intégration de ces termes, l'expression de l'unité divisée par le grand axe; on en conclura, par les lois de Kepler, la différentielle de la longitude moyenne, qui, intégrée de nouveau, donnera cette longitude. On peut observer ici que cette double intégration donne à chaque terme du développement de la fonction perturbatrice, pour diviseur, le carré du coefficient du temps compris sous les signes *sinus* ou *cosinus*, ce qui rend ce terme fort grand lorsque ce coefficient est très-petit.

La facilité que donne l'expression très-simple de la différentielle du grand axe pour avoir la longitude me fit rechercher s'il est possible de donner aux différentielles des autres éléments elliptiques une forme aussi simple, dans laquelle les différences partielles de la fonction perturbatrice ne seraient prises que par rapport aux éléments, et dont les coefficients ne renfermeraient point le temps. En effet, il suffirait alors de différentier par rapport à ces éléments chaque terme du développement de la fonction perturbatrice, et ensuite de l'intégrer. Je parvins à obtenir les différentielles des éléments sous cette forme, par l'analyse que j'ai donnée dans le *Supplément à la Mécanique céleste*, et que je présentai, le 17 août 1808, au Bureau des Longitudes. Dans la même séance, Lagrange présenta une très-belle analyse, par laquelle il exprimait la différence partielle de la force perturbatrice, prise par rapport à chaque élément, par une fonction linéaire des différentielles des éléments divisées par la différentielle du temps, et dans laquelle les coefficients de ces différentielles ne renfermaient point le temps. En déterminant, au moyen de ces expressions, la différentielle de chaque élément, il parvint ensuite aux mêmes équations que j'avais trouvées. Ce grand géomètre a étendu son analyse au mouvement des corps solides, et généralement au mouvement d'un système de corps liés entre eux d'une manière quelconque. Ce travail des dernières années de sa vie est une de ses plus belles productions; il montre que l'âge n'avait point affaibli son génie. M. Poisson a publié sur cet objet plusieurs savants Mémoires, où il a été conduit, sur le mouvement des corps solides, à des équations de la même forme que pour les points libres, ce qui établit l'analogie de ces mouvements.

Les recherches sur Jupiter et Saturne, dont j'ai parlé ci-dessus, laissaient encore inconnue la cause des grandes irrégularités que les observations anciennes et modernes indiquaient dans les mouvements de ces deux planètes. Halley avait conclu, de la comparaison des observations anciennes avec les modernes, un ralentissement dans le moyen mouvement de Saturne et une accélération dans celui de Jupiter. Lambert avait obtenu un résultat contraire en comparant les observations du dernier siècle avec celles de Tycho Brahe. Enfin Lalande trouvait les retours de Saturne à l'équinoxe du printemps plus prompts que ses retours à l'équinoxe d'automne, quoique les positions de Jupiter et de Saturne, soit entre eux, soit à l'égard de leurs aphélies, fussent à peu près les mêmes. Cela portait à croire que des causes étrangères avaient altéré les mouvements de ces deux planètes; mais, en y réfléchissant, la marche de ces altérations me parut si bien d'accord avec ce qui devait résulter de leur action mutuelle que je ne balançai point à rejeter toute action extérieure au système planétaire.

C'est un résultat remarquable de l'action réciproque des planètes, que, si l'on n'a égard qu'aux inégalités dont les périodes sont très-longues, la somme des masses de chaque planète, divisées respectivement par les grands axes de leurs orbes considérés comme des ellipses variables, est à très-peu près constante. Nous avons dit précédemment que ces inégalités acquièrent par une double intégration, dans l'expression de la longitude, pour diviseur, le carré du très-petit coefficient du temps dans leur argument, ce qui peut les rendre considérables. De là il est facile de voir que la somme des produits des inégalités de ce genre qui résultent de l'action de Jupiter et de Saturne, multipliées respectivement par les masses de ces planètes, est nulle; ainsi, quand en vertu de ces inégalités le mouvement de Saturne se ralentit par l'action de Jupiter, celui de Jupiter doit s'accélérer par l'action de

Saturne, et le ralentissement doit être à l'accélération dans le rapport de la masse de Jupiter multipliée par la racine carrée de son grand axe à la masse de Saturne multipliée par la racine carrée de son grand axe, ce qui est à fort peu près conforme au résultat de Halley. Réciproquement, quand ces inégalités accélèrent le mouvement de Saturne, elles retardent celui de Jupiter dans le même rapport, ce qui s'accorde à peu près avec le résultat de Lambert. Cela indiquait avec une grande probabilité l'existence d'une inégalité à très-longue période dans les mouvements de ces deux planètes. Il me fut aisé de reconnaître une inégalité semblable dans les équations différentielles de ces mouvements. Ils approchent beaucoup d'être commensurables, et cinq fois le mouvement de Saturne est à fort peu près égal à deux fois celui de Jupiter. De là je conclus que les termes qui ont pour argument cinq fois la longitude moyenne de Saturne moins deux fois celle de Jupiter pouvaient devenir très-sensibles par les intégrations, quoiqu'ils fussent multipliés par les cubes et par les produits de trois dimensions des excentricités et des inclinaisons des orbites. Je regardai donc ces termes comme une cause fort vraisemblable des variations observées dans les moyens mouvements de ces planètes. La probabilité de cette cause et l'importance de l'objet me déterminèrent à entreprendre le calcul long et pénible nécessaire pour m'en assurer. Le résultat de ce calcul confirma pleinement ma conjecture, en me faisant voir : 1° qu'il existe dans le mouvement de Saturne une grande inégalité de 8896 secondes centésimales dans son maximum, dont la période est de neuf cent vingt-neuf ans; 2° qu'il existe dans le mouvement de Jupiter une inégalité correspondante, dont la période est à très-peu près la même, mais qui, affectée d'un signe contraire, ne s'élève qu'à 3662 secondes. La grandeur des coefficients de ces inégalités et la durée de leur période ne sont pas toujours les mêmes; elles participent aux variations séculaires des éléments des orbites. J'ai déterminé avec un soin particulier ces coefficients et leurs variations séculaires. Le rapport presque commensurable des moyens mouvements de Jupiter et de Saturne donne naissance à d'autres inégalités très-sensibles. La plus

considérable est celle qui affecte le mouvement de Saturne. Elle se
confondrait avec l'équation du centre si cinq fois le moyen mouvement
de cette planète était exactement égal à deux fois celui de Jupiter.
C'est elle qui, dans le dernier siècle, a rendu les retours de Saturne à
l'équinoxe du printemps plus prompts que ses retours à l'équinoxe
d'automne, comme Lalande l'avait remarqué. En général, lorsque j'eus
reconnu ces diverses inégalités et déterminé, avec plus de soin qu'on
ne l'avait fait, celles que l'on avait déjà calculées, je vis toutes les
observations anciennes et modernes représentées par ma théorie avec
la précision qu'elles comportent. Elles semblaient, auparavant, inexplicables par la loi de la pesanteur universelle : elles en sont maintenant
une des preuves les plus frappantes. Tel a été le sort de cette brill-
lante découverte, que chaque difficulté qui s'est élevée est devenue
pour elle un nouveau sujet de triomphe, ce qui est le plus sûr carac-
tère du vrai système de la nature. Il restait à former des Tables de
Jupiter et de Saturne fondées sur ma théorie, ce qui exigeait une
discussion nouvelle des meilleures observations, et leur comparaison
avec ma théorie, pour en déduire les éléments du mouvement elliptique. Delambre exécuta ce travail et les Tables qu'il construisit ne
s'écartèrent pas d'une minute des observations bien faites et bien discutées. Il appliqua mes formules à la planète Uranus, que Herschel
venait de découvrir, et il parvint à représenter par ses Tables, non-seulement les observations faites depuis cette découverte, mais encore
quelques observations de Flamsteed, Mayer et Bradley, qui avaient
observé cette planète, en la considérant comme une étoile. Désirant
donner aux Tables de ces trois planètes la plus grande précision, j'ai
revu avec un soin particulier leur théorie, et, M. Bouvard l'ayant comparée avec un grand nombre d'observations faites avec d'excellents
instruments et par les meilleurs observateurs, il a construit de nouvelles Tables de ces trois planètes, qui ne s'écartent pas de ces observations au delà de 13 secondes sexagésimales. Dans les équations de
condition qu'il a formées pour déterminer les éléments elliptiques, il a
laissé comme indéterminées les corrections des masses de ces planètes,

que l'on avait conclues des observations de leurs satellites. En résolvant ces équations, il a déterminé ces corrections. Il a trouvé nulle, à
fort peu près, celle de la masse de Jupiter. La correction de la masse
de Saturne diminue d'un sixième environ la valeur que Newton en a
donnée. Si l'on applique à ces résultats le Calcul des probabilités, on
trouve qu'il est extrêmement probable que l'erreur n'est pas un centième de leur valeur. La correction de la masse d'Uranus, conclue des
observations de ses satellites, est peu considérable. L'action de cette
planète sur Saturne n'étant pas très-sensible, la valeur de sa masse est
moins sûre que celle de la masse de Saturne; mais elle confirme la
valeur déduite des observations des satellites d'Uranus, et qui, vu l'incertitude de ces observations, avait besoin d'être confirmée. Les Tables
de M. Bouvard représentent aussi bien qu'on peut le désirer les observations anciennes de Jupiter et de Saturne et la conjonction de ces
deux planètes observée par Ibn Junis dans l'année 1007. Cet accord
prouve que, depuis les temps anciens jusqu'à nous, l'action des causes
étrangères a été insensible.

En considérant le peu de différence qui existe entre cinq fois le
moyen mouvement de Saturne et deux fois celui de Jupiter, on voit
qu'un léger changement dans les distances moyennes primitives de
ces deux planètes eût suffi pour la rendre nulle. Mais cela même
n'était pas nécessaire à cet objet; car l'attraction mutuelle des deux
planètes eût rendu cette différence constamment nulle, dans le cas où
elle ne l'aurait pas été à l'origine, pourvu qu'elle eût été contenue
dans d'étroites limites. On verra bientôt que ces limites sont, à peu
près, plus ou moins quatre dixièmes de la différence observée, et que,
pour faire tomber cette différence dans ces limites, il suffirait d'augmenter de $\frac{1}{350}$ la moyenne distance de Saturne au Soleil et de diminuer de $\frac{1}{1400}$ celle de Jupiter. Il s'en est donc fallu bien peu que les
deux plus grosses planètes de notre système n'aient offert un phénomène
analogue à celui des trois premiers satellites de Jupiter, mais qui eût
été bien plus compliqué, par sa grande influence sur les variations
séculaires des éléments de leurs orbites.

46.

J'ai donné, dans le Livre VI, l'application de mes formules au système des planètes principales. Elles ont été appliquées aux quatre planètes télescopiques découvertes depuis le commencement de ce siècle. L'excentricité considérable des orbites de Pallas et de Junon rend les approximations peu convergentes. La recherche de nouvelles méthodes pour soumettre leurs perturbations au calcul sera utile à l'Astronomie et à l'Analyse.

Clairaut s'occupa, le premier, des perturbations des comètes. Il appliqua sa solution du problème des trois corps au retour de la comète de 1682. Cette comète avait été observée en 1531 et 1607. Halley avait déduit des observations les intervalles de ses passages au périhélie, de 1531 à 1607 et de 1607 à 1682, et il en avait conclu son retour vers la fin de 1758 ou au commencement de 1759. Clairaut se proposa de rechercher la différence entre ces intervalles et celui de son passage au périhélie en 1682 au passage prochain. Après d'immenses calculs, il annonça à l'Académie des Sciences, dans sa séance publique du 14 novembre 1758, que le dernier de ces intervalles devait surpasser le précédent d'environ six cent dix-huit jours, et que, en conséquence, la comète passerait à son périhélie vers le milieu d'avril 1759. Il observa en même temps que les petites quantités négligées dans ces approximations pouvaient avancer ou reculer ce terme d'un mois. Il remarqua d'ailleurs « qu'un corps qui passe dans des régions aussi éloignées et qui échappe à nos yeux pendant des intervalles aussi longs pourrait être soumis à des forces totalement inconnues, telles que l'action des autres comètes ou même de quelque planète trop distante du Soleil pour être jamais aperçue ».

Il eut la satisfaction de voir sa prédiction accomplie. La comète revint au périhélie le 12 mars 1759, dans les limites des erreurs dont il croyait son résultat susceptible. Après une revision de ses calculs, Clairaut a fixé ce passage au 4 avril, et il l'aurait avancé jusqu'au 24 mars, c'est-à-dire à douze jours seulement de l'observation, s'il eût employé la vraie valeur de la masse de Saturne. Cette différence paraîtra bien petite, si l'on considère les erreurs inévitables dans des

approximations aussi nombreuses et aussi compliquées, et l'influence
de la planète Uranus, dont l'existence, au temps de Clairaut, n'était
pas connue. On doit donc regarder ce travail de Clairaut comme une
belle confirmation du principe de la pesanteur universelle. L'annonce
de ce grand géomètre sur le retour de la comète de 1759 donna lieu
à une vive discussion sur la manière d'apprécier son erreur. Quelques-
uns voulaient la répartir sur la révolution entière de la comète.
D'Alembert jugea, avec raison, que cette erreur devait se rapporter à
la différence de l'intervalle entre les passages au périhélie de 1607 à
1682 à l'intervalle des passages au périhélie de 1682 à 1759. Il étendit
aux comètes sa solution du problème des trois corps, mais sans en faire
d'applications numériques. C'est principalement aux perturbations des
comètes que la méthode de la variation des éléments elliptiques est
appropriée. Cette méthode donne immédiatement ces éléments par des
quadratures mécaniques, que l'on peut simplifier, surtout lorsque la
comète est à une distance considérable de la planète perturbatrice.
Lagrange a développé cette méthode dans la pièce qui remporta le prix
de l'Académie des Sciences en 1780, et je l'ai présentée avec étendue
dans le Livre IX. MM. Encke et Damoiseau ont calculé les perturbations de la singulière comète dont la période n'est que de mille deux
cents jours, et M. Damoiseau, dans une pièce couronnée par l'Académie des Sciences de Turin, a calculé le retour prochain de la comète
de 1759. L'Académie des Sciences de Paris vient de provoquer de nouvelles recherches sur ces deux objets, en les proposant pour le sujet
du prix qu'elle doit décerner en 1826.

Les géomètres ont soumis au calcul les perturbations que l'action
des comètes peut faire éprouver aux planètes et spécialement à la
Terre. Cette action a été jusqu'à présent insensible, les perturbations
produites par l'action des planètes et des satellites suffisant seules
pour représenter les observations. Il en résulte que les masses des
comètes sont extrêmement petites, ce que leur apparence nébuleuse
confirme. La comète que l'on observe maintenant est une nébulosité
sans queue, dont le diamètre est d'environ 2 minutes sexagésimales,

et dans laquelle on ne distingue point de noyau. Cette masse de vapeurs n'exerce qu'une action insensible sur ses molécules extrêmes, qui, comme la masse entière, n'obéissent qu'à l'action du Soleil. La régularité avec laquelle son mouvement suit les lois du mouvement parabolique montre l'extrême rareté de la lumière et des autres fluides qui peuvent être répandus dans les espaces célestes, puisqu'ils n'opposent aucune résistance sensible au mouvement d'une nébulosité aussi rare. Mais cette résistance, quoique insensible pendant l'apparition d'une comète, peut devenir sensible pendant une longue suite de ses révolutions. Son principal effet est, par le Chapitre VIII du Livre X, de diminuer sans cesse les grands axes des orbites. On peut expliquer ainsi la courte durée de la révolution de la comète qui a reparu après un intervalle de mille deux cents jours, et qui doit reparaitre sans cesse après un semblable intervalle, à moins que l'évaporation qu'elle éprouve à chacune de ses apparitions ne finisse par la rendre invisible.

CHAPITRE II.

CONSIDÉRATIONS SUR QUELQUES OBJETS DU LIVRE II.

Sur les variations des éléments du mouvement elliptique.

2. J'ai donné, dans le Chapitre VIII du Livre II, les expressions différentielles des éléments du mouvement elliptique. J'ai repris cet objet d'une manière encore plus générale dans le *Supplément à la Mécanique céleste*. Je vais ajouter ici quelques considérations à ce que j'ai dit dans ce *Supplément*, dont je conserverai les dénominations, et que je suppose que l'on ait sous les yeux.

Les équations (5) et (6) de la page 331 du Tome III supposent que l'on néglige les carrés et les puissances supérieures de p et de q, ce qui revient à les considérer comme infiniment petites. Mais il est facile d'étendre ces équations au cas où ils sont finis. Pour cela, imaginons sur la surface d'une sphère deux arcs AC et BC, se coupant en C, et dont le premier représente un plan infiniment peu incliné à l'orbite représentée par BC, C étant le nœud ascendant de cette orbite sur AC. Représentons encore par l'arc BAM un autre plan fixe formant avec AC l'angle aigu et fini CAB. Je ne donne point ici cette figure, parce qu'elle est simple et facile à tracer d'après les indications précédentes. Nommons γ' l'inclinaison de l'orbite BC sur BM ou le supplément de l'angle CBM. AC étant ce que j'ai nommé θ dans le *Supplément* cité et l'angle ACB étant ce que j'ai nommé γ, on aura, en désignant par π la demi-circonférence et par A l'angle CAB,

$$A + \pi - \gamma' + \gamma = \pi + \text{surface ABC}.$$

La surface ABC est, aux infiniment petits près du second ordre, égale à $\gamma(1 - \cos\theta)$, et par conséquent égale à $\gamma - q$, q désignant dans le *Supplément* $\gamma\cos\theta$; on a donc

$$A + \pi - \gamma' + \gamma = \pi + \gamma - q,$$

ce qui donne, en différentiant,

$$dq = d\gamma'.$$

On a ensuite, en faisant $AB = f$,

$$\sin\gamma\,\sin\theta = \sin f\,\sin\gamma',$$

ce qui donne, en observant que γ et f sont infiniment petits et que $\gamma\sin\theta$ est ce que nous avons nommé p dans le *Supplément*,

$$dp = df\,\sin\gamma'.$$

Nommons présentement θ' la distance du nœud de l'orbite sur BAM au point fixe M, et faisons

$$p' = \sin\gamma'\,\sin\theta', \quad q' = \sin\gamma'\,\cos\theta';$$

on aura, en observant que $df = d\theta'$,

$$dp' = d\gamma'\cos\gamma'\,\sin\theta' + df\,\sin\gamma'\,\cos\theta',$$
$$dq' = d\gamma'\cos\gamma'\,\cos\theta' - df\,\sin\gamma'\,\sin\theta'.$$

L'expression précédente de dp donne

$$df = \frac{dp}{\sin\gamma'}\cdot$$

On a ensuite, par ce qui précède, $d\gamma' = dq$; on aura donc

$$dp' = dq\,\cos\gamma'\,\sin\theta' + dp\,\cos\theta',$$
$$dq' = dq\,\cos\gamma'\,\cos\theta' - dp\,\sin\theta'.$$

Si l'on substitue, au lieu de dp et dq, leurs valeurs données par les équations (5) et (6) de la page 331 du Tome III, on aura

$$dp' = \frac{an\,dt}{\sqrt{1 - e^2}}\left(\cos\gamma'\sin\theta'\frac{\partial R}{\partial p} - \cos\theta'\frac{\partial R}{\partial q}\right).$$

On a évidemment, en considérant successivement R comme fonction de p et de q et comme fonction de p' et de q',

$$\frac{\partial R}{\partial p}\,dp + \frac{\partial R}{\partial q}\,dq = \frac{\partial R}{\partial p'}\,dp' + \frac{\partial R}{\partial q'}\,dq'.$$

En substituant pour dp' et dq' leurs valeurs précédentes en dp et dq, et comparant séparément les coefficients de dp et de dq, on aura

$$\frac{\partial R}{\partial p} = \frac{\partial R}{\partial p'}\cos\vartheta' - \frac{\partial R}{\partial q'}\sin\vartheta',$$

$$\frac{\partial R}{\partial q} = \frac{\partial R}{\partial p'}\cos\gamma'\sin\vartheta' + \frac{\partial R}{\partial q'}\cos\gamma'\cos\vartheta'.$$

Ces valeurs de $\dfrac{\partial R}{\partial p}$ et de $\dfrac{\partial R}{\partial q}$, substituées dans l'expression précédente de dp', donnent

$$dp' = -\frac{an\,dt}{\sqrt{1-e^2}}\cos\gamma'\,\frac{\partial R}{\partial q'}.$$

On trouvera de la même manière

$$dq' = \frac{an\,dt}{\sqrt{1-e^2}}\cos\gamma'\,\frac{\partial R}{\partial p'}.$$

Ces équations sont rigoureuses et peuvent être substituées aux équations (5) et (6) du *Supplément* cité.

On peut en conclure, de cette manière, les valeurs de $d\gamma'$ et de $d\vartheta'$. Pour cela, on observera que

$$\sin^2\gamma' = p'^2 + q'^2, \quad \operatorname{tang}\vartheta' = \frac{p'}{q'},$$

ce qui donne

$$d\gamma'\sin\gamma'\cos\gamma' = p'\,dp' + q'\,dq',$$

$$d\vartheta'\sin^2\gamma' = q'\,dp' - p'\,dq'.$$

Substituant au lieu de dp' et de dq' leurs valeurs précédentes, on aura

$$d\gamma'\sin\gamma' = -\frac{an\,dt}{\sqrt{1-e^2}}\left(p'\frac{\partial R}{\partial q'} - q'\frac{\partial R}{\partial p'}\right).$$

On a

$$\frac{\partial R}{\partial p'}\,dp' + \frac{\partial R}{\partial q'}\,dq' = \frac{\partial R}{\partial \vartheta'}\,d\vartheta' + \frac{\partial R}{\partial \gamma'}\,d\gamma'.$$

En substituant pour $d\theta'$ et $d\gamma'$ leurs valeurs précédentes, et en comparant séparément les coefficients de dp' et de dq', on aura

$$\frac{\partial R}{\partial p'} = \frac{\partial R}{\partial \theta'}\frac{\cos\theta'}{\sin\gamma'} + \frac{\partial R}{\partial \gamma'}\frac{\sin\theta'}{\cos\gamma'},$$

$$\frac{\partial R}{\partial q'} = -\frac{\partial R}{\partial \theta'}\frac{\sin\theta'}{\sin\gamma'} + \frac{\partial R}{\partial \gamma'}\frac{\cos\theta'}{\cos\gamma'},$$

d'où l'on tire

$$p'\frac{\partial R}{\partial q'} - q'\frac{\partial R}{\partial p'} = -\frac{\partial R}{\partial \theta'};$$

on a donc

$$d\gamma' = \frac{an\,dt}{\sin\gamma'\sqrt{1-e^2}}\frac{\partial R}{\partial \theta'}.$$

On trouvera de la même manière

$$d\theta' = -\frac{an\,dt}{\sin\gamma'\sqrt{1-e^2}}\frac{\partial R}{\partial \gamma'}.$$

En ajoutant ces deux équations multipliées respectivement par $d\theta'$ et $-d\gamma'$, on aura

$$0 = \frac{\partial R}{\partial \gamma'}d\gamma' + \frac{\partial R}{\partial \theta'}d\theta'.$$

Ainsi la fonction R est constante eu égard aux variations de θ' et de γ'.

Si l'on réunit ces équations aux équations (1), (2), (3), (4) du *Supplément* cité, et si l'on désigne ici par γ et θ ce que nous venons de désigner par γ' et θ', on aura les six équations suivantes :

$$(1) \qquad da = -2a^2\,dR,$$

$$(2) \qquad d\varepsilon = -\frac{an\,dt\sqrt{1-e^2}}{e}\left(1-\sqrt{1-e^2}\right)\frac{\partial R}{\partial e} + 2a^2 n\,dt\frac{\partial R}{\partial a},$$

$$(3) \qquad de = \frac{a\sqrt{1-e^2}}{e}\left(1-\sqrt{1-e^2}\right)dR + \frac{an\,dt\sqrt{1-e^2}}{e}\frac{\partial R}{\partial \varpi},$$

$$(4) \qquad d\varpi = -\frac{an\,dt\sqrt{1-e^2}}{e}\frac{\partial R}{\partial e},$$

$$(5) \qquad d\gamma = \frac{an\,dt}{\sin\gamma\sqrt{1-e^2}}\frac{\partial R}{\partial \theta},$$

$$(6) \qquad d\theta = -\frac{an\,dt}{\sin\gamma\sqrt{1-e^2}}\frac{\partial R}{\partial \gamma}.$$

On doit observer que la différence partielle $\frac{\partial R}{\partial a}$ doit être prise ici sans faire varier n.

Dans la théorie des variations séculaires, il est plus simple d'employer, au lieu des quantités e, ϖ, γ, θ, les suivantes, h, l, p, q, en faisant

$$h = e \sin\varpi, \quad l = e \cos\varpi,$$
$$p = \gamma \sin\theta, \quad q = \gamma \cos\theta.$$

Si l'on néglige les carrés de e et de γ et leurs produits, eu égard à l'unité, si l'on substitue, pour n, $\frac{1}{a^{\frac{3}{2}}}$, et si l'on observe qu'en n'ayant égard qu'aux variations séculaires, on doit négliger dR ou le supposer nul, les équations (3), (4), (5) et (6) donneront les suivantes.

$$m \frac{dh}{dt} \sqrt{a} = - m \frac{\partial R}{\partial l},$$
$$m \frac{dl}{dt} \sqrt{a} = \quad m \frac{\partial R}{\partial h},$$
$$m \frac{dp}{dt} \sqrt{a} = - m \frac{\partial R}{\partial q},$$
$$m \frac{dq}{dt} \sqrt{a} = \quad m \frac{\partial R}{\partial p},$$

où l'on ne doit considérer, dans une première approximation, que la partie de R constante et dépendante de h, l, p et q. Cela posé, si l'on développe l'expression de R du n° 46 du Livre II, et si l'on désigne par F la quantité

$$\sum \left\{ \begin{array}{l} \dfrac{3\,mm'\,aa'(a, a')^1}{8(a'^2 - a^2)^2}[h^2 + l^2 + h'^2 + l'^2 - (p' - p)^2 - (q' - q)^2] \\[2ex] - 3\,mm'\, \dfrac{(a^2 + a'^2)(a, a')^1 + aa'(a, a')}{2(a'^2 - a^2)^2} (hl' + ll') \end{array} \right\},$$

(a, a') étant la partie indépendante de θ dans le développement de $(a^2 - 2aa'\cos\theta + a'^2)^{\frac{1}{2}}$ suivant les cosinus de θ et de ses multiples, $(a, a')^1$ étant le coefficient de $\cos\theta$ dans ce développement, et la caractéristique Σ servant à exprimer la somme de toutes les quantités semblables à celle qu'elle précède, et que l'on peut former en considérant deux à deux les masses m, m', m'', ...; on aura les équations suivantes :

$$m \frac{dh}{dt} \sqrt{a} = - \frac{\partial F}{\partial l},$$

$$m \frac{dl}{dt} \sqrt{a} = \frac{\partial F}{\partial h},$$

$$m \frac{dp}{dt} \sqrt{a} = - \frac{\partial F}{\partial q},$$

$$m \frac{dq}{dt} \sqrt{a} = \frac{\partial F}{\partial p},$$

$$m' \frac{dh'}{dt} \sqrt{a'} = - \frac{\partial F}{\partial l'},$$

$$. . . . .$$

Ces équations sont les équations (A) et (C) des n°⁵ 55 et 59 du Livre II. Lagrange a donné le premier les équations (C) relatives aux inclinaisons et aux nœuds des orbites, dans les *Mémoires de l'Académie des Sciences* de 1774. J'ai donné les équations (A) dans les *Mémoires de l'Académie des Sciences* de 1772. Toutes ces équations sont linéaires et facilement intégrables par les méthodes connues. Leur forme symétrique et fort simple m'a fait voir que leurs intégrales ne renferment, par rapport au temps, ni exponentielles ni arcs de cercle, et qu'ainsi les excentricités et les inclinaisons des orbites sont fonctions de sinus et de cosinus d'angles croissants avec une grande lenteur et indépendants de la configuration mutuelle des planètes, en sorte que les orbites planétaires ont toujours été et seront toujours presque circulaires et peu inclinées entre elles, ce qui assure la stabilité du système planétaire. Il est facile de voir que les équations précédentes donnent

$$m \sqrt{a} (h\, dh + l\, dl) + m' \sqrt{a'} (h'\, dh' + l'\, dl') + \ldots = 0,$$

$$m \sqrt{a} (p\, dp + q\, dq) + m' \sqrt{a'} (p'\, dp' + q'\, dq') + \ldots = 0,$$

d'où l'on tire, en intégrant,

$$e^2 m \sqrt{a} + e'^2 m' \sqrt{a'} + \ldots = C,$$

$$\gamma^2 m \sqrt{a} + \gamma'^2 m' \sqrt{a'} + \ldots = C',$$

C et C' étant deux constantes très-petites; il en résulte que c, c', ...,
γ, γ', ... seront toujours des quantités très-petites.

Lagrange, dans la seconde édition de sa *Mécanique analytique*,
observe que, si la masse m' est très-petite par rapport à m, comme
Mars relativement à Jupiter, dont il n'est pas la centième partie, alors
le terme $c'^2 m' \sqrt{a'}$ sera toujours du même ordre que $c^2 m \sqrt{a}$, quoique
c' croisse considérablement et devienne même égal à l'unité. Il en
conclut que l'on ne peut être alors assuré que c'^2 conservera toujours
une petite valeur qu'en résolvant l'équation algébrique qui détermine
les coefficients du temps dans les sinus et cosinus des expressions de
h, l, h', l', ..., et en s'assurant que les racines de cette équation sont
toutes réelles. Mais, si ce grand géomètre eût considéré ce que j'ai dit
dans les *Mémoires de l'Académie des Sciences* de 1784 et dans le n° 57
du Livre II de la *Mécanique céleste*, il aurait vu que, sans recourir à
cette résolution, je démontre que ces racines sont toutes réelles et
inégales.

Sur le développement en série des puissances du radical qui exprime
la distance mutuelle de deux planètes.

3. Si l'on nomme r et r' les rayons vecteurs de deux planètes, et θ
l'angle au Soleil compris entre ces rayons, la distance mutuelle des
deux planètes sera

$$\sqrt{r^2 - 2rr' \cos\theta + r'^2}.$$

r et r' diffèrent toujours peu des moyennes distances a et a' de ces
planètes, en sorte qu'en désignant r par $a + \delta r$, r' par $a' + \delta r'$, on
aura, en développant le radical dans une série ordonnée suivant les
puissances et les produits de δr et $\delta r'$, une suite de termes multipliés
par les puissances successivement décroissantes du radical

$$\sqrt{a^2 - 2aa' \cos\theta + a'^2}.$$

Supposons a' plus grand que a, et faisons $\dfrac{a}{a'} = z$; ce radical devient

$$a' \sqrt{1 - 2z \cos\theta + z^2}.$$

Considérons généralement la puissance

$$(1 - 2\alpha\cos\theta + \alpha^2)^{-s},$$

et supposons qu'en la développant dans une série ordonnée par rapport à $\cos\theta$, $\cos2\theta$, ... on ait la suite

$$\tfrac{1}{2}b_s^0 + b_s^1\cos\theta + b_s^2\cos2\theta + \ldots + b_s^{(i)}\cos i\theta + \ldots;$$

on aura, par le n° 49 du Livre II,

$$(a)\qquad (i-s)\,\alpha b_s^{(i)} = (i-1)(1+\alpha^2)b_s^{(i-1)} - (i+s-2)\,\alpha b_s^{(i-2)}.$$

Cette équation aux différences finies peut être intégrée au moyen d'intégrales définies, par la méthode que j'ai donnée dans ma *Théorie analytique des probabilités*. En faisant, d'après cette méthode,

$$b_s^i = \int x^i\varphi\,dx,$$

φ étant une fonction de x, il faut déterminer φ et les limites de l'intégrale $\int x^i\varphi\,dx$, ce que l'on fera de cette manière.

On substituera cette valeur de $b_s^{(i)}$ dans l'équation aux différences finies (a), qui devient ainsi

$$0 = (i-s)\alpha\int x^i\varphi\,dx - (i-1)(1+\alpha^2)\int x^{i-1}\varphi\,dx + (i+s-2)\alpha\int x^{i-2}\varphi\,dx.$$

En intégrant par parties, on aura

$$0 = x^{i-1}\varphi[\alpha - (1+\alpha^2)x + \alpha x^2]$$
$$+ \int x^{i-2}\varphi\,dx[(s-1)\alpha + (1+\alpha^2)x - (s+1)\alpha x^2]$$
$$- \int x^{i-1}d\varphi[\alpha - (1+\alpha^2)x + \alpha x^2].$$

Cette équation doit, suivant la méthode que j'ai citée, se partager en deux, en égalant séparément à zéro les termes compris sous le signe intégral, ce qui donne

$$0 = \varphi.[(s-1)\alpha + (1+\alpha^2)x - (s+1)\alpha x^2]\,dx - x\,d\varphi[\alpha - (1+\alpha^2)x + \alpha x^2],$$
$$0 = x^{i-1}\varphi.[\alpha - (1+\alpha^2)x + \alpha x^2].$$

La première de ces équations donne, en l'intégrant,

$$\varphi = \frac{\Pi \, x^{s-1}}{\left[\alpha - (1 + \alpha^2) x + \alpha x^2\right]^s},$$

Π étant une constante arbitraire. La seconde équation, qui sert à déterminer les limites de l'intégrale, donne, pour les limites de l'intégrale $\int x^i \varphi \, dx$,

$$0 = x^{i+s-2}\left[\alpha - (1 + \alpha^2) x + \alpha x^2\right]^{s-1}.$$

On peut toujours supposer s moindre que l'unité, parce qu'ayant pour ce cas la valeur de $b_s^{(i)}$, on peut, par le n° **49** du Livre II, en conclure la valeur relative à tous les cas où s est augmenté ou diminué d'un nombre entier. Dans le cas des planètes, $s = \frac{1}{2}$, et l'équation des limites devient

$$0 = x^{i - \frac{3}{2}}\left[\alpha - (1 + \alpha^2) x + \alpha x^2\right]^{\frac{1}{2}},$$

dont les racines sont, lorsque i est égal ou plus grand que 2,

$$x = 0, \quad x = \alpha, \quad x = \frac{1}{\alpha}.$$

Ainsi l'intégrale complète de l'équation (a) est alors

$$b_{\frac{1}{2}}^{(i)} = \Pi \int \frac{x^{i - \frac{1}{2}} \, dx}{\sqrt{(\alpha - x)(1 - \alpha x)}} + \Pi' \int \frac{x^{i - \frac{1}{2}} \, dx}{\sqrt{(\alpha - x)(1 - \alpha x)}},$$

la première intégrale étant prise depuis $x = 0$ jusqu'à $x = \alpha$, et la seconde étant prise depuis $x = \alpha$ jusqu'à $x = \frac{1}{\alpha}$; Π et Π' sont deux arbitraires. Cette dernière intégrale introduit dans l'expression de $b_{\frac{1}{2}}^{i}$ des puissances négatives de α, de l'ordre $\frac{1}{\alpha^i}$, ce qui n'a point lieu pour les planètes. On doit donc alors supposer Π' nul. Pour avoir l'intégrale

$$\Pi \int \frac{x^{i - \frac{1}{2}} \, dx}{\sqrt{(\alpha - x)(1 - \alpha x)}},$$

nous ferons

$$x = \alpha(1 - l^2);$$

l'intégrale précédente devient ainsi

$$2\Pi z^i \int \frac{dt(1-t^2)^{i-\frac{1}{2}}}{\sqrt{1-z^2+z^2 t^2}},$$

cette dernière intégrale étant prise depuis $t=o$ jusqu'à $t=1$; c'est l'expression de $b_{\frac{i}{2}}$. Soit

$$(1-t^2)^{i-\frac{1}{2}} = c^{-u^2},$$

c étant le nombre dont le logarithme hyperbolique est l'unité; on aura, en développant en série,

$$t^2 = \frac{u^2}{i-\frac{1}{2}}\left[1 - \frac{u^2}{1.2.\left(i-\frac{1}{2}\right)} + \frac{u^4}{1.2.3.\left(i-\frac{1}{2}\right)^2} - \cdots\right],$$

ce qui donne

$$t = \frac{u}{\sqrt{i-\frac{1}{2}}}\left[1 - \frac{u^2}{4\left(i-\frac{1}{2}\right)} + \cdots\right].$$

Lorsque i est un grand nombre, les termes qui suivent le premier dans le second membre deviennent successivement plus petits et sont des ordres $\frac{1}{i}$, $\frac{1}{i^2}$, $\cdots$, par rapport à lui. Nous ne considérerons ici que le premier, et alors l'expression précédente de $b_{\frac{i}{2}}$ devient

$$\frac{2\Pi z^i}{\sqrt{\left(i-\frac{1}{2}\right)(1-z^2)}} \int du\, c^{-u^2}.$$

t nul donne u nul, et $t=1$ donne u infini. L'intégrale $\int du\, c^{-u^2}$ devient, comme l'on sait, dans ces limites, égale à $\frac{1}{2}\sqrt{\pi}$, π étant la demi-circonférence dont le rayon est l'unité. On a donc, lorsque i est un grand nombre,

$$b_{\frac{i}{2}}^{(i)} = \frac{\Pi z^i \sqrt{\pi}}{\sqrt{\left(i-\frac{1}{2}\right)(1-z^2)}}.$$

Pour déterminer H, nous observerons que, $b_{\frac{1}{2}}^{(i)}$ étant le coefficient de $\cos i\theta$ dans le développement de $(1 - 2\alpha\cos\theta + \alpha^2)^{-\frac{1}{2}}$ ou de

$$\left(1 - \alpha e^{\theta\sqrt{-1}}\right)^{-\frac{1}{2}}\left(1 - \alpha e^{-\theta\sqrt{-1}}\right)^{-\frac{1}{2}},$$

on a

$$\tfrac{1}{2}b_{\frac{1}{2}}^{(i)} = \frac{1.3.5\ldots(2i-1)}{2.4.6\ldots 2i}\,\alpha^i\left[1 + \frac{2i+1}{2i+2}\,\frac{1}{2}\,\alpha^2 + \frac{(2i+1)(2i+3)}{(2i+2)(2i+4)}\,\frac{1.3}{2.4}\,\alpha^4 + \ldots\right].$$

Considérons $b_{\frac{1}{2}}^{(i)}$ comme fonction de i et de α, et développons cette fonction suivant les puissances descendantes de i. Le premier terme du facteur

$$1 + \frac{2i+1}{2i+2}\,\frac{1}{2}\,\alpha^2 + \frac{(2i+1)(2i+3)}{(2i+2)(2i+4)}\,\frac{1.3}{2.4}\,\alpha^4 + \ldots$$

est

$$1 + \frac{1}{2}\,\alpha^2 + \frac{1.3}{2.4}\,\alpha^4 + \ldots,$$

ou

$$\left(1 - \alpha^2\right)^{-\frac{1}{2}}.$$

Le premier terme du facteur

$$\frac{1.3.5\ldots(2i-1)}{2.4.6\ldots 2i} \qquad \text{ou} \qquad \frac{1.2.3\ldots 2i}{2^{2i}(1.2.3\ldots i)^2},$$

développé suivant les puissances descendantes de i, peut être ainsi déterminé. On a, par les théorèmes connus, pour le premier terme du produit $1.2.3\ldots 2i$, la quantité

$$(2i)^{2i+\frac{1}{2}}\,e^{-2i}\sqrt{2\pi},$$

et, pour le premier terme du produit $1.2\ldots i$, le terme

$$i^{i+\frac{1}{2}}\,e^{-i}\sqrt{2\pi};$$

le facteur précédent devient ainsi $\dfrac{1}{\sqrt{i\pi}}\cdot$ Le premier terme de la valeur de $b_{\frac{1}{2}}^{(i)}$, réduite en série par rapport aux puissances descendantes de i, est donc

$$\frac{2\,\alpha^i}{\sqrt{i\pi(1-\alpha^2)}}\cdot$$

Mais, par ce qui précède, ce premier terme est

$$- \frac{H\, \alpha^i \sqrt{\pi}}{\sqrt{i\,(1-\alpha^2)}} :$$

on a donc

$$H = \frac{2}{\pi}, \quad \text{et, par conséquent,} \quad b_{\frac{1}{2}}^{(i)} = \frac{4\,\alpha^i}{\pi\,\sqrt{1-\alpha^2}} \int \frac{(1-t^2)^{i-\frac{1}{2}}\,dt}{\sqrt{1+\dfrac{\alpha^2 t^2}{1-\alpha^2}}},$$

l'intégrale étant prise depuis t nul jusqu'à t égal à l'unité. α étant toujours moindre que l'unité, on voit que les valeurs de $b_{\frac{1}{2}}^{i}$ deviennent de plus en plus petites, et qu'ainsi la série du développement de $(1 - 2\alpha \cos\theta + \alpha^2)^{-\frac{1}{2}}$ est très-convergente.

De la grande inégalité de Jupiter et de Saturne.

4. Il résulte du n° 65 du Livre II que, en considérant l'orbite troublée d'une planète comme une ellipse variable, si l'on nomme ζ la longitude moyenne de Jupiter, ζ' celle de Saturne, l'expression différentielle des grands axes donne les deux équations différentielles

$$\frac{d^2\zeta}{dt^2} = q \, \sin(5\zeta' - 2\zeta + A),$$

$$\frac{d^2\zeta'}{dt^2} = q' \sin(5\zeta' - 2\zeta + A),$$

q, q', A étant fonctions des demi-grands axes des deux planètes, que nous désignerons par a pour Jupiter et par a' pour Saturne, des excentricités et des inclinaisons des orbites, des longitudes des périhélies et des nœuds, enfin des époques de la longitude. Nous regarderons ici ces quantités comme constantes, ce qui, pour notre objet, peut être supposé sans erreur sensible. En faisant donc

$$V = 5\zeta' - 2\zeta + A,$$

nous aurons

$$\frac{d^2V}{dt^2} = (5q' - 2q)\sin V,$$

d'où l'on tire, en multipliant cette équation par $d\mathrm{V}$ et en l'intégrant,

$$\frac{d\mathrm{V}}{dt} = \sqrt{c^2 - (10q' - 4q)\cos\mathrm{V}},$$

c étant une constante arbitraire. Relativement à Jupiter et à Saturne, c est égal à $5n' - 2n$, nt et $n't$ étant les parties non périodiques de leurs longitudes moyennes.

Si c^2 surpasse $10q' - 4q$ pris positivement, on pourra réduire en série convergente la quantité sous le radical, et alors on obtient, pour Jupiter et Saturne, la valeur qui résulte des formules du Livre VI. Mais, si c^2 est moindre que $10q' - 4q$ pris positivement, l'angle V ne peut plus croître indéfiniment; il ne peut qu'osciller autour de l'un de ces deux points, zéro et la demi-circonférence. Ce changement de révolution en oscillation aura lieu si, en faisant varier n et n' de δn et $\delta n'$, on a

$$5n' - 2n + 5\,\delta n' - 2\,\delta n = \sqrt{10q' - 4q},$$

la quantité sous le radical étant prise positivement. Cette quantité peut être supposée sensiblement la même pour toutes les valeurs de δn et $\delta n'$, pourvu qu'elles soient fort petites relativement à n et n', parce que les demi-grands axes a et a', dont q et q' dépendent, restent alors à très-peu près les mêmes. Les deux grandes inégalités de Jupiter et de Saturne sont, à fort peu près,

$$\frac{-q}{(5n' - 2n)^2}\sin\mathrm{V}, \qquad \frac{-q'}{(5n' - 2n)^2}\sin\mathrm{V}.$$

Dans les dernières Tables de M. Bouvard, ces inégalités sont, en secondes centésimales,

$$3662'',4\,.\sin\mathrm{V}, \qquad -8895'',7\,.\sin\mathrm{V},$$

ce qui donne

$$q = -(5n' - 2n)^2.3662'',4, \qquad q' = (5n' - 2n)^2.8875'',7 \quad (^1).$$

(^{1}) Les deux nombres 8895",7 et 8875",7 devraient être identiques; ni l'un ni l'autre d'ailleurs n'est égal au nombre 8866",2 qu'on lit dans l'Introduction des Tables de Bouvard (*Tables de Jupiter, de Saturne et d'Uranus*, par M. A. Bouvard, 1821; p. III). V. P.

48.

En réduisant les arcs en parties du rayon, on a

$$\sqrt{10q^2 - 4q} = (5n' - 2n).0,4042;$$

les deux limites de l'oscillation de $\dfrac{dV}{dt}$ sont donc

$$\pm (5n' - 2n).0,4042.$$

Pour que la valeur de $\dfrac{dV}{dt}$ soit comprise dans ces limites, il faut que l'on ait

$$5n' - 2n + 5\,\delta n' - 2\,\delta n < 0,4042.(5n' - 2n),$$

ce qui commence à exister lorsque l'on a

$$5\,\delta n' - 2\,\delta n = -0,5958.(5n' - 2n).$$

Alors le moyen mouvement de Saturne deviendrait exactement les deux cinquièmes de celui de Jupiter. Si l'on fait δn égal à $-\delta n'$, l'équation précédente donne

$$\delta n' = -\frac{0,5958}{7}(5n' - 2n).$$

Or on a, à fort peu près, $5n' - 2n = \dfrac{n'}{30}$; on aura donc

$$\frac{\delta n'}{n'} = -\frac{0,5958}{210}.$$

On a, par les lois de Kepler, $\dfrac{\delta n'}{n'} = -\dfrac{3}{2}\dfrac{\delta a'}{a'}$; on aura ainsi

$$\delta a' = \frac{a'}{530},$$

et, comme on a supposé $\delta n = -\delta n'$, on aura

$$\delta a = -\frac{a}{1320}.$$

Il eût donc suffi de faire varier de ces petites fractions les distances moyennes de ces deux planètes au Soleil pour rendre leurs moyens mouvements commensurables. La détermination de V aurait alors présenté des difficultés; mais il est inutile de nous en occuper.

Sur la détermination des orbites des comètes par les observations.

5. J'ai donné, dans les n°s 28 et suivants du Livre II, une nouvelle méthode pour déterminer les orbites des comètes. Elle consiste à déterminer par les observations, en partant d'une époque fixe, la longitude et la latitude géocentriques de la comète, et leurs premières et secondes différences divisées par les puissances correspondantes de l'élément dt du temps supposé constant. On conclut ensuite rigoureusement, des équations différentielles du mouvement de la comète, sa distance périhélie et l'instant de son passage par le périhélie. Pour obtenir avec plus de précision les données dont je viens de parler, j'avais proposé d'employer plus de trois observations, en ayant soin d'augmenter l'intervalle des observations extrêmes, en raison du nombre des observations employées. Mais, indépendamment de la longueur du calcul, les erreurs des observations nuisent à l'exactitude que l'on peut attendre de la multiplicité des observations, et il me paraît préférable de n'en employer que trois, en fixant l'époque à l'observation intermédiaire, et en prenant les observations extrêmes assez peu distantes entre elles pour que, dans l'intervalle qui les sépare, les données précédentes puissent être supposées à fort peu près les mêmes.

Soient $\alpha_{,}$, α, α' les longitudes géocentriques de la comète dans la première, dans la deuxième et dans la troisième observation. Soient $\theta_{,}$, θ et θ' les latitudes géocentriques correspondantes. Désignons par i l'intervalle de la première à la deuxième observation, et par i' l'intervalle de la deuxième observation à la troisième. Prenons pour époque la deuxième observation et désignons par a, b, h, l les quatre différentielles $\dfrac{d\alpha}{dt}$, $\dfrac{d^2\alpha}{dt^2}$, $\dfrac{d\theta}{dt}$, $\dfrac{d^2\theta}{dt^2}$. Nous aurons, par les formules connues, les quatre équations

$$\alpha - \alpha_{,} = ia - \frac{i^2}{2}b, \quad \theta - \theta_{,} = ih - \frac{i^2}{2}l,$$

$$\alpha' - \alpha = i'a + \frac{i'^2}{2}b, \quad \theta' - \theta = i'h + \frac{i'^2}{2}l.$$

On doit observer ici que les intervalles i et i' sont égaux aux produits du nombre des jours qu'ils comprennent par l'arc que la Terre décrit dans un jour, en vertu de son mouvement moyen. En supposant donc que, dans les équations précédentes, i et i' soient ces nombres de jours, ces équations donneront, en y changeant a, b, h, l en a', b', h', l', les valeurs de ces dernières quantités en secondes. Si elles sont sexagésimales, on aura les logarithmes de a et de h en retranchant des logarithmes des nombres de secondes contenues dans a' et h' le logarithme $3,5500072$. On aura les logarithmes de b et l en retranchant des logarithmes des nombres de secondes contenues dans b' et l' le logarithme $1,7855874$.

On déterminerait avec plus d'exactitude les quatre inconnues a, b, h et l, en employant d'autres observations, pourvu qu'elles soient comprises entre les deux observations extrêmes précédentes. On aura, par ce qui précède, les équations relatives aux observations ajoutées. On formera ensuite, de toutes ces équations, par la méthode la plus avantageuse, quatre équations finales qui détermineront les inconnues a, b, h et l. Cela posé, les équations (L) du n° 35 du Livre II donnent les suivantes :

$$(a) \qquad r^2 = \frac{x^2}{\cos^2\theta} - 2\,R x \cos(\odot - x) + R^2,$$

$$(a') \qquad ay = \frac{1}{2} R \sin(\odot - x)\left(\frac{1}{r^i} - \frac{1}{R^3}\right) - \frac{1}{2} bx,$$

$$(a'') \quad
\begin{cases}
hy = -x\left(h^2\tan\theta + \frac{1}{2}l + \frac{1}{2}a^2\sin\theta\cos\theta\right) \\[2mm]
\qquad + \frac{1}{2} R \sin\theta\cos\theta\cos(\odot - x)\left(\frac{1}{R^3} - \frac{1}{r^3}\right),
\end{cases}$$

$$(a''') \quad
\begin{cases}
0 = -\dfrac{r^2}{\cos^2\theta} + a^2x^2 + \dfrac{h^2x^2}{\cos^4\theta} + \dfrac{2hyx\tan\theta}{\cos^2\theta} \\[2mm]
\qquad + 2y\left[\dfrac{\sin(\odot - x)}{R} - (R'-1)\cos(\odot - x)\right] \\[2mm]
\qquad - 2ax\left[(R'-1)\sin(\odot - x) + \dfrac{\cos(\odot - x)}{R}\right] + \dfrac{1}{R^2} - \dfrac{2}{r}.
\end{cases}$$

Ces équations sont relatives au mouvement parabolique; r est le rayon vecteur de la comète, au moment de l'observation prise pour époque; R est le rayon vecteur de la Terre, sa moyenne distance au Soleil étant prise pour unité; $\odot$ est la longitude du Soleil à l'instant de l'époque; R' est le rayon vecteur de la Terre lorsqu'on augmente $\odot$ d'un angle droit; z et θ sont la longitude et la latitude géocentriques de la comète au moment de l'époque; x est la distance de la comète au centre de la Terre, projetée sur le plan de l'écliptique; enfin y désigne $\dfrac{dx}{dt}$.

Il y a, comme on voit, plus d'équations que d'inconnues, ce qui doit avoir lieu dans le mouvement parabolique, en vertu de la supposition du grand axe infini; il faut donc alors ou choisir entre les deux équations (a') et (a''), ou les combiner de la manière la plus avantageuse. J'avais proposé, dans le Livre II, d'employer l'équation (a') ou l'équation (a''), selon que b est plus grand ou plus petit que l. Mais depuis, m'étant fort occupé de l'influence des erreurs des observations sur leurs résultats, j'ai reconnu que le moyen le plus propre à diminuer ici cette influence consiste à combiner ces équations en multipliant l'équation (a') par a, l'équation (a'') par h et en ajoutant ces produits, ce qui donne l'équation suivante :

$$(a^{\text{iv}}) \quad \left\{ \begin{aligned} y &= \frac{a\sin(\odot - z) - h\sin\theta\cos\theta\cos(\odot - z)}{2(a^2 + h^2)} R\left(\frac{1}{r^3} - \frac{1}{R^3}\right) \\[2mm] &\quad - \frac{x\left(h^3\tang\theta + \frac{1}{2}ab + \frac{1}{2}hl + \frac{1}{2}a^2 h\sin\theta\cos\theta\right)}{a^2 + h^2} \end{aligned} \right.$$

On combinera donc cette équation avec les équations (a) et (a'') pour avoir les valeurs de x, y, r. On fera une première supposition pour x, et l'équation (a) donnera la valeur correspondante de r; ensuite l'équation (a^{iv}) donnera la valeur de y. Ces valeurs, substituées dans l'équation (a''), doivent y satisfaire, si la valeur de x a été bien choisie. Si cette équation n'est pas satisfaite, on prendra une seconde valeur de x, et ainsi de suite. Quelques essais feront bientôt connaître la vraie valeur de x. On en conclura, comme dans le n° 36 du Livre II, la distance périhélie et l'instant du passage de la comète par le périhélie. On formera la quantité

$$\frac{x}{\cos^2 \theta} \left(y + hx \, \text{tang} \, \theta \right) - \text{R} y \cos(\odot - x)$$

$$+ x \left[\frac{\sin(\odot - x)}{\text{R}} - (\text{R}' - 1) \cos(\odot - x) \right] - \text{R} a x \sin(\odot - x) + \text{R}(\text{R}' - 1).$$

En désignant par P cette quantité et par D la distance périhélie, on aura

$$\text{D} = r - \frac{1}{2} \text{P}^2 ;$$

le cosinus de l'anomalie, que nous nommerons υ, sera donné par l'équation

$$\cos^2 \frac{1}{2} \upsilon = \frac{\text{D}}{r} ,$$

et l'on en conclura, par la Table du mouvement des comètes, le temps employé à parcourir l'angle υ. En ajoutant ce temps à l'époque ou en l'en retranchant, suivant que P est négatif ou positif, on aura l'instant du passage au périhélie.

Ayant ainsi à peu près la distance périhélie de la comète et l'instant de son passage au périhélie, on les corrigera par la méthode du n° 37 du Livre II.

Pour faciliter l'usage de la méthode précédente, je vais présenter ici l'application que M. Bouvard en a faite à la comète que l'on observe maintenant.

On a choisi les trois observations suivantes, évaluées en mesures sexagésimales et en temps moyen à Paris, compté de minuit :

Août 1824.

Temps moyen	Longitude observée.	Latitude observée.
$16,90801$.....	$x_{\prime} = 237.29. 3''$	$\theta_{\prime} = 55.18.42''$ bor.
$22,90153$.....	$\alpha = 230.31.33$	$\theta = 57.42.22$ bor.
$28,87972$.....	$x' = 224. 6.30$	$\theta' = 59.33.58$ bor.

En prenant pour époque moyenne l'observation du 22 août, les nombres de jours i et i' seront

$$i = 5^j,99352, \quad i' = 5^j,97819.$$

On aura ainsi, relativement à la longitude, les deux équations

$$5,99352.a' - 17,96115.b' = -6°,95834,$$
$$5,97819.a' + 17,86938.b' = -6°,41750.$$

La résolution de ces équations donne

$$a' = -4021'',807, \quad b' = 52'',6188.$$

En retranchant du logarithme du nombre de secondes de cette valeur de $-a'$ le logarithme constant 3,5500072, on aura, pour le logarithme de la valeur de $-a$, 0,0544141. Retranchant du logarithme du nombre de secondes de cette valeur de b' le logarithme constant 1,7855874, on aura, pour le logarithme de la valeur de b, $\overline{1},9355515$. z est ici $230°31'33''$.

En considérant d'une manière semblable les équations relatives à la latitude, on formera les équations

$$5,99352.h' - 17,96115.l' = 2°,39445,$$
$$5,97819.h' + 17,86938.l' = 1°,85999,$$

d'où l'on tire

$$h' = 1278'',941, \quad l' = -53'',1516,$$

ce qui donne, pour les logarithmes de h et de $-l$,

$$\overline{1},5568434 \quad \text{et} \quad \overline{1},9399266,$$

et l'on a

$$\theta = 57°42'22''.$$

Pour donner un exemple de la manière d'employer plus de trois observations, on a considéré les observations du 20 et du 25 août, qui donnent :

Temps moyen.	Longitude observée.	Latitude observée
$20^j,93635$........	$232°.44.56'$	$56°.59'. 5'$ bor.
$25,90792$........	$227.13.38$	$58.42.11$ bor.

On a formé les quatre équations suivantes, relatives à la longitude :

$$5,99352 . a' - 17,96115 . b' = - 6°,95834,$$
$$1,96518 . a' - 1,93097 . b' = - 2°,22305,$$
$$3,00639 . a' + 4,51919 . b' = - 3°,29862,$$
$$5,97819 . a' + 17,86938 . b' = - 6°,41750.$$

Pour réduire ces équations à deux équations finales, on a multiplié chacune de ces équations par son coefficient de a', et l'on a ajouté ces produits, ce qui a donné pour première équation

$$+ 84,56138 . a' + 8,96778 . b' = - 94°,35563.$$

On a multiplié chacune des mêmes équations par son coefficient de b', et l'on a ajouté les produits, ce qui a donné pour équation finale

$$8,96778 a' + 666,06906 . b' = - 0°,31145.$$

De ces deux équations finales on a conclu, comme ci-dessus,

$$\log(- a) = 0,0544923, \quad \log b = \bar{1},9343631.$$

Ces valeurs diffèrent très-peu des précédentes. La valeur de z est la même que ci-dessus.

En opérant d'une manière semblable sur les latitudes, on a trouvé

$$\log h = \bar{1},5563862, \quad \log(- l) = \bar{1},9397564.$$

La valeur de θ est la même que ci-dessus.

Ayant ainsi les valeurs de z, a, b, θ, h, l, on les a substituées dans les équations (a), (a''), (a'''), en observant qu'à l'époque de l'observation du 22 août on a

$$\odot = 149°38'37'',$$
$$\log R = 0,0046329,$$
$$\log(1 - R') = \bar{2},1097810.$$

On a formé ainsi les trois équations suivantes :

$$r^2 = 3,50341.x^2 - 0,32033.x + 1,021565,$$

$$r = 0,32913.x + \frac{0,39060}{r^3} - 0,37830,$$

$$0 = 3,50341.y^2 + 3,99184.xy + 2,87655.x^2 - 1,945969.y$$
$$+ 0,38431.x - \frac{2}{r} + 0,97889.$$

On a trouvé, après un petit nombre d'essais,

$$x = 0,41331, \quad y = -0,026789, \quad r = 1,21970,$$

d'où l'on a conclu

$$P = -0,577229,$$

et la distance périhélie égale à $1,053095$, ce qui a donné, pour l'instant du passage au périhélie, sept. $29^j,10239$, temps moyen compté de minuit à Paris.

Les valeurs précédentes de a, b, h, l, relatives à trois observations, ont donné la distance périhélie égale à $1,053650$, et, pour l'instant du passage, sept. $29^j,04587$, ce qui diffère peu des résultats fondés sur cinq observations.

LIVRE XVI.

DU MOUVEMENT DES SATELLITES.

DU MOUVEMENT DE LA LUNE.

CHAPITRE PREMIER.

NOTICE HISTORIQUE DES TRAVAUX DES GÉOMÈTRES ET DES ASTRONOMES SUR CET OBJET.

1. Les Chaldéens ont connu l'accélération du mouvement de la Lune lorsqu'elle va de son apogée à son périgée, et sa diminution en allant du périgée à l'apogée. Ils supposaient cette accélération et cette diminution constantes et de 18 minutes sexagésimales par jour, ce qui répond à une équation du centre d'environ $4°7'$. Nous ignorons l'inclinaison qu'ils supposaient à l'orbite lunaire. Ils avaient reconnu, par les observations des éclipses, les mouvements des nœuds et de l'apogée de cette orbite, et ils avaient formé la période remarquable de $6585\frac{1}{3}$, pendant lesquels la Lune fait 223 révolutions à l'égard du Soleil, 239 révolutions anomalistiques et 241 révolutions par rapport à ses nœuds. Ils ajoutaient $\frac{1}{135}$ de la circonférence à dix-huit circonférences pour avoir le mouvement sidéral du Soleil dans cet intervalle, ce qui suppose l'année sidérale de $365\frac{1}{4}$, la même que l'année tropique admise par les plus anciens astronomes. Il paraît donc que la précession des équinoxes était inconnue aux Chaldéens.

Hipparque perfectionna la période chaldéenne, en la comparant à un grand nombre d'éclipses. Il fixa l'inclinaison de l'orbite de la Lune et son équation du centre à 5 degrés dans ces phénomènes. Mais il remarqua que cette équation ne représentait point dans les quadratures ses observations, qui offraient alors de grandes anomalies. Ptolémée, suivant avec soin ces anomalies, fut conduit à la découverte de l'inégalité lunaire que l'on nomme *évection*, dont il détermina la valeur avec beaucoup d'exactitude.

Les astronomes n'ajoutèrent rien à la théorie de la Lune de Ptolémée jusqu'à Tycho Brahe, qui, en comparant cette théorie avec ses observations de la Lune dans les octants, reconnut l'inégalité de la variation, dont le maximum correspond à ces points. L'exactitude de ces observations lui fit encore reconnaître que l'équation du temps propre au Soleil n'était point applicable sans correction à la Lune, et qu'il fallait, pour ce dernier astre, la corriger d'une quantité dépendante de l'anomalie du Soleil. Les astronomes ont ensuite appliqué cette correction au mouvement de la Lune, en donnant à cet astre la même équation du temps qu'à tous les autres, ce qui ajoute à son mouvement l'inégalité connue sous le nom d'*équation annuelle*. On supposait, avant Tycho Brahe, l'inclinaison de l'orbite lunaire constante et le mouvement de ses nœuds uniforme. Ce grand astronome dut encore à la bonté de ses observations la connaissance des deux inégalités principales de ces éléments, d'où résulte la principale inégalité de la Lune en latitude.

Tel était l'état de la théorie de la Lune lorsque Newton entreprit d'appliquer à cette théorie le principe de la pesanteur universelle. Il publia ses recherches sur cet objet dans le troisième Livre des *Principes mathématiques de la Philosophie naturelle*, et je n'hésite point à les regarder comme une des parties les plus profondes de cet admirable Ouvrage (¹). Newton n'a point rattaché à son principe la plus grande

(¹) On voit, dans la correspondance de Newton avec Halley, que Newton, fatigué de ses querelles avec Hooke, voulait supprimer ce troisième Livre; mais, heureusement pour les progrès de l'Astronomie, cédant aux instances de Halley, il consentit à le publier.

des inégalités lunaires, l'*évection*, qu'il considérait, avec Horrox, comme le résultat de deux inégalités, l'une dans l'excentricité de l'orbite, l'autre dans le mouvement de l'apogée. On voit cependant qu'il avait essayé de déterminer ces inégalités, ainsi que le moyen mouvement de l'apogée; mais, ces essais ne l'ayant point satisfait, il s'abstint de les publier. En effet, la détermination de ce mouvement a présenté aux géomètres de grandes difficultés.

Newton a été plus heureux par rapport à la variation. Pour l'obtenir, il détermine d'abord les forces dont la Lune est sollicitée par l'action du Soleil dans son mouvement relatif autour de la Terre. En faisant ensuite abstraction de l'excentricité et de l'inclinaison de l'orbe lunaire, il cherche la variation de l'aire décrite par le rayon vecteur de la Lune pendant l'élément de temps, supposé constant; il obtient la loi de cette variation depuis la syzygie jusqu'à la quadrature. Les carrés des vitesses de la Lune dans ces deux points sont, en négligeant le carré de la force perturbatrice, comme les carrés des aires instantanées, divisés respectivement par les carrés des rayons vecteurs. Les carrés des vitesses, divisés par les rayons de courbure, sont égaux aux forces centrifuges correspondantes. Aux deux points de la syzygie et de quadrature, ces forces sont dirigées suivant les rayons vecteurs, et elles sont égales et contraires aux forces lunaires décomposées suivant la direction de ces rayons.

De là Newton déduit le rapport des rayons de courbure aux mêmes points en fonction des rayons vecteurs correspondants. Pour avoir un second rapport, Newton considère l'orbite de la Lune comme une ellipse mobile, dont la Terre occupe le centre et dont le périgée suit le Soleil, de manière que le petit axe de l'ellipse correspond toujours à la syzygie et le grand axe à la quadrature. Cette considération est exacte, mais elle exigeait une démonstration. C'est ainsi que Newton, dans sa théorie de la figure de la Terre, a supposé sans démonstration que les méridiens sont elliptiques. Ces hypothèses de calcul, fondées sur des aperçus vraisemblables, sont permises aux inventeurs dans des recherches aussi difficiles; mais, étant liées mathématiquement au principe que l'on veut établir, on peut toujours craindre, tant que cette liaison n'est pas démontrée, qu'elles ne soient contradictoires à ce principe. Newton détermine, par sa méthode des fluxions, les rayons de courbure de l'orbite de la Lune, lorsque cet astre parvient aux extrémités des axes de l'ellipse mobile, ce qui lui donne un second rapport de ces rayons, en fonction des axes et par conséquent des rayons vecteurs correspondants à la syzygie et à la quadrature. En égalant ce rapport au précédent, il obtient le rapport des deux axes de l'ellipse, qu'il trouve être celui de 69 à 70. Ce rapport donne le rayon vecteur de l'ellipse dans un point quelconque; en divisant donc l'expression de la variation instantanée de l'aire par le carré de ce rayon, on a la différentielle de la longitude vraie de la Lune, et, en intégrant, on obtient cette longitude et par conséquent l'inégalité de la variation.

Le procédé de Newton, quoique moins direct, conduit au même résultat, qui lui donne l'inégalité de la variation égale à 35′ 10″ sexagésimales dans son maximum, ce qui est à très-peu près conforme aux observations.

Cette méthode de Newton est fort ingénieuse, et l'on verra, dans le Chapitre suivant, qu'en la traduisant en analyse, elle conduit facilement aux équations différentielles du mouvement lunaire.

Newton considère ensuite le mouvement du nœud ascendant et la variation de l'inclinaison de l'orbite lunaire. Pour cela, il décompose l'action perturbatrice du Soleil sur la Lune en deux forces : l'une est dirigée vers le centre de la Terre, et, par conséquent, étant dans le plan de l'orbite, elle ne dérange point la position de ce plan; l'autre force est parallèle à la ligne menée du Soleil à la Terre et dérange le plan de l'orbite. Newton la compose avec le mouvement de la Lune à la fin d'un instant, et, faisant passer un plan par la résultante et par le centre de la Terre, il détermine la position de ce plan, qui devient celui de l'orbite lunaire dans l'instant suivant. Il trouve ainsi le mouvement horaire du nœud égal au produit d'un facteur, à très-peu près constant, par le mouvement horaire de la Lune, par le produit des

sinus des deux angles qui expriment les distances du Soleil au nœud
et du nœud à la Lune, et par le cosinus de la distance de la Lune au
Soleil. En changeant dans cette fonction le mouvement horaire de la
Lune dans la différentielle de ce mouvement, en développant en cosinus simples le produit des sinus et des cosinus, et ensuite en intégrant, on a facilement l'expression du moyen mouvement du nœud et
ses inégalités. Ce procédé n'était point au-dessus de l'analyse connue
de Newton; mais il ne l'a point donné, soit qu'alors on ne fût point
familiarisé avec les développements en sinus et cosinus simples des
produits de sinus et de cosinus et avec l'intégration de leurs différentielles, soit que Newton, s'étant proposé d'exposer toutes ses théories sous une forme synthétique, ait cherché les moyens d'y parvenir
par la synthèse, soit enfin que, ayant trouvé ses résultats par l'analyse,
il les ait traduits synthétiquement, ce qu'il paraît avoir fait dans plusieurs cas. La manière dont il a déterminé le mouvement moyen du
nœud et son inégalité principale, quoique compliquée, est exacte et
ingénieuse. Newton observe que, dans le cours de chaque mois, le
mouvement du nœud s'accélère et se ralentit de manière qu'il a rétro-
gradé, à la fin du mois, d'une quantité dépendante seulement de sa
distance au Soleil. Il parvient ainsi à séparer, dans l'expression du
mouvement horaire du nœud, ce qui est indépendant de la position de
la Lune dans son orbite de ce qui en dépend. Cette dernière partie ne
devant produire que des inégalités dont la période est à peu près d'un
demi-mois et qui disparaissent de l'expression de la latitude en se
combinant avec les inégalités correspondantes de l'inclinaison, Newton
la néglige et ne considère que la première partie du mouvement horaire
du nœud. Il en conclut, par des considérations géométriques et par
la quadrature des courbes, le moyen mouvement annuel du nœud et
son inégalité principale dont l'argument est le double de la distance
du Soleil au nœud. Il obtient de la même manière l'inégalité principale
de l'inclinaison, qu'il trouve conforme, ainsi que l'inégalité du nœud,
à celles que Tycho Brahe avait déduites de ses observations.

Tels sont les résultats dont Newton, dans la première édition de son

Ouvrage des *Principes*, a donné les démonstrations, auxquelles il n'a rien changé dans les éditions suivantes. Il y a seulement ajouté quelques équations, qu'il dit avoir déduites de sa théorie de la gravité, mais sans en donner les démonstrations. De ce nombre est l'équation annuelle de la Lune, pour laquelle il se contente d'observer que l'orbe lunaire se dilate par l'action du Soleil dans son périhélie, et se contracte par la diminution de cette action dans l'aphélie, et que la Lune se mouvant avec plus de lenteur dans un orbe plus dilaté, son mouvement doit retarder lorsque le Soleil est plus près de la Terre et s'accélérer lorsque cet astre est plus éloigné; d'où résulte, dans le mouvement lunaire, une inégalité annuelle de signe contraire à celle du Soleil et dont il trouve une valeur conforme aux observations. Newton donne encore, sans démonstration, quelques autres inégalités. Mais l'Analyse peut seule conduire à la détermination exacte de toutes les inégalités lunaires. Il fallait sans doute une force d'esprit extraordinaire pour obtenir sans son secours les résultats auxquels Newton est parvenu, et qui, quoique incomplets, suffisent pour établir que l'attraction du Soleil sur la Lune et sur la Terre est la vraie cause de toutes les anomalies du mouvement de la Lune.

Un avantage immense de la théorie et des aperçus de Newton sur ce mouvement a été la formation de nouvelles Tables de la Lune, Tables qui, par l'application de l'Analyse à cette théorie, ont acquis le haut degré de perfection nécessaire aux besoins de la Navigation et de la Géographie.

En 1747, Clairaut et d'Alembert présentèrent à l'Académie des Sciences les équations différentielles du mouvement d'un corps attiré par deux autres et leurs méthodes pour intégrer ces équations lorsque la force principale qui sollicite le corps est fort supérieure aux forces perturbatrices, ce qui est le cas de la Lune et des planètes. Ces deux illustres géomètres firent une application spéciale de leurs analyses au mouvement de la Lune, et ils en conclurent avec une grande facilité, non-seulement l'inégalité de la variation, que Newton avait obtenue d'une manière compliquée, quoique fort ingénieuse, mais encore l'évection, qu'il avait tenté inutilement de rattacher à cette théorie, l'équation annuelle et beaucoup d'autres inégalités.

Dans le calcul des perturbations du mouvement de la Lune en longitude, Clairaut considère l'orbite comme située dans le plan de l'écliptique; il donne une expression élégante et simple du rayon vecteur de la Lune. La première partie de cette expression, indépendante de la force perturbatrice, est la valeur elliptique qui, sans cette force, subsisterait seule. L'autre partie dépend de cette force et renferme deux intégrales qui ne peuvent être rigoureusement déterminées qu'autant que l'on connaît déjà le rayon vecteur. Mais on peut les avoir d'une manière approchée en substituant pour ce rayon sa partie elliptique. On obtient ainsi une valeur du rayon vecteur approchée aux quantités près de l'ordre du carré de la force perturbatrice. En substituant cette valeur dans les intégrales, on a une seconde valeur du rayon vecteur approchée aux quantités près de l'ordre du cube de la force perturbatrice, et ainsi de suite. Mais ce procédé introduit, dans l'expression de ce rayon, des arcs de cercles qui la rendraient bientôt inexacte. Pour obvier à cet inconvénient, Clairaut rapporte la partie elliptique du rayon vecteur à un apogée mobile. En substituant alors cette partie dans les intégrales, il n'a plus d'arcs de cercles; mais la valeur qu'il trouve pour le rayon vecteur contient un terme elliptique relatif à un apogée immobile. En déterminant convenablement les constantes introduites par le calcul, il fait disparaître ce terme, et, en comparant la valeur du rayon vecteur qu'il trouve ainsi avec celle qu'il a supposée, il obtient le mouvement de l'apogée. Une première approximation ne lui donna que la moitié du mouvement observé.

Newton était déjà parvenu à ce résultat singulier dans la Proposition 45 du premier Livre des *Principes*; mais, dans la théorie de la Lune qu'il a donnée dans le troisième Livre, il n'a point rappelé ce résultat, qui pouvait paraître infirmer cette théorie et qui, en effet, porta Clairaut à penser qu'elle devait être modifiée, en ajoutant à la loi de l'attraction un terme proportionnel à une puissance de la distance inverse, supérieure au carré, terme qui, insensible pour les planètes, ne deviendrait sensible qu'à des distances peu considérables, telles que la distance de la Lune. Cette conclusion de Clairaut fut vivement attaquée par Buffon, qui se fondait sur ce que, les lois primordiales de la nature devant être de la plus grande simplicité, leur expression ne doit dépendre que d'un seul module, et par conséquent ne renfermer qu'un terme. Cette considération doit nous porter sans doute à ne compliquer la loi de l'attraction que dans un besoin extrême; mais l'ignorance où nous sommes de la nature de cette force ne nous permet pas de prononcer avec assurance sur la simplicité de son expression. Quoi qu'il en soit, le métaphysicien eut raison vis-à-vis du géomètre, qui reconnut son erreur et fit la remarque importante que, en poussant plus loin l'approximation, la loi de l'attraction newtonienne donne à fort peu près le mouvement de l'apogée. Ce résultat, dont Clairaut fit part à l'Académie le 17 mai 1749, dissipa tous les doutes sur la loi de l'attraction, qu'Euler, trompé par une erreur de calcul, avait jugée contraire aux observations de Saturne, dans sa première pièce sur les mouvements de cette planète et de Jupiter.

Clairaut réunit les divers résultats de sa théorie de la Lune dans une pièce qui remporta le prix proposé en 1750 par l'Académie des Sciences de Pétersbourg. Cette pièce, imprimée d'abord en 1752 dans cette capitale, fut réimprimée à Paris en 1765, avec des Additions et de nouvelles Tables de la Lune, déjà fort rapprochées des observations, et qui faisaient naître l'espoir que l'on parviendrait un jour à déduire de la théorie seule des Tables aussi parfaites qu'on puisse les désirer.

D'Alembert, dans sa théorie de la Lune, choisit pour coordonnées le rayon vecteur lunaire projeté sur le plan de l'écliptique et le mouvement vrai de la Lune rapporté à ce plan. Il donne l'équation différentielle du second ordre du rayon vecteur projeté, dans laquelle l'élément de la longitude vraie est supposé constant et l'expression de l'élément du temps est fonction de cette longitude. Ces deux équations sont les mêmes que les deux premières des équations (L) du n° 1 du Livre VII. Au lieu de la troisième de ces équations, qui détermine la

latitude, d'Alembert emploie, comme Newton, les variations différentielles du mouvement du nœud et de l'inclinaison de l'orbite. Pour
intégrer l'équation différentielle du rayon vecteur projeté, il ne rapporte point, comme Clairaut, la partie elliptique de l'expression de
ce rayon à un apogée mobile, mais il fait disparaître par un moyen
ingénieux l'arc de cercle qu'introduirait la supposition d'un apogée
immobile, ce qui le conduit, sans hypothèse, à la considération d'un
apogée mobile. Une seconde approximation ayant presque doublé le
mouvement de l'apogée donné par la première, et par là ayant accordé la théorie avec l'observation, il était à craindre que les approximations suivantes ne détruisissent cet accord. Il devenait donc important de porter encore plus loin ces approximations. C'est ce que
d'Alembert a fait et il a trouvé que la théorie se rapprochait ainsi de
plus en plus de l'observation.

Peu de mois avant que Clairaut et d'Alembert présentassent à l'Académie des Sciences leurs solutions du problème des trois corps, elle
reçut la première pièce d'Euler sur Jupiter et Saturne, qui contient
une solution du même problème, appliquée au mouvement de Saturne.
Ce grand géomètre fit paraître cette solution dans les *Mémoires de
l'Académie de Pétersbourg* pour les années 1747 et 1748, et dans les
Mémoires de l'Académie de Berlin pour 1750, et il en déduisit le mouvement du nœud de l'orbite lunaire et les inégalités de son inclinaison à l'écliptique. Il publia en 1753 un Ouvrage spécial sur la théorie
de la Lune, dans lequel il prend pour coordonnées du mouvement
lunaire le rayon vecteur projeté sur l'écliptique, l'anomalie vraie, et,
au lieu de la latitude, il considère, comme Newton, le mouvement du
nœud et l'inclinaison de l'orbite.

On peut varier la solution du problème des perturbations lunaires
d'autant de manières qu'il y a de systèmes différents de coordonnées.
Mais un des points les plus importants de cette solution est le choix
du système qui donne les approximations les plus faciles et les plus
convergentes, et qui fait le mieux démêler, dans le nombre infini des
inégalités de la Lune, celles qui peuvent devenir sensibles en acqué-

rant, par les intégrations successives, de petits diviseurs. Je ne balance
point à regarder le système de coordonnées dont j'ai fait usage dans
le Livre VII comme le plus avantageux sous ces rapports. La force
perturbatrice du mouvement lunaire dépend des sinus et cosinus de
son mouvement vrai et de son élongation au Soleil ; leur réduction en
sinus et cosinus d'angles dépendants du mouvement moyen de la Lune
est pénible et peu convergente, à cause de la grandeur de son équation du centre et de ses principales inégalités. Il y a donc de l'avantage
à éviter cette réduction et à déterminer d'abord la longitude moyenne
en fonction de la longitude vraie, ce qui peut être utile dans le cas
où l'on cherche le temps correspondant à la longitude vraie. On détermine ensuite, par le retour des séries, la longitude vraie en fonction
de la longitude moyenne, et l'on n'a point à craindre dans ce retour
le peu de convergence des approximations, que l'intégration des équations différentielles laisse toujours incertaine. A la vérité il faut, dans
cette méthode, convertir le mouvement vrai du Soleil en fonction de
la longitude vraie de la Lune. Mais, dans cette conversion, les grandes
inégalités lunaires sont multipliées par le rapport du moyen mouvement du Soleil à celui de la Lune ou par $\frac{1}{13}$ environ, ce qui les rend
fort petites.

Mayer publia en 1753, dans les *Mémoires de l'Académie de Gœt-
tingue*, de nouvelles Tables de la Lune : pour les former, après avoir
reconnu par la théorie les arguments des diverses inégalités lunaires,
il détermina leurs coefficients par les observations. Il perfectionna ces
Tables et la théorie qui l'avait guidé, et il les adressa, en 1755, au
Bureau des Longitudes de Londres. Après sa mort, arrivée en 1762, sa
veuve envoya au même Bureau une copie de ces Tables encore perfectionnées, et Bradley, les ayant comparées à beaucoup d'observations,
les trouva si exactes, qu'on leur adjugea un prix de 3000 livres ster-
ling. Elles ont été imprimées, ainsi que la théorie de l'auteur, en 1765.
Dans cette théorie, Mayer prend pour coordonnées de la Lune son
rayon vecteur, un angle dont la différentielle est proportionnelle à
l'élément du temps, divisé par le carré du rayon vecteur, et la latitude,

qu'il substitue au mouvement du nœud et à l'inclinaison de l'orbite, ce qui est plus direct et plus simple. Il a porté fort loin les approximations analytiques, et il a rectifié par les observations les coefficients, déjà fort approchés par sa théorie, des diverses inégalités lunaires. Mason perfectionna ces Tables en les assujettissant à un très-grand nombre d'observations de Bradley et en leur ajoutant quelques inégalités indiquées par la théorie. La comparaison des observations avec ses Tables lui donna une inégalité en longitude proportionnelle au sinus de la longitude du nœud de l'orbite, et dont il trouva le coefficient égal à 7″,7 sexagésimales, inégalité que Mayer avait déjà reconnue, mais avec un coefficient plus petit et seulement de 4 secondes. Cette inégalité, ne paraissant pas résulter de la théorie de l'attraction, fut négligée par les astronomes.

Les Tables de Mayer, rectifiées par Mason, ont servi pendant plusieurs années au calcul des éphémérides destinées aux navigateurs; mais elles laissaient à désirer des Tables aussi parfaites, uniquement fondées sur la théorie. C'est ce qu'Euler tenta d'exécuter au moyen d'une nouvelle théorie de la Lune. Il y rapporte les coordonnées de la Lune à un axe mû sur l'écliptique autour du centre de la Terre, d'un mouvement égal au moyen mouvement de la Lune, et il donne les équations différentielles des trois coordonnées orthogonales rapportées à cet axe mobile et au plan de l'écliptique. Il les intègre par des approximations convergentes, et il réduit en Tables leurs intégrales, qui déterminent la position de la Lune à un instant quelconque. Mais, ces Tables étant moins commodes et moins précises que celles de Mason, les astronomes n'en ont point fait usage. Euler exposa sa nouvelle méthode dans deux pièces qu'il envoya à l'Académie des Sciences pour concourir aux prix qu'elle proposa sur la théorie de la Lune, en 1770 et en 1772; ensuite il la développa dans un Traité spécial fort étendu.

Lagrange envoya à l'Académie, pour le concours au prix de 1772, une pièce dans laquelle il considère le mouvement de la Lune sous un point de vue purement analytique. Il imagine trois corps qui s'attirent mutuellement, en raison de leurs masses et réciproquement au carré de leurs distances. Ces corps forment un triangle variable, mobile autour de leur centre commun de gravité. Il donne les équations différentielles de chaque côté de ce triangle et il en déduit la solution rigoureuse du problème des trois corps dans quelques cas particuliers. J'ai développé et généralisé ces résultats, dans le Chapitre VII du Livre X, par une méthode fort simple et indépendante de toute intégration.

Halley, comparant entre elles les observations anciennes d'éclipses, celles d'Albaténius et les observations modernes, soupçonna le premier l'accélération du moyen mouvement de la Lune. Dunthorne et Mayer ensuite en confirmèrent l'existence par une comparaison plus étendue des observations. En supposant cette accélération proportionnelle au carré du temps, ils en fixèrent à 10″ sexagésimales environ la quantité pour le premier siècle, à partir de 1700. L'Académie des Sciences, toujours animée du désir de perfectionner la théorie de la Lune, proposa, pour le sujet du prix de Mathématiques de 1774, la cause de cette équation séculaire. Elle couronna une pièce de Lagrange, dans laquelle l'auteur détermine l'influence de la figure de la Terre sur le mouvement de ce satellite : il prouve que son équation séculaire ne peut en résulter. Considérant ensuite que les géomètres avaient inutilement tenté de la déduire des attractions du Soleil et de la Terre supposés sphériques, il se crut d'autant plus fondé à la révoquer en doute, qu'il ne la jugea pas suffisamment établie par les observations. Mais son existence ne peut être contestée, surtout depuis la connaissance que M. Caussin nous a donnée des observations arabes, par sa traduction d'une partie de l'Astronomie d'Ibn-Jounis, manuscrit de la bibliothèque de Leyde, que le gouvernement batave voulut bien confier à l'Institut de France.

L'Académie des Sciences ayant proposé, pour le sujet du prix qu'elle devait décerner en 1762, la question de savoir si les planètes se meuvent dans un milieu dont la résistance produise quelque effet sensible sur leurs mouvements, elle couronna une pièce de Bossut, dans laquelle l'auteur établit que cette résistance doit être beaucoup plus sensible sur le moyen mouvement de la Lune que sur celui des planètes, ce qui peut expliquer l'équation séculaire de la Lune. En réfléchissant sur la loi de l'attraction et sur la manière dont les géomètres l'avaient employée, j'observai qu'ils supposaient sa transmission d'un corps à l'autre instantanée. Je recherchai alors les effets qui pourraient naitre d'une transmission successive : je trouvai qu'elle devait produire une équation séculaire dans le mouvement de la Lune et que, pour satisfaire aux observations, la propagation de la force attractive de la Terre devait être huit millions de fois plus prompte que celle de la lumière. Mais de nouvelles recherches sur cet important phénomène me conduisirent enfin à sa véritable cause.

En m'occupant de la théorie des satellites de Jupiter, je reconnus que la variation séculaire de l'excentricité de l'orbite de Jupiter devait produire des équations séculaires dans leurs mouvements moyens. Je m'empressai de transporter ce résultat à la Lune et je trouvai que la variation séculaire de l'excentricité de l'orbe terrestre produit dans le moyen mouvement de la Lune l'équation séculaire déterminée par les astronomes. Je trouvai de plus que la même cause produit, dans les mouvements du nœud et du périgée de l'orbite de la Lune, des équations séculaires. Je communiquai ces recherches à l'Académie des Sciences le 19 novembre 1787; elles parurent en 1788 dans le Volume de cette Académie pour l'année 1786. Je les ai perfectionnées dans le Livre VII et j'ai trouvé que les termes qui dépendent du carré de la force perturbatrice, et qui doublent le mouvement du périgée lunaire déterminé par une première approximation, augmentent presque dans le même rapport l'équation séculaire de ce mouvement, en sorte que l'équation séculaire de l'anomalie moyenne est au moins quadruple de celle du moyen mouvement. Une équation aussi grande, et dont l'effet sur la longitude de la Lune apogée ou périgée est la moitié de l'effet de l'équation séculaire du moyen mouvement, doit être fort sensible dans les observations anciennes comparées à celles des Arabes et aux observations modernes. C'est ce que je reconnus facilement; je trouvai même que les équations séculaires, soit de la Lune, soit de son périgée, sont sensibles dans les moyens mouvements de la Lune et du périgée, conclus par Hipparque et Ptolémée des éclipses anciennes comparées avec elles-mêmes, en sorte que, si l'on ne connaissait pas d'ailleurs l'époque où ces astronomes ont vécu, on pourrait la retrouver, à un siècle ou deux près, par ces moyens mouvements. J'ai reconnu ainsi que les Tables de la Lune, rapportées de l'Inde par Legentil, loin de remonter, comme Bailly le pensait, à trois mille ans avant notre ère, sont moins anciennes que les Tables de Ptolémée.

M. Bouvard a comparé avec ma théorie toutes les observations anciennes et arabes et un grand nombre d'observations modernes. Ce travail utile, couronné en 1800 par l'Institut de France, ne laisse aucun doute sur l'existence des trois équations séculaires de la Lune et sur leur grandeur respective.

L'Académie royale des Sciences de Stockholm proposa en 1787, pour le sujet du prix qu'elle devait décerner en 1791, la cause des équations séculaires de la Lune, de Jupiter et de Saturne. Aucune pièce ne lui étant parvenue pour le concours, elle adjugea le prix à mes recherches qui, depuis trois ans, étaient publiées et qui lui parurent contenir la solution complète de la question proposée. Ce prix, décerné par une Société savante aussi célèbre, me flatta d'autant plus qu'il était inattendu.

La conformité de la théorie lunaire avec les observations établit plusieurs points importants du système du monde. On voit d'abord que la résistance des milieux éthérés et la transmission successive de la gravité n'ont point d'influence sensible sur les équations séculaires de la Lune, puisque l'attraction seule des corps célestes suffit pour représenter les observations. D'ailleurs, l'équation séculaire du périgée, bien constatée par les observations, suffit pour exclure l'une et l'autre de ces causes, puisqu'elles ne produisent aucun mouvement dans le périgée. C'est ainsi que les phénomènes, en se développant, nous dévoilent leurs véritables causes. Nous sommes donc certains que les milieux éthérés, depuis les observations les plus anciennes, n'ont point sensiblement altéré les mouvements des planètes, car leur résistance serait beaucoup plus sensible sur. le mouvement de la Lune, où nous venons de voir qu'elle est insensible.

Nous avons dit que; pour expliquer l'équation séculaire de la Lune au moyen de la transmission successive de la gravité, il fallait supposer la propagation de la force attractive huit millions de fois plus prompte que celle de la lumière. Ainsi, l'attraction des corps célestes représentant, au moins à très-peu près, l'équation séculaire observée, nous pouvons en conclure que la vitesse de la force attractive surpasse cinquante millions de fois la vitesse de la lumière; on peut donc la supposer infinie.

La constance de la durée du jour, élément essentiel de toutes les théories astronomiques, résulte encore des équations séculaires de la Lune. Si cette durée surpassait maintenant d'un centième de seconde centésimale celle du temps d'Hipparque, la durée du siècle actuel serait plus grande qu'alors de $365'',25$. Dans cet intervalle, la Lune décrit un arc de $534'',6$ centésimales. Le mouvement séculaire actuel de la Lune en paraîtrait donc augmenté de cette quantité, ce qui, en supposant que cet accroissement ait été, depuis Hipparque, proportionnel au temps, augmenterait de $13'',51$ centésimales son équation séculaire pour le premier siècle à partir du commencement de 1801, et dont la valeur résultant des attractions célestes est d'environ $32''$. Les observations ne permettent pas de supposer un accroissement aussi considérable. Il est donc certain que, depuis Hipparque, la durée du jour n'a pas varié d'un centième de seconde. Si, par des causes quelconques inconnues, cette durée éprouvait quelque altération sensible, on le reconnaîtrait par le mouvement de la Lune, dont les observations, d'ailleurs si utiles, acquièrent, par cette considération, une nouvelle importance.

Le moyen mouvement du périgée lunaire, conclu de la théorie par une longue suite d'approximations, s'accorde tellement avec le mouvement observé, qu'à une distance même très-petite par rapport aux distances des planètes au Soleil la loi de l'attraction réciproque au carré

des distances, si elle n'est pas rigoureuse, doit être au moins extrêmement approchée.

Ma théorie de la Lune, exposée dans le Livre VII, se rapproche plus
des observations que celles qui l'avaient précédée. Elle renferme
quelques inégalités nouvelles : telle est l'inégalité en latitude, dont
l'argument est la longitude de la Lune. Cette inégalité et celle en longitude, dont l'argument est la longitude du nœud et que Mayer avait
soupçonnée par les observations, dépendent de l'aplatissement de la
Terre. Les comparaisons de leurs expressions analytiques avec un
grand nombre d'observations s'accordent à donner l'aplatissement $\frac{1}{305}$,
le même à fort peu près que les aplatissements qui résultent des mesures des degrés et du pendule ; mais il a sur eux l'avantage d'être
indépendant des attractions locales qui les modifient. En multipliant
les observations lunaires propres à déterminer les inégalités dont il
s'agit, on obtiendra l'aplatissement de la Terre avec une exactitude
extrême.

Mayer avait déterminé la parallaxe solaire en comparant aux observations l'expression analytique de l'inégalité lunaire parallactique qui
a pour facteur cette parallaxe. J'ai mis un soin particulier à déterminer
cette expression ; en la comparant aux observations, elle donne la
valeur de la parallaxe solaire qui résulte des passages de Vénus sur
le Soleil, observés en 1761 et 1769. Une conséquence importante de
cet accord est que l'action du Soleil sur la Lune est à très peu près la
même que son action sur la Terre, et que la différence, s'il y en a une,
n'est pas la trois-millionième partie de cette action.

Newton chercha par l'expérience à reconnaître si la pesanteur terrestre imprime en temps égal la même vitesse à tous les corps placés
au même lieu, quelle que soit leur nature. Pour cela, il mit successivement des corps de même poids et de diverse nature dans une même
boîte fermée qui terminait un pendule, et il les y plaça de manière
que le centre d'oscillation fût toujours le même. En faisant osciller le
pendule, il observa la durée de ses oscillations et il trouva cette durée
la même pour tous ces corps, ce qui lui fit voir que l'action de la

pesanteur donne à tous les corps une vitesse égale dans le même temps, ou du moins que la différence, s'il y en a une, est au-dessous d'un millième. Ces expériences de Newton ont été répétées par divers physiciens, et les nombreuses expériences faites pour déterminer la longueur du pendule à secondes ont établi, avec une grande précision, que cette durée est indépendante de la nature du corps oscillant. En appelant donc *masses égales* des masses qui, se choquant avec des vitesses égales et contraires, se feraient équilibre, deux corps de même poids, ou qui, placés aux extrémités de deux bras égaux d'un levier droit, se font équilibre, ont des masses égales, puisque la pesanteur tend à leur imprimer la même vitesse initiale.

En comparant le sinus verse de l'arc décrit par la Lune dans une seconde avec l'espace que la pesanteur fait décrire aux corps terrestres dans la première seconde de leur chute, Newton reconnut que la pesanteur à la surface de la Terre, diminuée en raison du carré de la distance, est la force qui retient la Lune dans son orbite. La parallaxe lunaire que j'ai conclue de ce principe s'accorde si bien avec la parallaxe observée, que l'on peut regarder comme nulle, ou du moins comme insensible, la modification de l'action de la Terre sur la Lune par la nature de la substance lunaire. On peut conclure également de cet accord que l'action de la Terre sur chaque molécule de la Lune n'est point altérée par l'interposition des couches lunaires, car il est facile de prouver qu'une légère altération de ce genre modifierait sensiblement le principe dont je viens de parler.

Newton étendit à l'attraction de tous les astres la propriété dont jouit l'attraction terrestre, d'imprimer à tous les corps placés à la même distance la même vitesse en temps égal. Il démontra que, relativement à l'attraction du Soleil sur les planètes, cette propriété résulte de la loi de Kepler suivant laquelle les carrés des temps des révolutions des planètes sont comme les cubes de leurs moyennes distances au Soleil. Il est facile, en effet, de voir que, si les actions du Soleil sur la Terre et sur Mars différaient d'un millième, le rayon vecteur des Tables de Mars en serait altéré d'un trois-millième, ce qui serait très-sensible dans les observations de cette planète en quadrature.

On verra dans la suite qu'une différence d'un millionième dans les actions du Soleil sur la Terre et sur la Lune changerait de plusieurs secondes la parallaxe du Soleil, conclue de la comparaison de l'inégalité parallactique lunaire observée avec sa valeur donnée par la théorie, et qui, comme je l'ai dit, s'accorde parfaitement avec les observations. Il est donc bien prouvé que l'attraction du Soleil imprimerait en temps égal la même vitesse à la Terre et à la Lune, placées à la même distance de cet astre. Cette attraction n'est donc point modifiée par la nature des substances qui composent la Terre et la Lune. Si, en pénétrant dans l'intérieur de ces corps, elle s'affaiblissait et s'éteignait comme la lumière en traversant l'atmosphère, cette extinction serait différente pour la Terre et pour la Lune, en vertu de la différence de leurs dimensions. Je trouve, par un calcul fort simple, qu'une très-petite extinction de l'attraction solaire produirait une différence sensible et inadmissible dans la valeur de l'inégalité parallactique. Ainsi l'interposition des corps n'altère point l'attraction d'une molécule sur une autre, ce qui confirme ce que nous venons de dire sur cet objet.

Enfin M. Bouvard, ayant formé des Tables très-exactes de Jupiter et de Saturne, fondées sur la théorie que j'ai donnée de ces planètes, et les ayant comparées à un très-grand nombre d'observations, a formé des équations de condition, dans lesquelles il a pris pour indéterminées les corrections des éléments elliptiques et des masses de Jupiter et de Saturne. Il en a conclu la masse de Jupiter, qu'il a retrouvée la même que Newton avait déterminée par les élongations des satellites de Jupiter, mesurées avec beaucoup de précision par Pound. Les grandes perturbations des mouvements de Saturne et de Jupiter prouvent donc que Jupiter agit sur Saturne comme sur ses propres satellites. Ainsi la propriété d'attirer également tous les corps placés à la même distance appartient à chaque partie de la matière. Les doutes qu'on a élevés sur cette propriété fondamentale de la loi d'attraction ne paraissent donc point fondés. Cette loi, que les géomètres ont essayé de modifier, soit par rapport à son décroissement quand la distance augmente, soit relativement à la propagation instantanée de la force attractive, soit enfin par rapport à la nature des corps, est telle que Newton l'a proposée, ou du moins les phénomènes n'y font reconnaître aucune modification sensible.

La théorie de la Lune nous donne encore, par ses deux inégalités dépendantes de l'aplatissement de la Terre, le moyen le plus précis d'avoir cet aplatissement. Ces inégalités, étant le résultat de la tendance du centre de la Lune vers chaque molécule du sphéroïde terrestre, prouvent que les tendances des centres des corps célestes les uns vers les autres sont les résultantes des attractions réciproques de toutes leurs molécules.

Désirant de voir toute l'Astronomie, fondée sur la seule loi de l'attraction, n'emprunter des observations que les données indispensables, j'obtins de l'Académie des Sciences qu'elle proposerait, pour le sujet du prix de Mathématiques qu'elle devait décerner en 1820, la formation, par la seule théorie, de Tables lunaires aussi exactes que celles qui ont été construites par le concours de la théorie et des observations. Je désirais encore que mes résultats sur les inégalités séculaires de la Lune fussent vérifiés et même perfectionnés par les géomètres. Ces vœux ont été remplis par les deux pièces que l'Académie a couronnées. L'une, de M. Damoiseau, était accompagnée de Tables lunaires qui, comparées à un grand nombre d'observations, les ont représentées aussi bien que les meilleures Tables employées par les astronomes. L'autre pièce, dont MM. Carlini et Plana sont les auteurs, est surtout remarquable par l'étendue et par la justesse de l'approximation avec laquelle ils ont déterminé les équations séculaires, et spécialement celle du périgée, qu'ils ont trouvée plus grande encore que suivant ma formule.

M. Bürg, en comparant les moyens mouvements de la Lune conclus des observations de Flamsteed, de Bradley et de Maskelyne, remarqua des différences qui lui parurent indiquer une inégalité à longue période. Il me fit part de cette remarque, d'après laquelle je reconnus que l'action solaire produit une inégalité proportionnelle au sinus de la longitude du périgée lunaire, plus deux fois celle du nœud, moins trois fois la longitude du périgée solaire, et dont la période est d'environ cent quatre-vingts ans. Son coefficient acquiert par l'intégration un très-petit diviseur, mais il a pour facteur le produit de l'excentricité de l'orbe lunaire par le carré du sinus de son inclinaison à l'écliptique, par le cube de l'excentricité de l'orbe solaire et par la parallaxe du Soleil; il paraît donc devoir être très-petit. Le grand nombre de termes dont il dépend rend sa détermination par la théorie presque impossible. M. Bürg, en adoptant cette inégalité dans ses Tables, détermina par les observations son coefficient, qu'il trouva d'environ 15 secondes sexagésimales. J'ai reconnu ensuite que l'ellipticité du sphéroïde terrestre produit une inégalité dont la période est à peu près la même que la précédente et qui est proportionnelle au cosinus de la longitude du périgée lunaire, plus deux fois celle du nœud, moins la longitude du périgée solaire. Mais le coefficient de cette inégalité paraît être aussi petit que celui de l'inégalité dont je viens de parler. Enfin, j'ai trouvé que, s'il existe une différence entre les deux hémisphères terrestres, elle doit produire une inégalité lunaire proportionnelle au cosinus de la longitude du périgée de la Lune, plus deux fois celle du nœud. J'avais indiqué cette inégalité à M. Burckhardt, qui l'a employée dans ses Tables, après avoir déterminé son coefficient par les observations; mais, en soumettant cette inégalité à l'analyse, j'ai vu qu'elle est insensible. Si les observations futures confirment cette anomalie du mouvement lunaire, il sera temps alors d'en rechercher la cause.

CHAPITRE II.

SUR LA THÉORIE LUNAIRE DE NEWTON.

2. Parmi les inégalités du mouvement de la Lune en longitude, Newton n'a développé que la *variation*. La méthode qu'il a suivie me parait être une des choses les plus remarquables de l'Ouvrage des *Principes*. Je vais, en y appliquant l'Analyse, montrer son analogie avec les méthodes actuelles et faire voir qu'elle conduit aux équations différentielles du mouvement de la Lune, dont elle donne, dans le cas de la variation, les intégrales d'une manière indirecte, mais très-ingénieuse.

Newton considère d'abord l'aire décrite par le rayon vecteur de la Lune, et, pour simplifier le calcul, il fait abstraction de l'excentricité de l'orbe lunaire et de son inclinaison à l'écliptique. Il décompose l'action du Soleil sur la Lune en deux forces, l'une parallèle au rayon vecteur de la Lune, l'autre parallèle au rayon vecteur de la Terre. Newton observe que la première de ces forces ne produit aucun changement dans l'aire que le rayon vecteur de la Lune trace autour de la Terre. En retranchant ensuite de la seconde force l'action du Soleil sur la Terre, que l'on regarde ici comme immobile, il décompose la différence en deux forces, l'une dirigée suivant le rayon de l'orbe lunaire, l'autre perpendiculaire à ce rayon. Cette dernière force est la seule qui fasse varier l'aire décrite par le rayon vecteur de la Lune. Newton trouve pour son expression

$$3\,m^2 \sin(v' - v)\cos(v' - v),$$

m étant le rapport du moyen mouvement sidéral du Soleil à celui de la

Lune ou du mois sidéral à l'année sidérale; v' est la longitude du
Soleil et v celle de la Lune. La force qui retient la Lune dans son
orbite est prise pour unité de force, ainsi que le rayon moyen de l'orbite lunaire est pris pour unité de distance, ce qui donne la vitesse
moyenne de la Lune égale à l'unité de vitesse, puisque, en vertu des
théorèmes d'Huygens sur la force centrifuge, la force centrale de la
Lune est égale au carré de sa vitesse divisé par le rayon de son orbite.
En multipliant l'expression précédente par l'élément dt du temps, la
somme de tous les produits, correspondante à un temps quelconque,
sera l'accroissement de vitesse résultant de la force perpendiculaire
au rayon. En le multipliant par $\frac{1}{2} dv$, on aura, aux quantités près
de l'ordre du carré des forces perturbatrices, l'accroissement de l'aire
décrite par le rayon vecteur de la Lune pendant l'instant dt. Newton
détermine par un procédé particulier la somme des produits de dt par
la force

$$3m^2 \sin(v' - v) \cos(v' - v).$$

Cette somme est à fort peu près l'intégrale de la différentielle

$$3m^2 \, dv \sin(mv - v) \cos(mv - v),$$

en substituant mv pour v', ce que l'on peut faire quand on néglige
l'excentricité de l'orbe terrestre, et en mettant dv pour dt, la vitesse
moyenne $\frac{dv}{dt}$ étant prise pour unité. Cette intégrale, prise depuis la quadrature, où $v - mv$ est un angle droit, est

$$\frac{3m^2 \cos^2(v - mv)}{2(1 - m)}.$$

Cette expression, multipliée par $\frac{1}{2} dv$, donne l'accroissement de l'aire
instantanée égal à

$$\frac{3m^2 \, dv}{8(1 - m)} + \frac{3m^2 \, dv \cos(2v - 2mv)}{8(1 - m)};$$

ainsi la variation de cette aire est

$$\frac{3m^2 \, dv \cos(2v - 2mv)}{8(1 - m)}.$$

Cette variation est nulle dans les octants, où, par conséquent, l'aire instantanée a sa valeur moyenne; en prenant pour unité cette valeur, la valeur de l'aire instantanée sera, dans les autres points de l'orbite,

$$1 + \frac{3m^2}{4(1-m)} \cos(2v - 2mv).$$

La valeur de l'aire instantanée est donc à sa valeur moyenne comme

$$\frac{4(1-m)}{3m^2} + \cos(2v - 2mv) \quad \text{est à} \quad \frac{4(1-m)}{3m^2},$$

et, à cause de m^2 égal à $\frac{1}{178,7}$, comme

$$220,46 + \cos(2v - 2mv) \quad \text{est à} \quad 220,46,$$

ce qui est le résultat de Newton.

Le carré de la vitesse de la Lune autour de la Terre est $\frac{r^2\,dv^2 + dr^2}{dt^2}$, en représentant par r son rayon vecteur. Mais si l'on fait, avec Newton, abstraction de l'excentricité de l'orbite, dr^2 devient de l'ordre du carré de la force perturbatrice et peut ainsi être négligé, en sorte que l'on peut supposer le carré de cette vitesse égal à $\frac{r^2\,dv^2}{dt^2}$. Mais l'aire décrite par le rayon vecteur pendant l'instant dt est $\frac{1}{2}r^2\,dv$. Le carré de cette aire divisé par dt^2 est $\frac{r^4\,dv^2}{4\,dt^2}$; il est donc le quart du carré de la vitesse, multiplié par r^2. Dans les syzygies et dans les quadratures, les carrés des aires instantanées sont, par ce qui précède, dans le rapport de

$$1 + \frac{3m^2}{2(1-m)} \quad \text{à} \quad 1 - \frac{3m^2}{2(1-m)};$$

en désignant donc par $1 - x$ le rayon vecteur r dans les syzygies et par $1 + x$ ce rayon vecteur dans les quadratures, les carrés des vitesses dans ces deux points seront, en négligeant le carré de x, dans le rapport de

$$1 + 2x + \frac{3m^2}{2(1-m)} \quad \text{à} \quad 1 - 2x - \frac{3m^2}{2(1-m)}.$$

Soient R et R' les rayons osculateurs de l'orbite lunaire dans ces deux

points; les forces centrales seront, par les théorèmes d'Huygens sur la
force centrifuge, dans le rapport de

$$\frac{1 + 2x + \dfrac{3m^2}{2(1-m)}}{R} \quad \text{à} \quad \frac{1 - 2x - \dfrac{3m^2}{2(1-m)}}{R'}.$$

Si l'on nomme k la somme des masses de la Terre et de la Lune, il est
facile de voir que la force centrale, dans les syzygies, est

$$k(1 + 2x) - 2m^2,$$

et qu'elle est, dans les quadratures,

$$k(1 - 2x) + m^2;$$

ces deux forces sont donc dans le rapport de

$$1 + 2x - \frac{2m^2}{k} \quad \text{à} \quad 1 - 2x + \frac{m^2}{k}.$$

k serait l'unité, sans la force perturbatrice, puisqu'il serait alors égal
au carré de la vitesse, divisé par le rayon; k ne diffère donc de l'unité
que de quantités de l'ordre m^2; ainsi, sans rechercher cette différence,
nous pouvons, en négligeant le carré de la force perturbatrice, supposer les deux forces précédentes dans le rapport de

$$1 + 2x - 2m^2 \quad \text{à} \quad 1 - 2x + m^2.$$

En égalant le rapport de ces forces à celui que nous avons donné ci-
dessus, on aura

$$\frac{R'}{R} = 1 - 3m^2\left(1 + \frac{1}{1-m}\right).$$

Pour déterminer x, Newton considère l'orbe lunaire comme une ellipse
dont la Terre occupe le centre et qui se meut d'un mouvement angulaire égal au mouvement apparent du Soleil, en sorte que son périgée
soit constamment au-dessous de cet astre. Dans une pareille ellipse,
si l'on prend, avec Newton, pour unité de distance le rayon vecteur
dans les octants, ce rayon, dans un point quelconque de l'orbite, sera

$$1 - x \cos 2(u - mv).$$

Newton en conclut que la courbure $\frac{1}{R}$, dans les syzygies, est à la courbure $\frac{1}{R}$, dans les quadratures, dans le rapport de

$$1 - 3x + (1 + x)\frac{1 - (1 - m)^2}{(1 - m)^2} \quad \text{à} \quad 1 + 3x + (1 - x)\frac{1 - (1 - m)^2}{(1 - m)^2},$$

ce qui donne

$$\frac{R'}{R} = 1 - 2x[4(1 - m)^2 - 1].$$

En égalant cette valeur de $\frac{R'}{R}$ à la précédente, on a

$$x = \frac{\dfrac{3m^2}{2}\left(1 + \dfrac{1}{1 - m}\right)}{4(1 - m)^2 - 1}.$$

Cette expression de x, réduite en nombres, donne $\frac{69}{70}$ pour le rapport du petit axe au grand axe de l'ellipse supposée par Newton.

La valeur de x peut être conclue de la seule considération des syzygies. En effet, le carré de la vitesse divisé par le rayon de courbure est dans les syzygies, par ce qui précède,

$$\frac{1 + 2x + \dfrac{3m^2}{2(1 - m)}}{R}.$$

En l'égalant à la force centrale dans ces points, et qui, comme on l'a vu, est

$$k(1 + 2x) - 2m^2,$$

on aura

$$\frac{1}{R} = k\left[1 - \frac{3m^2}{2(1 - m)}\right] - 2m^2.$$

On trouve, suivant le procédé de Newton, pour déterminer la courbure de l'orbite dans les syzygies,

$$\frac{1}{R} = 1 - x[4(1 - m)^2 - 1].$$

Pour déterminer k, on doit observer que Newton a pris pour unité le rayon vecteur de l'orbite dans les octants. Or, on trouve facilement qu'alors, dans ces points, le rayon de courbure et le carré de la vitesse sont égaux à l'unité, et que la force centrale, dirigée vers le centre de courbure, est $k - \frac{1}{2} m^2$; on a donc, par les théorèmes d'Huygens,

$$k - \frac{1}{2} m^2 = 1,$$

ce qui donne

$$k = 1 + \frac{1}{2} m^2.$$

La première expression de $\frac{1}{R}$ devient ainsi

$$\frac{1}{R} = 1 - \frac{3}{2} m^2 \left(1 + \frac{1}{1 - m} \right);$$

en l'égalant à la seconde, on a, comme ci-dessus,

$$x = - \frac{\frac{3}{2} m^2 \left(1 + \frac{1}{1 - m} \right)}{4(1 - m)^2 - 1}.$$

Dans ce procédé, il faut déterminer k, ce que l'on évite en considérant à la fois les syzygies et les quadratures.

Pour conclure de ces résultats l'inégalité de la variation, Newton observe que, dans une ellipse immobile où les aires tracées par le rayon vecteur partant du centre seraient proportionnelles aux temps, la tangente du mouvement vrai compté de l'extrémité du grand axe serait à la tangente du mouvement moyen comme le petit axe est au grand axe ou comme $1 - x$ est à $1 + x$. Ensuite, pour avoir égard à l'accroissement de l'aire depuis la quadrature jusqu'à la syzygie, New-ton multiplie la tangente du mouvement vrai par le rapport de la racine carrée de l'aire instantanée dans la quadrature à la racine carrée de l'aire instantanée dans la syzygie, rapport qui, par ce qui précède, est $1 - \dfrac{3 m^2}{4(1 - m)}$. Ainsi la tangente du mouvement vrai est à très-peu près égale au produit de la tangente du mouvement moyen par $1 - 2x - \dfrac{3m^2}{4(1-m)}$. Dans les octants, où le mouvement vrai est, en degrés sexagésimaux, égal à 45°, Newton trouve, en substituant pour x et pour m les valeurs qu'il a déterminées, le mouvement vrai de la Lune égal à 44°27'28"; en le soustrayant de 45°, la différence 32'32" est la valeur du coefficient de l'inégalité de la variation. Mais Newton observe que, en vertu du mouvement apparent du Soleil, le mouvement lunaire de la quadrature à la syzygie, au lieu d'être 90°, est agrandi dans le rapport de la durée du mois synodique à la durée du mois sidéral, ce qui revient à diviser 90° par $1 - m$. Il en conclut que tous les angles autour de la Terre, et par conséquent l'inégalité de la variation, doivent être augmentés dans le même rapport, ce qui porte cette inégalité à 35'10".

Pour avoir l'expression analytique de l'inégalité de la variation qui résulte du procédé de Newton, nommons δv cette inégalité. Nous aurons

$$\tan(v + \delta v) = \left[1 - 2x - \frac{3m^2}{4(1-m)} \right] \tan v,$$

v étant le moyen mouvement de la Lune compté de la quadrature. Cela donne, en négligeant le carré de δv,

$$\frac{\delta v}{\cos^2 v} = - \left[2x + \frac{3m^2}{4(1-m)} \right] \frac{\sin v}{\cos v}$$

ou

$$\delta v = - \frac{1}{2} \left[2x + \frac{3m^2}{4(1-m)} \right] \sin 2v.$$

Il faut, suivant Newton, substituer dans cette expression $v - mv$ au lieu de v et la diviser par $1 - m$, ce qui donne

$$\delta v = - \frac{\left[2x + \frac{3m^2}{4(1-m)} \right] \sin(2v - 2mv)}{2(1-m)}.$$

Si l'on fait partir l'angle $v - mv$ de la syzygie, il faut l'augmenter de 90°, ce qui revient à changer le signe de $\sin(2v - 2mv)$.

On peut obtenir cette expression plus simplement, de la manière suivante. On a, par ce qui précède,

$$r^2 d(\upsilon + \delta\upsilon) = d\upsilon \left[1 + \frac{3 m^2 \cos(2\upsilon - 2m\upsilon)}{4(1 - m)} \right].$$

Substituant pour r sa valeur $1 - x \cos 2(\upsilon - m\upsilon)$, on aura

$$d\,\delta\upsilon = \left[2x + \frac{3 m^2}{4(1 - m)} \right] \cos(2\upsilon - 2m\upsilon)\,d\upsilon,$$

d'où l'on tire, en intégrant,

$$\delta\upsilon = \frac{2x + \dfrac{3 m^2}{4(1 - m)}}{2(1 - m)} \sin(2\upsilon - 2m\upsilon);$$

ici l'angle $\upsilon - m\upsilon$ est compté de la syzygie.

Généralisons maintenant la méthode de Newton. Pour cela reprenons l'expression de Q du n° 1 du Livre VII. Cette expression donne $\frac{1}{r}\frac{\partial Q}{\partial\upsilon}$ pour la force qui anime la Lune, décomposée perpendiculairement au rayon r, et $-\frac{\partial Q}{\partial r}$ pour cette force décomposée suivant ce rayon et dirigée vers la Terre. La force $\frac{1}{r}\frac{\partial Q}{\partial\upsilon}$, multipliée par l'instant dt, donne l'accroissement de vitesse pendant l'instant dt perpendiculairement au rayon; cet accroissement, multiplié par dt et par $\frac{1}{2}r$, donne $\frac{1}{2}\frac{\partial Q}{\partial\upsilon}dt$ pour l'accroissement de l'aire instantanée $\frac{1}{2}r^2 d\upsilon$, dt étant supposé constant; on a donc

$$\frac{d.r^2 d\upsilon}{dt} = \frac{\partial Q}{\partial\upsilon}\,dt.$$

En multipliant les deux membres de cette équation par $\frac{r^2 d\upsilon}{dt}$ et intégrant, on aura

$$(r^2 d\upsilon)^2 = h^2 dt^2 \left(1 + \frac{2}{h^2} \int \frac{\partial Q}{\partial\upsilon} r^2 d\upsilon \right),$$

h étant une constante arbitraire, d'où l'on tire, en faisant $\frac{1}{r} = u$,

$$dt = \frac{d\upsilon}{hu^2 \sqrt{1 + \dfrac{2}{h^2} \int \dfrac{\partial Q}{\partial\upsilon} \dfrac{d\upsilon}{u^2}}},$$

ce qui est la première des équations (L) du n° 1 du Livre VII.

Si l'on nomme ds l'élément de la courbe décrite par la Lune, $\dfrac{ds^2}{dt^2}$ sera le carré de sa vitesse; en substituant pour dt sa valeur précédente, on aura, pour ce carré,

$$h^2 u^4 \frac{ds^2}{dv^2}\left(1 + \frac{2}{h^2}\int \frac{\partial Q}{\partial v}\frac{dv}{u^2}\right).$$

Soit R le rayon osculateur de l'orbite; les formules connues du rayon de courbure donnent, en supposant dv constant,

$$\frac{1}{R} = dv^3 \frac{\dfrac{d^2 u}{dv^2} + u}{u^3 ds^3};$$

ainsi le carré de la vitesse divisé par le rayon de courbure est

$$u \frac{dv}{ds} h^2\left(\frac{d^2 u}{dv^2} + u\right)\left(1 + \frac{2}{h^2}\int \frac{\partial Q}{\partial v}\frac{dv}{u^2}\right).$$

Il faut, par les théorèmes d'Huygens, égaler cette expression à la force lunaire décomposée suivant le rayon de courbure et dirigée vers le centre de courbure. On a vu que la force lunaire se décompose en deux, l'une dirigée vers la Terre et égale à $-\dfrac{\partial Q}{\partial r}$, l'autre perpendiculaire à r et égale à $\dfrac{1}{r}\dfrac{\partial Q}{\partial v}$. Si l'on décompose la force $-\dfrac{\partial Q}{\partial r}$ en deux, l'une parallèle à l'élément de la courbe et l'autre dirigée vers le centre de courbure, on aura pour celle-ci $-\dfrac{\partial Q}{\partial r}\dfrac{r\,dv}{ds}$ ou $u\dfrac{\partial Q}{\partial u}\dfrac{dv}{ds}$. Pareillement la force $\dfrac{1}{r}\dfrac{\partial Q}{\partial v}$, décomposée suivant le rayon de courbure, sera $-\dfrac{du}{u\,ds}\dfrac{\partial Q}{\partial v}$. En réunissant ces deux forces dirigées vers le centre de courbure, on aura, pour la force lunaire dirigée vers ce point,

$$u\frac{dv}{ds}\frac{\partial Q}{\partial u} - \frac{du}{u\,ds}\frac{\partial Q}{\partial v};$$

en l'égalant au carré de la vitesse divisé par le rayon de courbure, on aura

$$0 = \left(\frac{d^2 u}{dv^2} + u\right)\left(1 + \frac{2}{h^2}\int \frac{\partial Q}{\partial v}\frac{dv}{u^2}\right) - \frac{1}{h^2}\frac{\partial Q}{\partial u} + \frac{du}{h^2 u^2\,ds}\frac{\partial Q}{\partial v},$$

équation qui coïncide avec la seconde des équations (L) du n° 1 du Livre VII, lorsqu'on néglige l'inclinaison de l'orbite lunaire.

3. Newton considère ensuite le mouvement des nœuds de l'orbe lunaire et la variation de son inclinaison à l'écliptique. Après avoir décomposé l'action du Soleil sur la Lune en deux, l'une dirigée suivant le rayon de l'orbe lunaire, l'autre parallèle au rayon mené du Soleil à la Terre, il retranche de celle-ci l'action du Soleil sur la Terre et il observe que leur différence est la seule force qui puisse altérer la position du plan de l'orbite lunaire, comme n'étant pas dans ce plan. Pour déterminer la variation des nœuds qui en résulte, Newton fait passer un plan par l'élément de l'arc que la Lune décrit dans un instant et par le rayon lunaire de la dernière extrémité de cet élément. Ce plan sera celui de l'orbite pendant cet instant; dans l'instant suivant, la différence des forces dont nous venons de parler fera dévier la Lune de ce plan. Si par l'extrémité du rayon lunaire on mène une petite droite pour représenter cette différence, en la composant avec la vitesse de la Lune dans le premier instant, on aura la direction de cette vitesse dans le second instant, et, faisant passer un plan par le rayon lunaire et par cette direction, on aura le nouveau plan de l'orbite. Newton détermine ensuite la différence de position des nœuds de ces deux plans, et il trouve que le mouvement horaire du nœud ascendant est égal à

$$-3m^2 v_{\shortmid} \sin(v - N)\sin(mv - N)\cos(v - mv),$$

N étant la longitude du nœud et $v_{\shortmid}$ étant le mouvement horaire de la Lune. En désignant donc par $N_{\shortmid}$ le mouvement horaire du nœud, on a

$$N_{\shortmid} = -3m^2 v_{\shortmid} \sin(v - N)\sin(mv - N)\cos(v - mv).$$

Dans l'état actuel de l'Analyse, on réduit le produit de ces sinus et cosinus en cosinus simples, ce qui donne

$$N_{\shortmid} = -\frac{3}{4}m^2 v_{\shortmid}[1 + \cos(2v - 2mv) - \cos(2v - 2N) - \cos(2mv - 2N)].$$

En changeant ensuite N, et υ, en dN et $d\upsilon$, et désignant $-\frac{3}{4}m^2\upsilon$ par υ, on aura à très-peu près, en intégrant,

$$N = -\frac{3}{4}m^2\upsilon - \frac{3m^2}{8(1-m)}\sin(2\upsilon - 2m\upsilon)$$
$$+ \frac{3m^2}{8(1-i)}\sin(2\upsilon - 2N) + \frac{3m^2}{8(m-i)}\sin(2m\upsilon - 2N).$$

Ce procédé n'était point au-dessus de l'Analyse connue de Newton; et s'il en eût fait usage, il aurait eu fort simplement l'inégalité annuelle du mouvement du nœud, que son petit diviseur rend très-sensible, et qui, par ce qui précède, est

$$\frac{3m^2}{8(m-i)}\sin(2m\upsilon - 2N).$$

En substituant pour N sa valeur précédente dans l'expression de dN, on aura le terme non périodique

$$\frac{3}{4}m^2\,d\upsilon\,\frac{3m^2}{8(m-i)},$$

en sorte que le moyen mouvement du nœud sera

$$-\frac{3}{4}m^2\upsilon\left[1 - \frac{3m^2}{8(m-i)}\right],$$

expression exacte aux quantités près de l'ordre m^4.

Newton, au lieu de décomposer l'expression du mouvement horaire en cosinus simples pour ne considérer que l'inégalité indépendante du mouvement de la Lune, emploie un procédé qui revient au même. Il observe que, dans le cours de chaque mois, le mouvement du nœud s'accélère et retarde, et que de là résulte un mouvement horaire médiocre qu'il trouve égal à

$$-\frac{3}{2}m^2\upsilon_1\sin^2(m\upsilon - N),$$

ce qui donne

$$N_1 = -\frac{3}{4} m^2 \upsilon_1 [1 - \cos(2m\upsilon - 2N)],$$

N_1 étant ici le mouvement horaire médiocre. Cette expression de N_1 revient à négliger dans la précédente les termes dont la période est d'environ un mois. Newton néglige, en effet, les inégalités de ce genre, parce qu'elles disparaissent de l'expression de la latitude, en se combinant avec les inégalités semblables de l'inclinaison de l'orbite lunaire. En changeant N_1 et υ_1 en dN et $d\upsilon$, on a

$$dN = -\frac{3}{2} m^2 \, d\upsilon \sin^2(m\upsilon - N).$$

Supposons

$$m\upsilon - N = \varphi,$$

on aura

$$m \, d\upsilon = d\varphi + dN;$$

on aura donc

$$dN = -\frac{\frac{3}{2} m \, d\varphi \sin^2\varphi}{1 + \frac{3}{2} m \sin^2\varphi} = -\frac{3}{2} m \, d\varphi \sin^2\varphi + \frac{\frac{3}{2} m \, d\varphi \sin^4\varphi}{\frac{2}{3m} + \sin^2\varphi}.$$

En intégrant cette valeur de dN depuis φ nul jusqu'à φ égal à la circonférence 2π, on aura le mouvement moyen du nœud dans l'intervalle de deux retours consécutifs du Soleil au même nœud. L'intégrale de $-\frac{3}{2} m \, d\varphi \sin^2\varphi$ est $-\frac{3}{4} m.2\pi$. Newton a déterminé l'intégrale de

$$\frac{\frac{3}{2} m \, d\varphi \sin^4\varphi}{\frac{2}{3m} + \sin^2\varphi}$$

par la méthode des suites, qui donne pour cette intégrale

$$\frac{27}{32} m^2 \left(1 - \frac{5m}{4}\right) \cdot 2\pi.$$

On a ainsi, pour le mouvement moyen du nœud dans l'intervalle de deux retours consécutifs du Soleil au même nœud,

$$ - \frac{3m}{4} \cdot 2\pi \left(1 - \frac{9m}{8} + \frac{15\,m^2}{32} \right). $$

En exprimant cette quantité par $-2\mathrm{F}\pi$, il faut, suivant Newton, pour avoir le mouvement sidéral du nœud, la multiplier par $\frac{1}{1-\mathrm{F}}$, ce qui donne, pour le moyen mouvement du nœud,

$$ - \frac{3}{4} m^2 \upsilon \left(1 - \frac{3m}{8} + \frac{9\,m^2}{32} \right). $$

Newton ajoute à cette expression les termes de l'ordre m^4 qui résultent de ce que, en vertu de l'argument de la variation, le rayon vecteur de la Lune n'est pas constant et son mouvement n'est pas uniforme. Il trouve qu'il en résulte, dans le mouvement du nœud, la quantité

$$ \frac{3}{4} m^2 \upsilon \left(2x + \frac{3}{4} m^2 \right), $$

x désignant ce que nous lui avons fait désigner dans le numéro précédent, ce qui donne le mouvement du nœud, suivant Newton, égal à

$$ - \frac{3}{4} m^2 \upsilon \left(1 - \frac{3m}{8} - 2x - \frac{15\,m^2}{32} \right). $$

L'expression de ce mouvement, donnée dans le nº **13** du Livre VII, et qui a été vérifiée par divers géomètres, est, aux quantités près de l'ordre m^3,

$$ - \frac{3}{4} m^2 \upsilon \left(1 - \frac{3m}{8} - \frac{27}{32} m^2 - 2x \right); $$

la différence de ces deux expressions est très-petite.

Pour avoir l'inégalité du mouvement du nœud, Newton fait usage de l'expression précédente $d\mathrm{N}$, qui, en l'intégrant et négligeant les quantités de l'ordre m^3, donne

$$ \mathrm{N} = - \frac{3}{4} m\varphi \left(1 - \frac{9}{8} m \right) + \frac{3}{8} m \left(1 - \frac{3m}{2} \right) \sin 2\varphi + \frac{9\,m^2}{128} \sin 4\varphi. $$

L'inégalité dépendante de $\sin 4\varphi$ est insensible; celle qui dépend de $\sin 2\varphi$ ou de $\sin(2m\upsilon - 2N)$ a été reconnue par Tycho. En réduisant en nombres son coefficient, on a celui que Tycho a déduit de ses observations.

Newton détermine ensuite la variation horaire de l'inclinaison de l'orbite lunaire à l'écliptique, et il la trouve égale à

$$- 3m^2\gamma\upsilon_1 \cos(\upsilon - N) \sin(m\upsilon - N) \cos(\upsilon - m\upsilon'),$$

γ étant l'inclinaison de l'orbite. En changeant le mouvement horaire υ_1 de la Lune en $d\upsilon$, en réduisant en sinus simples le produit des cosinus et du sinus, et en intégrant, on a, pour la variation de l'inclinaison, cette expression fort approchée

$$- \frac{3m^2\gamma \cos(2\upsilon - 2m\upsilon)}{8(i - m)} + \frac{3m^2\gamma \cos(2\upsilon - 2N)}{8(1 - i)} + \frac{3m^2\gamma \cos(2m\upsilon - 2N)}{8(m - i)},$$

γ étant l'inclinaison moyenne de l'orbite. Newton ne considère, comme il l'a fait pour le mouvement du nœud, que la partie de cette expression qui n'est relative qu'à la distance du Soleil au nœud; il trouve le mouvement horaire de l'inclinaison, relatif à cette partie, égal à

$$\frac{3m^2}{2} \upsilon_1\gamma \sin(m\upsilon - N) \cos(m\upsilon - N),$$

d'où il conclut la principale inégalité de l'inclinaison.

Il observe que les deux autres inégalités, dont la période est d'un mois à peu près, en se combinant avec les deux inégalités correspondantes du mouvement du nœud, ne produisent aucune inégalité sensible dans la latitude. En effet, si l'on nomme δN et $\delta\gamma$ les variations du nœud et de l'inclinaison, la variation de la latitude sera

$$\delta\gamma \sin(\upsilon - N) - \gamma\delta N \cos(\upsilon - N).$$

En substituant pour $\delta\gamma$ et δN leurs termes périodiques trouvés ci-dessus, cette fonction devient

$$- \frac{3m^2\gamma}{8(1 - i)} \sin(\upsilon - N) + \frac{3m^2\gamma}{8} \left(\frac{1}{m - i} + \frac{1}{1 - m} \right) \sin(\upsilon - 2m\upsilon + N).$$

Le premier de ces termes se confond avec la première équation de latitude; le second forme la seconde équation de la latitude, dont le coefficient est augmenté d'une quantité de l'ordre m^2, par la considération des inégalités de l'inclinaison et du mouvement du nœud dont la période est d'un mois à peu près.

CHAPITRE III.

DES INÉGALITÉS LUNAIRES A LONGUES PÉRIODES, DÉPENDANTES DE LA FIGURE NON SPHÉRIQUE DE LA TERRE.

De l'inégalité lunaire à longue période, dépendante de la différence des deux hémisphères terrestres.

4. Cette inégalité a pour argument la longitude du périgée lunaire, plus deux fois la longitude du nœud; sa période est d'environ cent quatre-vingts ans. Pour la déterminer, je vais reprendre la formule (T) du n° 46 du Livre II, en lui donnant cette forme

$$(T) \qquad d\,\delta\upsilon = -\frac{2\,d^2(r\,\delta r) - d(dr\,\delta r) + dt^2\left(3\displaystyle\int \delta\,dR + 2\,\delta\,.\,r\,\frac{\partial R}{\partial r} - \frac{\partial R}{\partial r}\,\delta r\right)}{r^2\,d\upsilon},$$

l'angle υ étant rapporté à l'orbite lunaire. Je supposerai ici que la caractéristique δ se rapporte à la différence des deux hémisphères terrestres.

On peut supposer dans cette formule $r^2\,d\upsilon$ proportionnel à l'élément dt du temps. Cette proportionnalité a lieu dans la théorie de la Lune, en ayant même égard aux termes de l'ordre m dans les expressions de r et de $d\upsilon$, m exprimant, comme ci-dessus, le rapport du moyen mouvement du Soleil à celui de la Lune. Ces termes, que l'intégration a réduits à l'ordre m, ont des arguments qui ne diffèrent de υ que de quantités de l'ordre m : tel est spécialement celui qui représente l'évection. Ils peuvent être considérés comme autant d'équations du centre, en sorte que, si l'on désigne par $mk\cos q$ le terme de l'expression de r, le terme correspondant de l'expression de $d\upsilon$ sera, aux quantités près de l'ordre m^2, égal à $- 2mk\cos q$; ainsi, en négligeant les quantités de cet ordre, k disparaît de l'expression de $r^2 d\upsilon$. Ces termes ne troublent donc point sensiblement la proportionnalité des aires aux temps. En prenant ainsi pour unité de distance la moyenne distance de la Lune à la Terre et pour mesure du temps t le moyen mouvement de la Lune, nous pourrons supposer $r^2 d\upsilon$ égal à dt. Par le n° 1 du *Supplément au Traité de Mécanique céleste*, δR peut être supposé nul relativement aux inégalités à longue période, et, par rapport à ces inégalités, on peut évidemment négliger le terme $2\,d^2(r\,\delta r)$. L'équation (T) devient ainsi

$$(a) \qquad d.\delta\upsilon = - \frac{d(dr\,\delta r)}{dt} + dt\left(2\,\delta.r\,\frac{\partial R}{\partial r} - \frac{\partial R}{\partial r}\,\delta r\right).$$

Il faut maintenant déterminer la valeur de R. Si l'on nomme V la somme de toutes les molécules de la Terre divisées par leurs distances à son centre, on aura, par le n° 14 du Livre III, une expression pour V de cette forme

$$\frac{T}{r} + \Pi^{(1)}\frac{D}{r^2}\,U^{(1)} + \Pi^{(2)}\frac{D^2}{r^3}\,U^{(2)} + \Pi^{(3)}\frac{D^3}{r^5}\,U^{(3)} + \ldots,$$

T étant la masse du sphéroïde terrestre, D son rayon moyen et $U^{(i)}$ étant une fonction rationnelle et entière de μ et de ϖ, telle que l'on ait

$$0 = \frac{\partial.(1 - \mu^2)\dfrac{\partial U^{(i)}}{\partial\mu}}{\partial\mu} + \frac{\dfrac{\partial^2 U^{(i)}}{\partial\varpi^2}}{1 - \mu^2} + i(i+1)U^{(i)},$$

μ étant le sinus de la déclinaison de la Lune et ϖ étant la distance angulaire de son méridien à un méridien déterminé. En négligeant, comme on peut le faire ici, les sinus et cosinus d'angles dépendants de cette distance, on aura

$$U^{(3)} = \mu^3 - \frac{3}{5}\mu.$$

Le terme divisé par r^5 dans l'expression de V dépend de la différence des deux hémisphères terrestres. Il prend, par le n° 46 du Livre II, un signe contraire dans l'expression de R, où il devient

$$- H^{(3)} \frac{D^3}{r^4} \left(\mu^3 - \frac{3}{5} \mu \right).$$

En désignant par s la tangente de la latitude de la Lune, par fv sa longitude vraie rapportée à l'écliptique et comptée de l'équinoxe mobile du printemps, et par λ l'obliquité de l'écliptique, on a

$$\mu = \frac{\sin\lambda \, \sin fv + s \cos\lambda}{(1 + s^2)^{\frac{1}{2}}},$$

ce qui produit dans la fonction $\mu^3 - \frac{3}{5}\mu$ le terme

$$\frac{- \sin^3\lambda \, \sin 3 fv}{4(1 + s^2)^{\frac{3}{2}}}.$$

C'est le seul terme de cette fonction auquel nous devions avoir égard ici. En faisant donc

$$k = \frac{H^{(3)} D^3 \sin^3\lambda}{4},$$

on aura, dans l'expression de R, le terme

$$\frac{k \sin 3 fv}{(1 + s^2)^{\frac{3}{2}} r^4}.$$

On peut observer ici que f est extrêmement près de l'unité et qu'il n'en diffère qu'à raison de la précession des équinoxes dont le mouvement est très-lent par rapport à v.

Pour avoir l'expression de R, il faut y ajouter ce qui dépend de l'action du Soleil, et l'on verra facilement, en rapprochant l'expression de R du n° 46 du Livre II de l'expression Q des n°s 1 et 3 du Livre VII, que cette partie de R est la fonction

$$- \frac{m^2}{4} r^2 \left[1 - 3s^2 + 3(1 - s^2) \cos(2v - 2mv) \right],$$

les angles v et mv étant ici rapportés à l'écliptique. En la désignant par $r^2 Q'$, la partie de R que nous devons considérer dans la question présente sera

$$r^2 Q' + \frac{k \sin 3 f v}{(1 + s^2)^{\frac{3}{2}} r^4}.$$

On aura ainsi

$$2 r \frac{\partial R}{\partial r} = 4 r^2 Q' - \frac{8 k \sin 3 f v}{(1 + s^2)^{\frac{3}{2}} r^4}.$$

La caractéristique ne portant ici que sur les termes multipliés par k, si l'on néglige le carré de k, on aura

$$2 \delta . r \frac{\partial R}{\partial r} = 4 \delta . r^2 Q' - \frac{8 k \sin 3 f v}{(1 + s^2)^{\frac{3}{2}} r^4}.$$

Mais, en n'ayant égard qu'aux inégalités à longues périodes, on peut, comme on l'a dit, supposer δR nul, ce qui donne

$$\delta . r^2 Q' = - \frac{k \sin 3 f v}{(1 + s^2)^{\frac{3}{2}} r^4};$$

on a donc

$$2 \delta . r \frac{\partial R}{\partial r} = - \frac{12 k \sin 3 f v}{(1 + s^2)^{\frac{3}{2}} r^4};$$

la formule précédente (a) devient ainsi

$$d . \delta v = - \frac{d(dr \, \delta r)}{dt} - dt \left[\frac{12 k \sin 3 f v}{(1 + s^2)^{\frac{3}{2}} r^4} + 2 Q' r \delta r \right].$$

Il faut maintenant déterminer $r \delta r$. Pour cela, je reprends les équations (L) du n° 1 du Livre VII. En adoptant les dénominations du même Livre, la différence des deux hémisphères terrestres ajoute à la valeur de Q du numéro cité le terme

$$- \frac{k u^4 \sin 3 f v}{(1 + s^2)^{\frac{3}{2}}},$$

r étant égal à $\frac{\sqrt{1+s^2}}{u}$. Ne considérons ici que cette partie de Q; on aura

$$\frac{\partial Q}{\partial v}\,\frac{dv}{u^2} = -\,\frac{3k\,u^2\cos 3fv}{(1+s^2)^{\frac{7}{2}}}\,dv.$$

On a, par le n° 4 du Livre VII,

$$u = \frac{1}{h^2(1+\gamma^2)}\big[\sqrt{1+s^2} + e\cos(cv - \varpi)\big],$$

$$s = \gamma\sin(gv - \vartheta);$$

négligeant donc les termes qui doivent rester insensibles après les intégrations, on aura

$$2\int\frac{\partial Q}{\partial v}\,\frac{dv}{h^2 u^2} = -\,\frac{2k}{h^6}\left[\begin{array}{l}\sin 3fv + \dfrac{15\gamma^2}{8}\cdot\dfrac{\sin(3fv - 2gv + 2\vartheta)}{3f - 2g}\\[2ex] +\,\dfrac{9}{4}\,\dfrac{e\gamma^2\sin(3fv - 2gv - cv + 2\vartheta + \varpi)}{3f - 2g - c}\end{array}\right].$$

En substituant pour u sa valeur approchée

$$\frac{1}{h^2(1+\gamma^2)}\left[1 + \tfrac{1}{4}\gamma^2 - \tfrac{1}{4}\gamma^2\cos(2gv - 2\vartheta)\right],$$

le terme

$$\left(\frac{\partial^2 u}{\partial v^2} + u\right)\cdot 2\int\frac{\partial Q}{\partial v}\,\frac{dv}{h^2 u^2}$$

de la seconde des équations (L) du n° 1 donnera ceux-ci :

$$-\frac{k}{h^8}\left[\frac{9}{2}\gamma^2\sin(3fv - 2gv + 2\vartheta) + \frac{9}{2}e\gamma^2\sin(3fv - 2gv - cv + 2\vartheta + \varpi)\right];$$

on trouve de plus

$$\frac{du}{h^2 u^2\,dv}\,\frac{\partial Q}{\partial v} = \frac{3k\gamma^2}{4h^8}\sin(3fv - 2gv + 2\vartheta),$$

$$-\frac{1}{h^2}\,\frac{\partial Q}{\partial u} - \frac{s}{h^2 u}\,\frac{\partial Q}{\partial s} = \frac{15k\gamma^2}{4h^8}\sin(3fv - 2gv + 2\vartheta).$$

Tous ces termes réunis produisent, dans le second membre de la seronde des équations (L) citées, le terme

$$- \frac{9}{2h^3} \frac{ke\gamma^2 \sin(3fv - 2gv - cv + 2\vartheta - \varpi)}{3f - 2g - c}.$$

Il faut ajouter à ce membre le terme qui résulte de la variation de u relative à l'angle $3fv - 2gv$, dans le développement de la force perturbatrice. Représentons cette variation par

$$\frac{1}{h^2(1 + \gamma^2)} lk \sin(3fv - 2gv + 2\vartheta),$$

en sorte que la valeur précédente de u devienne

$$u = \frac{1}{h^2(1 + \gamma^2)} \left[\sqrt{1 + s^2} + c \cos(cv - \varpi) + lk \cos\left(3fv - 2gv + 2\vartheta - \frac{\pi}{2}\right) \right],$$

π étant la demi-circonférence dont le rayon est l'unité. L'angle $3fv - 2gv$ étant très-peu différent de cv, on peut considérer le terme

$$lk \cos\left(3fv - 2gv + 2\vartheta - \frac{\pi}{2}\right)$$

comme étant relatif à une seconde équation du centre ; ainsi, de même que le terme $c \cos(cv - \varpi)$ a produit, dans le second membre de l'équation (L') du n° 9 du Livre VII, le terme

$$- (1 - c^2)c \cos(cv - \omega),$$

le terme

$$lk \cos\left(3fv - 2gv + 2\vartheta - \frac{\pi}{2}\right)$$

y produira le terme

$$- (1 - c'^2)lk \cos\left(3fv - 2gv + 2\vartheta - \frac{\pi}{2}\right),$$

c' étant extrêmement peu différent de c. Il lui serait même égal, si l'on faisait abstraction de la puissance $[c \cos(cv - \omega)]^2$, qui provient du facteur $\frac{1}{u^3}$ qui multiplie l'action perturbatrice du Soleil dans le mouvement lunaire ; car, en négligeant le carré de k et ses puissances supérieures et ne considérant que les termes multipliés par

$$e \cos(cv - \varpi)$$

et par

$$lk \cos\left(3fv - 2gv + 2\theta - \frac{\pi}{2}\right),$$

on a

$$\frac{1}{u^3} = h^6(1 + \gamma^2)^3 \left[\begin{array}{l} - 3\,e\left(1 + \frac{5}{2}e^2\right) \cos(cv - \varpi) \\ - 3\,lk \cos\left(3fv - 2gv + 2\theta - \frac{\pi}{2}\right) \end{array} \right].$$

De là il est facile de conclure que l'on a, à très-peu près,

$$1 - c'^2 = (1 - c^2)\left(1 - \frac{5}{2}e^2\right).$$

Il faut donc ajouter, au second membre de l'équation (L') du n° 9 du Livre VII, le terme

$$- (1 - c^2)\left(1 - \frac{5}{2}e^2\right) lk \sin(3fv - 2gv + 2\theta).$$

Le terme

$$- \frac{1}{h^2(1 + s^2)^{\frac{3}{2}}},$$

que donne par son développement le second membre de la seconde des équations (L) du n° 1 du Livre VII, produit, dans le second membre de l'équation (L') du même Livre, le terme $\frac{3s\,\delta s}{h^2}$, δs étant la variation de s, dépendante de k. La partie sensible de cette variation dépend de l'angle

$$3fv - gv - cv + \theta + \varpi,$$

parce que,

$$3fv - gv - cv$$

différant très-peu de gv, les termes relatifs à cet angle acquièrent un très-petit diviseur. Il faut, par la même raison, avoir égard aux termes de δs dépendants de l'angle $3fv - gv + \theta$. Ces termes produisent dans $\frac{3s\,\delta s}{h^2}$ des termes dépendants de l'angle $3fv - 2gv + 2\theta$ et qui acquièrent, par l'intégration de l'équation (L') du n° 9 du Livre VII, un très-petit diviseur.

Cela posé, en n'ayant égard qu'à la partie de Q dépendante de k, on a

$$\frac{1}{h^2 u^2}\frac{ds}{dv}\frac{\partial Q}{\partial v} - \frac{s}{h^2 u}\frac{\partial Q}{\partial v} - \frac{1+s^2}{h^2 u^2}\frac{\partial Q}{\partial s}$$
$$= -\frac{3k}{h^6}\gamma c \cos(3fv - gv - cv + \theta + \varpi) - \frac{3k}{h^6}\gamma \cos(3fv - gv + \theta).$$

Il faut donc ajouter ces deux derniers termes au second membre de la troisième des équations (L) du n° 1 du Livre VII. Il faut ajouter encore à ce membre le terme qui résulte de la variation de s relative à l'angle $3fv - gv - cv$ dans le développement de la force perturbatrice. Représentons cette variation par

$$ik \cos(3fv - gv - cv + \theta + \varpi).$$

$3fv - gv - cv$ différant très-peu de gv, on peut considérer

$$ik \sin\left(3fv - gv - cv + \theta + \varpi - \frac{\pi}{2}\right)$$

comme appartenant à une seconde inclinaison de l'orbite. Ainsi, de même que le terme $\gamma \sin(gv - \theta)$ a produit dans l'équation (L″) du n° 13 du Livre VII le terme

$$(g^2 - 1)\gamma \sin(gv - \theta),$$

le terme

$$ik \sin\left(3fv - gv - cv + \theta + \varpi - \frac{\pi}{2}\right)$$

y produira le terme

$$(g'^2 - 1)ik \sin\left(3fv - gv - cv + \theta + \varpi - \frac{\pi}{2}\right),$$

g' étant extrêmement peu différent de g. On aura leur différence en observant qu'elle vient du terme multiplié par s^2 dans le développement du second membre de la troisième des équations (L) du n° 1 du

Livre VII, et spécialement de sa partie

$$- \frac{s}{h^2 u} \frac{\partial Q}{\partial u} - \frac{1 + s^2}{h^2 u^2} \frac{\partial Q}{\partial s},$$

et il résulte, de l'expression de Q du n° 3 du Livre VII, que cette partie donne dans ce second membre le terme $- 3m^2 h^6 s^3$, ce qui produit, dans le second membre de l'équation (L″) citée, le terme

$$- \frac{9}{4} h^6 m^2 \gamma^2 . \gamma \sin(gv - \vartheta);$$

on a donc, en observant que h est à très-peu près l'unité,

$$g^2 = g'^2 - \frac{9}{4} m^2 \gamma^2;$$

il faut donc ajouter à ce second membre le terme

$$\left(g^2 - 1 + \frac{9}{4} m^2 \gamma^2 \right) ik \cos(3fv - gv - cv + \vartheta + \varpi).$$

La troisième des équations (L) citées donne ainsi, en ne considérant que les termes précédents dépendants de k,

$$0 = \frac{d^2 s}{dv^2} + s + \left(g^2 - 1 + \frac{9}{4} m^2 \gamma^2 \right) ik \cos(3fv - gv - cv + \vartheta + \varpi)$$
$$- \frac{3k}{h^6} \gamma e \cos(3fv - gv - cv + \vartheta + \varpi) - \frac{3}{h^6} \gamma \cos(3fv - gv + \vartheta).$$

Ayant représenté par $ik \cos(3fv - gv - cv + \vartheta + \varpi)$ le terme de s dépendant de l'angle $3fv - gv - cv$, l'équation précédente donnera

$$0 = ik \left[g^2 + \frac{9}{4} m^2 \gamma^2 - (3f - g - c)^2 \right] - \frac{3k}{h^6} \gamma e.$$

Ainsi la variation de s relative à l'angle $3fv - gv - cv$ est, à fort peu près,

$$- \frac{3k}{h^6} \frac{\gamma e \cos(3fv - gv - cv + \vartheta + \varpi)}{2(3f - 2g - c) - \frac{9}{4} m^2 \gamma^2}.$$

γ et m sont des fractions du même ordre de petitesse, en sorte que $- \frac{9}{4} m^2 \gamma^2$ est de l'ordre m^4; il semble donc qu'on peut le négliger par rapport à $2(3f - 2g - c)$; mais la circonstance particulière qui rend $1 - c$ presque double de $g - 1$ rend $2(3f - 2g - c)$ fort petit et tel que, pour l'exactitude du calcul, il est nécessaire de conserver, à son égard, le terme $-\frac{9}{7} m^2 \gamma^2$.

La partie de s relative à l'angle $3fv - gv$ est, à fort peu près,

$$-\frac{k\gamma}{h^6} \cos(3fv - gv + \theta);$$

le terme $\frac{3 s \, \delta s}{h^2}$ donne ainsi les suivants :

$$\frac{9 k c \gamma^2 \sin(3fv - 2gv - cv + 2\theta + \varpi)}{4 h^3 \left(3f - 2g - c - \frac{9}{8} m^2 \gamma^2\right)} + \frac{3 k \gamma^2}{2 h^3} \sin(3fv - 2gv + 2\theta).$$

La seconde des équations (L) citées deviendra ainsi, en ne considérant que les termes qui ont pour diviseur $3f - 2g - c$ ou qui peuvent l'acquérir,

$$0 = \frac{d^2 u}{dv^2} + u - \frac{9 k c \gamma^2}{2 h^3} \left(\frac{1}{3f - 2g - c} - \frac{1}{2} \frac{1}{3f - 2g - c - \frac{9}{8} m^2 \gamma^2}\right) \sin(3fv - 2gv - cv + 2\theta + \varpi)$$
$$+ \frac{3 k \gamma^2}{2 h^3} \sin(3fv - 2gv + 2\theta) - (1 - c^2)\left(1 - \frac{5}{2} c^2\right) lk \sin(3fv - 2gv + 2\theta).$$

Ayant représenté la partie de la variation δu de u, relative à l'angle $3fv - 2gv + 2\theta$, par

$$lk \sin(3fv - 2gv + 2\theta),$$

l'équation précédente donne

$$lk = \frac{3 k \gamma^2}{4 h^3 \left[3f - 2g - c - \frac{5}{4} c^2 (1 - c^2)\right]};$$

on aura donc

$$\delta u = \frac{3 k \gamma^2 \sin(3fv - 2gv + 2\theta)}{4 h^3 \left[3f - 2g - c - \frac{5}{4} e^2 (1 - c^2)\right]}$$
$$+ \frac{9 k c \gamma^2}{4 h^3} \frac{3f - 2g - c - \frac{9}{4} m^2 \gamma^2}{(3f - 2g - c)\left(3f - 2g - c - \frac{9}{8} m^2 \gamma^2\right)} \sin(3fv - 2gv - cv + 2\theta + \varpi).$$

En prenant ensuite pour unité la moyenne distance de la Lune à la Terre, on pourra, par le n° 6 du Livre VII, supposer $h = 1$, et alors on a, à fort peu près,

$$u = \sqrt{1 + s^2} + e \cos(cv - \varpi);$$

on a ensuite

$$r = \frac{\sqrt{1 + s^2}}{u}.$$

Le terme

$$\frac{12 k \, dt \sin 3 fv}{(1 + s^2)^{\frac{1}{2}} r^4}$$

donne celui-ci, en substituant, pour dt, $\dfrac{dv}{u^2}$,

$$9 k e \gamma^2 \sin(3 fv - 2 gv - cv + 2\theta + \varpi).$$

On trouvera facilement

$$- 2 Q' dt . r \delta r = \frac{m^2}{2} \left[1 + 3 \cos(2v - 2mv) \right] \left(\frac{s \, \delta s}{u^2} - \frac{\delta u}{u^3} \right) \frac{dv}{u^2}.$$

En substituant pour δu et δs leurs valeurs précédentes, et ne conservant que les termes qui ont des diviseurs de l'ordre $3f - 2g - c$, on aura

$$
\begin{aligned}
&\frac{m^2}{2} \left(\frac{s \, \delta s}{u^2} - \frac{\delta u}{u^3} \right) \frac{dv}{u^2} \\
&= 3 k \frac{m^2}{2} e \gamma^2 \sin(3 fv - 2 gv - cv + 2\theta + \varpi)
\end{aligned}
\left\{
\begin{aligned}
&\frac{1}{3f - 2g - c - \frac{9}{8} m^2 \gamma^2} \\
&- \frac{\frac{3}{2}}{3f - 2g - c} \\
&+ \frac{\frac{5}{8}}{3f - 2g - c - \frac{3}{4} e^2 (1 - c^2)}
\end{aligned}
\right\}.
$$

Les termes de l'ordre m^3 doublent à fort peu près, comme l'on sait, la valeur de c relative aux quantités de l'ordre m^2, ce qui rend très-petit le diviseur $3f - 2g - c$; il est donc utile, dans la présente recherche, d'avoir égard aux termes de l'ordre m^3. Pour cela, il faut considérer la fonction

$$\frac{3m^2}{2}\cos(2v - 2mv)\left(\frac{s\,\delta s}{u^2} - \frac{\delta u}{u^3}\right)\frac{dv}{u^2},$$

qui fait partie de l'expression de $-2Q'\,dt\,.\,r\,\delta r$.

Si l'on suppose

$$u = 1 + e\cos(cv - \varpi) + A_1^{(1)}e\cos(2v - 2mv - cv + \varpi)$$
$$+ B_1^{(0)}\gamma\cos(2v - 2mv - gv + \theta),$$

$A_1^{(1)}$ et $B_1^{(0)}$ ayant les significations que je leur ai données dans le Livre VII, la fonction précédente donnera, dans l'expression de $d\delta v$, le terme

$$\frac{3}{16}\,m^2 e\gamma^2\,dv\,.\,k\sin(3fv - 2gv - cv + 2\theta + \varpi)\left\{\frac{\dfrac{15}{2}A_1^{(1)}}{3f - 2g - c - \dfrac{5}{4}e^2(1-c^2)} - \frac{3B_1^{(0)}}{3f - 2g - c - \dfrac{9}{8}m^2\gamma^2}\right\}.$$

Considérons le terme $-\dfrac{d(dr\,\delta r)}{dt}$ de l'expression de $d\delta v$: on a

$$dr = e\,dv\sin(cv - \varpi), \quad \delta r = -\sqrt{1 + s^2}\,\frac{\delta u}{u^2} + \frac{s\,\delta s}{u\sqrt{1 + s^2}};$$

le terme $-\dfrac{d(dr\,\delta r)}{dt}$ donne ainsi le suivant :

$$\frac{3ke\gamma^2}{8}\frac{d\cos(3fv - 2gv - cv + 2\theta + \varpi)}{3f - 2g - c - \dfrac{5}{4}e^2(1-c^2)}.$$

L'expression de $d\delta v$ se rapporte au plan de l'orbite lunaire : pour la rapporter au plan même de l'écliptique, il faut, par le Chapitre II du Livre VII, lui ajouter ce que produit la fonction

$$\frac{1}{2}\left(s^2 - \frac{ds^2}{dv^2}\right)dv,$$

lorsqu'on y substitue, pour s,

$$\gamma \sin gv - \frac{3k}{h^6} \frac{\gamma e \cos(3fv - gv - cv + \theta + \varpi)}{2(3f - 2g - c) - \frac{9}{4}m^2\gamma^2},$$

ce qui produit le terme

$$\frac{3ke\gamma^2}{2} \frac{[1 - g^2 - g(3f - 2g - c)]\sin(3fv - 2gv - cv + 2\theta + \varpi)}{2(3f - 2g - c) - \frac{9}{4}m^2\gamma^2}.$$

Enfin, le terme

$$-\frac{12k\,dt \sin 3fv}{(1 + s^2)^{\frac{3}{2}} r^4},$$

de l'expression donnée ci-dessus de $d\delta v$, donne, en le transformant dans celui-ci

$$-\frac{12k\,dv\,.u^2 \sin 3fv}{(1 + s^2)^{\frac{3}{2}}}$$

et en y substituant, pour u,

$$\sqrt{1 + s^2} + e \cos(cv - \varpi),$$

le terme

$$-9ke\gamma^2 \sin(3fv - 2gv - cv + 2\theta + \varpi).$$

En réunissant tous les termes de l'expression de $d\delta v$ rapportée à l'écliptique et en intégrant, on a

$$(8) \quad \delta v = \left\{ -\frac{3ke\gamma^2 \cos(3fv - 2gv - cv + 2\theta + \varpi)}{3f - 2g - c} \left\{ 3 - \frac{\frac{m^2}{2} - \frac{1}{4}[g^2 - 1 + (3f - 2g - c)g] - \frac{3B''}{16}}{3f - 2g - c - \frac{9}{8}m^2\gamma^2} + \frac{\frac{3}{4}m^2}{3f - 2g - c} - \frac{\frac{5}{16}m^2 + \frac{15}{32}A'}{3f - 2g - c - \frac{5}{4}e^2(1 - e^2)} \right\} + \frac{\frac{3ke\gamma^2}{8}\cos(3fv - 2gv - cv + 2\theta + \varpi)}{3f - 2g - c - \frac{5}{4}e^2(1 - e^2)} \right\}.$$

Pour réduire cette formule en nombres, on peut observer que, par le n° 14 du Livre III, le rayon d'une couche du sphéroïde terrestre étant exprimé par $a(1 + \alpha y)$, et y étant développé dans une suite de la forme $y^{(0)} + y^{(1)} + y^{(2)} + y^{(3)} + \ldots, y^{(i)}$ étant assujetti à l'équation

$$0 = \frac{\partial.\left(1 - \mu^2\right)\dfrac{\partial y^{(i)}}{\partial \mu}}{\partial \mu} + \frac{\dfrac{\partial^2 y^{(i)}}{\partial \varpi^2}}{1 - \mu^2} + i(i+1)y^{(i)},$$

on aura, par la formule (a) de ce même numéro

$$H^{(3)} D^3 U^{(3)} = \frac{4\pi}{7}\,\alpha \int \rho\, d.a^6 y^{(3)},$$

ρ étant la densité de la couche, la différentielle et l'intégrale étant relatives à la variable a, et cette intégrale étant prise depuis $a = 0$ jusqu'à $a = D$. En prenant pour unité de distance, comme nous le faisons, la distance moyenne de la Lune à la Terre, et pour unité de vitesse la vitesse moyenne de la Lune, la masse de la Terre devient à fort peu près l'unité de masse ; or cette masse est, à fort peu près, $\frac{4\pi}{3} \int \rho\, d.a^3$; on aura donc

$$H^{(3)} D^3 U^{(3)} = \frac{\dfrac{3}{7}\,\alpha \int \rho\, d.a^6 y^{(3)}}{\int \rho\, d.a^3}.$$

On peut négliger ici les termes de $y^{(3)}$ qui dépendent de ϖ, et supposer ainsi

$$y^{(3)} = p\left(\mu^3 - \frac{3\mu}{5}\right),$$

p étant une fonction de a ; alors on a

$$H^{(3)} D^3 = \frac{\dfrac{3}{7}\,\alpha \int \rho\, d.a^6 p}{\int \rho\, d.a^3},$$

ce qui donne

$$k = \frac{3}{28}\,\alpha\,\frac{\int \rho\, d.a^6 p}{\int \rho\, d.a^3}\sin^3 \lambda.$$

Si la Terre est supposée homogène, ρ et p sont constants, et l'on a

$$3k = \frac{9}{28}\, \alpha p\, \mathrm{D}^3 \sin^2\lambda.$$

Nous sommes certains, par les mesures des degrés terrestres et du pendule, que αp n'est pas $\frac{1}{300}$; $3k$ est donc au-dessous de $\frac{1}{900}\mathrm{D}^3 \sin^2\lambda$. Quelle que soit la constitution du sphéroïde terrestre, nous sommes certains que $3k$ est au-dessous de $\frac{1}{100}\mathrm{D}^3 \sin^2\lambda$. On a, à fort peu près,

$$\frac{1}{3f - 2g - c} = 2445\,;$$

on a ensuite, par le Livre VII,

$$c = 0,9915481,$$
$$m = 0,0748013, \qquad e = 0,0548793,$$
$$\lambda = 0,0900807, \qquad g = 1,0040217 5,$$
$$\mathrm{A}_1^{(1)} = 0,201816, \qquad \mathrm{B}_1^0 = 0,0282636.$$

De plus, l'obliquité de l'écliptique est, à fort peu près, $23°28'$ en degrés sexagésimaux; en supposant donc

$$3k = \frac{1}{100}\mathrm{D}^3 \sin^2\lambda,$$

et en observant que, par le n° 19 du Livre VII, on a

$$\mathrm{D} = 0,016655101,$$

on trouve que l'expression de $\delta\varpi$, donnée par la formule (b), est insensible et au-dessous de $\frac{1}{1000}$ de seconde.

Des inégalités lunaires dépendantes de la partie elliptique du rayon terrestre.

5. J'ai déterminé ces inégalités dans le Chapitre II du Livre VII; je vais considérer ici quelques quantités auxquelles je n'avais point

eu égard. Le terme de l'expression de V donnée ci-dessus, qui dépend de la partie elliptique du rayon terrestre, est

$$H^{(2)} \frac{D^2}{r^4} U^{(2)}.$$

On peut supposer ici, dans ce terme,

$$U^{(2)} = \mu^2 - \frac{1}{3};$$

alors, en substituant pour μ sa valeur

$$\frac{\sin\lambda \cdot \sin fv + s\cos\lambda}{\left(1 + s^2\right)^{\frac{1}{2}}},$$

on aura dans V le terme

$$2 H^{(2)} \frac{D^2}{r^4} \frac{\sin\lambda \cdot \cos\lambda \cdot s \sin fv}{\left(1 + s^2\right)^{\frac{1}{2}}}.$$

Ce même terme, pris avec un signe contraire, fait partie de l'expression de R, en sorte que l'on pourra supposer ici

$$R = r^2 Q' - 2 H^{(2)} \frac{D^2}{r^4} \frac{\sin\lambda \cdot \cos\lambda \cdot s \sin fv}{\left(1 + s^2\right)^{\frac{1}{2}}},$$

ce qui donne

$$2\delta . r\frac{\partial R}{\partial r} = 4\delta . r^2 Q' + 12 H^{(2)} \frac{D^2}{r^3} \frac{\sin\lambda \cdot \cos\lambda \cdot s \sin fv}{\left(1 + s^2\right)^{\frac{1}{2}}}.$$

En n'ayant égard qu'à l'inégalité de δv dont la période est celle du retour du nœud lunaire au même équinoxe, on pourra supposer δR nul, et alors on a

$$\delta . r^2 Q' = 2 H^{(2)} \frac{D^2}{r^3} \frac{\sin\lambda \cdot \cos\lambda \cdot s \sin fv}{\left(1 + s^2\right)^{\frac{1}{2}}};$$

on a donc

$$2\delta . r\frac{\partial R}{\partial r} = 20 H^{(2)} \frac{D^2}{r^3} \frac{\sin\lambda \cdot \cos\lambda \cdot s \sin fv}{\left(1 + s^2\right)^{\frac{1}{2}}},$$

et la formule (a) du numéro précédent deviendra

$$d\,\delta v = -\frac{d\,.\,dr\,\delta r)}{dt} + \left[\frac{2o\,\mathrm{H}^{(2)}\frac{\mathrm{D}^2}{r^3}\sin\lambda\cos\lambda\,.\,s\sin f v}{(1+s^2)^{\frac{3}{2}}} - 2Q'r\,\delta r\right]dt.$$

Le terme

$$\frac{2o\,\mathrm{H}^{(2)}\frac{\mathrm{D}^2}{r^3}\sin\lambda\cos\lambda\,.\,s\sin f v}{(1+s^2)^{\frac{3}{2}}}\,dt$$

donne celui-ci, en substituant, comme ci-dessus, $\frac{dv}{u^2}$ ou simplement dv pour dt, et faisant $r = 1$,

$$1o\,\mathrm{H}^{(2)}\mathrm{D}^2\sin\lambda\cos\lambda\,.\,\gamma\,dv\cos(gv - fv - \theta).$$

On a, par ce qui précède,

$$-2Q' = \frac{m^2}{2}[1 - 3s^2 + 3(1 - s^2)\cos(2v - 2mv)];$$

le terme $-2Q'r\,\delta r\,dt$ donnera ainsi le suivant :

$$(o) \qquad \frac{m^2\,dv}{2}[1 + 3\cos(2v - 2mv)]r\,\delta r.$$

Il faut déterminer la partie de $r\,\delta r$ qui dépend de $\cos(gv - fv - \theta)$ et qui a pour diviseur $g - f$. Voulant ensuite avoir égard aux termes de l'ordre m^3, il faut déterminer la partie de $r\,\delta r$ de l'ordre m qui dépend de $\cos(2v - 2mv - gv + fv - \theta)$ et qui a le diviseur $g - 1$, parce que cette partie, étant multipliée par $\cos(2v - 2mv)$, produit un terme de l'ordre m^3 dans la fonction (o). Il faut donc avoir égard aux mêmes parties dans les développements de $s\,\delta s$ et δu.

Développons d'abord δs. La partie de Q relative aux forces perturbatrices étant $-R$, elle est égale à

$$-r^2Q' + 2\mathrm{H}^{(2)}\mathrm{D}^2\frac{\sin\lambda\cos\lambda\,.\,u^3s\sin f v}{(1+s^2)^2}.$$

En n'ayant égard qu'au second de ces termes, la partie utile de

$$-\frac{1}{h^2u^2}\frac{ds}{dv}\frac{\partial Q}{\partial v} - \frac{s}{h^2u}\frac{\partial Q}{\partial v} - \frac{1+s^2}{h^2u^2}\frac{\partial Q}{\partial s}$$

se réduit, à très-peu près, à

$$- 2 \, \mathrm{H}^{(2)} \mathrm{D}^2 \sin\lambda . \cos\lambda . \sin fv.$$

La troisième des équations (L) du n° 1 du Livre VII donne ainsi, en désignant par δs le terme de s qui dépend de fv,

$$0 = \frac{d^2\,\delta s}{dv^2} + g'^2\,\delta s - 2\,\mathrm{H}^{(2)}\mathrm{D}^2 \sin\lambda . \cos\lambda . \sin fv,$$

g'^2 étant, comme dans le numéro précédent, égal à $g^2 + \frac{9}{4} m^2\gamma^2$; on a donc

$$\delta s = \frac{2\,\mathrm{H}^{(2)}\mathrm{D}^2 \sin\lambda . \cos\lambda . \sin fv}{g^2 - f^2 + \frac{9}{4} m^2\gamma^2}.$$

On a, à très-peu près, $g^2 - f^2$ égal à $g^2 - 1$, et $g^2 - 1$ est assez grand par rapport à $\frac{9}{4} m^2\gamma^2$ pour que l'on puisse négliger ici ce dernier terme, en sorte que l'on a, aux quantités près de l'ordre m^2,

$$\delta s = \frac{k' \sin fv}{g - 1},$$

en faisant

$$k' = \mathrm{H}^{(2)}\mathrm{D}^2 \sin\lambda . \cos\lambda .$$

Pour avoir le terme de s dépendant de $\sin(2v - 2mv - fv)$, on observera que l'on peut considérer l'expression précédente de δs comme étant relative à une inclinaison de l'orbite lunaire égale à $\frac{k'}{g - 1}$, et dont $(1 - f)v$ serait le mouvement du nœud. Or on a vu, dans le n° 7 du Livre VII, que l'inclinaison γ de l'orbite lunaire produit dans s, en vertu de l'action du Soleil, le terme

$$\mathrm{B}_1^{(0)}\gamma \sin(2v - 2mv - gv + \theta);$$

l'inclinaison $\frac{k'}{g - 1}$ produira donc un terme semblable, que nous représenterons par

$$\overline{\mathrm{B}}^{(0)} \frac{k'}{g - 1} \cdot \sin(2v - 2mv - fv),$$

et l'on voit, par le n° 7 cité, que l'on peut, en négligeant les quanlités de l'ordre m^2, supposer $\overline{B}^{(0)}$ égal à $B_1^{(0)}$. Ce résultat, auquel conduit la considération de la partie $- r^2 Q'$ de l'expression de Q, nous dispense de considérer ici cette partie; nous pouvons ainsi faire

$$\delta s = \frac{k'}{g - 1} \left[\sin f v + B_1^{(0)} \sin (2 v - 2 m v - f v) \right].$$

Déterminons maintenant δu. Pour cela, reprenons la seconde des équations (L) du n° 1 du Livre VII. En faisant usage de la valeur précédente de Q et ne considérant que le dernier terme de cette valeur, l'intégrale

$$2 \int \frac{\partial Q}{\partial v} \frac{d v}{u^2}$$

donnera le terme

$$- \frac{2 k' \cos (g v - f v - \theta)}{g - 1}.$$

Ainsi la fonction

$$\left(\frac{d^2 u}{d v^2} + u \right) \left(1 + \frac{2}{h^2} \int \frac{\partial Q}{\partial v} \frac{d v}{u^2} \right)$$

du second membre de la seconde des équations (L) citées renferme le terme

$$- \frac{2 k' \cos (g v - f v - \theta)}{g - 1}.$$

Le développement de ce second membre renferme encore, comme on l'a dit dans le numéro précédent, le terme $3 s \delta s$. Il faut ici substituer, pour s,

$$\gamma \sin (g v - \theta) + B_1^{(0)} \gamma \sin (2 v - 2 m v - g v + \theta),$$

et, pour δs,

$$\frac{k'}{g - 1} \left[\sin f v + B_1^{(0)} \sin (2 v - 2 m v - f v) \right],$$

et alors ce terme donne les suivants :

$$\frac{3}{2} \frac{\gamma k'}{g - 1} \cos (g v - f v - \theta)$$

$$- \frac{3}{2} \frac{k' B_1^{(0)} \gamma}{g - 1} \left[\begin{array}{l} \cos (2 v - 2 m v + g v - f v - \theta) \\ + \cos (2 v - 2 m v - g v + f v + \theta) \end{array} \right].$$

La seconde des équations (L) citées donne donc, en négligeant les termes de l'ordre m^2,

$$\delta u = - \frac{\gamma k'}{2(g-1)} \cos(gv - fv - \theta)$$
$$- \frac{1}{2} \frac{\gamma h'}{g-1} \mathrm{B}_1^{(0)} \left[\begin{array}{c} \cos(2v - 2mv + gv - fv - \theta) \\ + \cos(2v - 2mv - gv + fv + \theta) \end{array} \right].$$

On a, à très-peu près,

$$r \, \delta r = - \delta u + s \, \delta s;$$

en substituant pour δu et $s \, \delta s$ leurs valeurs précédentes, on aura

$$r \, \delta r = 0;$$

l'expression précédente de $d\,\delta u$ deviendra donc

$$d\,\delta v = - \frac{d(dr\,\delta r)}{dt} + 10 k' \gamma \, dv \sin(gv - fv - \theta).$$

Il est facile de voir que $\dfrac{d(dr\,\delta r)}{dt}$ est ici nul, et qu'ainsi l'on a

$$d\,\delta v = 10 k' \gamma \, dv \sin(gv - fv - \theta).$$

Cette valeur de $d\,\delta v$ se rapporte à l'orbite même de la Lune, et, pour la rapporter à l'écliptique, il faut, comme on l'a vu dans le numéro précédent, lui ajouter

$$\frac{1}{2} \delta \left(s^2 - \frac{ds^2}{dv^2} \right) dv.$$

Si l'on substitue, pour s,

$$\gamma \sin(gv - \theta) + \mathrm{B}_1^{(0)} \gamma \sin(2v - 2mv - gv + \theta)$$
$$+ \frac{k'}{g-1} \sin fv + \frac{k' \mathrm{B}_1^{(0)}}{g-1} \sin(2v - 2mv - fv),$$

on aura

$$\frac{1}{2} \left(s^2 - \frac{ds^2}{dv^2} \right) = - \frac{\gamma k'}{2} \left(1 - \frac{4m \mathrm{B}_1^{(0)2}}{g-1} \right) \cos(gv - fv - \theta).$$

56.

On a, par le n° 14 du Livre VII, aux quantités près de l'ordre m^2,

$$\mathbf{B}_1^{(0)} = \frac{3m}{8}, \quad g - 1 = \frac{3}{4}m^2;$$

on aura donc

$$\frac{1}{2}\delta\left(s^2 - \frac{ds^2}{dv^2}\right) = -\frac{1}{2}\gamma k'\left(1 - \frac{3m}{4}\right)\cos(gv - fv - \theta),$$

d'où l'on tire

$$d\,\delta v = \frac{19}{2}\gamma k'\left(1 + \frac{3m}{76}\right)du\cos(gv - fv - \theta).$$

En considérant m, e et γ comme des quantités du premier ordre, on voit que ces expressions de δs et de $d\,\delta v$ sont approchées aux quantités près de l'ordre m^2. Si l'on rapproche la valeur de δs de celle qui résulte du second Chapitre du Livre VII, on a

$$k' = -\left(\alpha\rho - \frac{1}{2}\alpha\varphi\right)D^2\sin\lambda\cos\lambda,$$

$\alpha\rho$ étant l'ellipticité de la Terre, et $\alpha\varphi$ étant le rapport de la force centrifuge à la pesanteur à l'équateur.

CHAPITRE IV.

SUR LA LOI DE L'ATTRACTION UNIVERSELLE.

6. Nommons T et L les masses de la Terre et de la Lune, r le rayon vecteur de la Lune, v sa longitude, s la tangente de sa latitude, x, y, z ses trois coordonnées rapportées au plan de l'écliptique et au centre de la Terre; désignons par m' la masse du Soleil, par r' sa distance au centre de la Terre, par x' et y' ses coordonnées rapportées à ce point et à l'écliptique, et par v' sa longitude. Les forces qui sollicitent la Lune et qui résultent des attractions de la Terre et du Soleil, décomposées parallèlement aux axes des x, des y et des z, sont, comme l'on sait, exprimées par les coefficients de dx, de dy et de dz dans la différentielle de la fonction

$$\frac{T}{\sqrt{x^2 + y^2 + z^2}} + \frac{m'}{\sqrt{(x' - x)^2 + (y' - y)^2 + z^2}};$$

mais, la Terre étant supposée immobile, il faut transporter en sens contraire à la Lune son action et celle du Soleil sur la Terre. Ces actions, décomposées parallèlement aux axes des x, des y et des z, prises avec un signe contraire, sont exprimées par les coefficients de dx, dy, dz dans la différentielle de la fonction

$$- \frac{L}{\sqrt{x^2 + y^2 + z^2}} + \frac{m'(xx' + yy')}{r'^3}.$$

Ainsi, en nommant V la fonction

$$\frac{T + L}{\sqrt{x^2 + y^2 + z^2}} + \frac{m'}{\sqrt{(x' - x)^2 + (y' - y)^2 + z^2}} - \frac{m'(xx' + yy')}{r'^3},$$

les forces dont la Lune est animée dans son mouvement relatif autour de la Terre sont

$$\frac{\partial V}{\partial x}, \quad \frac{\partial V}{\partial y}, \quad \frac{\partial V}{\partial z},$$

en sorte que les trois équations différentielles de ce mouvement sont

$$0 = \frac{d^2 x}{dt^2} - \frac{\partial V}{\partial x}, \quad 0 = \frac{d^2 y}{dt^2} - \frac{\partial V}{\partial y}, \quad 0 = \frac{d^2 z}{dt^2} - \frac{\partial V}{\partial z},$$

dt étant l'élément du temps, supposé constant.

Si l'on suppose que le Soleil attire différemment la Lune et la Terre, alors il faudra donner à m', dans le dernier terme de l'expression de V, une valeur différente de celle du second terme ; en représentant donc par $\delta m'$ cette différence, il faudra ajouter à la fonction V le terme

$$- \frac{\delta m' (x x' + y y')}{r'^3}.$$

Examinons l'influence de ce terme sur le mouvement de la Lune. On a

$$x = \frac{r \cos v}{\sqrt{1 + s^2}}, \quad y = \frac{r \sin v}{\sqrt{1 + s^2}}, \quad z = \frac{r s}{\sqrt{1 + s^2}}.$$

La fonction V devient ainsi, en la réduisant en série par rapport aux puissances descendantes de r',

$$V = \frac{T + L}{r} + \frac{m'}{r'} \left\{ \begin{array}{l} 1 - \frac{1}{2} \frac{r^2}{r'^2} + \frac{3}{2} \frac{r^2 \cos^2 (v - v')}{r'^2 (1 + s^2)} \\[2mm] - \frac{3}{2} \frac{r^3 \cos(v - v')}{r'^3 (1 + s^2)} + \frac{5}{2} \frac{r^3 \cos^3 (v - v')}{r'^3 (1 + s^2)^{\frac{3}{2}}} + \ldots \end{array} \right\}$$
$$- \frac{\delta m' . r \cos(v - v')}{r'^2 \sqrt{1 + s'^2}}.$$

Le terme multiplié par $\cos(v - v')$ de cette série produit dans le mouvement lunaire l'inégalité que l'on nomme *inégalité parallactique*. Il résulte des diverses théories de la Lune, et spécialement de celle que j'ai donnée dans le Livre VII, que le coefficient de cette inégalité est, à fort peu près, proportionnel au coefficient de $\cos(v - v')$

dans le développement de V, en sorte que, si l'on nomme A le coefficient de cette inégalité, donné par ma théorie de la Lune, l'indéterminée $\delta m'$ en retranche une quantité qui est à A, à très-peu près, comme

$$\delta m'\,\frac{r}{r'^2}\quad\text{est à}\quad\frac{15}{8}\,\frac{m'r^3}{r'^3(1+s^2)^{\frac{3}{2}}}-\frac{3}{2}\,\frac{m'r^3}{r'^4};$$

en négligeant donc le carré de s, l'indéterminée $\delta m'$ diminuera le coefficient A de la quantité

$$\frac{8}{3}\,\frac{\delta m'}{m'}\,\frac{r'^2}{r^2}\,A.$$

En comparant le coefficient A à celui que les observations donnent, on en conclut le rapport $\frac{r}{r'}$ ou le rapport de la parallaxe solaire à la parallaxe lunaire, ce qui donne la parallaxe solaire, puisque la parallaxe lunaire est bien connue. Je trouve ainsi, en secondes sexagésimales, $8'',585$ pour la parallaxe du Soleil, ce qui ne diffère pas de $\frac{1}{10}$ de seconde de la valeur de cette parallaxe déterminée par les passages de Vénus sur le Soleil, observés en 1761 et 1769. Il est donc bien certain que le coefficient A de ma théorie de la Lune ne diffère pas de la vérité de $\frac{1}{5}$ de seconde, et qu'ainsi la quantité

$$\frac{8}{3}\,\frac{\delta m'}{m'}\,\frac{r'^2}{r^2}\,A$$

est au-dessous de $\frac{A}{8}$, ce qui donne $\frac{\delta m'}{m'}$ moindre que $\frac{3}{64}\,\frac{r^2}{r'^2}$. On a, à très-peu près, $\frac{r}{r'}=\frac{1}{400}$: donc on a

$$\frac{\delta m'}{m'}<\frac{1}{3{,}410000}.$$

Ainsi l'égalité d'action du Soleil sur la Terre et sur la Lune est prouvée par l'inégalité parallactique, d'une manière beaucoup plus précise encore que l'égalité de l'attraction terrestre sur les corps placés au même point de sa surface ne l'est par les expériences du pendule.

Je vais maintenant considérer l'influence qu'une diminution de l'attraction par l'interposition des corps aurait sur les phénomènes.

L'attraction d'une molécule se répand comme la lumière d'une molécule lumineuse, de manière que, si l'on conçoit une sphère immatérielle indéfinie dont elle soit le centre, l'attraction d'un instant, en parvenant aux couches de la sphère, restera toujours la même sur chaque couche; mais elle sera, pour chacun des points de la couche, affaiblie en raison du carré du rayon de cette couche. Si elle s'éteint, comme la lumière, par l'interposition d'un milieu, sa quantité répandue sur chaque couche, à mesure qu'elle y parvient, diminuera sans cesse, et sur un point quelconque de la couche elle diminuera dans un plus grand rapport que le carré de la distance à la molécule attirante.

Pour avoir la loi de cette diminution, je nommerai A la quantité de l'attraction de la molécule répandue sur la surface de la couche dont je désignerai le rayon par r. Sur la couche suivante, dont le rayon est $r + dr$, la quantité de cette attraction serait encore A, si une partie ne s'éteignait pas en passant d'une couche à l'autre. Or il est visible que cette extinction est proportionnelle à A; on aura donc

$$dA = - \alpha A\, dr,$$

α étant une constante, si le milieu reste le même, comme nous le supposerons ici. On a ainsi, en intégrant,

$$A = H e^{-\alpha r},$$

H étant une constante arbitraire, et e étant le nombre dont le logarithme hyperbolique est l'unité. Si l'on divise A par la surface $4\pi r^2$ de la couche, π étant le rapport de la circonférence au diamètre, on aura l'attraction de la molécule sur un point placé à la distance r. En exprimant donc par dm la masse de la molécule, on pourra représenter par

$$\frac{dm}{r^2} e^{-\alpha r}$$

son action sur un point placé à la distance r.

Je supposerai αr assez petit pour que l'on ait, à très-peu près,

$$e^{-\alpha r} = 1 - \alpha r,$$

et alors l'attraction précédente devient

$$\frac{dm}{r^2}(1 - \alpha r).$$

Je vais maintenant déterminer d'après cette loi l'attraction d'une sphère homogène dont le rayon est R sur un point P extérieur dont r est la distance au centre de la sphère, et je supposerai r très-grand par rapport à R.

Soit f la distance à P d'une molécule dm de la sphère. Soit q la partie de f interceptée entre cette molécule et la surface de la sphère. Il est facile de voir que l'attraction de la molécule dm sur P sera

$$\frac{dm}{f^2}(1 - \alpha q).$$

Cette attraction, décomposée parallèlement à r, sera

$$\frac{dm \cos V}{f^2}(1 - \alpha q),$$

V étant l'angle que f forme avec r et qui est supposé très-petit. La somme de toutes les quantités $\dfrac{dm \cos V}{f^2}$ exprime l'attraction de la sphère entière sur le point P lorsque α est nul, et cette attraction est, comme l'on sait, égale à la masse de la sphère divisée par r^2; elle est donc

$$\frac{\frac{4}{3}\pi R^3}{r^2},$$

π étant la circonférence dont le diamètre est l'unité.

Pour avoir la somme de toutes les quantités $-\dfrac{\alpha q \, dm \cos V}{f^2}$, nous observerons que, α étant très-petit ainsi que V, et f différant extrêmement peu de r, on peut supposer ici $\cos V = 1$ et $f = r$, ce qui réduit la quantité précédente à celle-ci :

$$- \frac{\alpha q\, dm}{r^2}.$$

La ligne q peut être supposée parallèle à r; en nommant donc u la distance mutuelle de ces deux lignes, et ϖ l'angle formé par un plan fixe passant par r et par un autre plan passant par r et par q, on aura

$$dm = u\, du\, d\varpi\, dq,$$

ce qui donne

$$-\frac{\alpha}{r^2}\int q\, dm = -\frac{\alpha}{r^2}\int\int\int u\, du\, d\varpi\, q\, dq.$$

Les intégrales doivent être prises depuis $\varpi = 0$ jusqu'à $\varpi = 2\pi$, depuis $q = 0$ jusqu'à $q = 2Q$, $2Q$ étant la partie de la droite f comprise dans la sphère; enfin, depuis $u = 0$ jusqu'à $u = R$. Il est visible que $Q^2 = R^2 - u^2$; on aura ainsi

$$-\frac{\alpha}{r^2}\int q\, dm = -\frac{\alpha\pi R^4}{r^2}.$$

L'attraction de la sphère sur le point P sera donc

$$\frac{4\pi}{3}\frac{R^3}{r^2}\left(1 - \frac{3}{4}\alpha R\right).$$

La réaction étant toujours égale à l'action, il est facile de voir que l'action de P sur le centre de la sphère sera

$$\frac{P}{r^2}\left(1 - \frac{3}{4}\alpha R\right),$$

P étant la masse du point.

Imaginons maintenant que ce point soit le Soleil, et que la sphère dont nous venons de parler soit la Terre; concevons ensuite que la Lune soit une sphère homogène dont R' soit le rayon;

$$\frac{P}{r^2}\left(1 - \frac{3}{4}\alpha' R'\right)$$

sera l'attraction du Soleil sur le centre de la Lune à la distance r du Soleil, α' étant pour la Lune ce qu'est α pour la Terre. La différence des actions du Soleil sur la Lune et sur la Terre sera donc

$$\frac{3P}{4r^2}(\alpha R - \alpha'R').$$

En faisant $\alpha' = \alpha$, cette différence devient

$$\frac{3P}{4r^2}\alpha(R - R').$$

On ne peut pas, par ce qui précède, supposer $\alpha(R - R')$ plus grand que $\frac{1}{1000000}$: αR est donc une fraction moindre que $\frac{1}{1000000}$; c'est-à-dire que la force attractive de la molécule placée au centre de la Terre sur un point de sa surface n'est pas diminuée de $\frac{1}{1000000}$ par l'interposition des couches terrestres.

L'attraction d'une molécule dm d'une sphère homogène dont le rayon est R sur un point de sa surface dont elle est distante de f est, par ce qui précède,

$$\frac{dm}{f^2}(1 - \alpha f);$$

l'attraction de la sphère entière sur ce point est donc la même que si la loi de l'attraction était $\frac{1}{f^2} - \frac{\alpha}{f}$. Par le Livre XII, on a, pour cette attraction,

$$\frac{4}{3}\pi R\left(1 - \frac{3}{4}\alpha R\right).$$

L'attraction de la Terre, que nous supposerons être la sphère dont il s'agit, sur ce point, placé à la distance r du centre de la Lune, sera, par ce qui précède,

$$\frac{4}{3}\pi\frac{R^3}{r^2}\left(1 - \frac{3}{4}\alpha R\right);$$

mais, relativement au centre de la Lune, dont le rayon est supposé R ,

57.

l'attraction de la Terre sera, par ce qui précède,

$$\frac{4}{3}\pi\frac{R^3}{r^2}\left(1-\frac{3}{4}\alpha R\right)\left(1-\frac{3}{4}\alpha'R'\right);$$

elle est donc diminuée, par l'interposition des couches lunaires, de sa valeur multipliée par la fraction $\frac{3}{4}\alpha'R'$. Si cette fraction n'était pas extrêmement petite, elle deviendrait sensible dans la parallaxe lunaire.

CHAPITRE V.

DU MOUVEMENT DES SATELLITES DE JUPITER.

Notice historique des travaux des astronomes et des géomètres
sur cet objet.

7. Galilée découvrit, le 7 janvier 1610, les quatre satellites de Jupiter. Il détermina ensuite, au moyen de leurs configurations, leurs distances au centre de Jupiter et les durées de leurs révolutions, ce que firent également plusieurs astronomes ses contemporains. Ces éléments, quoique déterminés par ce moyen imparfait, suffirent pour faire reconnaître à Kepler que le beau rapport qu'il avait trouvé entre les carrés des temps des révolutions des planètes et les cubes de leurs distances moyennes au centre de leurs mouvements existe dans le système des satellites de Jupiter. Mais ce fut par les observations de leurs éclipses que l'on découvrit les inégalités de leurs mouvements.

Le premier résultat qu'on ait obtenu par ce moyen est la propagation de la lumière. Römer observa que les éclipses du premier satellite avancent vers les oppositions de Jupiter, et retardent vers ses conjonctions. Il expliqua, en 1675, cette différence par la différence des temps que la lumière du satellite emploie à parvenir à l'observateur dans les diverses distances de Jupiter à la Terre. Cette explication de Römer éprouva quelques objections, fondées sur ce qu'elle ne paraissait pas indiquée par les éclipses des autres satellites, où il était difficile de la reconnaître parmi leurs nombreuses inégalités, qui n'étaient pas encore connues; mais ensuite elle fut généralement admise, et Bradley fonda sur elle sa théorie de l'aberration des astres.

Bradley indiqua le premier la principale inégalité du retour des éclipses du premier satellite, dont la période est de 437 jours. Il reconnut qu'il existe, dans les retours des éclipses du second satellite, une inégalité dont la période est la même.

Wargentin, dans les Mémoires d'Upsal pour l'année 1743, a développé ces inégalités, et il en a reconnu une pareille dans le mouvement du troisième satellite. Il avait encore remarqué, dans le mouvement de ce dernier astre, deux équations du centre; mais ensuite il les a réduites à une seule équation d'une excentricité variable. Enfin Bradley reconnut, en 1717, l'ellipticité de l'orbe du quatrième satellite. Telles sont les inégalités des satellites que les astronomes ont déterminées par les observations, avant que le principe de la pesanteur universelle eût été appliqué à leurs mouvements.

Le retour des éclipses et leurs durées dépendant surtout de la position des orbites des satellites sur celle de Jupiter, les astronomes se sont spécialement occupés de l'inclinaison de ces orbites et du mouvement de leurs nœuds; mais les variations de ces éléments sont si compliquées qu'ils n'ont donné que des moyens empiriques et très-imparfaits pour les représenter. Ils ont trouvé que l'on pouvait supposer fixes, à très-peu près, l'inclinaison et le nœud de l'orbite du premier satellite. L'inclinaison de l'orbite du second satellite leur a paru variable, dans une période de trente ans environ; le nœud leur a paru fixe ou n'avoir qu'un très-petit mouvement. Ils ont supposé l'inclinaison de l'orbite du troisième satellite variable dans une période d'environ cent trente-deux ans, et le nœud fixe. Enfin, ils ont supposé fixe l'inclinaison de l'orbite du quatrième satellite, et le mouvement du nœud direct et d'environ 4 minutes sexagésimales par année. L'incertitude de ces suppositions, que les observations ultérieures ont obligé de modifier, faisait sentir la nécessité d'éclairer tous ces phénomènes par l'application du principe de la pesanteur universelle, qui devait en recevoir une grande confirmation. Déjà Bradley et Wargentin

avaient attribué l'inégalité de 437 jours aux attractions mutuelles des
trois premiers satellites ; mais ce n'était de leur part qu'un simple aperçu
dénué de tout calcul. Dans la proposition 66 du Livre I des *Principes*,
Newton s'est occupé des perturbations du mouvement de plusieurs
petits corps qui circulent autour d'un grand corps. Il trouve que le
corps le plus intérieur se meut plus vite dans sa conjonction et dans
son opposition au corps extérieur que dans les quadratures. Il a de
plus étendu aux satellites, dans le Livre III, quelques-uns des résultats de sa théorie lunaire. Mais ce ne fut qu'en 1766 que l'on appliqua l'Analyse au mouvement des satellites de Jupiter, l'Académie
des Sciences ayant proposé la théorie de ces mouvements pour le sujet
du prix de Mathématiques de cette année.

Lagrange, auteur de la pièce couronnée, y donne les équations différentielles du mouvement de ces astres, en ayant égard à leur action
mutuelle, à l'attraction du Soleil et à l'ellipticité du sphéroïde de
Jupiter. Il les intègre d'abord en négligeant les excentricités et les
inclinaisons des orbites, et il parvient aux inégalités dépendantes de
l'élongation mutuelle des satellites, et d'où résultent, dans le retour
des éclipses des trois premiers, les inégalités dont la période est de
437 jours, et que Bradley et Wargentin avaient découvertes. Lagrange
considère ensuite les inégalités dépendantes des excentricités et des
inclinaisons des orbites. Ici se présentait à l'analyste une grande difficulté, dont le dénouement donne l'explication des phénomènes singuliers observés par les astronomes, sans qu'ils en aient pu reconnaître
les lois. Cette difficulté s'était déjà présentée à Euler et à Lagrange
dans la théorie de Jupiter et de Saturne. J'ai développé, dans le Chapitre I du Livre précédent, la manière dont ces deux grands géomètres
l'avaient résolue. La méthode dont Lagrange a fait usage pour cet objet,
dans la théorie des satellites de Jupiter, est celle qu'il avait employée
dans sa théorie de Jupiter et de Saturne. Elle consiste à regarder
comme autant de variables les termes des équations différentielles,
qui, par l'intégration, acquièrent des diviseurs de l'ordre des forces
perturbatrices, et à former, entre les termes correspondants du rayon

vecteur, de la longitude et ces nouvelles variables, autant d'équations différentielles linéaires à coefficients constants. En les intégrant, Lagrange obtient, pour chaque satellite, quatre équations du centre. En appliquant la même analyse aux équations différentielles de la latitude, il obtient, pour chaque satellite, quatre équations principales de la latitude, et, pour les représenter, il imagine quatre plans, dont le premier se meut sur l'orbite de Jupiter, le second se meut sur le premier, le troisième sur le second, enfin le quatrième, qui est celui de l'orbite du satellite, se meut sur le troisième. Mais ce grand géomètre, ayant supposé que l'équateur de Jupiter est dans le plan de l'orbite de Jupiter, a fait disparaître par cette supposition les termes dus à l'inclinaison de cet équateur sur l'orbite de la planète, et dont dépendent principalement les singuliers phénomènes aperçus par les astronomes dans le mouvement des orbites des satellites.

Lorsque Lagrange s'occupait de ses recherches, Bailly appliquait au mouvement des satellites de Jupiter les formules que Clairaut avait données dans sa *Théorie de la Lune*. Il reconnut les inégalités dont la période était de 437 jours; mais cette théorie ne pouvait pas lui donner les quatre équations du centre que Lagrange avait obtenues par son analyse.

Mes premières recherches sur les satellites de Jupiter ont eu pour objet les rapports que présentent les trois premiers satellites de Jupiter, et qui consistent en ce que 1° le moyen mouvement du premier satellite, plus deux fois celui du troisième, est égal à trois fois celui du second; 2° la longitude moyenne du premier satellite, plus deux fois celle du troisième, est égale à trois fois la longitude du second, plus la demi-circonférence. L'approximation avec laquelle les mouvements observés de ces astres satisfont à ces lois, depuis leur découverte, en indiquait l'existence avec une vraisemblance extrême. J'en cherchai donc la cause dans l'action mutuelle des trois satellites. L'examen approfondi de cette action me fit voir qu'il a suffi qu'à l'origine les rapports des moyens mouvements séculaires aient approché de la première de ces lois dans de certaines limites, pour que cette action ait établi ces deux lois et les maintienne en vigueur. Si, par exemple, à un instant quelconque, que l'on peut toujours prendre pour l'origine des mouvements, l'angle formé par le moyen mouvement séculaire du premier satellite, moins trois fois celui du second, plus deux fois celui du troisième, a été compris entre les limites, plus ou moins vingt circonférences, l'action mutuelle des trois satellites a fini par rendre cet angle nul. Or on voit, dans le n° 29 du Livre VIII, que Delambre a trouvé, par un très-grand nombre d'éclipses observées, qu'en 1700 ce même angle n'a pas excédé 2 secondes sexagésimales : la première des deux lois précédentes est donc rigoureuse. Il en résulte, suivant la théorie, que l'angle formé par la longitude moyenne du premier satellite, moins trois fois celle du second, plus deux fois celle du troisième, est ou nul ou égal à la demi-circonférence, et l'on conclut, des distances moyennes de ces trois corps au centre de Jupiter, que le second cas est celui qui a lieu dans la nature. C'est, en effet, ce que l'observation confirme ; car on voit, par le numéro cité du Livre VIII, que Delambre a trouvé qu'en 1750 cet angle était au-dessous de 64 secondes sexagésimales. Ce savant astronome a donc assujetti ses Tables aux deux lois précédentes, qui ne sont altérées ni par les équations séculaires des satellites, ni par la résistance des milieux éthérés. Ces équations séculaires se modifient par l'action mutuelle de ces astres, de manière que l'équation séculaire du premier satellite, plus deux fois celle du troisième, est égale à trois fois celle du second. En vertu de ces lois, les inégalités du retour des éclipses, dont la période est de 437 jours, seront toujours les mêmes.

Ces lois déterminent deux des dix-huit constantes arbitraires que renferme nécessairement la théorie du mouvement des trois premiers satellites ; il faut donc qu'elles soient remplacées par deux autres arbitraires. Elles le sont, en effet, par une oscillation de l'angle formé par la longitude du premier satellite, moins trois fois celle du second, plus deux fois celle du troisième, angle que je nomme, par cette raison, *libration* des trois premiers satellites. Cette oscillation est analogue à celle d'un pendule qui ferait une oscillation en 1135 jours.

L'étendue de l'oscillation et l'instant où elle commence sont les deux arbitraires qui remplacent celles que les lois précédentes font disparaitre. Mais Delambre n'a pu reconnaitre par les observations l'existence de cette oscillation, ce qui prouve qu'elle est insensible. Il est vraisemblable que, à l'origine, des causes particulières l'ont anéantie, ainsi que la libration du grand axe du sphéroïde lunaire, qui remplace les deux arbitraires que l'égalité des mouvements moyens de rotation et de révolution de la Lune fait disparaitre.

Les recherches précédentes ont paru dans le volume des *Mémoires de l'Académie des Sciences* de l'année 1784, qui a été publié en 1787; elles m'ont fait reprendre toute la théorie des satellites de Jupiter, que les travaux des astronomes et des géomètres laissaient, comme on l'a vu, très-imparfaite. Il était nécessaire, pour en tirer des Tables exactes de leurs mouvements, d'y faire entrer un grand nombre de considérations nouvelles, soit pour démêler toutes les inégalités qui deviennent sensibles par les intégrations, soit pour reconnaitre l'influence réciproque de ces diverses inégalités. C'est ainsi qu'en appliquant à ces astres les formules très-simples des variations séculaires des éléments elliptiques que j'avais trouvées auparavant, j'ai reconnu l'influence qu'avaient sur ces variations les grandes inégalités dont la période dans le retour des éclipses est de 437 jours. J'ai reconnu pareillement l'influence de la libration des trois premiers satellites sur leurs inégalités à longues périodes, telles que l'inégalité dépendante de l'équation du centre de Jupiter.

Un des éléments les plus importants de la théorie des éclipses des satellites est la position de leurs orbites sur celle de Jupiter. Il est indispensable, pour la déterminer, d'avoir égard à l'inclinaison de l'équateur de cette planète, inclinaison dont les phénomènes singuliers observés par les astronomes dépendent principalement. L'analyse m'a conduit à ce résultat remarquable : Pour avoir la position de l'orbite d'un satellite sur celle de Jupiter, on doit imaginer cinq plans dont le premier, fixe à très-peu près, passe entre l'équateur et l'orbe de Jupiter, par leur intersection, et en conservant sur eux une inclinaison à très-peu près constante; le second plan se meut uniformément sur le premier, auquel il est toujours incliné d'une quantité constante; le troisième plan se meut de la même manière sur le second; le quatrième plan se meut semblablement sur le troisième; enfin, le cinquième plan, qui est celui de l'orbite même du satellite, se meut de la même manière sur le quatrième. Ces plans fixes ne sont pas les mêmes pour les quatre satellites; celui de chaque satellite est d'autant moins incliné à l'équateur que le satellite est plus près de la planète. La même chose a lieu pour la Lune. Son inégalité en latitude, dépendante de l'aplatissement de la Terre, vient de ce que le plan de son orbite, au lieu de se mouvoir uniformément sur l'écliptique, se meut uniformément sur un plan incliné d'environ 8 secondes sexagésimales sur l'écliptique, et qui passe constamment par les équinoxes, entre l'écliptique et l'équateur. C'est encore ainsi que l'anneau de Saturne et ses premiers satellites sont retenus, à fort peu près, dans le plan de l'équateur de cette planète.

L'axe du cône d'ombre dans lequel les satellites de Jupiter sont plongés pendant leurs éclipses étant le prolongement du rayon vecteur de cette planète, il est visible que, pour calculer ces éclipses, il faut connaître la position de ce rayon et, par conséquent, le mouvement de Jupiter. Delambre a construit, d'après ma théorie de Jupiter et de Saturne, des Tables de ce mouvement, que M. Bouvard a encore perfectionnées.

Après avoir formé les expressions analytiques des mouvements des satellites de Jupiter, il restait à déterminer par les observations trente et une inconnues, savoir : les vingt-quatre constantes arbitraires introduites par les intégrations, les masses de ces astres, l'aplatissement de Jupiter, l'inclinaison de l'équateur de Jupiter à l'orbite de cette planète et la position des nœuds de cet équateur. Ce travail immense a été exécuté par Delambre, qui a discuté pour cet objet toutes les observations d'éclipses des satellites de Jupiter, dont le nombre était d'environ six mille. Il a construit de nouvelles Tables de ces astres, dont tout empirisme est banni; leur exactitude les a fait généralement adopter, et elles sont un des principaux titres de ce savant illustre à la reconnaissance des astronomes.

Depuis la publication de ces Tables, j'ai recherché l'influence que les grandes inégalités de Jupiter ont sur le mouvement de ses satellites. Je vais présenter ici l'analyse que j'ai employée et les résultats que j'ai obtenus.

CHAPITRE VI.

DE L'INFLUENCE DES GRANDES INÉGALITÉS DE JUPITER SUR LES MOUVEMENTS DE SES SATELLITES.

8. Pour déterminer cette influence, je reprends l'expression des perturbations en longitude, donnée par la formule (2) du n° **2** du Livre VIII. Il est facile de voir que, dans cette expression, le terme

$$\frac{2a}{\mu} \int n\, dt\, r\, \frac{\partial R}{\partial r}$$

est le seul qui puisse donner une inégalité sensible, dépendante de la grande inégalité de Jupiter. Dans ce terme, a est la distance moyenne du satellite à Jupiter, nt est son moyen mouvement, r est son rayon vecteur, et μ est la masse de Jupiter. Par le n° 1 du même Livre, l'expression de R contient le terme $\dfrac{-S r^2}{4\, r^{iv^3}}$, S étant la masse du Soleil et r^{iv} étant le rayon vecteur de Jupiter. C'est le seul terme à considérer ici; on a donc

$$\frac{2a}{\mu} \int n\, dt\, r\, \frac{\partial R}{\partial r} = \frac{-aS}{\mu} \int \frac{n\, dt\, r^2}{r^{iv^3}}.$$

La partie de la variation de r^{iv} dépendante de la grande inégalité de Jupiter est, par le n° **23** du Livre X,

$$- 0{,}002008 . \cos(n^{iv} t + \varepsilon^{iv} - x),$$
$$- 0{,}000264 . \cos(x + 48°,27);$$

$n^{iv} t + \varepsilon^{iv}$ est la longitude moyenne de Jupiter, et l'on a

$$x = 5 n^{v} t + 5 \varepsilon^{v} - 2 n^{iv} t - 2 \varepsilon^{iv} - 61°,77.$$

$n^{\text{v}}t + \varepsilon^{\text{v}}$ est la longitude moyenne de Saturne, et les degrés sont centésimaux. Nous pouvons donc ici réduire l'expression du rayon vecteur de Jupiter, du n° 23 du Livre cité, à la suivante,

$$\begin{aligned} r^{\text{iv}} = 5,208735 &- 0,249994.\cos(n^{\text{iv}}t + \varepsilon^{\text{iv}} - \varpi^{\text{iv}}), \\ &- 0,002008.\cos(n^{\text{iv}}t + \varepsilon^{\text{iv}} - x), \\ &- 0,000264.\cos(x + 48^\circ,27). \end{aligned}$$

Or on a

$$\frac{\mu}{a^3} = n^2,$$

$$\frac{S}{a^{\text{iv}3}} = n^{\text{iv}2};$$

le terme $-\dfrac{aS}{\mu}\displaystyle\int\frac{n\,dt\,r^2}{r^{\text{iv}3}}$ donne donc le suivant

$$\frac{-3n^{\text{iv}2}}{n(5n^{\text{v}} - 2n^{\text{iv}})}\left\{\begin{aligned} &\frac{0,000264}{5,208735}\sin(x + 48^\circ,27) \\ &\quad + \frac{2.0,249994.0,002008}{(5,208735)^2}\sin(x - \varpi^{\text{iv}}) \end{aligned}\right\},$$

ce qui donne, relativement au quatrième satellite, l'inégalité

$$-44'',334.\sin(x + 23^\circ,41).$$

Les trois premiers satellites sont assujettis à des inégalités semblables; mais leur période étant fort longue, leurs coefficients sont modifiés par l'action mutuelle de ces corps, et ils deviennent, relativement au premier, au second et au troisième,

$$-0'',994, \quad -12'',847, \quad -18'',774 \quad (^1).$$

(1) *Voir*, à la fin du Volume, une Note relative à quelques erreurs signalées par M. Adams dans le présent Chapitre.

CHAPITRE VII.

DES SATELLITES DE SATURNE ET D'URANUS.

9. Huygens découvrit, en 1655, le sixième des satellites de Saturne. Quelques années après, Dominique Cassini découvrit successivement le troisième, le quatrième, le cinquième et le septième. Enfin Herschel découvrit, en 1789, le premier et le second. On a déterminé les moyens mouvements de ces astres et leurs distances moyennes au centre de Saturne, et l'on a reconnu, entre les cubes de ces distances et les carrés des temps des révolutions, le beau rapport que Kepler avait trouvé entre les mêmes quantités relatives aux planètes. Mais comme on n'a pas à l'égard de ces astres le secours des observations de leurs éclipses, on est loin de connaître toutes les inégalités de leurs mouvements; seulement on a reconnu que l'orbe du sixième satellite est elliptique. M. Bessel, dans le *Journal de Gotha* pour l'année 1811, a trouvé son excentricité égale à 0,0488759. Tous ces corps ont paru se mouvoir dans le plan de l'anneau, à l'exception du sixième et principalement du septième. Jacques Cassini a observé que l'orbite du septième s'écarte très-sensiblement de ce plan. Il a publié, dans les *Mémoires de l'Académie des Sciences* pour l'année 1714, ses observations, d'après lesquelles il a estimé que cette orbite est inclinée au plan de l'anneau d'environ 15 à 16 degrés sexagésimaux, et que ses nœuds avec l'écliptique s'écartent vers l'Occident de 17 degrés des nœuds de l'anneau. Il a terminé son Mémoire par le passage suivant, que je rapporte à cause de son analogie avec la véritable explication de ce phénomène :

« La situation des nœuds du cinquième satellite (¹) et l'inclinaison de son orbe, qui sont si différentes de celles des autres, semblent déranger l'économie du système des satellites qu'on avait cru jusqu'à présent avoir, tous, les mêmes nœuds et être à peu près dans un même plan. Cependant il paraît qu'on peut en rendre aisément la raison physique, si l'on fait attention à la grande distance de ce satellite au centre de Saturne ; car l'effort qui entraîne les satellites suivant la direction du plan de l'anneau s'affaiblit en s'éloignant de Saturne, et est obligé de céder à un autre effort qui emporte Saturne et toutes les planètes suivant l'écliptique. Ces deux efforts agissant sur le cinquième satellite suivant des directions inclinées l'une à l'autre de 31 degrés, il résulte qu'il doit faire son cours suivant une direction moyenne entre le plan de l'anneau et celui de l'écliptique. Il paraît même que, selon ce raisonnement, les plans des orbes des autres satellites doivent un peu décliner du plan de l'anneau, quoique beaucoup moins que celui du cinquième satellite, ce qui nous a paru s'accorder à quelques observations. »

Cassini n'assigne point les causes des deux efforts qu'il suppose, mais la théorie de la pesanteur universelle donne ces deux causes. La première est l'attraction de la protubérance de l'équateur de Saturne, produite par la rotation de cette planète. Cette attraction maintient l'anneau et les premiers satellites à peu près dans le plan de cet équateur, et s'affaiblit très-rapidement quand les distances moyennes des satellites sont plus grandes. La seconde cause est l'attraction du Soleil sur les satellites, qui tend à les abaisser sur le plan de l'orbite de leur planète. En vertu de ces causes, l'orbite de chaque satellite se meut sur un plan qui passe entre l'équateur et l'orbite de Saturne par leur intersection, et qui s'écarte d'autant plus du plan de l'anneau que le satellite est plus éloigné.

M. Bessel, dans le *Journal* cité, a trouvé l'inclinaison de l'orbite du sixième satellite plus petite que celle de l'anneau d'environ 2 degrés.

____

(¹) Maintenant le septième.

J'ai déterminé, dans le Livre VIII, l'inclinaison et le mouvement du nœud de l'orbe du septième satellite, en employant principalement les observations faites par Bernard, à Marseille, en 1787. Mais ces observations et toutes celles que l'on a faites sur ces satellites sont imparfaites et peu nombreuses. Les astronomes se sont peu occupés de ce genre d'observations, qui cependant offrent beaucoup d'intérêt par elles-mêmes et par la lumière qu'elles doivent répandre sur les masses de l'anneau et des satellites et sur l'aplatissement du sphéroïde de Saturne.

Herschel découvrit en 1787 six satellites à la planète Uranus, qu'il avait découverte en 1781. Les deux premiers qu'il ait vus sont, dans l'ordre des distances, le second et le quatrième. Ces deux satellites ont été aperçus par d'autres astronomes; ainsi leur existence ne doit laisser aucun doute. L'existence des quatre autres ne parait pas aussi certaine. Les heureux essais que l'on vient de faire pour augmenter le pouvoir des lunettes astronomiques donnent lieu d'espérer que l'on aura bientôt les moyens de suivre, avec autant d'exactitude que de facilité, les mouvements de ces astres. Ils paraissent se mouvoir dans un plan presque perpendiculaire à l'écliptique, ce qui indique dans la planète un mouvement rapide de rotation autour d'un axe presque parallèle à l'écliptique.

Ces satellites obéissent à la loi de Kepler, suivant laquelle les carrés des temps des révolutions sont proportionnels aux cubes des moyennes distances. C'est ce que l'on a vérifié par l'observation à l'égard des deux satellites premièrement découverts. On en a conclu la masse d'Uranus égale à $\frac{1}{19504}$ de celle du Soleil. M. Bouvard a trouvé cette masse égale à $\frac{1}{17918}$, au moyen des perturbations du mouvement de Saturne par l'action d'Uranus. La différence de ces deux valeurs paraitra bien peu considérable si, d'une part, on considère l'incertitude des mesures des plus grandes élongations de ces satellites et l'ignorance où nous sommes des excentricités de leurs orbites, et si, d'une autre part, on considère la petitesse des perturbations dues à l'action d'Uranus.

SUPPLÉMENT

AU Vᵉ VOLUME

DU

TRAITÉ DE MÉCANIQUE CÉLESTE,

PAR M. LE MARQUIS DE LAPLACE.

(IMPRIMÉ SUR LE MANUSCRIT TROUVÉ DANS SES PAPIERS.)

1827

SUPPLÉMENT

AU Ve VOLUME

DU

TRAITÉ DE MÉCANIQUE CÉLESTE,

PAR L'AUTEUR.

(IMPRIMÉ SUR LE MANUSCRIT TROUVÉ DANS SES PAPIERS.)

En publiant mon *Traité de Mécanique céleste*, j'ai désiré que les Géomètres en vérifiassent les résultats, et spécialement ceux qui me sont propres. Les résultats de la théorie du Système du Monde sont, pour la plupart, si distants des premiers principes que leur vérification est nécessaire pour en assurer l'exactitude. Les Géomètres qui s'en occupent font donc une chose utile à l'Astronomie. Je dois, comme savant et comme auteur, beaucoup de reconnaissance à ceux qui ont bien voulu prendre mon Ouvrage pour texte de leurs discussions, et qui par là m'ont fourni l'occasion d'éclaircir quelques points délicats traités dans cet Ouvrage. Ce sont ces éclaircissements et quelques recherches nouvelles qui sont l'objet de ce Supplément.

Sur le développement en série du radical qui exprime la distance mutuelle de deux planètes.

1. En considérant cet objet dans les n°s 3 du Livre XI et du Livre XV de la *Mécanique céleste*, je me suis spécialement proposé de faire voir, par un exemple intéressant, l'utilité des méthodes que j'ai exposées

avec étendue dans ma *Théorie analytique des probabilités*, l'une pour obtenir en intégrales définies les variables données par des équations linéaires aux différences finies à coefficients variables, l'autre pour avoir, par des approximations rapides et convergentes, les intégrales définies fonctions de très-grands nombres. C'est surtout dans le développement des fonctions en séries que ces méthodes sont utiles pour avoir les *limites* des termes de ces développements, et pour reconnaître si les séries qui en résultent sont convergentes. Je nomme *limites* les valeurs dont les termes du développement approchent sans cesse à mesure que leur rang est plus considérable, et qui coïncident avec elles dans l'infini.

Si l'on nomme r et r' les distances de deux corps qui s'attirent à un même point fixe, et θ l'angle compris entre ces distances, la distance mutuelle de ces deux corps sera

$$\sqrt{r^2 - 2rr'\cos\theta + r'^2}.$$

On sait combien le développement du radical

$$\frac{1}{\sqrt{r^2 - 2rr'\cos\theta + r'^2}}$$

est important dans les théories de la figure et des perturbations des planètes.

Or, supposant $r' > r$ et faisant $\dfrac{r}{r'} = \alpha$, on peut développer le radical $(1 - 2\alpha\cos\theta + \alpha^2)^{-\frac{1}{2}}$ soit par rapport aux puissances de α, soit par rapport aux cosinus de l'angle θ et de ses multiples. Le premier de ces développements est nécessaire dans la théorie de la figure des planètes, et le second dans la théorie des perturbations. Dans le n° 3 du Livre XI cité, j'ai exprimé par une intégrale définie le terme général du premier développement, et j'ai donné une limite de cette expression, qui devient de plus en plus compliquée, à mesure que le nombre des termes augmente. Dans le n° 3 du Livre XV, j'ai cherché à exprimer pareillement par une intégrale définie le terme général du second développement.

Si l'on désigne par $z^i p^{(i)}$ le terme général du radical $(1 - 2z\cos\theta + z^2)^{-\frac{1}{2}}$ développé suivant les puissances de z, on a, par le n° **23** du Livre III de la *Mécanique céleste*,

$$(1) \quad p^{(i)} = \frac{1.3.5\ldots(2i-1)}{1.2.3\ldots i}\left[\cos^i\theta - \frac{i(i-1)}{2(2i-1)}\cos^{i-2}\theta + \frac{i(i-1)(i-2)(i-3)}{2.4(2i-1)(2i-3)}\cos^{i-4}\theta - \ldots\right];$$

lorsque i est un grand nombre, cette expression contient un grand nombre de termes; mais j'ai prouvé, dans le numéro cité du Livre XI, qu'alors elle se réduit, à très-peu près, à

$$\frac{\cos\left[\left(i + \frac{1}{2}\right)\theta - \frac{1}{4}\pi\right]}{\sqrt{\frac{1}{2}\pi i \sin\theta}},$$

π étant la demi-circonférence dont le rayon est l'unité. Je vais ici con-firmer ce résultat singulier par une autre méthode.

On a, par les n°^{s} **8** et **9** du Livre III de la *Mécanique céleste*,

$$(2) \quad 0 = i(i+1)p^{(i)} + \frac{d^2 p^{(i)}}{d\theta^2} + \frac{dp^{(i)}}{d\theta}\frac{\cos\theta}{\sin\theta};$$

exprimons l'intégrale de cette équation par

$$p^{(i)} = u\cos a\theta + u'\sin a\theta,$$

u et u' étant fonctions de θ, et a étant supposé égal à $[i(i+1)]^{\frac{1}{2}}$. En substituant cette valeur dans l'équation (2), et comparant séparément les coefficients de $\sin a\theta$ et de $\cos a\theta$, on aura

$$2\frac{du}{d\theta} + u\frac{\cos\theta}{\sin\theta} = \frac{\dfrac{d^2 u'}{d\theta^2} + \dfrac{du'}{d\theta}\dfrac{\cos\theta}{\sin\theta}}{a},$$

$$2\frac{du'}{d\theta} + u'\frac{\cos\theta}{\sin\theta} = \frac{-\dfrac{d^2 u}{d\theta^2} - \dfrac{du}{d\theta}\dfrac{\cos\theta}{\sin\theta}}{a}.$$

Ces équations donnent, en négligeant les termes divisés par a et en les intégrant,

$$u = \mathrm{H} \sin^{-\frac{1}{2}}\theta, \quad u' = \mathrm{H}' \sin^{-\frac{1}{2}}\theta,$$

H et H′ étant deux constantes arbitraires.

Si l'on fait

$$u = \mathrm{H} \sin^{-\frac{1}{2}}\theta + \frac{\mathrm{X}}{a}, \quad u' = \mathrm{H}' \sin^{-\frac{1}{2}}\theta + \frac{\mathrm{X}'}{a},$$

les équations différentielles précédentes donneront les valeurs de X et de X′. En continuant ainsi, on aura les valeurs de u et de u', et par conséquent celle de $p^{(i)}$, développées suivant les puissances de $\frac{1}{a}$. Nous ne considérerons ici que les termes indépendants de $\frac{1}{a}$, et alors on aura

$$p^{(i)} = \mathrm{C} \sin^{-\frac{1}{2}}\theta \cos(a\theta + \varepsilon),$$

C et ε étant deux constantes arbitraires qu'il faut déterminer. Pour cela, je suppose $\theta = \frac{\pi}{2}$, π étant la demi-circonférence dont le rayon est l'unité ; j'observe ensuite que, si l'on néglige les termes de l'ordre $\frac{1}{i}$, on a $a = i + \frac{1}{2}$; on a donc alors

$$p^{(i)} = \mathrm{C} \cos\left[\left(i + \frac{1}{2}\right)\frac{\pi}{2} + \varepsilon\right].$$

On voit, par l'équation (1), que, i étant impair et θ étant $\frac{\pi}{2}$, la valeur de $p^{(i)}$ est nulle ; on a donc $\varepsilon = -\frac{1}{4}\pi$, et, par conséquent, on a, quel que soit θ,

$$p^{(i)} = \mathrm{C} \sin^{-\frac{1}{2}}\theta \cos\left[\left(i + \frac{1}{2}\right)\theta - \frac{\pi}{4}\right].$$

Pour déterminer la constante C, j'observe que, si l'on suppose i pair et égal à $2s$, l'équation (1) donne, lorsque $\theta = \frac{\pi}{2}$,

$$p^{(i)} = \pm \frac{1.3.5\ldots(2s-1)}{2.4.6\ldots 2s} = \pm \frac{1.2.3\ldots 2s}{2^{2s}(1.2.3\ldots s)^2},$$

le signe supérieur ayant lieu si s est pair, et l'inférieur si s est impair. On a, à très-peu près, par les formules connues, lorsque s est un grand nombre,

$$1.2.3\ldots s = s^{s+\frac{1}{2}}c^{-s}\sqrt{2\pi},$$

$$1.2.3\ldots 2s = (2s)^{2s+\frac{1}{2}}c^{-2s}\sqrt{2\pi}.$$

On aura ainsi

$$p^{(i)} = \pm\,\frac{1}{\sqrt{\frac{1}{2}i\pi}},$$

ce qui donne

$$C = \frac{1}{\sqrt{\frac{1}{2}i\pi}}.$$

L'expression générale de $p^{(i)}$ est donc

$$\frac{1}{\sqrt{\frac{1}{2}i\pi\sin\theta}}\cos\left[\left(i+\frac{1}{2}\right)\theta - \frac{1}{4}\pi\right].$$

Sur le développement des coordonnées elliptiques.

2. L'excentricité des orbes elliptiques planétaires étant peu considérable, on développe le plus souvent le rayon vecteur et l'anomalie vraie en séries ordonnées suivant ses puissances. Mais si l'excentricité, qui, dans les orbes elliptiques, ne surpasse jamais l'unité, en devenait fort approchante, on conçoit que les séries pourraient cesser d'être convergentes. Il importe donc de connaitre si, parmi les valeurs comprises entre zéro et l'unité que l'excentricité peut avoir, il en est une au-dessus de laquelle ces séries seraient divergentes, et, dans ce cas, de la déterminer. Prenons pour unité le demi-grand axe de l'ellipse; désignons par e son excentricité, par t l'anomalie moyenne comptée du périgée, et par R le rayon vecteur; on aura, par le n° **22** du Livre II de la *Mécanique céleste*,

$$R = 1 + \frac{e^2}{2} - e\cos t$$
$$- \frac{e^2}{1.2}\cos 2t$$
$$- \frac{e^3}{1.2.2^2}(3\cos 3t - 3\cos t)$$

$$- \frac{e^4}{1.2.3.2^3} \left(4^2 \cos 4t - 4.2^2 \cos 2t \right)$$

$$- \frac{e^5}{1.2.3.4.2^4} \left(5^3 \cos 5t - 5.3^3 \cos 3t + \frac{5.4}{1.2} \cos t \right)$$

$$- \frac{e^6}{1.2.3.4.5.2^5} \left(6^4 \cos 6t - 6.4^4 \cos 4t + \frac{6.5}{1.2} \cdot 2^4 \cos 2t \right)$$

$$- \cdots$$

Le terme général de cette expression est

$$- \frac{e^i}{1.2.3\ldots(i-1)2^{i-1}} \left\{ \begin{array}{l} i^{i-2} \cos it - i(i-2)^{i-2} \cos(i-2)t \\[1mm] + \dfrac{i(i-1)}{1.2}(i-4)^{i-2} \cos(i-4)t \\[1mm] - \dfrac{i(i-1)(i-2)}{1.2.3}(i-6)^{i-2} \cos(i-6)t \\[1mm] + \cdots \end{array} \right\},$$

la série étant continuée jusqu'à ce que l'on arrive à un facteur
$(i - 2r)^{i-2}$ dans lequel $i - 2r$ soit négatif. Si l'on fait t égal à un angle
droit, ce terme devient nul lorsque i est impair, et, dans le cas de i pair,
il devient, abstraction faite du signe, égal à

$$(a) \qquad \frac{e^i}{1.2.3\ldots(i-1)2^{i-1}} \left[i^{i-2} + \frac{i}{1}(i-2)^{i-2} + \frac{i(i-1)}{1.2}(i-4)^{i-2} + \cdots \right],$$

et il est alors le plus grand possible. Déterminons sa valeur lorsque i
est un très-grand nombre.

Il est facile de voir que les termes de la série

$$(a') \qquad i^{i-2} + \frac{i}{1}(i-2)^{i-2} + \frac{i(i-1)}{1.2}(i-4)^{i-2} + \cdots$$

vont d'abord en croissant, et qu'ils ont un maximum après lequel ils
diminuent. A ce maximum, deux termes consécutifs sont, à très-peu
près, égaux. Soit

$$\frac{i(i-1)(i-2)\ldots(i-r+1)}{1.2.3\ldots r}(i-2r)^{i-2}$$

le terme maximum. Le terme qui le précède sera

$$\frac{i(i-1)\ldots(i-r+2)}{1.2.3\ldots(r-1)}(i-2r+2)^{i-2};$$

en égalant donc ces deux termes, on aura

$$\frac{i-r+1}{r}(i-2r)^{i-2}=(i-2r+2)^{i-2}.$$

Cette équation donne la valeur de r et, par conséquent, le rang que le terme le plus grand occupe dans la série. Si l'on prend les logarithmes des deux membres, on a

$$\log\frac{i-r+1}{r}=(i-2)\log\left(1+\frac{2}{i-2r}\right),$$

ou

$$(b) \qquad \log\frac{i-r}{r}+\log\left(1+\frac{1}{i-r}\right)=(i-2)\log\left(1+\frac{2}{i-2r}\right);$$

or on a, lorsque i et r sont de très-grands nombres,

$$\log\left(1+\frac{1}{i-r}\right)=\frac{1}{i-r}-\frac{1}{2(i-r)^2}+\ldots,$$

$$\log\left(1+\frac{2}{i-2r}\right)=\frac{2}{i-2r}-\frac{2}{(i-2r)^2}+\ldots;$$

l'équation (b) deviendra donc, en négligeant les termes de l'ordre $\frac{1}{i}$,

$$\log\frac{i-r}{r}=\frac{2i}{i-2r},$$

ce qui donne

$$\frac{i-r}{r}=e^{\frac{2i}{i-2r}},$$

e étant le nombre dont le logarithme hyperbolique est l'unité. En faisant $r=\omega i$, on aura

$$(c) \qquad \frac{1-\omega}{\omega}=e^{\frac{2}{1-2\omega}}.$$

Si l'on nomme p le terme maximum

$$\frac{i(i-1)\ldots(i-r+1)}{1.2.3\ldots r}(i-2r)^{i-2},$$

le terme qui en est éloigné du rang t sera

$$p\,\frac{(i-r)(i-r-1)\ldots(i-r-t+1)}{(r+1)(r+2)\ldots(r+t)}\left(\frac{i-2r-2t}{i-2r}\right)^{i-2};$$

son logarithme sera donc

$$\log p + t\log(i-r) + \log\left(1-\frac{1}{i-r}\right) + \log\left(1-\frac{2}{i-r}\right) + \ldots + \log\left(1-\frac{t-1}{i-r}\right)$$

$$- t\log r - \log\left(1+\frac{1}{r}\right) - \log\left(1+\frac{2}{r}\right) - \ldots - \log\left(1+\frac{t}{r}\right)$$

$$+ (i-2)\log\left(1-\frac{2t}{i-2r}\right).$$

En développant en séries ces logarithmes et négligeant les termes de l'ordre $\frac{1}{i^2}$, on aura

$$\log p + t\log\frac{i-r}{r} - \frac{1+2+3+\ldots+(t-1)}{i-r} - \frac{1+2+3+\ldots+t}{r}$$

$$- (i-2)\left[\frac{2t}{i-2r}+\frac{2t^2}{(i-2r)^2}\right].$$

Par la nature de r, on a, à très-peu près, par ce qui précède,

$$\log\frac{i-r}{r} + \frac{1}{i-r} = (i-2)\left[\frac{2}{i-2r}-\frac{2}{(i-2r)^2}\right];$$

la fonction précédente deviendra donc

$$\log p - (1+2+3+\ldots+t)\frac{i}{r(i-r)} - \frac{(i-2)2.t(t+1)}{(i-2r)^2}.$$

En ne conservant ainsi, parmi les termes de l'ordre $\frac{1}{i}$, que ceux qui sont multipliés par t^2, et observant que

$$1+2+3+\ldots+t=\frac{t^2+t}{2},$$

cette fonction prendra la forme

$$\log p - \frac{i^3 t^2}{2r(i-r)(i-2r)^2},$$

ce qui donne, pour le terme placé à la distance t du terme p.

$$p.c^{-\frac{i^3 t^2}{2r(i-r)(i-2r)^2}}.$$

Il est facile de s'assurer que cette même valeur a lieu, à très-peu près, pour le terme placé avant p à la même distance. La somme de tous ces termes sera la série entière (a'). On aura, comme on sait, cette somme, à très-peu près, égale à

$$p.\int dt\, c^{-\frac{i^3 t^2}{2r(i-r)(i-2r)^2}},$$

l'intégrale étant prise depuis $t = -\infty$ jusqu'à $t = \infty$, ce qui donne, par les méthodes connues, la série (a') égale à

$$p.\sqrt{\pi}\,\frac{i-2r}{i}\sqrt{\frac{2r(i-r)}{i}},$$

π étant la circonférence dont le diamètre est l'unité. On a

$$p = \frac{1.2.3\ldots i.(i-2r)^{i-2}}{1.2.3\ldots(i-r).1.2.3\ldots r}.$$

La série (a) devient ainsi, abstraction faite du signe,

$$\frac{i(i-2r)^{i-2}\sqrt{\pi}}{1.2.3\ldots(i-r).1.2.3\ldots r}.\frac{i-2r}{i}\sqrt{\frac{2r(i-r)}{i}}.\frac{c^i}{2^{i-1}}.$$

On a, à très-peu près, par les théorèmes connus,

$$1.2.3\ldots(i-r)=(i-r)^{i-r+\frac12}c^{-(i-r)}\sqrt{2\pi},$$

$$1.2.3\ldots r = r^{r+\frac12}c^{-r}\sqrt{2\pi}.$$

La série (a) devient donc

$$\frac{\frac{2}{\sqrt{i}}(i-2r)^{i-1}\left(\frac{cc}{2}\right)^{i}}{r^{r}(i-r)^{i}\,r\sqrt{2\pi}},$$

ou

$$(d), \qquad \frac{2}{i\sqrt{i}.(1-2\omega)\sqrt{2\pi}}\left[\frac{cc(1-2\omega)}{2\omega^{\omega}(1-\omega)^{1-\omega}}\right]^{i},$$

ω étant donné par l'équation (c).

On doit observer ici que la valeur de ω donnée par cette équation n'est pas rigoureuse. Nous avons négligé, pour former cette équation, les quantités de l'ordre $\frac{1}{i}$, et, de plus, nous avons supposé que le terme maximum p était égal à celui qui le précède, ce qui n'est qu'approché. De là il suit que la valeur exacte de ω est celle que donne l'équation (c), plus une correction de l'ordre $\frac{1}{i}$, que nous désignerons par $\frac{q}{i}$. Mais cette correction disparaît d'elle-même par la condition de p maximum. En effet, si l'on nomme D la fonction

$$\frac{cc(1-2\omega)}{2\omega^{\omega}(1-\omega)^{1-\omega}},$$

et D' cette même fonction lorsqu'on y change ω dans $\omega+\frac{q}{i}$, on aura

$$\log \mathrm{D}'^{i} = i \log\left[\left(1+\frac{q}{i}\frac{d\mathrm{D}}{\mathrm{D}\,d\omega}+\frac{q^{2}}{2\,i^{2}}\frac{d^{2}\mathrm{D}}{\mathrm{D}\,d\omega^{2}}+\dots\right)\mathrm{D}\right].$$

En repassant des logarithmes aux nombres et négligeant ensuite les quantités de l'ordre $\frac{1}{i}$, on aura

$$\mathrm{D}'^{i} = \mathrm{D}^{i}c^{q\frac{d\mathrm{D}}{\mathrm{D}\,d\omega}}.$$

On a

$$\frac{d\mathrm{D}}{\mathrm{D}\,d\omega} = -\frac{2}{1-2\omega}+\log\frac{1-\omega}{\omega},$$

et l'équation (c) donne $\log\frac{1-\omega}{\omega}=\frac{2}{1-2\omega}$; on a donc, aux quantités près de l'ordre $\frac{1}{i}$, $D'' = D'$, d'où il est facile de conclure que, par le changement de ω dans $\omega + \frac{q}{i}$, la formule (d) reste la même. Si la quantité

$$\frac{cc(1 - 2\omega)}{2\omega^\omega(1 - \omega)^{1-\omega}}$$

surpasse l'unité, la fonction (d) devient infinie lorsque i est infini; l'expression du rayon vecteur devient donc alors divergente. La valeur de l'excentricité, déduite de l'équation

$$c = \frac{2\omega^\omega(1 - \omega)^{1-\omega}}{(1 - 2\omega)c},$$

est, par conséquent, la limite des valeurs de l'excentricité qui font converger l'expression du rayon vecteur développé suivant les puissances de l'excentricité. En substituant, au lieu de c, sa valeur $\left(\frac{1-\omega}{\omega}\right)^{\frac{1-2\omega}{2}}$ donnée par l'équation (c), cette expression de e devient

$$e = \frac{2\sqrt{\omega(1-\omega)}}{1-2\omega}.$$

L'équation (c) donne, à peu près,

$$\omega = 0,08307,$$

d'où l'on tire

$$e = 0,66195.$$

L'équation précédente de la limite de l'excentricité e donne, à cette limite,

$$1 - 2\omega = \frac{1}{\sqrt{1 + e^2}},$$

d'où il est facile de conclure

$$\frac{1-\omega}{\omega} = \frac{\left(1 + \sqrt{1 + e^2}\right)^2}{e^2};$$

l'équation (e) donnera donc

$$(m \qquad 1 \div \sqrt{1+e^2} = e.e^{\sqrt{1-e^2}};$$

les valeurs de c supérieures à celle que cette équation donne rendent l'expression en série du rayon vecteur R divergente lorsque t est un angle droit. Pour toutes les valeurs inférieures, cette série est convergente, quel que soit t. En effet, le terme général de l'expression de R, développée en série ordonnée par rapport aux puissances de l'excentricité, est, comme on l'a vu,

$$- \frac{e^i}{1.2.3\ldots(i-1).2^i} \left[i^{i-2}\cos it - i(i-2)^{i-2}\cos(i-2)t + \ldots \right].$$

La plus grande valeur de ce terme, abstraction faite du signe, ne peut surpasser

$$\frac{e^i}{1.2.3\ldots(i-1).2^i} \left[i^{i-2} + i(i-2)^{i-2} + \frac{i(i-1)}{1.2}(i-4)^{i-2} + \ldots \right].$$

On vient de voir que cette valeur, lorsque i est infini, devient nulle par un facteur moindre que l'unité élevé à la puissance i, lorsque l'excentricité e est au-dessous de celle qui résulte de l'équation aux limites; la série est donc convergente, quel que soit t. Je vais maintenant établir qu'alors la série de l'expression de l'anomalie vraie, développée de la même manière, est pareillement convergente.

3. L'anomalie excentrique étant u, et v l'anomalie vraie, on a, par le n° 20 du Livre II de la *Mécanique céleste*,

$$t = u - e\sin u,$$
$$R = 1 - e\cos u,$$

ce qui donne

$$\frac{du}{dt} = \frac{1}{R};$$

or on a, par la loi des aires proportionnelles au temps,

$$\frac{dv}{dt} = \frac{\sqrt{1-e^2}}{R^2};$$

on a donc

$$\frac{dv}{dt} = \left(\frac{du}{dt}\right)^2 \sqrt{1 - e^2}.$$

L'expression en série de u, du n° **22** du Livre cité, donne

$$\frac{du}{dt} = 1 + e\cos t + \frac{e^2}{1.2.2}\, 2^2 \cos 2t + \frac{e^3}{1.2.3.2^3}\left(3^3 \cos 3t - 3\cos t\right) + \dots$$

Le terme général de cette série est

$$\frac{e^i}{1.2.3\dots i.2^{i-1}}\left[i^i \cos it - i(i-2)^i \cos(i-2)t \right.$$
$$\left. + \frac{i(i-1)}{1.2}(i-4)^i \cos(i-4)t - \dots \right],$$

et, dans aucun cas, il ne peut surpasser

$$\frac{e^i}{1.2.3\dots i.2^{i-1}}\left[i^i + i(i-2)^i + \frac{i(i-1)}{1.2}(i-4)^i + \dots \right].$$

En suivant exactement l'analyse de l'article précédent, on trouve ce dernier terme égal à

$$(e) \qquad \frac{2}{\sqrt{i}}\cdot\frac{1-2\omega}{\sqrt{2\pi}}\left[\frac{ec(1-2\omega)}{2\omega^\omega(1-\omega)^{1-\omega}}\right]^i,$$

ω étant donné par l'équation (c) de l'article précédent.

Maintenant, si l'on désigne par A la série

$$1 + e + \frac{2^2 e^2}{1.2.2} + \dots + \frac{e^{i'}}{1.2.3\dots i'.2^{i'-1}}\left[i'^{i'} + i'(i'-2)^{i'} + \frac{i'(i'-1)}{1.2}(i'-4)^{i'} + \dots \right] + \dots$$

la série étant continuée jusqu'à $i' = i$, il est facile de voir que l'expression en série de $\frac{du}{dt}$ sera moindre que le développement en série de la fonction

$$(o) \qquad A + \frac{2(1-2\omega)q^i e^i}{\sqrt{2\pi}(1-qe)},$$

en désignant par q la quantité

$$\frac{(1-2\omega)c}{2\omega^\omega(1-\omega)^{1-\omega}}.$$

Car il est visible que le coefficient d'une puissance quelconque e^i dans le développement de la fonction (o) est positif, et qu'il est plus grand, abstraction faite du signe, que le coefficient de la même puissance dans le développement de $\frac{du}{dt}$. L'expression de $\frac{dv}{dt}$ ou de $\left(\frac{du}{dt}\right)^2 \sqrt{1-e^2}$ est donc moindre que

$$\left[A + \frac{2(1-2\omega)q^i e^i}{\sqrt{2\pi}(1-\dot{q}e)} \right]^2 \sqrt{1-e^2};$$

or le développement de $\sqrt{1-e^2}$ est moindre que celui de $\frac{1}{1-e^2}$; le développement de $\frac{dv}{dt}$ est moindre que celui de

$$(p) \qquad \frac{\left[A + \dfrac{2(1-2\omega)q^i e^i}{\sqrt{2\pi}(1-qe)} \right]^2}{1-e^2};$$

c'est-à-dire que le coefficient d'une puissance quelconque e^i dans le développement de cette fonction est positif et plus grand, abstraction faite du signe, que le coefficient de la même puissance dans le développement de $\frac{dv}{dt}$.

Donnons à la fonction (p) cette forme

$$\frac{A^2}{1-e^2} + \frac{4A(1-2\omega)q^i e^i}{\sqrt{2\pi}(1-qe)(1-e^2)} + \frac{2(1-2\omega)^2 q^{2i} e^{2i}}{\pi(1-qe)^2(1-e^2)}.$$

Le terme $\frac{A^2}{1-e^2}$, développé en série, donne une série convergente. Car, quelque grand que l'on suppose i, pourvu qu'il soit fini, A^2 sera composé d'un nombre fini de termes. En désignant par $me^{i'}$ l'un de ces termes, $\frac{me^{i'}}{1-e^2}$, développé en série, donnera une série convergente, e étant supposé moindre que l'unité. Ainsi $\frac{A^2}{1-e^2}$ donnera un nombre fini de séries convergentes, et, dans leur somme, le terme dépendant de e^i deviendra nul lorsque s est infini.

Le terme

$$\frac{4A(1-2\omega)q^i e^i}{\sqrt{2\pi}(1-qe)(1-e^2)}$$

donnera un nombre fini de termes de la forme

$$\frac{ne^i}{(1-qe)(1-e^2)^i}\,;$$

or la fraction

$$\frac{1}{(1-qe)(1-e^2)}$$

se décompose dans les trois suivantes

$$\frac{1}{2(1-q)}\frac{1}{1-e}+\frac{1}{2(1+q)}\frac{1}{1+e}-\frac{q^2}{1-q^2}\frac{1}{1-qe}.$$

Chacune d'elles, développée en série, donne une série convergente; car, par la supposition, qe est moindre que l'unité. On voit donc que le terme

$$\frac{4\Lambda(1-2\omega)q^i e^i}{\sqrt{2\pi}(1-qe)(1-e^2)}$$

donne une série convergente. Pareillement le terme

$$\frac{2(1-2\omega)^2 q^{2i} e^{2i}}{\pi(1-qe)^2(1-e^2)}$$

donne une série convergente, comme il est facile de le voir en décomposant la fraction

$$\frac{1}{(1-qe)^2(1-e^2)}$$

en fractions partielles; $\frac{dv}{dt}$, développé en série ordonnée par rapport aux puissances de l'excentricité, donne, par conséquent, une série convergente lorsque qe est moindre que l'unité. Il est facile d'en conclure que l'expression de $v-t$, ainsi développée, forme une série convergente; car, l'intégration de dv faisant acquérir des diviseurs à ses termes, on voit que, quel que soit t, $v-t$ sera moindre que

$$\frac{\left[\Lambda+\dfrac{2(1-2\omega)q^i e^i}{\sqrt{2\pi}(1-qe)}\right]^2}{1-e^2}\,,$$

qui, comme on vient de le voir, forme une série convergente.

61.

Il résulte de ce qui précède que la condition nécessaire pour la convergence des séries qui expriment le rayon vecteur et l'anomalie vraie, développés suivant les puissances de l'excentricité, est que l'excentricité soit moindre que

$$\frac{2\sqrt{\omega(1-\omega)}}{1-2\omega},$$

ω étant donné par l'équation

$$\frac{1-\omega}{\omega} = c^{\sqrt{1-2\omega}}.$$

Les deux séries sont alors convergentes; c'est ce qui a lieu pour toutes les planètes, même pour les planètes télescopiques. Les valeurs supérieures de l'excentricité font diverger la série du rayon vecteur, et alors il faut recourir à d'autres développements. Tel est le cas de la comète à courte période.

4. On développe encore les expressions de l'anomalie vraie et du rayon vecteur suivant les sinus et cosinus multiples de l'anomalie moyenne. Soit alors

$$v = t + a^{(1)} \sin t + a^{(2)} \sin 2t + \ldots + a^{(i)} \sin it + \ldots,$$

$a^{(1)}$, $a^{(2)}$, ... étant des fonctions de l'excentricité. On peut facilement démontrer que la série est toujours convergente. En effet, on a

$$\int (v - t)\, dt \sin it = \pi a^{(i)},$$

l'intégrale étant prise depuis t nul jusqu'à t égale 2π. Or on a dans ces limites, en intégrant par parties,

$$\int dt\, (v - t) \sin it = \frac{1}{i} \int dt \left(\frac{dv}{dt} - 1 \right) \cos it = -\frac{1}{i^2} \int dt \sin it \frac{d^2 v}{dt^2};$$

on aura donc

$$a^{(i)} = -\frac{1}{i^2 \pi} \int dt \sin it \frac{d^2 v}{dt^2}.$$

L'équation

$$\frac{dv}{dt} = \frac{\sqrt{1-e^2}}{R^2}$$

donne

$$\frac{d^2 v}{dt^2} = -\frac{2\sqrt{1-e^2}}{R^3}\frac{dR}{dt}.$$

Au périhélie et à l'aphélie, $\frac{dR}{dt}$ est nul ; $\frac{dR}{R^3}dt$ est positif, en allant du premier de ces points au second, et négatif du second au premier. Soit k sa plus grande valeur positive ; $-k$ sera sa plus grande valeur négative. En supposant donc que les valeurs de $\sin it$ soient positives et égales à l'unité depuis le périhélie jusqu'à l'aphélie, et négatives et égales à -1 depuis l'aphélie jusqu'au périhélie, on voit que l'inté-

grale $dt\,\sin it\int\dfrac{\frac{dR}{dt}}{R^3}$, prise depuis t nul jusqu'à t égal à 2π, sera moindre, abstraction faite du signe, que $2k\pi$. De là il suit que $a^{(i)}$, abstraction faite du signe, est moindre que

$$\frac{4k\sqrt{1-e^2}}{i^2}.$$

Ce terme devient nul lorsque i est infini. De plus, la série de l'expression précédente de v, à partir de i supposé très-grand, est moindre que

$$\frac{4k\sqrt{1-e^2}}{i};$$

quantité qui devient nulle lorsque i est infini. Cette série est donc convergente.

Considérons de la même manière l'expression de R développée dans une série ordonnée par rapport aux cosinus de t et de ses multiples. Soit

$$R = b^{(0)} + b^{(1)}\cos t + \ldots + b^{(i)}\cos it + \ldots;$$

on aura

$$\pi b^{(i)} = \int R\,dt\,\cos it,$$

l'intégrale étant prise depuis t nul jusqu'à t égal à 2π, ce qui donne

$$\pi b^{(i)} = -\frac{1}{i^2}\int dt\,\cos it\,\frac{d^2 R}{dt^2}.$$

Les formules du mouvement elliptique donnent

$$\frac{d^2 R}{dt^2} = \frac{1 - e^2 - R}{R^3}.$$

Cette dernière quantité est toujours négative [1]. Désignons par $- k'$ son maximum, et supposons $\cos it$ égal à l'unité; on aura, abstraction faite du signe, $\pi b^{(i)}$ moindre que $\dfrac{2 k' \pi}{i^2}$, d'où il suit que la série de l'expression de R est convergente.

On peut, en suivant la méthode exposée dans le numéro précédent, déterminer la valeur approchée de $b^{(i)}$ lorsque i est un grand nombre. Pour cela, j'observe que l'expression de R, développée en série par rapport aux puissances de l'excentricité, et que nous avons rapportée dans le n° 2, donne

$$b^{(i)} = - \frac{e^i i^{i-2}}{1.2.3\ldots i . 2^{i-1}} \left[i - \frac{i+2}{1(i+1)}\left(\frac{ei}{2}\right)^2 + \frac{i+4}{1.2(i+1)(i+2)}\left(\frac{ei}{2}\right)^4 \right.$$
$$\left. - \frac{i+6}{1.2.3.(i+1)(i+2)(i+3)}\left(\frac{ei}{2}\right)^6 + \ldots \right].$$

Le terme général de cette expression est

$$\pm \frac{e^i i^{i-2}}{1.2.3\ldots i . 2^{i-1}} \cdot \frac{(i+2r)\left(\dfrac{ei}{2}\right)^{2r}}{1.2.3\ldots r(i+1)(i+2)\ldots(i+r)}.$$

Si l'on observe que, r étant un très-grand nombre, on a, à fort peu près,

$$1.2.3\ldots r . 1.2.3\ldots(i+r) = r^{r+\frac{1}{2}}(i+r)^{i+r+\frac{1}{2}} e^{-i-2r} . 2\pi,$$

on peut donner à ce terme la forme

$$\pm \frac{e^i c^i i^{i-2}(i+2r)}{2^i \pi (i+r)^i \sqrt{r(i+r)}} \left[\frac{e^2 i^2 c^2}{4 r(i+r)} \right]^r,$$

<hr>

[1] La quantité $1 - e^2 - R$ n'est pas toujours négative, puisque R varie de la valeur $1 - e$ qui rend cette expression positive à la valeur $1 + e$ qui la rend négative; mais cette assertion inexacte n'empêche pas la conclusion d'être juste.   V. P.

quantité qui devient nulle lorsque r est infini. La série de l'expression de $b^{(i)}$ est donc convergente.

Pour avoir sa valeur approchée, je considère la série

$$(m) \qquad i + \frac{i+2}{1(i+1)}\left(\frac{ei}{2}\right)^2 + \frac{i+4}{1.2(i+1)(i+2)}\left(\frac{ei}{2}\right)^4 + \ldots,$$

dont le terme général est

$$\frac{(i+2r)\left(\dfrac{ei}{2}\right)^{2r}}{1.2.3\ldots r.(i+1)(i+2)\ldots(i+r)}.$$

On aura, par la méthode exposée dans le n° **2**, la somme de cette série fort approchée lorsque i est un très-grand nombre. Nommons p le terme précédent, et supposons qu'il soit le plus grand des termes de la série. Pour avoir le rang qu'il y occupe, on l'égalera, suivant la méthode citée, au terme qui le précède, ce qui donne

$$(i+2r-2)r(i+r) = (i+2r).\frac{i^2 e^2}{4},$$

d'où l'on tire, à fort peu près,

$$r = \frac{i\sqrt{1+e^2}-i}{2}.$$

Le terme qui suit p, d'un rang supérieur de t, est

$$\frac{p\,\dfrac{i+2r+2t}{i+2r}\left(\dfrac{ei}{2}\right)^{2t}}{(r+1)(r+2)\ldots(r+t)(i+r+1)(i+r+2)\ldots(i+r+t)}.$$

En appliquant ici l'analyse du n° **2**, il est facile de voir que le logarithme de ce terme est, à très-peu près,

$$\log p + \frac{2t}{i+2r} + 2t\log\frac{ei}{2} - t\log r - \frac{1+2+3+\ldots+t}{r}$$
$$- t\log(i+r) - \frac{1+2+3+\ldots+t}{i+r}.$$

Mais on a, à très-peu près,

$$\log r(i+r) = 2\log \frac{ei}{2};$$

en ne conservant donc, conformément à la méthode citée, parmi les termes de l'ordre $\frac{1}{i}$, que ceux qui sont multipliés par t^2, et observant que

$$1 + 2 + 3 + \ldots + t = \frac{t^2 + t}{2},$$

le logarithme du terme placé à la distance t du terme maximum sera

$$\log p - \frac{(i + 2r)t^2}{2r(i+r)};$$

ce terme sera donc

$$p \cdot c^{-\frac{(i+2r)t^2}{2r(i+r)}}.$$

Il est facile de voir que ce sera aussi l'expression du terme qui précède p du même intervalle t. La somme de la série (m) sera donc, à très-peu près,

$$p \int dt\, c^{-\frac{(i+2r)t^2}{2r(i+r)}},$$

l'intégrale étant prise depuis $t = -\infty$ jusqu'à $t = \infty$, ce qui donne cette somme égale à

$$p \sqrt{2\pi} \sqrt{\frac{r(i+r)}{i+2r}}.$$

Si dans l'expression précédente de p on substitue, au lieu du produit

$$1.2.3\ldots r(i+1)(i+2)\ldots(i+r),$$

sa valeur très-approchée

$$\frac{[r(i+r)]^r (i+r)^i \cdot 2\pi\, c^{-i-2r} \sqrt{r(i+r)}}{1.2.3\ldots i},$$

on aura

$$p = \frac{1.2.3\ldots i(i+2r)c^{i+2r}}{2\pi \sqrt{r(i+r)}(i+r)^i},$$

ce qui, en observant que $i + 2r$ est égal à $i\sqrt{1 + e^2}$ et que $i + r$ est égal à

$$\frac{i\sqrt{1 + e^2} + i}{2},$$

donne, pour la somme de la série (m),

$$\frac{1.2.3\ldots i(1 + e^2)^{\frac{i}{4}}.\, 2^i c^{i\sqrt{1 + e^i}}\sqrt{i}}{\sqrt{2\pi}.\, i^i(\sqrt{1 + e^2} + 1)^i}.$$

En changeant e^2 dans $-e^2$ dans cette expression, on aura la valeur fort approchée de la série

$$i - \frac{i + 2}{1(i + 1)}\left(\frac{ci}{2}\right)^2 + \frac{(i + 4)\left(\dfrac{ci}{2}\right)^4}{1.2(i + 1)(i + 2)} - \frac{(i + 6)\left(\dfrac{ci}{2}\right)^6}{1.2.3(i + 1)(i + 2)(i + 3)} + \ldots$$

Ces passages du positif au négatif, comme du réel à l'imaginaire, ne doivent être employés qu'avec une grande circonspection. Mais ici, e^2 étant indéterminé, on peut les employer sans crainte. J'en ai reconnu d'ailleurs l'exactitude par une autre analyse. On a ainsi

$$b^{(i)} = -\frac{2(1 - e^2)^{\frac{i}{4}}}{i\sqrt{i}\sqrt{2\pi}}\,\frac{c^{i\sqrt{1 - e^i}}c^i}{(1 + \sqrt{1 - e^2})^i}.$$

Lorsque i est infini, cette valeur de $b^{(i)}$ reste toujours infiniment petite, quel que soit c, pourvu qu'il n'excède pas l'unité.

Sur le flux et reflux lunaire atmosphérique.

5. J'ai donné, à la fin du Livre XIII de mon *Traité de Mécanique céleste*, la théorie du flux et reflux lunaire atmosphérique. J'ai conclu les éléments de ce phénomène d'une longue suite d'observations du baromètre faites à l'Observatoire Royal pendant sept années consécutives, chaque jour à neuf heures du matin, à midi, et le soir à trois heures et à neuf heures. L'ensemble de ces observations, réduites par M. Bouvard à zéro de température, a donné cinquante-cinq millièmes de millimètre pour l'étendue entière du flux lunaire, depuis son maxi-

mum jusqu'à son minimum, et trois heures dix-neuf minutes sexagésimales pour l'heure de son maximum du soir, le jour de la syzygie.
Mais j'ai reconnu par le Calcul des probabilités que cette heure et
l'existence même du phénomène sensible à Paris n'ont qu'un faible
degré de probabilité. Le système d'observations suivi à l'Observatoire Royal, déjà adopté dans quelques autres Observatoires, et que
l'on doit désirer de voir répandu généralement, est dû à M. Ramond,
qui l'a employé dans les nombreuses observations qu'il a faites à
Clermont, chef-lieu du département du Puy-de-Dôme. Il l'a exposé,
ainsi que les résultats qu'il en a déduits sur la variation diurne du
baromètre, dans plusieurs Mémoires lus à l'Institut, et qui peuvent être
regardés comme une des choses les plus intéressantes que l'on ait faites
en Météorologie. M. Bouvard a confirmé ces résultats dans ses recherches, qu'il vient de perfectionner en ajoutant quatre années d'observations à celles des sept années qu'il avait considérées, et en
discutant avec une attention scrupuleuse les observations de ces onze
années, dans la réduction desquelles il a eu égard à la dilatation de
l'échelle du baromètre.

Ce travail immense m'a fait reprendre ma théorie du flux lunaire
atmosphérique. J'ai déterminé avec un soin spécial les facteurs par
lesquels on doit multiplier les diverses équations de condition pour
obtenir les résultats les plus avantageux, dans lesquels l'erreur moyenne
à craindre, en plus ou en moins, est un minimum. Ces facteurs ne sont
point ceux que donne le procédé connu sous le nom de *Méthode des
moindres carrés*, procédé qui n'est qu'un cas particulier de la méthode
la plus avantageuse, et dont il diffère dans la plupart des questions où
il a été employé. En effet, lorsqu'il s'agit, par exemple, de corriger
les éléments elliptiques du mouvement des planètes, on forme des
équations de condition, en égalant chaque longitude observée à la
longitude calculée par ces éléments augmentés, chacun, de sa correction. On forme ainsi un grand nombre d'équations de condition.
Ensuite on multiplie chacune d'elles par le coefficient de la première
correction, et l'on ajoute toutes ces équations ainsi multipliées, ce qui

donne une première équation finale. En opérant de la même manière relativement à la seconde correction, à la troisième, etc., on forme autant d'équations finales qu'il y a de corrections, que l'on détermine en résolvant ces équations. Mais la longitude n'est point le résultat d'une observation directe; elle est déduite de deux observations faites avec des instruments différents, dont l'un donne l'ascension droite de l'astre, et dont l'autre donne sa déclinaison. La loi de probabilité des erreurs de chacun de ces instruments peut n'être pas la même; de plus, ces erreurs ont, suivant la position de l'astre, une influence différente sur la longitude. La méthode des moindres carrés, dont plusieurs géomètres ont donné des preuves très-peu satisfaisantes, ne donne point ici les facteurs les plus avantageux; elle n'a plus que l'avantage d'offrir un moyen régulier de former les équations finales. J'ai présenté, dans le troisième *Supplément* à ma *Théorie analytique des Probabilités*, l'expression générale des facteurs les plus avantageux.

M. Bouvard, ayant appliqué mes formules à toutes les observations qu'il a considérées, en a conclu que l'étendue entière du flux lunaire est de dix-huit millièmes de millimètre, et que l'heure du plein flux lunaire, le soir du jour de la syzygie, est deux heures huit minutes. Ces nouveaux résultats sont différents des premiers; mais, quoiqu'ils soient fondés sur 298 syzygies et autant de quadratures, dans chacune desquelles on a considéré le second et le premier jour avant la phase, le jour même de la phase et les deux jours suivants, ils n'ont cependant qu'un faible degré de probabilité, en sorte que l'on doit jusqu'ici regarder comme incertaine l'existence sensible à Paris du flux lunaire atmosphérique. Le même nombre d'observations, faites avec le même soin à l'équateur et discuté de la même manière, indiquerait ce phénomène avec une grande probabilité. Il est vraisemblable que de pareilles observations, faites dans un port où les marées sont très-grandes, tel que celui de Saint-Malo, manifesteraient le flux atmosphérique produit par l'élévation et par la dépression de l'atmosphère, dues à l'élévation et à la dépression alternatives de la surface de la mer.

6λ.

M. Ramond a remarqué, le premier, que la variation diurne du baromètre de neuf heures du matin à trois heures du soir n'était pas la même dans toutes les saisons; M. Bouvard a confirmé ce résultat. Il a trouvé : 1° la variation moyenne des trois mois de novembre, décembre et janvier égale à $0^{mm},557$; 2° celle des trois mois suivants égale à $0^{mm},940$; 3° celle des trois mois de mai, juin et juillet égale à $0^{mm},752$; 4° celle des trois autres mois égale à $0^{mm},802$; ce qui donne $0^{mm},762$ pour la variation moyenne de l'année entière. Ces différences dépendent-elles des anomalies du hasard, ou indiquent-elles des causes régulières? C'est ce que le Calcul des probabilités peut seul faire connaître. Il était donc intéressant de l'appliquer à cet objet. J'ai trouvé qu'il y a une très-grande probabilité que des causes régulières ont produit le minimum $0^{mm},557$ de la variation et son maximum $0^{mm},940$, mais que les différences entre les variations $0^{mm},752$, $0^{mm},802$ et la moyenne $0^{mm},762$ de l'année peuvent, sans invraisemblance, être attribuées aux anomalies du hasard.

Les 132 mois d'observations que M. Bouvard a discutées pour avoir la variation diurne du baromètre présentent ce phénomène remarquable, savoir, que la variation moyenne de neuf heures du matin à trois heures du soir a été positive pour chacun de ces mois. Je trouve, par le Calcul des probabilités, que ce phénomène, loin d'être extraordinaire, est, *a priori*, vraisemblable.

6. Je nomme λ l'heure sexagésimale du flux et reflux lunaire atmosphérique du soir, le jour de la syzygie, supposée arriver à midi, cette heure étant convertie en arc, à raison de la circonférence pour un jour. Je nomme R la hauteur du baromètre au-dessus de sa hauteur moyenne, au moment du flux, produite par l'action de la Lune sur l'atmosphère. Je fais

$$4R\sin\lambda = x, \quad 4R\cos\lambda = y.$$

Soient A_i, A'_i, A''_i les hauteurs observées du baromètre à neuf heures sexagésimales du matin, à midi et à trois heures du soir, le jour $i^{\text{ième}}$ à partir de la syzygie, i étant nul pour le jour de la syzygie, positif pour les jours qui le suivent, et négatif pour les jours qui le précèdent. Soient pareillement B_i, B'_i, B''_i les hauteurs observées du baromètre, à neuf heures du matin, midi et trois heures du soir, le jour $i^{\text{ème}}$ à partir de la quadrature. Je suis parvenu, dans le Chapitre VII du Livre XIII de la *Mécanique céleste*, aux deux équations suivantes :

$$(\text{O}) \qquad x \cos 2iq + y \sin 2iq = \mathrm{E}_i, \quad y \cos 2iq - x \sin 2iq = \mathrm{F}_i,$$

dans lesquelles q est le moyen mouvement synodique de la Lune dans un jour, et l'on a

$$\mathrm{E}_i = \mathrm{A}'_i - \mathrm{A}'_i + \mathrm{B}_i - \mathrm{B}''_i,$$
$$\mathrm{F}_i = \left(2\mathrm{A}'_i - \mathrm{A}_i - \mathrm{A}''_i - 2\mathrm{B}'_i + \mathrm{B}_i + \mathrm{B}''_i\right)\left(1 + \frac{1}{19}\right);$$

les équations (O) donnent

$$(u) \qquad x = \mathrm{E}_i \cos 2iq - \mathrm{F}_i \sin 2iq.$$

On peut former autant d'équations semblables qu'il y a de syzygies et que i a de valeurs. En nommant donc n le nombre de syzygies, n étant un grand nombre ; en nommant s' le nombre des valeurs de i, on aura ns' valeurs de x, d'où il faut conclure la valeur la plus avantageuse, c'est-à-dire celle dans laquelle l'erreur moyenne à craindre, en plus ou en moins, est la plus petite.

On doit pour cela multiplier chacune des ns' équations que représente l'équation (u) par un facteur convenable. J'ai fait voir dans le troisième *Supplément* à ma *Théorie analytique des Probabilités* que, si l'on a entre les éléments x, y, z, … un grand nombre d'équations de condition représentées par la suivante,

$$(i) \quad l^{(s)} x + p^{(s)} y + q^{(s)} z + \ldots = a^{(s)} + m^{(s)} \gamma^{(s)} + n^{(s)} \lambda^{(s)} + r^{(s)} \delta^{(s)} + \ldots,$$

le facteur le plus avantageux par lequel cette équation doit être multipliée est

$$\cfrac{1}{\dfrac{k''}{k} m^{(s)2} + \dfrac{\overline{k''}}{\overline{k}} n^{(s)2} + \dfrac{\overline{\overline{k''}}}{\overline{\overline{k}}} r^{(s)2} + \ldots},$$

k, k', $\bar{k}$, $\bar{k}''$, … dépendant des lois de probabilité des erreurs $\gamma^{(s)}$, $\lambda^{(s)}$, … de la manière suivante. Si $\varphi(\gamma^{(s)})$ est la loi de probabilité de l'erreur $\gamma^{(s)}$, cette loi étant supposée la même pour les erreurs positives et pour les erreurs négatives, on a

$$k = 2 \int d\gamma^{(s)} \varphi(\gamma^{(s)}), \quad k'' = \int d\gamma^{(s)} \gamma^{(s)2} \varphi(\gamma^{(s)}),$$

les intégrales étant prises depuis zéro jusqu'à l'infini ; pareillement, si $\psi(\lambda^{(s)})$ est la loi de probabilité des erreurs $\lambda^{(s)}$, on a

$$\bar{k} = 2 \int d\lambda^{(s)} \psi(\lambda^{(s)}), \quad \bar{k}'' = \int d\lambda^{(s)} \lambda^{(s)2} \psi(\lambda^{(s)}),$$

et ainsi du reste. Dans la question présente, $\gamma^{(s)}$, $\lambda^{(s)}$, … sont les erreurs des observations désignées par les lettres A_i^{s}, $A_i^{'s}$, $A_i^{''s}$, B_i^{s}, …, observations qui se rapportent au $i^{\text{ème}}$ jour depuis la $s^{\text{ième}}$ syzygie. La loi des erreurs des observations étant supposée la même pour toutes ces observations, on aura

$$k = \bar{k} = \bar{\bar{k}} = \dots, \quad k'' = \bar{k}'' = \dots;$$

le facteur précédent deviendra donc

$$\frac{k''}{\bar{k}} \left(m^{(s)2} + n^{(s)2} + r^{(s)2} + \dots \right) .$$

En désignant par $\gamma_i^{(s)}$, $\lambda_i^{(s)}$, δ_i^{s}, $\bar{\gamma}_i^{s}$, $\bar{\lambda}_i^{s}$, $\bar{\delta}_i^{s}$ les erreurs des observations A_i^{s}, $A_i^{'s}$, $A_i^{''s}$, B_i^{s}, $B_i^{'s}$, $B_i^{''s}$, et par $\overline{m^{(s)}}$, $\overline{n^{(s)}}$, $\overline{r^{(s)}}$, relativement aux trois dernières de ces observations, ce que représentent $m^{(s)}$, $n^{(s)}$, $r^{(s)}$ relativement aux trois premières, on aura

$$m^{(s)} = -\cos 2iq + \left(1 + \frac{1}{19}\right) \sin 2iq,$$

$$n^{(s)} = -2\left(1 + \frac{1}{19}\right) \sin 2iq,$$

$$r^{(s)} = \cos 2iq + \left(1 + \frac{1}{19}\right) \sin 2iq,$$

$$\overline{m^{(s)}} = -m^{(s)}, \quad \overline{n^{(s)}} = -n^{(s)}, \quad \overline{r^{(s)}} = -r^{(s)};$$

le facteur précédent devient ainsi

$$\frac{4\,h''}{k}\,\frac{1}{\{1 + 2,324\,\sin^2 2\,iq\}}.$$

En réunissant toutes les valeurs de x multipliées par ce facteur, on aura

$$\frac{x}{1 + 2,324\,\sin^2 q} = \frac{\cos 2\,iq\,\dfrac{SE_i^{(s)}}{n} - \sin 2\,iq\,\dfrac{SF_i^{(s)}}{n}}{1 + 2,324\,\sin^2 2\,iq},$$

$E_i^{(s)}$ et $F_i^{(s)}$ étant les valeurs de E_i et de F_i relatives à la $s^{\text{ième}}$ syzygie et à la $s^{\text{ième}}$ quadrature à laquelle on la compare. Le signe S indiquant la somme des quantités qu'il précède, pour toutes les syzygies dont le nombre est n, $\dfrac{SE_i^{(s)}}{n}$ et $\dfrac{SF_i^{(s)}}{n}$ seront donc les moyennes des valeurs de $E_i^{(s)}$ et $F_i^{(s)}$, moyennes que l'on obtiendra en substituant dans les expressions de E_i et de F_i, au lieu de A_i, A_i', A_i'', B_i, …, leurs valeurs moyennes. L'équation précédente deviendra ainsi

$$\frac{x}{1 + 2,324\,\sin^2 2\,iq} = \frac{E_i \cos 2\,iq - F_i \sin 2\,iq}{1 + 2,324\,\sin^2 2\,iq};$$

cette équation produit autant d'équations que i a de valeurs. Si l'on réunit ces équations, on aura

$$x \sum \frac{1}{1 + 2,324\,\sin^2 2\,iq} = \sum \frac{E_i \cos 2\,iq - F_i \sin 2\,iq}{1 + 2,324\,\sin^2 2\,iq},$$

le signe Σ exprimant la somme des valeurs du terme qu'il précède. On aura ainsi, pour la valeur de x la plus avantageuse,

$$x = \frac{\displaystyle\sum \frac{E_i \cos 2\,iq - F_i \sin 2\,iq}{1 + 2,324\,\sin^2 2\,iq}}{\displaystyle\sum \frac{1}{1 + 2,324\,\sin^2 2\,iq}}.$$

Les équations (O) donnent

$$y = F_i \cos 2\,iq + E_i \sin 2\,iq;$$

on aura donc la valeur de y la plus avantageuse en changeant, dans l'expression précédente de x, $\cos 2\,iq$ dans $\sin 2\,iq$ et $\sin 2\,iq$ dans

$-\cos 2iq$, ce qui donne

$$y = \frac{\sum \dfrac{E_i \sin 2iq + F_i \cos 2iq}{1 + 2,324 \cos^2 2iq}}{\sum \dfrac{1}{1 + 2,324 \cos^2 2iq}}.$$

M. Bouvard a conclu de ces formules

$$x = 0,031758, \quad y = 0,01534,$$

et l'étendue entière $2R$ du flux lunaire atmosphérique égale à $0,01763$.

7. Je vais présentement déterminer la loi de probabilité des erreurs de ces deux valeurs de x et de y. Il résulte des formules que j'ai données dans ma *Théorie analytique des Probabilités* que, si $\gamma, \lambda, \delta, \ldots$ sont des erreurs indépendantes, mais assujetties à la même loi de probabilité, la probabilité que l'erreur de la fonction

$$m\gamma + n\lambda + r\delta + \ldots$$

sera égale à une quantité quelconque l est proportionnelle à l'exponentielle

$$c^{-\frac{kl^2}{sk'^2h}},$$

h étant la somme des carrés de $m, n, r, \ldots$ et c étant le nombre dont le logarithme hyperbolique est l'unité. Si dans la valeur précédente de x on désigne par γ, λ, δ les erreurs des observations $A_i^{(n)}, A_i^{'n}, A_i^{''n}$, il est facile de voir que les coefficients de ces erreurs sont

$$\frac{\left(1 + \dfrac{1}{19}\right)(\sin 2iq - \cos 2iq)\dfrac{1}{1 + 2,324 \sin^2 2iq}}{n \sum \dfrac{1}{1 + 2,324 \sin^2 2iq}},$$

$$\frac{-2\left(1 + \dfrac{1}{19}\right)\sin 2iq \dfrac{1}{1 + 2,324 \sin^2 2iq}}{n \sum \dfrac{1}{1 + 2,324 \sin^2 2iq}},$$

$$\frac{\left(1 + \dfrac{1}{19}\right)(\sin 2iq + \cos 2iq)\dfrac{1}{1 + 2,324 \sin^2 2iq}}{n \sum \dfrac{1}{1 + 2,324 \sin^2 2iq}}.$$

La somme des carrés de ces coefficients est

$$2\,\frac{1}{1+2,324\sin^2 2iq}\,\frac{1}{n^2\left(\sum\dfrac{1}{1+2,324\sin^2 2iq}\right)^2}.$$

La somme des carrés des coefficients des erreurs des observations B_i'', B_i''', B_i'''' est égale à la précédente. En ajoutant donc ces deux sommes, on aura

$$4\,\frac{1}{1+2,324\sin^2 2iq}\,\frac{1}{n^2\left(\sum\dfrac{1}{1+2,324\sin^2 2iq}\right)^2}.$$

Chaque syzygie fournit une quantité semblable; la somme de toutes ces quantités sera donc, pour les n syzygies, la quantité précédente multipliée par le nombre n des syzygies. Cette somme sera donc, relativement à toutes les syzygies, et relativement à toutes les valeurs de i, c'est-à-dire relativement à toutes les observations,

$$\frac{4}{n\sum\dfrac{1}{1+2,324\sin^2 2iq}}.$$

Ainsi la probabilité que l sera l'erreur de x peut être supposée égale à

$$H c^{-\frac{l^2 n}{16\frac{k'}{k}}\sum\frac{1}{1+2,324\sin^2 2iq}},$$

H étant une constante qu'il faut déterminer. Pour cela, j'observe que, si l'on intègre cette différentielle depuis $l = -\infty$ jusqu'à $l = \infty$, l'intégrale doit être l'unité, puisqu'il est certain que la valeur de l est comprise dans ces limites; en faisant donc

$$g^2 = \frac{nk}{16h''}\sum\frac{1}{1+2,324\sin^2 2iq},$$

on doit avoir

$$H\int_{-\infty}^{+\infty} dl\,.\,c^{-g^2 l^2} = 1.$$

Mais on a, par un théorème connu,

$$\int_{-\infty}^{\infty} g\,dl\,.\,c^{-g^2 l^2} = \sqrt{\pi},$$

π étant la demi-circonférence dont le rayon est l'unité; on a donc

$$H = \frac{g}{\sqrt{\pi}}.$$

Ainsi la probabilité que l'erreur de la valeur de x sera comprise dans des limites données est

$$\frac{1}{\sqrt{\pi}} \int g\, dl . c^{-g^2 l^2},$$

l'intégrale étant prise dans ces limites.

On trouve, de la même manière, que la probabilité que l'erreur de la valeur de y sera comprise dans des limites données est

$$\frac{1}{\sqrt{\pi}} \int g'\, dl . c^{-g'^2 l^2},$$

l'intégrale étant prise dans ces limites, et g'^2 étant égal à

$$\frac{nk}{16 k''} \sum \frac{1}{1 + 2,324 \cos^2 2iq}.$$

Il faut maintenant déterminer par les observations la valeur numérique de $\frac{k}{k''}$. Pour cela, j'observe que, par ma *Théorie analytique des probabilités*, si l'on nomme e la somme des carrés des différences des variations journalières, de neuf heures du matin à trois heures du soir, d'un grand nombre s de jours à leur variation moyenne, on a, avec une très-grande vraisemblance,

$$\frac{2 h''}{k} s = e,$$

ce qui donne

$$\frac{k}{h''} = \frac{2s}{e}.$$

Le calcul de $\frac{k}{k''}$ devient pénible lorsque s est très-considérable; mais on peut le simplifier de la manière suivante :

Je conçois le nombre s de jours partagé en groupes de jours, par exemple, dans un nombre i de mois moyens, et je suppose s assez grand pour que i soit lui-même un grand nombre. Je désigne par $\overline{k}$ et $\overline{k''}$, relativement à ces mois, ce que j'ai nommé k et k'' relativement aux jours. Soit encore E la somme des carrés des différences des erreurs des variations moyennes de chacun de ces mois à la variation moyenne de tous ces mois. On aura, par ce qui précède,

$$\frac{\overline{k}}{\overline{k''}} = \frac{2i}{E}.$$

Mais la probabilité de l'erreur u de la variation moyenne de tous ces jours ou de tous ces mois est, par la théorie citée, proportionnelle à l'exponentielle

$$e^{-\frac{su^2}{\frac{k''}{k}}}.$$

Elle est encore proportionnelle à l'exponentielle

$$e^{-\frac{iu^2}{\frac{\overline{k''}}{\overline{k}}}}.$$

En comparant ces exponentielles, on aura

$$\frac{k}{k''} = \frac{i}{s}\frac{\overline{k}}{\overline{k''}} = \frac{2i^2}{sE}.$$

Le calcul de E est beaucoup plus simple que celui de s, et c'est ainsi que la valeur numérique de $\dfrac{k}{k''}$ a été déterminée. Il y avait pour cela quelques précautions à prendre. La variation diurne du baromètre n'est pas la même à Paris dans tous les mois; elle est la plus petite dans ceux de novembre, décembre et janvier, et la plus grande dans les trois mois suivants. Dans les six autres mois, elle diffère peu de la variation moyenne de l'année. Il y a donc des causes régulières de ces phénomènes, et que l'on ne doit pas confondre avec les causes irrégulières de la variation diurne. Les causes régulières agissant de la même manière sur la variation diurne des syzygies et sur celle des quadratures, elles n'influent point sur les valeurs de x et de y, qui ne dépendent que des différences de ces variations; les valeurs de E_i et de F_i ne dépendent que de ces différences. Il faut donc, pour avoir la loi de probabilité des erreurs dont ces valeurs sont susceptibles, ne considérer que les variations diurnes dépendantes des seules causes irrégulières, et qui paraissent être celles des mois de mai, juin, juillet, août, septembre et octobre; ce sont celles dont on a fait usage pour avoir la valeur de $\dfrac{k}{k''}$. On a trouvé ainsi, en prenant le millimètre carré pour unité, $E = 2{,}565118$, d'où l'on tire

$$\frac{k}{k''} = 4 \times 0{,}42884.$$

On a ensuite

$$\sum \frac{1}{1 + 2{,}324 \sin^2 2iq} = 3{,}29667,$$

$$\sum \frac{1}{1 + 2{,}324 \cos^2 2iq} = 1{,}97904.$$

Pour déterminer le flux lunaire, j'observe que l'on a $n = 298$, d'où l'on tire

$$g^2 = 3{,}29667 \times 298 \times 0{,}42884 \frac{1}{4},$$

$$g'^2 = 1{,}97904 \times 298 \times 0{,}42884 \frac{1}{4},$$

et, en supposant que la valeur de x soit le résultat des causes accidentelles, la probabilité qu'elle sera comprise dans les limites $\pm 0{,}031758$ sera

$$\frac{\int g\,dt.e^{-g^2 t^2}}{\sqrt{\pi}},$$

l'intégrale étant prise, relativement à t, dans ces mêmes limites. On trouve, au moyen des données précédentes, $0{,}3617$ pour cette probabilité. Si cette probabilité était fort approchante de l'unité, elle indiquerait, avec une grande vraisemblance, que la valeur de x n'est pas due aux seules anomalies du hasard, et qu'elle est en partie l'effet d'une cause constante qui ne peut être que l'action de la Lune sur l'atmosphère. Mais la différence considérable entre cette probabilité et la certitude, représentée par l'unité, montre que, malgré le très-grand nombre d'observations employées, cette action n'est indiquée qu'avec une faible vraisemblance, en sorte que l'on peut regarder son existence sensible à Paris comme incertaine. La valeur de y, considérée de la même manière, donne encore plus d'incertitude sur cette existence.

8. Je vais soumettre au Calcul des probabilités quelques singularités que la variation diurne du baromètre a présentées à M. Bouvard. Ce savant astronome a trouvé, par onze années d'observations barométriques faites tous les jours à neuf heures du matin et à trois heures du soir, que la variation moyenne diurne du baromètre dans cet intervalle a été 0ᵐᵐ,557 pour les trois mois de novembre, décembre et janvier; 0ᵐᵐ,940 pour les trois mois de février, mars et avril; 0ᵐᵐ,752 pour les trois mois de mai, juin et juillet; enfin 0ᵐᵐ,789 pour les trois mois d'août, septembre et octobre. Il a trouvé 0ᵐᵐ,802 pour la variation moyenne de l'année. Déterminons la probabilité des différences de ces variations en les supposant dues aux anomalies du hasard.

Si l'on nomme u l'erreur de la variation conclue par une moyenne de onze années ou de cent trente-deux mois, la probabilité de cette erreur sera proportionnelle à

$$c^{-\frac{132\,\overline{\lambda}}{4\,\overline{\lambda}^2}\,u^2},$$

comme il est facile de s'en assurer par le n° **20** du Livre II de ma *Théorie analytique des probabilités*. Pareillement, si l'on nomme u' l'erreur de la variation conclue par une moyenne des mois de février, mars et avril pendant onze années, la probabilité de u' sera proportionnelle à

$$c^{-\frac{33\,\overline{\lambda}}{4\,\overline{\lambda}^2}\,u'^2};$$

la probabilité de l'existence simultanée de u et de u' sera donc proportionnelle à

$$c^{-\frac{33\,\overline{\lambda}}{4\,\overline{\lambda}^2}\,(4u^2 + u'^2)}.$$

Soit $u' = u + z$; la probabilité de l'existence simultanée de u et de z sera ainsi proportionnelle à

$$c^{-\frac{33\overline{k}}{4\overline{k''}}\left[5\left(u+\frac{1}{5}z\right)^2+\frac{4}{5}z^2\right]}.$$

En multipliant cette exponentielle par du et intégrant le produit depuis $u = -\infty$ jusqu'à $u = \infty$, on aura une quantité proportionnelle à la probabilité de la valeur de z correspondante à l'ensemble de toutes les valeurs de u, et cette exponentielle sera proportionnelle à

$$c^{-\frac{33\overline{k}}{4\overline{k''}}\cdot\frac{4}{5}z^2}.$$

En faisant donc

$$h^2 = \frac{33\overline{k}}{4\overline{k''}}\cdot\frac{4}{5},$$

la probabilité que la valeur de z sera comprise dans des limites données est

$$\frac{\int h\,dz.c^{-h^2z^2}}{\sqrt{\pi}},$$

l'intégrale étant prise dans ces limites. Par les observations précédentes, z est égal à $0^{mm},940 - 0^{mm},763$ ou à $0^{mm},177$; ainsi la probabilité que z est au-dessous de $0^{mm},177$ est

$$1 - \frac{1}{\sqrt{\pi}}\int_{0,177.h}^{x}dt.c^{-t^2}.$$

On a, par le n° 44 de ma *Théorie analytique des probabilités*,

$$\frac{1}{\sqrt{\pi}}\int_{t}^{x}dt\,c^{-t^2} = \frac{c^{-T^2}}{2T\sqrt{\pi}}\left(1-\frac{1}{2T^2}+\frac{1.3}{2^2T^4}-\frac{1.3.5}{2^3T^6}+\cdots\right),$$

et la série a l'avantage de donner une valeur alternativement plus grande et plus petite, suivant que l'on s'arrête à un nombre pair ou impair de ses termes.

Si l'on fait $\frac{1}{2T^2} = q$, la série $1 - \frac{1}{2T^2} + \frac{1.3}{2^2T^4} - \cdots$ peut être mise sous la forme suivante de fraction continue

$$\cfrac{1}{1+\cfrac{q}{1+\cfrac{2q}{1+\cfrac{3q}{1+\cfrac{4q}{1+\ddots}}}}}$$

Ici l'on a

$$T = 0,177.h, \quad h^2 = 33 \cdot \frac{\overline{k}}{4\,\overline{k}''} \cdot \frac{4}{5},$$

et l'on a, par le numéro précédent,

$$\frac{\overline{k}}{4\,\overline{k}''} = 33 \cdot \frac{k}{4\,k''} = 33 \times 0,42884 = 14,15172;$$

on a donc

$$T^2 = (0,177)^2 \times 26,4 \times 14,15172;$$

c'est le logarithme hyperbolique de c^{T^2}, et, pour avoir le logarithme tabulaire de cette exponentielle, il faut le multiplier par 0,434294. On trouvera ainsi, à fort peu près,

$$\frac{1}{\sqrt{\pi}} \int_{1}^{\infty} dt\,.\,c^{-t^2} = 0,0000006570;$$

en retranchant ce nombre de l'unité, on aura la probabilité que l'excès de la variation diurne observée pendant les trois mois de février, mars et avril, et pendant onze années, sur la variation moyenne des onze années, serait moindre que $0^{mm},177$, s'il était dû aux simples anomalies du hasard. L'excès observé indique donc avec une extrême vraisemblance une cause constante, qui augmente à Paris la variation diurne du baromètre pendant les trois mois cités.

On trouve de la même manière que l'excès $0^{mm},205$ de la variation moyenne de l'année sur la variation moyenne des trois mois de novembre, décembre et janvier indique avec une vraisemblance encore plus grande une cause constante, qui diminue la variation diurne pendant ces mois.

Enfin on trouve que les différences observées entre la variation moyenne de l'année et les variations moyennes soit des trois mois de mai, juin et juillet, soit des trois mois d'août, de septembre et octobre, peuvent sans invraisemblance être attribuées aux seules anomalies du hasard.

Les observations de la variation diurne du baromètre, de neuf heures du matin à trois heures du soir, discutées par M. Bouvard, présentent ce phénomène remarquable, savoir, que la variation moyenne de chacun des cent trente-deux mois qu'il a considérés a été positive. Pour apprécier la probabilité de ce phénomène, je supposerai que la variation moyenne des trois mois de novembre, décembre et janvier serait, indépendamment des anomalies du hasard et par l'effet des seules causes régulières, celle que M. Bouvard a conclue de onze années d'observations, savoir $0^{mm},557$. Je ferai une supposition semblable relativement à la variation des trois mois suivants, février, mars et avril, qui a été trouvée de $0^{mm},940$. Enfin je supposerai que la variation moyenne des six autres mois, qui ne parait être soumise qu'à l'action des causes accidentelles, est celle que l'on a trouvée pour l'année entière, savoir $0^{mm},762$. Cela posé, si l'on nomme u l'erreur de la variation d'un mois, due aux seules causes accidentelles, la probabilité de cette erreur sera, par ce qui précède, proportionnelle à $c^{-12,525.u^2}$. D'où il est facile de conclure que la probabilité que u ne sera pas au-dessous de $0^{mm},557$ sera

$$ 1 - \frac{\int dt . c^{-t^2}}{\sqrt{\pi}}, $$

en supposant

$$ t^2 = 14,15172 . u^2, $$

et l'intégrale étant prise depuis $t = 0,557 . \sqrt{14,15172}$ jusqu'à $t = \infty$.

La probabilité qu'aucun des trois mois de novembre, décembre et janvier n'aura de variation négative, ou que l'erreur négative de u n'atteindra jamais $- 0^{mm},557$, sera

$$ \left(1 - \frac{\int dt . c^{-t^2}}{\sqrt{\pi}} \right)^3, $$

et celle que le même résultat aura lieu pendant onze années sera

$$\left(1 - \frac{\int dt.c^{-t^2}}{\sqrt{\pi}}\right)^{33},$$

On trouvera de la même manière que la probabilité semblable relative aux trois mois de février, mars et avril est

$$\left(1 - \frac{\int dt.c^{-t^2}}{\sqrt{\pi}}\right)^{33},$$

l'intégrale étant prise depuis $t = 0,940.\sqrt{14,15172}$ jusqu'à $t = \infty$.

Enfin on trouvera que la probabilité semblable relative aux six autres mois est

$$\left(1 - \frac{\int dt.c^{-t^2}}{\sqrt{\pi}}\right)^{66},$$

l'intégrale étant prise depuis $t = 0^{mm},762.\sqrt{14,15172}$ jusqu'à $t = \infty$.

Le produit de ces trois probabilités est la probabilité du phénomène observé, que l'on trouvera ainsi à peu près égale à 0,9; en sorte que, loin de présenter une chose invraisemblable, il est lui-même vraisemblable.

J'ai supposé, dans tous ces résultats, tous les mois égaux et de trente jours. On leur donnerait plus d'exactitude en y introduisant l'inégalité des mois, ce qui n'a d'autre difficulté que la longueur du calcul. Mais comme il suffit que ces résultats soient approchés pour que nos conclusions soient justes, soit relativement à l'existence des causes régulières qui produisent le maximum et le minimum de la variation, soit relativement à la vraisemblance du phénomène suivant lequel tous les cent trente-deux mois ont donné une variation diurne positive, on peut se dispenser de ce calcul.

FIN DU TOME CINQUIÈME.

NOTE.

Averti par M. Souillart, professeur à la Faculté des Sciences de Lille et auteur d'un travail considérable sur la théorie des satellites de Jupiter, que M. Adams avait signalé plusieurs erreurs dans le Chapitre VI du Livre VII de la *Mécanique céleste*, j'ai prié M. Adams de vouloir bien m'en communiquer la liste. L'illustre directeur de l'Observatoire de Cambridge a eu l'obligeance de m'envoyer à ce sujet une Lettre dont la Note suivante est à peu près la traduction. (Les indications de pages et de lignes se rapportent à la présente édition.)

« Le terme

$$- 0,000264 \cos(x + 48°,27)$$

qui entre dans la valeur de r'' (tome V, page 462, ligne 6) est fautif. Il a été donné au Tome IV (page 341, ligne 8 en remontant) sous la forme équivalente

$$- 0,000264 \cos(5q^v - 2q'' - 13°,50)$$

et représente à peu près le terme

$$- 0,00030{,}42733 \cos(5n^v t - 2n'' t + 5\varepsilon^v - 2\varepsilon'' - 13°,4966),$$

trouvé au Tome III (page 138, avant-dernière ligne), modifié par suite du changement adopté pour la masse de Saturne. Nous disons *à peu près*; car, avec la nouvelle masse de Saturne, on aurait dû trouver — 0,000290 au lieu de — 0,000264; il a dû y avoir là quelque erreur de calcul.

» Mais, au Tome III, pour obtenir la valeur numérique du terme en question, lequel doit être la somme des expressions formant les lignes 7, 5, 4 (en remontant) de la page 138, on a par mégarde pris en signe contraire l'expression contenue dans la première de ces trois lignes. Le terme dont il s'agit aurait donc dû recevoir une double correction, d'abord à cause de cette erreur de signe et ensuite à raison de la nouvelle valeur adoptée pour la masse de Saturne.

» Il est curieux que la même erreur qui vient d'être signalée dans le coefficient — 0,000264 du terme qui dépend de $5q^v - 2q''$ ait été commise aussi dans la réduction en nombre d'un autre coefficient de la même page 341 (tome IV). Les deux termes de $\delta r''$ qui dépendent de $2n^v t - n'' t$ (tome III, page 128) forment, quand on les combine, un terme unique dont le coefficient est — 0,00030503 et ce coefficient, modifié à raison du changement de la masse de Saturne, devient, comme le précédent, — 0,000290, tandis que dans le Tome IV, page 341, ligne 16, le coefficient du terme dépendant de $q'' - 2q^v$ est — 0,000264, exactement comme celui du terme dépendant de $5q^v - 2q''$.

» Les termes correspondants dans les Tables de Bouvard ont respectivement pour coefficients — $0,000290$ et — $0,000294$.

» La valeur du terme de $\delta r''$ dépendant de $5n't - 2n'''t$ (tome III, page 138, ligne 2 en remontant) devrait être, d'après les données adoptées par Laplace,

$$- (1 + \mu') \, 0,0002465 \cos(5n't - 2n'''t + 5\varepsilon' - 2\varepsilon''' + 32°,41),$$

les degrés étant centésimaux comme dans la *Mécanique céleste*. La valeur modifiée de ce terme, qui aurait dû être donnée au Tome IV (page 341, ligne 8 en remontant), est

$$- 0,0002343 \cos(5q' - 2q''' + 32°,41).$$

Par conséquent, dans le Tome V, le terme correspondant (page 462, ligne 6) devrait être

$$- 0,000234 \cos(x + 94°,18)$$

et l'inégalité résultante dans la longitude du quatrième satellite deviendrait ainsi

$$- 30'',404 \sin(x + 48°,09) \quad \text{ou} \quad - 30'',404 \sin(5q' - 2q''' - 13°,68).$$

Les coefficients des termes correspondants, relativement au premier, au second et au troisième satellite, seraient

$$- 0'',618, \quad - 8'',788, \quad - 12'',872,$$

ou, si l'on emploie les rapports de ces coefficients adoptés par Laplace, lesquels ne sont qu'approchés,

$$- 0'',682, \quad - 8'',810, \quad - 12'',784.$$

L'argument de ces inégalités est presque identique à celui du terme fautif de $\delta r''$ (tome III, page 138) dont il a déjà été question.

» Enfin le nombre — $44'',334$ (tome V, page 462, ligne 6 en remontant) n'est pas déduit correctement de la formule qui le précède; celle-ci donne en effet — $42'',863$. Les trois coefficients de la dernière ligne de cette page doivent être diminués dans le même rapport. »

V. P.

PARIS. — IMPRIMERIE GAUTHIER-VILLARS, QUAI DES AUGUSTINS, 55.